土石方机械构造与维修

许光君　编著

闫佐廷　主审

东北大学出版社

·沈阳·

ⓒ 许光君　2012

图书在版编目（CIP）数据

土石方机械构造与维修／许光君编著. — 沈阳：东北大学出版社，2012.5（2022.10 重印）

ISBN 978-7-5517-0057-3

Ⅰ.①土…　Ⅱ.①许…　Ⅲ.①土方工程—建筑机械—构造 ②石方工程—建筑机构—构造 ③土方工程—建筑机械—维修 ④石方工程—建筑机械—维修　Ⅳ.①TU62 ②TU63

中国版本图书馆 CIP 数据核字（2012）第 114779 号

出　版　者：东北大学出版社
　　　　　　地址：沈阳市和平区文化路 3 号巷 11 号
　　　　　　邮编：110004
　　　　　　电话：024—83687331（市场部）　83680267（社务室）
　　　　　　传真：024—83680180（市场部）　83680265（社务室）
　　　　　　E-mail：neuph @ neupress.com
　　　　　　http：//www.neupress.com
印　刷　者：沈阳海世达印务有限公司
发　行　者：新华书店总店北京发行所
幅面尺寸：185mm×260mm
印　　张：20.25
字　　数：518 千字
出版时间：2012 年 7 月第 1 版
印刷时间：2022 年 10 月第 4 次印刷
责任编辑：张德喜　王艺霏
封面设计：刘江旸
责任校对：一　方
责任出版：唐敏志

ISBN 978-7-5517-0057-3　　　　　　　　　　　　定　价：40.00 元

前　　言

随着公路建设的发展，机械施工的工程面不断扩大，机械化的内容不断充实，石方工程机械的技术性能和自动化程度不断提高，新产品、新机型不断出现。尤其近年来公路建设迅速发展，至 2010 年底我国公路网总里程已达 398.4 万千米，高速公路总里程达到 7.4 万千米，位居全球第二。根据国家公路发展需求，未来我国公路总里程将超过 800 万千米，国家高速公路网总里程预计可达 10 万千米。石方工程机械及机械化施工的重要性越来越充分地显示出来，石方工程机械是公路建设的重要保障条件、是极其关键的设备，公路修筑等级的高低、质量的好坏，公路施工石方工程机械是重要的因素之一。

随着公路建设的现代化，石方工程机械也得到了快速发展。现代石方工程机械已发展到高技术、高效能、多品种的新时代，正朝着自动化、智能化方向发展。

《土石方机械构造与维修》试用教材，全书共三篇：第一篇为绪论、第二篇为土方工程机械，共计六章；第三篇为石方工程机械，共计三章。全面地介绍了各种现代施工土石方工程机械的主要结构、工作原理、工作装置及操纵控制系统等，并力求反映施工机械的现代结构特点。

由于现代石方工程机械更新较快，有关资料不全、编写水平所限，书中疏漏不足之处在所难免，恳请读者批评指正，以利适时更正。

编　者

2011 年 12 月

目　　录

第一篇　绪　　论

第二篇　土方工程机械

第三篇　石方工程机械

第一篇 绪 论

随着我国东部基础设施建设的逐步形成和完善，许多基础设施，如道路等，已进入维护阶段，以及我国西部大开发战略举措的实施，西气东输、西电东送、南水北调、三峡工程、青藏铁路等重大项目的建设与开发，我国对施工机械与维修养护工程机械的需求不断上升。

随着交通运输业的不断深入与发展，国外工程机械先进产品不断进入我国，一方面对施工质量与施工进度的保障起到了良好的作用，另一方面也为国内工程机械厂商带来竞争压力与先进技术，促使国内工程机械与国外工程机械差距不断缩小甚至趋于接近，同时也为国内工程机械厂家带来了良好的效益与市场形象。

土石方机械包括铲土—运输机械、挖掘机械、石料开采与加工机械等。

本书主要介绍土石方机械中的传动特点、一些特殊底盘（传动、悬架、转向、制动等）的构造、工作原理、工作装置、操纵机构的结构、工作原理及型号编制方法、分类、工作过程、应用范围，所能搜集到的新结构介绍、发展方向，系统全面讲述各类土石方机械的结构与工程原理、性能参数与使用技术，充分反映当前工程机械机电液一体化技术与操作使用的便利性和可维修性等。

土石方机械的优越性体现在以下几方面：效率高；人员劳动强度小，劳动力的需求量少，在作业条件恶劣的环境（高原、高寒、高温、沙漠、沼泽、有毒（害）气体）下尤其如此；工期短；工程质量高，工作时间较长，等等。

发展概况：新中国成立后，土石方机械从无到有，从少数品种到多品种，从简单到复杂；动力由早期采用蒸汽机到后来发展为内燃机；传动由机械传动发展为液力—机械传动、液压传动；操纵由机械操纵或钢索滑轮操纵发展到气压操纵、液压操纵、电磁操纵、复合操纵等；操作人员的劳动强度大为改善，机械的功率、尺寸、机重大幅度提高，机械的外观，驾驶室的密封、视野，驾驶员的舒适性、安全性得到较好的改善。其发展方向如下。

① 两极发展：为满足大工程与小工程的需要，某些土石方机械逐步向大型化与小型化方向发展。

② 一机多用：一台机械可以根据施工对象的不同而方便快捷地更换不同的工作装置，以便从事不同的作业而降低工程造价。

③ 广泛采用新技术，提高自动化程度：目前电子和激光技术在铲土—运输机械上的应用还仅仅是开始阶段，但在这方面的研究和发展却很快。今后自动控制、无人驾驶和远距离遥控都将在某些特殊的土石方机械上得到应用，尤其是在危险、有害气体区域、高温场合及水下作业的机械，这类新技术的应用将会减轻驾驶员的劳动强度和改善工作环境，使有些特殊场合的工程得以顺利完成。

④ 提高可靠性和耐久性：土石方机械作业条件恶劣、超载、冲击和偏载等情况都经常发生，作业场地大多远离维修车间，零件的更换与维修比较困难，因此，要求零件和产品在

使用中耐久、可靠，这样同时能提高生产率，保证驾驶员的安全。

⑤ 改善操纵性能并提高舒适性，安全、无公害：驾驶室全封闭、视野好、二次减振；电子监控系统（EMS）以显示功能变化、故障及部位；防倾翻保护机构（ROPS），落物保护机构；各操纵机构则采用液压、液压助力、气动、电磁控制且操纵杆布置更加合理，使操纵更加轻便、顺手；更注重节能和排气净化等。

对于土方施工机械，作业时人们所关心的是数量多少，即物料量的变化；其特点是外界载荷变化比较大（时而遇到石头、树根等较硬物料，过后又突然卸载），而且载荷变化比较频繁（工作对象凹凸不平）。这就要求土方施工机械底盘能适应外界载荷特殊的要求。

土石方施工机械传动系自适应特性：采用液力变矩器与动力换挡变速箱组合而成的传动装置，具有自动无级变速变扭，即机械牵引力与速度随着外界负载变化自动调节，以适应工作的需要，即施工机械牵引力随着外界载荷变化能自动调节的特性就是土方机械传动系的"自适应性"。

第一节　土方施工机械液体传动概述

一、液压传动和液力传动

在施工机械中，传动是指能量或动力由发动机向工作装置的传递，通过各种不同的传动方式使发动机的转动变为工作装置各种不同的运动形式。如装载机动臂的提升、下降，挖掘机动臂、斗杆及铲斗的复杂运动，平地机刮刀的升降、引出、回转，等等。

目前常用的传动方式根据其工作介质的不同，可分为以下四种。

① 机械传动：如变速箱的齿轮传动。

② 液体传动：以液体为工作介质来传递能量和进行控制的传动，如液压缸的伸缩、液压马达的转动等。

③ 气体传动：以气体为工作介质来传递能量的，如公共汽车门的开启、关闭等。

④ 电力传动：以电能传递能量，如电动机等。

液压传动（又称容积式传动）是利用在密闭容积内，液体压力来传递能量的传动。如图 1-1-1 所示，液压千斤顶就是一种简单的液压传动。

液压传动是基于水科学的巴斯噶原理，主要是利用液体的静压力能靠容积变化相等的原理来传递能量的，其扭矩与转速无关，其他主要原件有液压泵、阀、缸、液压马达等。

液力传动（又称动力式传动），利用液体的动能来传递能量的，叫液力传动，其工作原理图如图 1-1-2 所示。

液力传动是基于水利学的欧拉方程，主要是利用液体在叶轮上的动能的变化来工作的，其输入轴和输出轴是非刚性连接

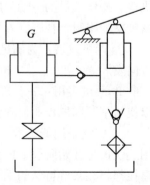

图 1-1-1　液压千斤顶工作原理图

的，其扭矩是靠液体来传递的，主要元件有液力变矩器和液力偶合器。

液力传动是与液压传动完全不同的一种以液体为工作介质的传动方式，利用工作液体的动能变化来实现动力传递，即将液体的动能转变为机械能。

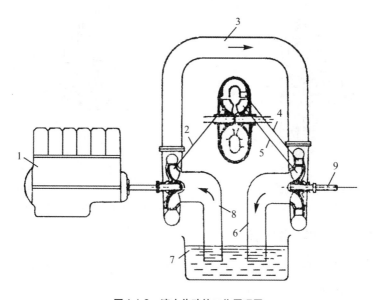

图 1-1-2 液力传动的工作原理图

1—发动机；2—离心泵；3—连接管路；4—导向装置；5—涡轮机；

6—出水管；7—贮水池；8—进水管；9—输出轴

液力传动基本工作原理：发动机带动离心泵高速旋转，离心泵通过进水管由贮水池吸入液体，液体在离心泵内被加速获得动能。离心泵即是将发动机的机械能转换成液体的动能的主要装置。由离心泵打出的高速液体顺着连接管路、导向装置进入涡轮机，冲击涡轮机叶片，从而使涡轮机旋转，并由输出轴输出机械能，驱动工作机构运动。由涡轮机排回的液体速度降低、动能减少，即涡轮机是将液体动能重新转换成机械能的装置。

因此，通过离心泵与涡轮机的组合，即可实现能量传递。

离心泵和涡轮机结合形成了液力传动的原始雏形，因为离心泵与涡轮机的效率低，再加上管路损失，系统总效率一般低于 0.7，实际上不宜使用。为了提高效率，应设法使离心泵工作轮（泵轮）与涡轮机工作轮（涡轮）尽量靠近，取消中间的连接管路和导向装置，从而形成了液力传动的基本形式之一——液力偶合器。这样不但结构简化，而且效率有了很大提高。

二、液力传动的结构形式

液力传动的结构包括：第一，能量输入部件（一般称泵轮，以 B 表示），可以接受发动机传来的机械能，并将其转换为液体的动能；第二，能量输出部件（一般称涡轮，以 T 表示），可以将液体的动能转换为机械能而输出。

如果液力传动装置只有上述两个部件，则称这一传动装置为液力偶合器，如图 1-1-3 所示。

如果除上述两部件之外，还有一个固定的导流部件（其他可装在泵轮的出口或入口处，如图 1-1-4 所示），则称这个液力传动装置为液力变矩器。这一导流部件称为导轮（以 D 表示）。

为了扩大液力元件的使用范围，可将液力偶合器或液力变矩器与各种机械元件组合成一个整体，称为液力机械元件（或称液力机械偶合器或液力机械变矩器）。

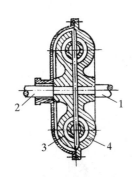

图 1-1-3　液力偶合器结构原理图
1—主动轴；2—输出轴；3—涡轮；4—泵轮

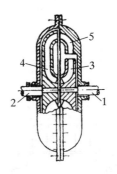

图 1-1-4　液力变矩器结构原理图
1—主动轴；2—输出轴；3—泵轮；4—涡轮；5—导轮

三、液力传动发展概况及其应用

液力传动相对于其他传动（机械、电气）还是一门比较年轻的学科，从第一台液力变矩器问世到现在，只有约 100 年的历史。

第一台液力变矩器是德国的费丁格尔教授于 1902 年首先提出的，并于 1908 年应用在工业上。1920 年，包易尔教授在费丁格尔液力变矩器的基础上去掉导轮装置，便构成了第一台液力偶合器。

液力传动在我国的应用和发展是从 20 世纪 50 年代开始的，当时在红旗牌轿车上采用了单级四叶轮三相液力变矩器（目前，除轿车之外，在中吨级自卸车上也先后采用了应用很广的单级三叶轮二相液力变矩器），工程机械和起重机械自 1964 年开始采用液力传动。1974 年以后，我国已开始自行设计，并相继制定出《单级向心涡轮液力变矩器条例》和《双涡轮液力变矩器条例》。

虽然我国许多领域中都采用了液力元件，但与国外先进工业国家相比，目前尚存在一定差距，应用还不够广泛，产品尚未形成系列，性能和可靠性方面也有待进一步提高。

当前，我国液力变矩器的发展趋势是工作可靠、性能稳定、效率高、结构简单、操纵方便、成本低、逐渐形成系列化生产。

四、液力传动的特点

1. 使车辆具有良好的自动适应性

当外载增大时，变矩器能使车辆自动增大牵引力，同时车辆自动减速，以克服增大了的外载荷；反之，当外载荷减小时，车辆又能自动减小牵引力，提高车辆的速度，既保证了发动机能经常在额定工况下工作，同时又可避免发动机因外载荷突然增大时而熄火。因此，司机可不必为发动机熄火而担心，同时又满足了车辆牵引工况和运输工况的要求。

2. 提高了车辆的使用寿命

由于液力传动的工作介质是液体，能吸收并减少来自发动机和外载荷冲击，即液力传动的滤波性能和过载保护性能，提高了车辆的使用寿命，以重型汽车为例：发动机的寿命增加 47%，变速箱的寿命增加 40%，后桥差速器寿命增加 93%。

3. 提高了车辆的舒适性

采用液力传动后，车辆起步平稳，并在较大的速度范围内实现无级变速，可以吸收和减少外载荷的冲击，从而提高了车辆的舒适性。

4. 提高车辆的通过性能

液力传动可以使车辆以任意低的速度行驶，这样便使车辆与地面的附着力增加，从而提高了车辆的通过性能。这对地下装载机在泥泞不平的路面条件下作业是有利的。

5. 操作简便

因为液力变矩器本身就是一个无级自动变速器，发动机动力范围得到扩大，故变速箱的挡位可以减少。采用动力换挡装置后，使换挡操纵简便，从而大大降低了驾驶员的劳动强度。

另外，液力传动的主要缺点是：与一般机械传动相比，成本高；变矩器本身的效率低，一般为 80% ~ 85%，最高效率为 85% ~ 92%；高效区较窄。尽管存在一些缺点，由于液力传动具有上述一系列优点，远远超过其不足，因而得到越来越广泛的应用。

第二节 液力偶合器

一、液力偶合器结构

如图 1-1-5(a)所示，泵轮 B 通过泵轮输入盘与发动机的曲轴（主动轴）相连，并随着曲轴一起旋转。涡轮 T 装在密封的罩壳中，在涡轮上固装有被动轴。泵轮与涡轮端面相对，二者之间留有 3 ~ 5mm 的间隙，没有机械连接。其他（液力元件）的内腔共同构成椭圆形的环状空腔（液力传动油循环流动通道）。

此环状空腔称为循环圆，工作时工作液体即在其间循环流动。此循环圆的截面示意图如图 1-1-5(b)所示。

二、液力偶合器工作原理

液力偶合器的工作原理如图 1-1-6 所示。

当发动机带着泵轮旋转时，充满在泵轮内的工作液体也被叶片带着一起旋转（绕泵轴作圆周运动），并在离心力的作用下力图从叶片的内缘 B 向外缘 A 流动（如图 1-1-6(a)所示）。故造成叶片外缘（泵轮出口处）的压力较高（高于大气压），而内缘（泵轮中心）的压力较低（低于大气压）。其压力差的大小取决于泵轮的半径与转速。此时，如果充满工作液体的涡轮仍处于静止状态，则涡轮外缘与中心的压力同为一个大气压。这样，显然涡轮外缘的压力低于泵轮外缘的压力，而涡轮中心的压力则高于泵轮中心的压力。由于两个面对面的工作轮是同为一个外壳所封闭着，所以此时被泵轮甩到外缘的工作液体就朝着涡轮外缘冲过去，顺着涡轮叶片向其中心流，然后再返回到泵轮中心。由于泵轮不停的旋转，返回到泵轮中心的工作液体又被泵轮叶片再次甩到外缘。工作液体就这样循环不息地在循环圆中环流着（如图 1-1-6(b)所示）。

泵轮内的工作液体除了径向流动（沿循环圆环流）外，还要随泵轮的旋转绕轴线作圆周运动。前者径向流动为相对运动，后者为牵连运动。两者合成的绝对运动则斜对着涡轮，冲击其叶片，然后顺着涡轮叶片再流回泵轮中心（如图 1-1-6(c)所示）。

斜向冲击涡轮叶片的液流遇到静止的涡轮，其圆周速度将立刻被迫下降到趋于零，从而对涡轮叶片造成一个沿涡轮圆周方向的冲击力，此力对涡轮产生一个与泵轮同向旋转的扭矩，于是涡轮便开始旋转，通过从动轴向外输出扭矩和转速。这就是液力偶合器以液体为工作介质开始传递动能的情况（如图 1-1-6(d)(e)所示）。

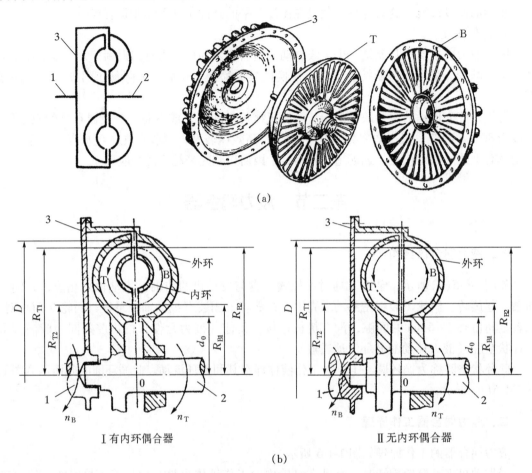

(a)

I 有内环偶合器　　　　　　　　　　II 无内环偶合器

(b)

图 1-1-5　液力偶合器的结构示意图

1—主动轴；2—被动轴；3—泵轮输入盘；B—泵轮；T—涡轮

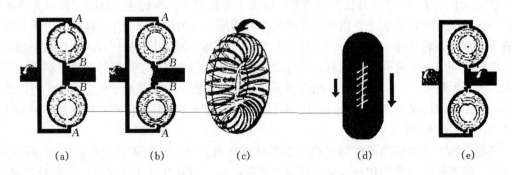

(a)　　　　　(b)　　　　　(c)　　　　　(d)　　　　　(e)

图 1-1-6　液力偶合器的工作原理图

液力偶合器实现传动的必要条件是工作液体在泵轮和涡轮之间有循环流动。而这种循环流动的产生，是由于两个工作轮转速不等，离心力也就不等，使两轮叶片的外缘产生压力差所致。故液力偶合器在正常工作时泵轮转速总是大于涡轮转速。

根据液力偶合器工作原理可见，在传递能量的过程中，工作液的环流运动没有受到任何附加外力。因此发动机传给泵轮的扭矩，等于泵轮通过工作液传给涡轮的扭矩。这就是说，液力偶合器只能起传递扭矩的作用。

根据工作原理的分析，液力偶合器的性能可归纳如下。

当液力偶合器稳定工作时，若忽略摩擦阻力，则作用于泵轮上的扭矩 M_B 的大小等于涡轮上所受的扭矩 M_T。

即 $$M_B = M_T$$

当涡轮转速 n_T 等于泵轮转速 n_B 时，环流运动停止，此时不传递扭矩。故液力偶合器在一般正常工作时总是 $n_B > n_T$。

液力偶合器的效率 $\eta_{偶}$ 为：

$$\eta_{偶} = N_T/N_B = M_T \cdot n_T/M_B \cdot n_B = n_T/n_B = (1/n_B)n_T = i$$

式中，N_T——涡轮的功率；

N_B——泵轮的功率；

i——传动比。

即液力偶合器的效率等于传动比。

从 $\eta_{偶} = N(1/n_B)n_T$ 公式可以得出：偶合器效率 $\eta_{偶}$ 与 n_T 为线性关系，如图1-1-7所示。

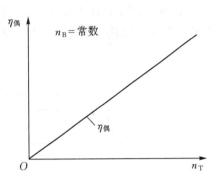

图1-1-7 偶合器 $\eta_{偶}$ 与 n_T 的关系曲线示意图

第三节 液力变矩器的结构和工作原理

一、液力变矩器基本术语

液力变矩器有关概念如下。

元件：与液流发生作用的一组叶片数叫做元件。

级：涡轮的元件数即为液力变矩器的级数。

相：借助于某些机构的作用，一些元件在一定工况下改变作用，从而改变了变矩器的工作状态，这种工作状态数称为变矩器的相数。三元件综合式液力变矩器如图1-1-8所示。

当 $n_T > n'_T$ 时，导轮通过自由轮滑转，导轮失去作用而转入偶合器工况工作，由于其具有变矩器和偶合器两种工作状态，故三元件综合式变矩器称为单级两相变矩器。

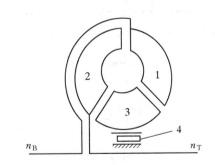

图1-1-8 综合式液力变矩器循环圆简图
1—泵轮；2—涡轮；3—导轮；4—离合器滚子

二、液力变矩器分类

液力变矩器的分类大致如图1-1-9所示，按工作轮在循环圆内的排列顺序可分为 B-T-D

型和 B-D-T 型两类液力变矩器，如图 1-1-9（a）（b）所示。对于 B-T-D 型液力变矩器，在正常状态下，涡轮的转向和泵轮转向一致，又称为正转液力变矩器。对于 B-D-T 型液力变矩器，在正常状态下，涡轮的轮向与泵轮转向相反，故又称反转液力变矩器。工程机械中大多数采用 B-T-D 型液力变矩器。

按涡轮在循环圆中的位置（或形态）又分为以下几种。

① 向心涡轮式液力变矩器，如图 1-1-9（g）所示。变矩器涡轮中的工作液流从周边流入中心。这个工作液流方向由涡轮进口半径 r_{T_1} 大于涡轮出口半径 r_{T_2} 来保证实现。

② 轴流涡轮式液力变矩器，如图 1-1-9（h）所示。变矩器涡轮中的工作液流，是作轴向流动。这将由大小相似的涡轮进口半径来实现。

③ 离心涡轮式液力变矩器，如图 1-1-9（i）所示。该变矩器涡轮中，工作液流是从中心流向周边的。这将由涡轮进口半径 r_{T_1} 小于涡轮出口半径 r_{T_2} 来保证实现。

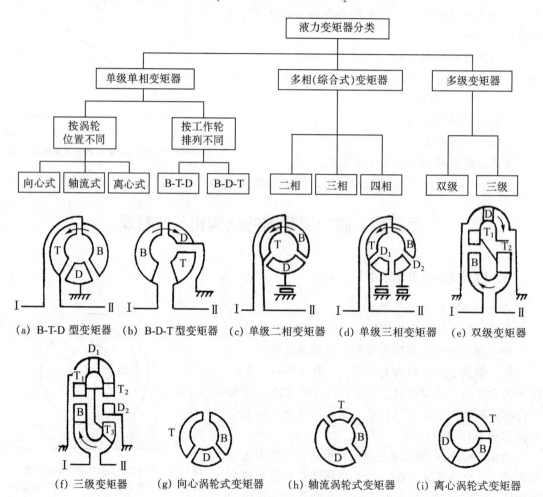

图 1-1-9　液力变矩器的类型简图

B—泵轮；T—涡轮；T_1—第一级涡轮；T_2—第二级涡轮；T_3—第三级涡轮；D—导轮；D_1—第一级导轮；D_2—第二级导轮

按液力变矩器各工作轮相互结合工作的数目，即变矩器在工作时可组成的不同工况数，又可分为单相、两相、三相液力变矩器。

① 单相液力变矩器只有一个变矩器工况。

② 两相液力变矩器,不仅具有一个变矩器工况,而且具有一个偶合器工况（如上述的综合式液力变矩器）。

③ 三相液力变矩器,具有两个变矩器工况和一个偶合器工况。把变矩器导轮分割成两个,各自安装在独立的单向离合器上（双导轮综合式变矩器）即可实现,如图1-1-9(d)所示。

按循环圆内涡轮的个数来分,又有单级液力变矩器、双级液力变矩器（如图1-1-9(b)(e)所示）和多级液力变矩器（如图1-1-9(f)所示）。

三、液力变矩器结构

图1-1-10所示为一种简单结构的液力变矩器（称为单级单向液力变矩器）的工作原理和主要原件示意图。

其他的工作元件主要有三个:泵轮（B）、涡轮（T）和导轮（D）。三个轮上都有若干曲面叶片,通过叶片的作用,使油液产生动能或接受油液传递的动能。其中导轮是固定不动的,三个轮子装在一个封闭的充满油液的空腔中。

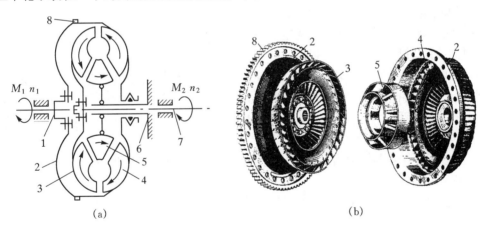

(a)   (b)

图1-1-10 液力变矩器的工作原理和主要原件示意图
—发动机曲轴；2—变矩器壳；3—涡轮；4—泵轮；5—导轮；6—导轮固定套筒；7—从动轴；8—气动齿圈

四、液力变矩器工作原理

工作时,发动机的机械能通过泵轮的转动转换成工作液体的动能,涡轮通过涡轮轴和离合器,经传动轴与变速箱相连,因此泵轮以速度 n_1 旋转,液体在泵轮带动下旋转并在离心力作用下,于泵轮B端被甩出,冲击涡轮的叶片,使涡轮转动（速度为 n_2）。液力油从涡轮T端流出后进入导轮,并经导轮又流入泵轮的入口端,如此循环。作业过程中,液体既绕轴线旋转（角速度为 ω_1）,又绕三个元件的流道构成的循环圆（B,T,D）旋转（角速度为 ω_2）,所以其他是一种环绕的螺管运动,如图1-1-11所示。

当作用于输出轴的外负荷增大时,涡轮的速度 n_2 被迫减慢,由 n_2 下降使涡轮内的液体离心力减小,使油液绕流道B,T,D环流量增大。

当油液流入导轮后，由于导轮叶片的形状是特殊曲线形成的，其他导引液体很顺利地以更高的速度进入泵轮，经泵轮以后，以更高的速度（更大的动能）冲击涡轮，使涡轮的扭矩增大。另一方面，导轮的叶片在接受由涡轮传来的液体时，由叶片的特殊曲线状，使导轮受到一个反向的（相对涡轮转向）冲击力矩，因导轮是固定不动的，因而这个力矩反作用于涡轮上，使涡轮的转矩增大，从而起到了变矩作用。即 $M_T = M_B + M_D$。

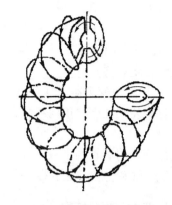

图 1-1-11　液力油在循环圆内环绕的螺管运动示意图

从上式可知，液力变矩器改变力矩的原理，在于有一个固定的导轮，若没有固定的导轮，就不是液力变矩器，而是一个液力偶合器。

五、液力变矩器的基本性能

在液力变矩器的各种性能中，比较重要的和有代表性的是液力变矩器的透穿性能、变矩性能和经济性能。

1. 透穿性能

液力变矩器的透穿性是指液力变矩器涡轮轴的力矩和转速变化时，对泵轮轴力矩和转速影响的大小的一种性能。

① 不可透穿性：当涡转轴的力矩变化时，能保持泵轮轴的力矩不变或大致不变。

当发动机和具有不可透穿性的变矩器共同工作时，不管外界的负荷变化如何，发动机始终在某一工作点工作，只有改变发动机的供油量时，才可改变发动机的工况。一般工程机械用液力变矩器都是不可透穿性的。

② 可透穿性：若涡轮轴的力矩变化能引起泵轮轴力矩也有变化时，这种变矩器的性能称为可透穿性。

根据透穿性的情况不同，又分为正透穿性、负透穿性和混合透穿性。

2. 变矩性能

① 变矩系数 K。指液力变矩器涡轮（即输出轴）所获得的扭矩 M_2 与泵轮（输入轴）的扭矩 M_1 的比值即 $K = M_2/M_1$。

K 随着转速的不同而改变，当涡轮转速 $n_2 = 0$ 时的变矩系数称为启动变矩系数 K，K 值越大，说明机械的启动牵引力也越大。

② 传动比 i。液力变矩器的涡轮转速 n_2 与泵轮转速 n_1 的比值，即 $i = n_2/n_1$。

③ 传动效率 η。指液力变矩器输出功率与输入功率的比值，即 $\eta = \dfrac{M_2 n_2}{M_1 n_1} = K \cdot i$。

在运转过程中，传动效率 η 是一个变量，在不同的传动比 i，涡轮有不同的效率值。

图 1-1-12 所示为简单的液力变矩器传动效率曲

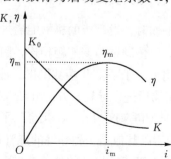

图 1-1-12　简单的液力变矩器传动效率曲线示意图

线，由图 1-1-11 中的效率呈抛物线状，其他在传速比 i_m 处最大（$\eta = \eta_m$）；通常我们不但希望有较高的 η_m，而且希望其他的高效区范围较宽。

④ 评价液力变矩器变矩性能的指标。一般用启动（或制动）工况，即当 $i_n = 0$ 时的变矩系数 K 与偶合器工况（$K = 1$）时的传动比 i 来衡量。

如上所述，一般认为 K 和 i 值大者，变矩器的变矩性能就好；但实际上两个参数不可能同时都高。为了使液力变矩器更好地适应外界负荷的变化，希望变矩系数 K 值普遍高一些，特别是 K 值要大一些。

3. 经济性

评价变矩器的经济性由下列两项指标评定。

① 最高效率点的效率值 η_{max}，效率值一般在 $0.75 \sim 0.80$ 范围内工作为最佳。

② 高效率区域范围的宽度，如图 1-1-13 所示。

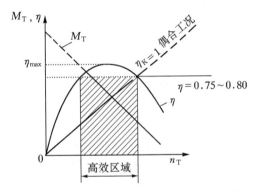

图 1-1-13　液力变矩器高效率区范围曲线示意图

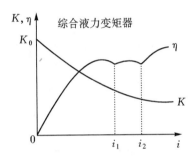

1-1-14　多相液力变矩器效率区范围曲线示意图

原则要求：最高效率值越高、高效范围宽度越宽越好。但考虑材料、经济性等因素，以提高高效区域范围来达到目的，例如实际中常采用双涡轮（ZL40，ZL50 型）、双导轮液力机械传动。

4. 液力变矩器的分类原则

① 根据液力变矩器各工作轮在循环圆内排列顺序可分为 B-T-D 型（正转液力变矩器）和 B-D-T 型（反转液力变矩器）两种，车辆多用正转液力变矩器。

② 根据涡轮叶栅的列数分为：单级、二级、三级液力变矩器。

③ 根据液力变矩器所可能实现的不同传动状态数目可分为单相、两相及多相的液力变矩器。

● 单相液力变矩器：只有变矩器工况；

● 两相液力变矩器：一种变矩器、一种偶合器工况；

● 多相液力变矩器：两种变矩器、一种偶合器工况，其效率区范围曲线示意图如图 1-1-14 所示。

④ 根据涡轮的形式不同可分为向心式、轴流式和离心式涡轮的变矩器。

⑤ 根据液力变矩器泵轮和涡轮能否闭锁成一体，可分为闭锁式和不闭锁式变矩器。

⑥ 根据工作轮的叶片是否可转动分为可调式和不可调式的液力变矩器。

六、液力变矩器的自动适应性

从液力变矩器的外特性曲线（如图 1-1-15 所示）看得更清楚。所谓液力变矩器的外特性，就是泵轮以一定转速转动时，涡轮扭矩随着涡轮的转速不同而变化的曲线。

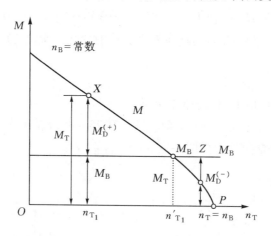

图 1-1-15　液力变矩器的外特性曲线示意图

液力变矩器的外特性可用外特性曲线表示。

从图 1-1-15 中的曲线可看出，当泵轮转速 n_B 为常数时，涡轮扭矩 M_T 是随其转速 n_T 的增加而逐渐减小的；当涡轮的转速在较低的 n_{T_1} 时，$M_T > M_B$。其差值等于导轮的反作用扭矩 M_D。随着 n_T 的增长，M_D 逐渐减小。当 n_T 增大到 n'_{T_1} 点时，$M_D = 0$，此时 $M_T = M_B$。如果 n_T 再增大到超过 n'_{T_1} 时，则出现 $M_D < 0$。这表明自涡轮出来的液流方向改变到冲击导轮叶片的背面了，从而使导轮的反作用扭矩变成一个负值了，此时 $M_T = M_B - M_D$。当 n_T 继续增加到 $n_T = n_B$ 时，$M_T = 0$，即此时不再传递动力了。

上面的分析说明，涡轮轴的扭矩主要与其转速有关，而涡轮转速又是随着阻抗力矩的改变而自动变化的。故当车辆行驶阻力增加，车速降低时，驱动扭矩可以随之自动增大，以维持汽车在某一较低的速度下稳定地行驶。液力变矩器具有的这一性能，对于行驶阻力变化比较大的轮式和履带式车辆非常适合，通常称为液力变矩器的"自动适应性"。

七、综合式变矩器的工作原理

图 1-1-16 为液力变矩器效率和液力偶合器效率随涡轮转速 n_T 变化的关系曲线（泵轮转速 $n_B =$ 常数）。

从图中可见，液力偶合器的效率 $\eta_{\text{偶}}$ 是一条上升的直线，而液力变矩器的效率 η 则是一条曲线。当涡轮转速在零到 n'_T（$0 \sim n'_T$）的范围内变化时，液力变矩器的效率 η 始终大于液力偶合器的效率 $\eta_{\text{偶}}$，即 $\eta > \eta_{\text{偶}}$。而在涡轮转速大于 n'_T 的范围内，液力偶合器的效率 $\eta_{\text{偶}}$ 又始终大于液力变矩器的效率 η，即 $\eta_{\text{偶}} > \eta$。显然，为了充分发挥它们二者的良好性能，提高

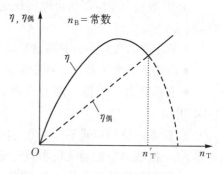

图 1-1-16　η 和 $\eta_{\text{偶}}$ 与 n_T 的关系曲线示意图

其效率，如果能使液力变矩器在$n_T > n'_T$的转速范围内处于液力偶合器的工况下工作，那么这种变矩器在整个工作范围，均在较高的效率范围内工作。此种综合了两者良好性能的液力变矩器被称为综合式液力变矩器（如图 1-1-8 所示）。

这种液力变矩器所以能够在$n_T > n'_T$时转变为偶合器工况工作，主要是在结构上借助一个单向离合器，使导轮只能向一个方向转动。当$n_T < n'_T$时，即$M_D > 0$时，导轮被单向离合器锁紧在壳体上不能转动，此时综合式变矩器是以变矩器工况工作的。如果$n_T > n'_T$时，即$M_D < 0$时，出涡轮入导轮的液流冲击导轮叶片背面，单向离合器释放，而使导轮与壳体之间脱开，于是导轮就被液流冲转，不起应有的作用。此时综合式变矩器就转入偶合器工况作用。

液力变矩器（偶合器）由于泵轮直接连接于发动机的曲轴上，因此只要发动机不熄火，就总是不停地转动着。于是涡轮上的扭矩不会等于零，涡轮也不会停止不转。所以他们是不能彻底分离动力的，这就会给机械换挡式变速器的换挡工作造成困难。因此，如果仍采用普通变速器，必须配装一个摩擦式离合器，以便使发动机与传动系统彻底分离。此外，为了对机械进行拖启动，也要利用摩擦式离合器使液力变矩器锁死，不起作用。

第四节 典型液力变矩器结构、使用与维护

一、液力变矩器的典型结构

目前液力变矩器的种类很多，现以最常用的国产 YB-355-2 型液力变矩器（如图 1-1-17 所示）为例来叙述其结构。

YB-355-2 型液力变矩器是单级单相（B-T-D 型）液力变矩器。"YB"是液力变矩器的汉语拼音简写，"355"是指该变矩器最大循环圆直径（以毫米计），最后的数值"2"表示此种变矩器的系列化数。

YB-355-2 型液力变矩器的结构包括以下部分。

① 液力变矩器的能量转换元件：泵轮 B、涡轮 T、导轮 D。

② 动力由输入端到输出端的一些传力件，包括弹性联接盘、液压泵驱动盘、涡轮轴、涡轮毂、液压泵驱动轴以及相应的联接件（螺栓）等。

③ 旋转零件的支承件：各个轴承及轴承座。

④ 压力油的密封件：金属密封环、橡胶油封及"O"形密封圈。

⑤ 变矩器壳体，导轮固定支承部件及其他附件。

为简明起见，按动力输入部分、动力输出部分及导轮的固定支撑部分等来叙述。

1. 动力输入部分

发动机的动力按如下路线输入至泵轮。

$$发动机飞轮 \rightarrow 弹性联接盘 \rightarrow 罩轮 \begin{cases} \rightarrow 泵轮; \\ \rightarrow 液压泵驱动盘 \rightarrow 液压泵驱动轴。 \end{cases}$$

发动机飞轮和弹性联接盘用双头螺栓连接；弹性联接盘和罩轮用 6 个双头螺栓和 6 个圆柱销来联接和传力；扭矩的传递主要靠圆柱销；弹性联接盘与罩轮联接处的表面应当平整。

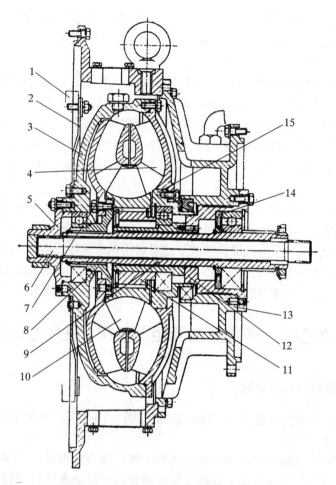

图 1-1-17   YB-355-2 型液力变矩器的结构示意图

1—发动机飞轮；2—弹性联接盘；3—罩轮；4—泵轮；5—液压泵驱动盘；6—液压泵驱动轴；7—涡轮；8—涡轮轮毂；9—涡轮输出轴；10—导轮；11—导轮固定座；12—轴承座；13—壳体；14—密封托；15—泵轮轴承座

　　罩轮与泵轮之间用 24 个螺栓联接，联接处用配合面定位，以保证泵轮与发动机曲轴的同轴度。

　　这个液力变矩器需用一部分功率驱动液压泵，在结构上，这部分功率由罩轮、液压泵驱动盘和液压泵驱动轴输出。

　　泵轮系统有三个支点。第一个支点是固定支点，通过液压泵驱动盘的轴端插入发动机的中心孔内，将变矩器支承于发动机上。从而使整个系统与发动机曲轴系统旋转同心，同时防止了整个系统的径向移动和承受系统的径向负荷。第二个支点是泵轮通过球轴承支承在导轮固定座上，该支点允许微小的轴向移动，泵轮用螺栓与泵轮轴承座相联。第三个支点是罩轮，和涡轮轮毂间用一个球轴承相互支撑。这对泵轮系统来说是多余的，但对涡轮来说却是必要的支承点。

　　在动力输入系统中，弹性联接盘除了传递力矩外，还可以缓冲和减小由于偏心和热膨胀等引起的附加载荷。罩轮除了作为动力的中间传递零件外，并在此变矩器中构成循环圆的一部分。泵轮由 ZL-10 铸铝浇铸而成，泵轮内分布着近似 26 个圆柱曲面的叶片。

2. 动力输出部分

变矩器动力按如下路线传递：涡轮→涡轮轮毂→涡轮输出轴。

涡轮与涡轮轮毂之间用螺栓联接，用圆柱销传力，涡轮轮毂与涡轮轴采用花键联接。

为使涡轮在涡轮轴上轴向固定，在涡轮轮毂两侧各设一个轴用挡圈。为了调整涡轮与泵轮和罩轮间的轴向间隙，在涡轮轮毂与轴承和挡圈间都设有一个调整垫圈。

涡轮系统是两点支承：左支点是通过 210 型向心球轴承支承在涡轮轮毂与罩轮之间的轴承座内。轴向用液压泵驱动盘压紧定位；右支点通过 309 型向心球轴承支承在与壳体联成一体的轴承座内。轴承外环的左侧有一密封托，其他与外环一起紧靠在轴承座内；外环的右侧有一个挡圈使轴承轴向定位。轴承的内环一侧靠在涡轮轴的键上，另一侧经密封座靠挡圈轴向定位。这样整个涡轮输出部分的轴向位置是确定的。

涡轮与涡轮轴的同心度由花键定心来保证。

涡轮由 ZL-10 铸铝浇铸，涡轮内有近似 28 个均布的圆柱曲面的叶片。涡轮为向心式，其他的循环圆形状和叶片进出口轴面轮廓线位置与泵轮大致对称。

3. 导轮的固定支承部分

导轮在 YB-355-2 型液力变矩器中是一个固定不动的工作轮。其与壳体之间的联接路线是：导轮→导轮固定座→轴承座→壳体。

导轮和导轮固定座之间采用平键联接。为了防止键的轴向移动，在右侧有一挡圈。导轮固定座与轴承座之间用螺栓连接，用定位销定位。为了拆卸方便，轴承座上钻有两个顶丝孔。

导轮也是用 ZL-10 铸铝铸成。导轮内均布 24 个近似圆柱曲面的叶片。

4. 压力油的密封

当液力变矩器工作时，在循环圆内充满有一定压力和高速流动的液体。为防止液体渗漏，必须对循环圆的有关联接处采取密封措施。

在 YB-355-2 型液力变矩器上，采用了以下三种密封装置。

① 固定处密封：采用耐油橡胶制成的 "O" 形密封圈，如罩轮和泵轮的联接处、泵轮和泵轮轴承座的联接处、罩轮和液压泵驱动盘的联接处。

② 旋转处密封：采用合金铸铁制成的密封环，如罩轮与涡轮轮毂之间、泵轮轴承座与导轮固定轴承座之间以及密封托和密封座之间，都采用了合金铸铁的密封环。

③ 对于压力较低而又有相对运动的联接处，采用了橡胶密封圈。

5. 液力变矩器的补偿和冷却系统

液力变矩器正常工作必须有补偿和冷却系统。YB-355-2 型液力变矩器应用于工程机械，其补偿和冷却包括下列一些部件：滤油器、齿轮泵、油冷却器和 3 个压力控制阀。其中前三个是不附属于液力变矩器的独立部件，而 3 个压力控制阀则往往安装在液力变矩器上，作为液力变矩器的组成部件。补偿和冷却系统如图 1-1-18 所示。

第一个压力阀是定压阀。定压阀的作用是限定工程机械变速箱换挡离合器的油压，压力一般为 1.1 ~ 1.4MPa。在油压低于规定值时，补偿油液不进入液力变矩器，保证离合器的操纵油压。

第二个压力阀是溢流阀。溢流阀控制工作液体进入泵轮时的压力，压力一般为 0.35 ~ 0.4MPa。其他同时又起着控制供油流量的作用。

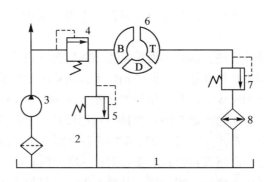

图 1-1-18　液力变矩器的补偿和冷却系统原理图

1—油箱；2—滤油器；3—液压泵；4—定压阀；5—溢流阀；6—变矩器；7—背压阀；8—冷却器

第三个压力阀是背压阀。其他保证液力变矩器中的压力不得低于所规定的压力（0.25 ~0.28MPa），以防止工作时液力变矩器因压力过低产生气蚀现象和工作液体全部流空。

二、液力变矩器的维护使用

装配液力变矩器时，应注意发动机和变速箱要保持同轴度；各部件应旋转灵活；内外应无干涉现象；换装变矩器油时，应加至油面线，待发动机启动运转 2min 后，若油位低，再加油至油面线，一般运行 2000h 更换一次油。发动机启动后，检查变矩器油压、油温，若是新换的变矩器，空载运行 20 ~ 30min 进行磨合，并且检查变矩器有无异常情况，有无不正常声音，确认正常后方可负载运转。

随着采用液力机械传动的施工机械越来越多，我们应对液力变矩器的正确使用、维护保养及油温过高的原因和排除方法有所了解。

现以 TY-220 型推土机上应用的液力变矩器为例，对以上问题作以介绍（如图 1-1-19 所示）。

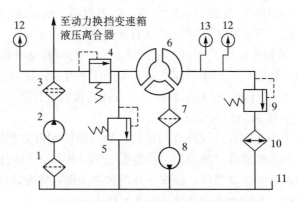

图 1-1-19　TY-220 型推土机液力变矩器辅助系统原理图

1—粗过滤器；2—补偿液压泵；3—精过滤器；4—调压阀；5—溢流阀；6—液力变矩器；
7—过滤器；8—回油泵；9—背压阀；10—冷却器；11—后桥箱；12—油压表；13—油温表

液力变矩器正常使用温度和测量方法如下。

液力变矩器的油温随着使用工况的不同而变化。其正常使用油温进口处为 90 ± 5℃，出口处的最高允许温度为 115 ~ 120℃，短时间内可允许到 130℃。

进口油温的测量方法是，关闭发动机，迅速打开补偿系统中的精过滤器盖，插入温度计 1min 后取出读数。若在发动机停机后 2min 内做完，根据液力变矩器的使用经验，将温度计所测温度再加高 5 ~ 10℃。

出口油温在系统中的油温表上可以读出。

1. 变矩器油温过高

就液力变矩器而言，油温越高，油的黏度就越低，这可以提高液力变矩器的效率。但另一方面，过高的温度将引起下列问题。

① 工作油液产生气泡，氧化沉淀，油容易变质老化。

② 黏度大大降低，不能起到传动系统的润滑作用，并且还容易引起泄漏。

③ 过高的温度会导致橡胶密封元件老化，起不到密封作用，使油的漏损增大，影响液力变矩器的正常工作。

导致油温过高的原因很多，在检查原因时要先易后难逐步分析。现将其主要原因与排除措施列于表 1-1-1 中。

表 1-1-1　　　　　　　　　　　变矩器油温过高的原因与排除方法

序号	引 起 原 因	检 查 部 位	排 除 方 法
1	冷却水温过高	发动机皮带松紧度	调整或更换皮带
		冷却循环系统	维修或更换
2	油冷却器堵塞	冷却器芯子	清洗或更换
3	冷却器不通水	发动机机体出水口	疏通
4	补偿油压过高	溢流阀	调整压力
5	出口油压过高	背压阀	调整压力
6	过滤器堵塞	过滤器芯子	清洗或更换
7	长时间过载作业	检查载荷	减轻载荷
8	工作轮间隙不当	零件磨损或装配间隙	更换零件或重新装配

2. 变矩器动力输出不足

动力输出不足原因与排除措施列于表 1-1-2 中。

表 1-1-2　　　　　　　　　　　动力输出不足的原因与排除方法

故障现象	原 因	排除方法
动力输出不足	发动机转速低	提高发动机转速
	液力油有气体	检查油箱油位的高度
		检查管路系统的密封性
		检查工作油是否变质
		检查油路是否有堵塞现象
	工作油温过高	降低油温
	变矩器进口、出口阀压力过低	检查各液压阀动作的灵敏性及工作油的泄露情况

3. 供油系统压力过低

供油系统压力过低原因与排除措施列于表 1-1-3 中。

表 1-1-3 供油系统压力过低的原因与排除方法

故障现象	原　因	排除方法
供油系统压力过低	背压阀失效	更换背压阀
	进油管阻塞	检查、清洗油管
	供油泵供油不足	检修油泵或更换
	油箱内油位过低	添加工作油
	滤油器堵塞	清洗或更换滤油器
	压力表失灵	更换压力表

4. 使用液力变矩器的注意事项

① 正确选用工作油。在一般使用条件下，通常采用 22 号汽轮机油或 6 号液力传动油；长江以北地区冬季采用 8 号液力传动油，严禁混合使用。

② 注意保持油的清洁度。根据使用条件，每使用 1000h，或者时间再短些，应该换油；当发现油脏，或者由于油温高而使油变色，或有很浓的气味时，需随时换油。

③ 注意出口油温表的读数不得超过规定的温度；否则变矩器将失去工作能力。

④ 每日开始工作时，先不要满载作业，应待进口油温升至 80℃时，再进行正常作业。

⑤ 新装变矩器的主机启动后，首先检查变矩器的油压、油温是符合要求，并空载运转 30min 左右进行低速磨合，当无不正常情况时即可负载运转。

如果因机体内存有余油在操作过程中切勿倒置并严防异物入内。轻拿轻放，以免磕碰变形，影响使用。

思考与习题

1. 如何理解土方工程机械传动系的"自适应性"？土方工程机械工作特点怎样？

2. 何为液力传动？液力传动的主要优点是什么？

3. 阐述液力偶合器的组成及工作原理，液力偶合器可分为哪几类？各类液力偶合器各应用于什么场合？

4. 试述液力变矩器的组成及工作原理。

5. 液力变矩器的基本性能都有哪些？实际工程机械底盘液力传动是如何提高其传动效率的？

6. 何为综合式液力变矩器？有何特点？简述液力变矩器的分类。

7. 评价液力变矩器的经济性指标都有哪些？

8. 怎样理解"元件、级、相、变矩系数 K、传动比 i、传动效率 η"等基本术语？

9. 液力变矩器油温过高的原因有哪些？各应检查哪些部位？使用注意事项有哪些？

10. YB-355-2 型液力变矩器结构特点如何（泵轮、涡轮及导轮是如何支承、定位或限位的）？

11. 液力传动油在工作时，有何特点？液力变矩器是如何密封的？

12. 何为液力机械变矩器？双涡轮液力机械变矩器的主要特点是什么？

13. 土方工程机械为何常采用液力机械传动？

14. 试述土石方施工机械种类、作用及组成。

第二篇 土方工程机械

第一章 推 土 机

第一节 概 述

推土机是以工业拖拉机或专用牵引车为主机，前端装有推土装置（或后端悬挂松土装置），依靠主机的顶推力，在行进中对土石方物料进行切削或搬运的铲土—运输机械。

一、推土机的功用

① 切削与推运：一般运距范围为 30 ~ 45m。可铲挖和移运土壤，还能整修场地、路基，排除矿渣、煤渣石等。

推土机由于铲刀两侧没有翼板，容量有限，在运土过程中会造成两侧的泄漏，故运距不宜过长，否则会降低作业生产率。通常，中、小型推土机的运距短些，大型推土机的运距稍长一些。

② 开挖与堆积：开挖基槽、河床、堆积沙丘、堆筑路堤及水坝等。

③ 回填与平整：回填基坑、沟壕、平整道路及广场等，但用于平整作业的效果不如平地机作业效果好。

④ 疏松与压实：疏松荒地、压实地面、压实施工场地等。

推土机加装多齿松土器可用于疏松较薄的硬土等。加装单齿松土器能劈开硬土，可以劈松具有风化或有裂缝的岩石。比如钻孔爆破，用重型单齿松土器进行岩石劈松作业效率更高。

⑤ 其他用途：清除路障与积雪、铲除树根，修筑临时便道或作为其他机械助力使用。

对于单发动机的自行式铲运机往往在铲装时牵引力不足，这时，可用推土机的推土板进行顶推助铲作业。推土机进行推土作业时，借助行走机构产生的牵引力将铲刀切入土中，在行进中，使铲刀前土堆积满并将铲松的土推移。利用铲刀的浮动功能，可使铲刀贴着坚实地面移动而将地面松散物料聚集。

推土机还可利用挂钩牵引各种拖式机具（如拖式铲运机、拖式振动压路机等）进行作业，这时，推土机相当于一台拖拉机。

推土机广泛用于各种土石方工程施工，是铲土运输机械中最常用的作业机械之一，在土石方施工机械中占有十分重要的地位。推土机在公路、铁路、机场、港口等交通运输工程施工中，在矿山开采、农田改造、水利兴修、大型电站和国防建设施工中发挥着巨大的作用。

二、推土机的分类

推土机一般按发动机功率的大小、传动系的类型、行走方式的类型、推土装置机构形式和应用领域分类。现代推土机工作装置的操纵都已采用液压操纵。

1. 按发动机功率分类

因为柴油机具有功率范围广、飞轮输出扭矩大、热效率值高、运转经济性和燃油的安全性好等优点，故目前推土机一般采用柴油机作为动力装置。推土机按其装备的柴油机功率大小，可分为以下三类。

① 小型推土机：功率在 37kW 以下。

② 中型推土机：功率在 37～235kW。

③ 大型推土机：功率在 235kW 以上。

2. 按传动方式分类

（1）机械传动式。

采用机械式传动的推土机具有工作可靠、制造简单、传动效率高、维修方便等优点，但操作费力，传动装置对载荷的自适应性差，容易引起发动机熄火，降低作业效率，在大中型推土机上已很少采用这种传动形式。

（2）液力机械传动式。

液力机械传动式是现代推土机采用的主要传动形式。采用液力变矩器与动力换挡变速箱组合传动装置，具有自动适应（外负荷变化的能力）性强，实现自动无级变速变扭，简化变速箱结构，改善机械作业性能；发动机不容易熄火，可负载换挡，换挡快且换挡柔和，减少换挡次数，操纵比机械式轻便，作业效率高等优点。施工经验证明，采用液力机械式传动的推土机，比同功率机械式推土机的生产率要高 50% 左右。液力机械式传动的缺点是液力变矩器在工作过程中容易发热，降低了传动效率；同时传动装置结构复杂、制造精度高，提高了制造成本，也给维修带来了不便。

（3）全液压传动式。

全液压传动式推土机的传动装置结构紧凑，由于前后传动部件之间可采用液压软管连接，在整机结构布置上较为灵活。采用低速大扭矩液压马达驱动可获得与外负荷相适应的牵引特性曲线，能在不同负荷工况下稳定发动机转速，充分利用发动机功率。液压传动式推土机可借助液压泵或液压马达的变量功能和液压阀的换向功能实现自动无级调速和原地转向，操纵十分方便，且机械运行平稳，无冲击。国外曾对全液压传动和液力机械式传动履带式推土机进行对比试验，其结果表明：全液压传动的推土机要比液力机械式传动的推土机节能10%，而传动效率和生产率则分别提高 25% 和 15%～25%。全液压传动由于液压元件制造精度要求高，特别是低速大扭矩液压马达制造难度较大，增加了制造成本，且可靠性和耐久性较差，维修困难，故目前全液压传动应用不太普遍，只在中等功率的推土机上有采用。

（4）电传动式。

电传动式推土机装备有柴油发动机组，将发动机输出的机械能先转化成电能，通过电缆驱动电动机继而带动行走系统和工作装置。这种传动系具有全液压式传动系的诸多特点：结构简单、整体布置方便、操纵灵活、可实现整机无级变速和原地转向。电传动比全液压传动工作更可靠，作业效率更高。但由于整机质量大，制造成本高，目前只在少数大功率轮式推土机上应用。另外，也有直接用电网电力作为能源，以电动机为一级动力装置的电气传动式推土机。这种推土机主要用于露天矿开采和井下作业，没有废气污染。因受电力和电缆的限制，电气传动式推土机的使用范围受到很大的限制。

3. 按行走方式分类

（1）履带式。

履带式推土机是目前工程施工中应用最多的一种推土机。它的附着性能好，牵引力大，接地比压小，爬坡能力和通过松软地面的能力强，能适应恶劣的工作环境。履带式推土机具有优越的作业性能，是目前重点发展的机种。

但履带式推土机行驶速度比较低，存在履刺损坏路面的缺点，不能在公路和城市道路上行驶。此外，履带式推土机的钢材用量也较大。

（2）轮胎式。

轮胎式推土机行驶速度快，转向灵活，因而机动性能好，作业循环时间短，转移方便迅速。由于轮胎不损坏路面，轮式推土机特别适合在城市建设和市政道路维修工程中使用。轮胎式推土机制造成本较低，维修方便，近年来也有较大的发展。但轮胎式推土机的附着性能远不如履带式，在松软潮湿的场地施工时容易引起驱动轮滑转，降低生产效率，严重时还可能造成车辆沉陷，甚至无法施工。在开采矿山等恶劣条件下，轮胎式推土机如遇上坚硬尖锐的岩石，容易引起轮胎急剧磨损，因此轮胎式推土机的使用范围受到一定的限制。

4. 按铲刀形式分类

（1）直铲式推土装置。

直铲式又可分为固定式与可调式两类。直铲式推土装置结构简单、刚度好，但只能正对前进方向推土，作业灵活性差。

（2）斜铲式推土装置。

斜铲式又称作回转式。其可在水平面内和垂直面内调整一定角度，便于向一侧移土和开挖边沟，但刚度差。

5. 按用途分类

（1）普通型推土机：通用性好，可广泛用于各类土石方工程施工作业。

（2）专用型推土机：在特定工况下进行施工作业的推土机，专用性强，只适用于特殊环境下的施工作业。其中专用型推土机还分为以下几种。

① 浮体推土机。其机体为船形浮体，发动机进、排气管装有导气管通往水面，驾驶室安装在浮体平台上，可用于海滨浴场、海底整平等施工作业。

② 水陆两用推土机。是两栖型推土机，主要用于浅水区或沼泽地带作业，也可在陆地上使用。潜入水下作业时，发动机必须通过伸出水面的导气管进、排气，并通过无线电进行遥控操纵。

③ 深水型推土机。适合海底潜水作业，并配备辅助工程船提供电力，通过电缆驱动水下推土机。如浮体推土机和水陆两用推土机是浅水型推土施工作业机械。

④ 湿地推土机。为低比压履带式推土机，可适应沼泽地的施工作业。

⑤ 军用高速推土机。主要用于国防建设，平时用于战备施工，战时可快速除障，挖山开路。

由于爆破推土机和低噪声推土机应用较少，故本书中不再赘述。

第二节　推土机底盘

履带式和轮胎式推土机的外形如图 2-1-1 所示。

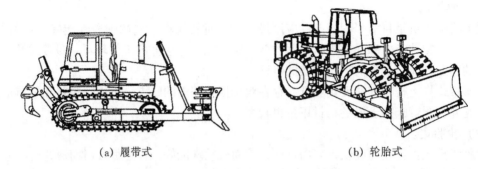

（a）履带式　　　　　　　　　　　　　　（b）轮胎式

图 2-1-1　履带式和轮胎式推土机的外形示意图

一般推土机都由基础车、工作装置及操纵系统三大部分组成。其底盘在组成和工作原理上有很多共性，在发动机和底盘组成的牵引车上合理配置不同的工作装置即决定推土机的大小。

推土机的底盘部分由安装在机架上的传动系、行走装置、转向系、制动装置、悬挂装置、操纵台或驾驶室以及操纵控制系等组成。发动机输出的动力经传动系传送到行走装置使推土机实现行走。

操纵控制系统提供整机行走、转向、制动和工作装置运动的控制以及机械各关键部位的状态监测。

一、推土机传动系

传动系的作用是将发动机输出的动力减速增扭后传给行走装置，以便使推土机具有足够的牵引力和合适的工作速度。

履带推土机的传动系，多数采用机械传动或液力机械传动形式。

图 2-1-2 所示为国产 TY-180 型履带式推土机的机械式传动系布置简图。发动机输出的动力经分动箱将动力分流，一路带动各液压泵，另一路经由主离合器、传动轴、输入变速箱，变速箱中不同的齿轮对啮合可按相应的传动比将运动减速或换向后，由输出轴传到中央传动，中央传动的一对锥齿轮使运动方向改变 90°后，再经转向离合器将动力分成左右两支。最后，经两侧对称的最终传动装置驱动履带链轮。上海 TY-320（D155A）型推土机的传动系也是机械传动式。

图 2-1-3 所示为履带式推土机液力-机械传动系布置简图。与机械式传动系的区别在于液力变矩器和动力换挡变速箱取代了主离合器和机械式换挡变速箱。

图 2-1-4 所示为国产 TL-160 型轮胎式推土机传动系布置简图。该机采用液力机械传动的全桥驱动方式。发动机输出的动力经液力变矩器的两级涡轮分流，一路带动液压油泵；一路经传动轴、动力换挡变速箱后，再经前、后传动轴将动力分流到前后驱动桥差速器输入齿轮。传到驱动桥的动力经差速器分流到左、右半轴，最后经最终减速器驱动左、右车轮行走。在这个传动系中设置了锁紧离合器和脱桥装置。锁紧离合器的作用是在高速轻载工况下

将变矩器的泵轮和涡轮用机械的方法结合在一起以提高传动率。而脱桥装置用于高速运输工况下变双桥驱动为单桥驱动以解决功率循环损失问题。

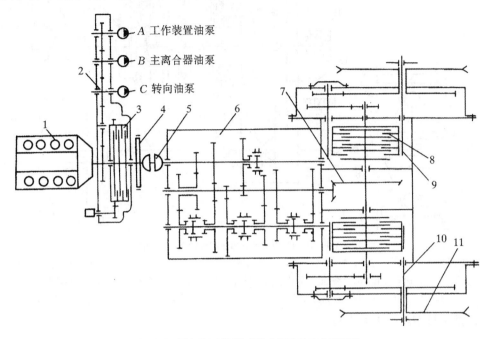

图 2-1-2　TY-180 型履带式推土机传动系布置简图

1—柴油机；2—齿轮箱；3—主离合器；4—小制动器；5—联轴器；6—变速箱；7—中央传动装置；
8—转向离合器；9—制动器；10—最终传动装置；11—驱动轮

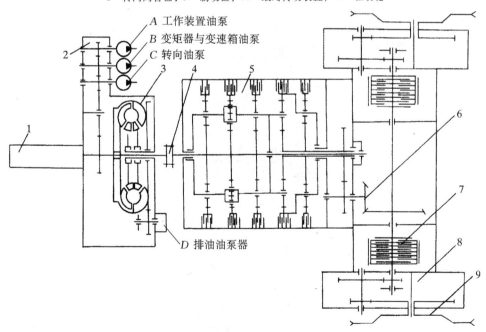

图 2-1-3　履带式推土机液力-机械传动系布置简图

1—柴油机；2—齿轮箱；3—变矩器；4—联轴器；5—变速箱；6—中央传动装置；
7—转向离合器与制动器；8—最终传动装置；9—驱动轮

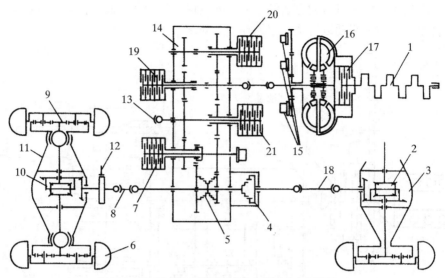

图 2-1-4　TL-160 型轮胎式推土机传动系布置简图

1—发动机；2，10—差速器；3—后驱动桥；4—后桥脱开机构；5—高、低挡变换器（滑套）；6—车轮；
7，21—变速离合器；8，18—前、后传动轴；9—轮边减速器；11—前驱动桥；12—手制动器；
13—铰盘传动轴；14—动力变速箱；15—油泵；17—锁紧离合器；19，20—换向离合器

二、推土机底盘的主要部件

1. 液力变矩器

图 2-1-5 所示为上海 TY-320（D155A）型履带式推土机三元件单级单相变矩器。

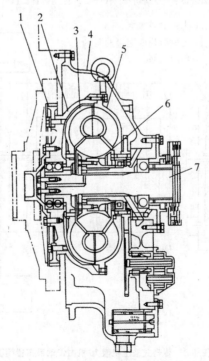

图 2-1-5　TY-320 型履带式推土机变矩器结构简图

—传动齿轮；2—传动箱；3—涡轮；4—变矩器外壳；5—泵轮；6—导轮；7—涡轮轴

变矩器泵轮的外缘用螺钉固定在传动箱上，泵轮内缘用螺钉与驱动齿轮相连，并通过轴承安装在导轮轴上，导轮轴则用螺钉固定在变矩器外壳上。传动箱用螺钉固定在传动齿轮上，传动齿轮与飞轮相固连，发动机通过飞轮驱动泵轮旋转，这就是变矩器的主动部分。

涡轮用螺钉与涡轮轮毂相连，涡轮轮毂通过花键与涡轮轴（即输出轴）左端相连，并通过涡轮轴颈用轴承支承在传动箱的座孔内；涡轮轴的右端则通过球轴承安装在导轮轴上，并通过花键与联轴器相连。变矩器的动力即由此输出，这是变矩器的从动部分。

变矩器的导轮通过花键固定在导轮轴的端部，在三元件之间用止推轴承起轴向定位作用。

中小型履带推土机采用机械传动（例如小松 D80A-18 型）的生产率要高于同功率级的液力传动的推土机（例如小松 D85A-18 型）；大中型履带推土机则多采用液力传动（例如小松 D155A-1，D355A-3，D455A-1 型）。

2. 动力换挡变速箱

能实现不切断动力也可以换挡的变速箱，即利用发动机动力进行换挡的变速箱，被称为动力换挡变速箱。

图 2-1-6 所示为上海 TY-320（D85A-12）型履带推土机采用的行星式动力换挡变速箱。

箱壳体隔成前后两部分，前部分装置行星轮机构，后部分装置单级减速器。行星轮机构接受变矩器传来的动力，可进行四个前进挡和两个倒退挡的变换。减速器是变速箱的动力输出部分。

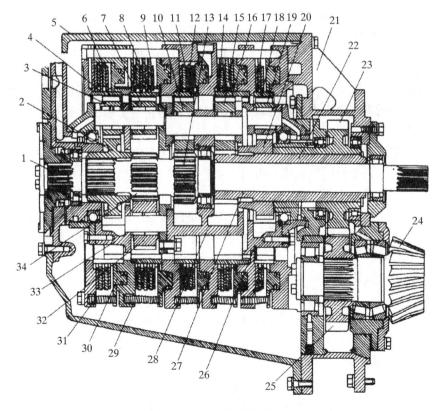

(a) 结构示意图

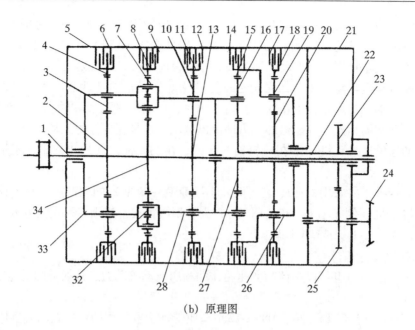

（b）原理图

图 2-1-6　行星齿轮式动力变速箱

1—输入轴；2—第一太阳轮；3—第一行星轮；4—第一齿圈；5—变速箱壳体；6—第一离合器；7—第二外行星轮；8—第二齿圈；9—第二离合器轴；10—第三行星轮；11—第三齿圈；12—第三离合器；13—第三太阳轮；14—第四离合器；15—第四行星轮；16—第四齿圈；17—第五离合器；18—第五齿圈；19—第五行星轮；20—第五太阳轮；21—减速器壳体；22—输出轴；23—减速器主动齿轮；24—中央传动小圆锥齿轮；25—减速器从动齿轮；26—第三行星轮架；27—第四太阳轮；28—第一行星轮架；29—离合器壳体；30—活塞；31—回位弹簧；32—第二内行星轮架；33—第二内行星轮；34—第二太阳轮

输入轴与第二、三太阳轮制成一体，其前部通过花键装有第一太阳轮，后部套着空心的输出轴。输出轴的前端与第四太阳轮制成一体，在该轴的花键上还依次装有第五太阳轮、箱隔套和减速器主动齿轮。

第一、二两组行星轮同装在一个行星轮架上。第二组行星轮又有内、外行星轮各3个。第二外行星轮与第一行星轮同轴，第二组内行星轮装于行星轮架内的一个短轴上。第三、四两组行星轮则同装在另一个行星轮架上，该架用圆柱滚子轴承支承于输入轴上。这两组的各个行星轮都是彼此同轴的。第一、二两组行星轮架是连接在一起的，可以一起旋转。第三行星轮架上装有第五行星轮，其前端还制有外齿可与第四齿圈的内齿啮合。因此第四齿圈与第三行星轮架一起旋转。

各齿圈的外齿上装有各自的多片液压离合器。通过离合器的接合使齿圈固定，从而可进行变速和换向。第一、二、三离合器进行前进和后退的方向变换，称为换向离合器。其中第一离合器可进行高挡前进传动，第二离合器可进行倒退传动，第三离合器可进行低挡前进传动。第四、五两个离合器为变速离合器，他们分别进行前进和后退的高挡或低挡传动。从这两种离合器中，各选择一个接合，使相应的齿圈固定就可以获得所需的挡速和方向。

前进和后退两个方向的各挡离合器接合情况如下。

前进Ⅰ挡。第三、五离合器接合，箱内齿轮的动力传动路线为：

1→13→10→28→15（或→27 与 22）→16→26→19→20 与 22。

前进Ⅱ挡。第一、五离合器接合，箱内齿轮的动力传动路线为：

1→2→3→33→28→15（或→27 与 22）→16→26→19→20 与 22。

前进Ⅲ挡。第三、四离合器接合，箱内齿轮的动力传动路线为：

1→13→10→28→15→27 与 22。

前进Ⅳ挡。第一、四离合器接合，箱内齿轮的动力传动路线为：

1→2→3→33→28→15→27 与 22。

倒退Ⅰ挡。第二、五离合器接合，箱内齿轮的动力传动路线为：

1→34→32→8→33→28→15（或→27 与 22）→16→26→19→20 与 22。

倒退Ⅱ挡。第二、四离合器接合，箱内齿轮的动力传动路线为：

1→34→32→8→33→28→15→27 与 22。

行星齿轮式动力变速箱实现变速和换向传动，主要是依靠行星轮机构和液压离合器来进行的。

图 2-1-7 所示为行星轮机构结构示意图及原理图。每一组行星轮机构均由 1 个太阳轮、1 个齿圈、3 个行星轮（第二组行星轮机构有内、外两组共 6 个行星轮，以便进行反向传动）和所在的行星架所组成（前二个行星架分别为前四组行星轮机构所共用）。

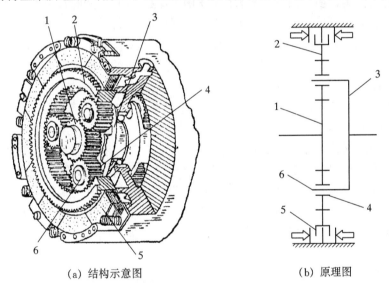

（a）结构示意图　　　　　（b）原理图

图 2-1-7　行星轮机构结构示意图及原理图

1—太阳轮；2—齿圈；3—行星轮架；4—行星轮；5—离合器；6—行星轮轴

图 2-1-8 所示为液压离合器原理图，其从动内摩擦片以内齿套在齿圈的外齿上（齿圈的内齿为啮合行星齿轮用），可与齿圈一起转动，且可轴向移动。主动外摩擦片以外圆上的 6 个凸缘缺口用销连接在离合器壳体上，可轴向移动，但不能转动。活塞能对着摩擦片移动，压紧元件。

当从操纵阀来的压力油自进出口进入壳体内时，活塞被推动将内、外摩擦片压向固定的壳体侧壁，使离合器接合，齿圈亦被固定。此时，传到太阳轮的动力便驱动各行星轮在各自的轴上自转，又使行星轮绕太阳轮公转。行星架也就按着太阳轮的转向随着回转起来，从而传递了动力。

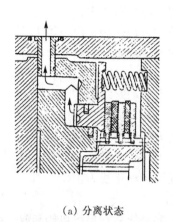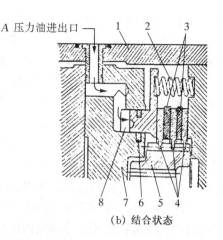

（a）分离状态　　　　　　　　　　　　　　（b）结合状态

图 2-1-8　液压离合器原理图

1—变速箱壳体；2—回位弹簧；3—主动外摩擦片；4—从动内摩擦片；5—齿圈；6—油封；7—离合器壳体；8—活塞

　　当停止输送压力油时，回位弹簧使离合器分离，于是各行星轮只在各自的轴上自传，起中间传动齿轮的作用，使齿圈按着与太阳轮相反的转向旋转。此时行星架不再传递动力。

　　动力变速箱的操纵机构，主要是液压操纵阀和一些杆件。

　　图 2-1-9 所示为 D85A-12 型推土机所使用的的组合式液压操纵阀，是由两个变速阀、一个换向阀、一个安全阀、一个调压阀、一个背压阀所组成的，分装在上、下两个阀体内，其中安全阀与背压阀装在上阀体内，其余都装在下阀体内。

　　变速阀与换向阀都是自锁式滑阀，可由锁止装置使其锁止在某一工作位置。如图 2-1-9（c）所示，第一变速阀控制着两个高、低挡变速离合器（第四、五离合器）的压力油供给。第二变速阀与换向阀共同控制三个换向离合器（第一、二、三离合器）的压力油供给。

　　换向阀有前进与倒退两个工作位置，当它在前进挡位时，配合第一变速阀可供油给前进高挡（第一）离合器或前进低挡（第三）离合器。在倒挡位置上其他供油给倒挡（第二）离合器。总之，换向阀不论在任何位置上总要供油给一个换向离合器，而不会阻断油路使变速箱成为空挡。空挡只是在第一变速阀供油给第五离合器，同时阻断进入安全阀的油路时才发生。

　　两个变速阀通过一套连杆-杠杆机构装在一根变速操纵杆上，换向阀则通过另一套连杆-杠杆机构装在统一变速操纵杆上，因此三个阀是联动的。

　　如图 2-1-9 所示的安全阀是滑阀式。其功用是在某些工况下，例如推土机行驶中途，发动机熄火后进行再次启动，此时的变速阀和换向阀仍然停留在某挡的工作位置上，自动阻断压力油进入变速阀与换向阀，从而使推土机不会起步，避免了发动机启动和推土机起步同时进行。

　　发动机熄火后（例如在二挡熄火）再启动时，各阀位置和油流情况，如图 2-1-10 所示。第二变速阀与第一变速阀联动，只改变油流通向换向阀的流向。如果第二变速阀处于 2-1-10（a）所示的左边位置，可允许油流同时经过左、中两个通道进入换向阀；如果处于右边位置，如图 2-1-10（b）所示，则允许油流同时经过右、中两通道而进入换向阀。

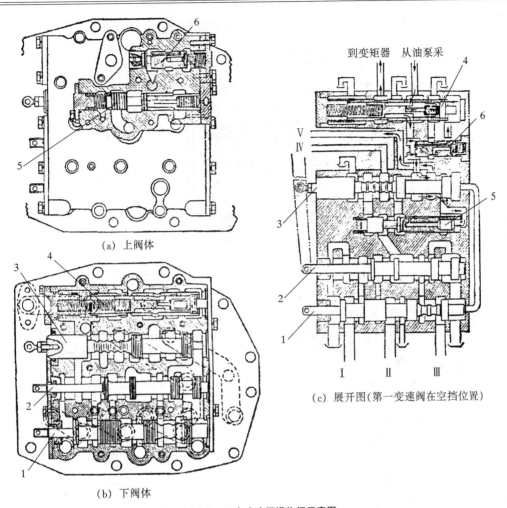

（a）上阀体

（b）下阀体

（c）展开图（第一变速阀在空挡位置）

图 2-1-9　组合式液压操作阀示意图

1—换向阀；2—第二变速阀；3—第一变速阀；4—调压阀；5—安全阀；6—背压阀；Ⅰ～Ⅴ—通向各离合器

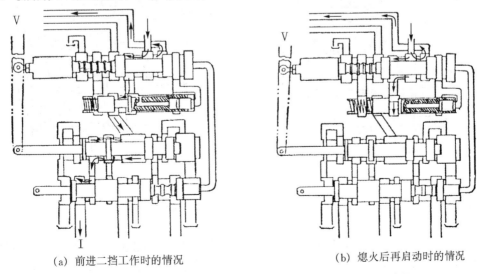

（a）前进二挡工作时的情况　　　　　　　　（b）熄火后再启动时的情况

图 2-1-10　前进二挡工作时和熄火再启动时各阀的位置和油流情况示意图

各挡位上的变速阀与换向阀的滑阀位置与油流情况如图 2-1-11 所示。

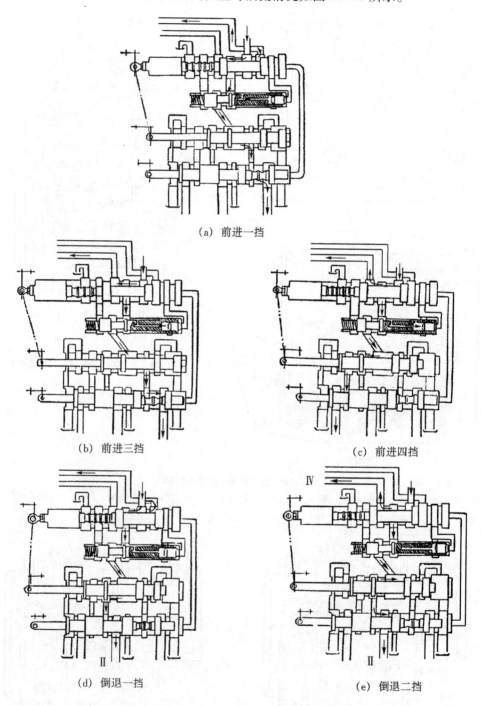

(a) 前进一挡

(b) 前进三挡

(c) 前进四挡

(d) 倒退一挡

(e) 倒退二挡

图 2-1-11　各挡位时各阀位置和油流情况

调压阀与背压阀的功用是使供给液压离合器的压力油压力能逐渐地升高，以免离合器突然接合，两阀可保证系统内的油压在 2MPa 内，超压的油可流向液力变矩器和转向离合器室内。

调压阀与背压阀构造与工作情况如图 2-1-12 所示。当油泵供给的压力油进入下阀体的油室 B 后，除了通过上阀体的 I 室流回第一变速阀外，有的油经速回阀滑阀筒上的轴向小油道进入阀筒内，转而从阀筒的径向孔 G 流出而进入 H 室，然后从下阀体的左回油室放出少量的油，使系统内的油压逐渐升高。与此同时，压力油还从调压阀杆的细腰处的径向孔进入左边筒内的 C 室，推动小活塞，等到油压升高到足以克服弹簧的张力时，滑阀杆就被推着右移，使其细腰处打通 B 室与中回油室的通路，让更多的压力油再从中回油室放出，从而使油压维持在 $0.2 \sim 0.3 MPa$ 范围内。此油压可以克服速回阀上弹簧的张力，推着滑阀左移，使其左端越过 F 室，切断 H 室的回油路（从 G 孔出去的）。但此时滑阀筒上的径向小孔 E（图中未注出）正对着 F 室，于是少量压力油就流向下阀体的左油室 D 内，造成滑阀套的背压，克服弹簧的张力，使阀套右移。此时阀套的右排径向孔对着 A 室，于是油泵来的压力油就有一部分转流到液力变矩器内。

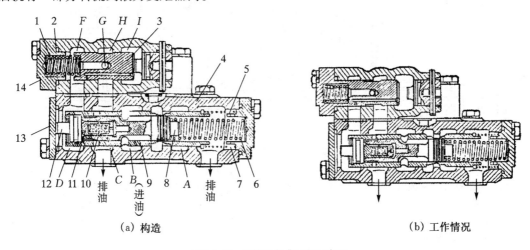

图 2-1-12　调压阀与背压阀示意图

1, 6, 7—弹簧；2—上阀体；3—滑阀（筒形）；4—下阀体；5—停止器；8—滑阀（杆形）；
9—滑阀（套筒形）；10—小弹簧；11—小活塞；12—端塞；13—调压端；14—速回阀

(a) 构造　　　　　　　　　　　　　(b) 工作情况

滑阀套右移后又与滑阀杆恢复原来的相对位置，于是又堵住了阀套的右排径向孔，阻断压力油流向变矩器的通路。此后，随着油压的再升高，滑阀杆再右移，重新打开去变矩器的油路。但是此时滑阀套左端的背压也随之升高，又阻断去变矩器的油路。滑阀套就这样连续地进行随动动作，一直到向右移动被停止器所阻挡时为止。

由于调压阀的这种随动作用，使得进入动力变速箱各离合器的油能逐渐升高其压力，直到 2MPa 为止，从而使离合器平稳地接合。

液力-机械传动机构往往是将液力变矩器、动力变速箱和液压转向机械等的工作、操纵和润滑油路联成一个系统，使用同一种油液。

油液的主要作用是传递扭矩（如液力变矩器）和传送压力能（如动力变速箱的液压离合器和转向离合器的接合与分离动作），其次是起到润滑、冷却作用。

图 2-1-13 所示为 D85A-12 型推土机的油路系统。

油液装于转向离合器室内。动力变速箱油泵吸取的油经过滤油器 2MPa 供给变速箱操纵阀，超过 2MPa 的压力油转输到液力变矩器进口处的减压阀。在那里只允许 $0.75 \sim 0.8 MPa$

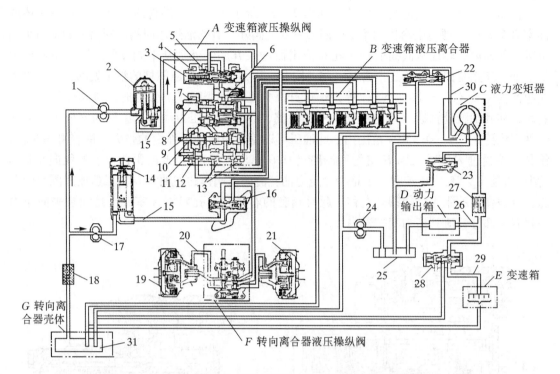

图 2-1-13　液力变矩器、动力变速箱、转向离合器的油路循环原理图

1—动力变速箱油泵；2，14—滤油器；3—调压阀；4，5，7，12，13—回油口；6—速回阀；8，10—第一、第二变速阀；9—安全阀；11—换向阀；15—压力油；16—转向限压阀；17—转向离合器油泵；18—滤网；19，21—左、右转向离合器；20—转向操纵油路；22—减压阀；23—调压阀（在变矩器上）；24—排油泵（在变矩器上）；25—飞轮壳体滤油器；26—动力输出润滑油路；27—油冷却器；28—限压阀；29—变速箱润滑油路；30—变矩器工作油路；31—转向离合器室油池

的压力油进入液力变矩器内充作工作液，超过的余油则仍旧流回转向离合器室内。转向离合器油泵所吸取的油经过滤油器和转向限压阀，允许压力在 1 MPa 以内的压力油供给转向离合器操纵阀，超压的余油也转输到变矩器的减压阀中。

两个滤油器都设有旁通阀，当滤芯被堵塞不通而油压超过 0.12 MPa 时，压力油就绕过滤芯直接从旁通阀转流出去（此时没有过滤）。从两路转入变矩器内的油，在输出后还要经过油冷却器的冷却，然后流回转向离合器室内，以供循环使用。

在变矩器内，油液是作为传递动力的介质，并通过泵轮、涡轮和导轮作强烈的循环运动，同时在整个油路系统中又作大的循环流动。在变矩器内的运动是传递动力，在油路系统中的流动是为了冷却变矩器和使变矩器内的油始终保持饱和状态。

3. 转向离合器

转向离合器与主离合器工作原理相同，但因动力经过变速箱和中央传动之后，所传递的扭矩大大增加，所以其摩擦片是多片的。推土机的转向离合器有左、右两个，对称安装在后桥壳体内的左、右转向离合器室内。转向离合器有干式、湿式之分，一般小功率的推土机的转向离合器是干式的；而大功率的推土机的转向离合器都是湿式的。

湿式离合器必须在油中工作。现代施工工地中多使用较大功率的履带式推土机，下面介绍两种湿式转向离合器的结构。

图 2-1-14 所示为 TY-320 型推土机液压压紧湿式转向离合器。它与前者的主要区别是离合器的接合也靠液压力，故又称双作用液压操纵式转向离合器。

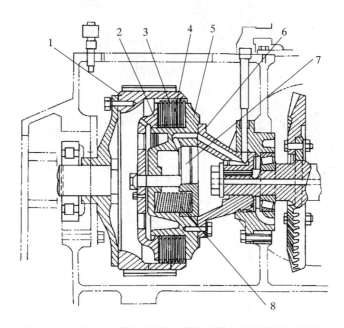

图 2-1-14　TY-320 型推土机液压压紧湿式转向离合器结构示意图
1—从动鼓；2—外压盘；3，4—主、从动片；5—主动鼓；6—锥形接盘；7—活塞；8—压力弹簧

压力弹簧在这里仅作为液压操纵系统出故障时辅助用。

主动鼓壁上的纵向与径向油道与锥形接盘的锥壁上的油道相通。当压力油经这些油道进入活塞外侧的主动鼓内腔时，就将活塞向里推移，并通过活塞轴杆及轴杆端部的螺母拉着外压盘向里移动，从而使主、从动片被压紧在外压盘和主动鼓外缘盘之间，转向离合器即呈接合状态。

活塞内侧的锥形接盘内腔，是分离离合器时的油腔，当从横轴中心油道来的压力油进入此腔后，将活塞向外推移时，外压盘即放松对主、从动片的压紧作用，转向离合器即呈分离状态。

液压操纵系统发生故障时，主动鼓内的 8 个压力弹簧，仍能使离合器以较小的压力接合，继续传递动力，推土机仍可空载行驶。

转向离合器多是在从动片上装有摩擦衬片，而主动片上没有衬片。湿式的衬片是烧结上去的。

4. 履带式推土机的最终传动装置

最终传动装置位于转向离合器和履带驱动轮之间。其功用是将动力最后传递给驱动轮，并作最后减速，使驱动轮的扭矩增大。最终传动装置可分为单级或双级外啮合齿轮传动和行星齿轮传动。行星齿轮传动体积小，虽然结构稍为复杂，仍越来越多的大中功率推土机采用这种最终传动。

图 2-1-15 所示为行星齿轮式最终传动装置。

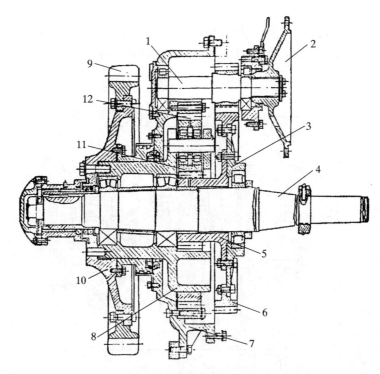

图 2-1-15　行星齿轮式最终传动机构结构示意图

1—第一级减速齿轮轴；2—接盘；3—第一级从动齿轮轮毂；4—半轴；5—太阳轮；6—第一级从动齿轮齿圈；
7—最终传动箱壳体；8—行星轮架；9—驱动轮；10—驱动轮轮毂；11—行星齿轮；12—齿圈

其第一级减速是外啮合齿轮式，第二级减速为行星齿轮式。行星齿轮减速机构的太阳轮装于第一级从动齿轮轮毂上，3 个行星齿轮同装在一个行星轮架上。该架通过两对双列向心球面滚子轴承支承在半轴上，其外端装着驱动轮。固定的齿圈是装在最终传动箱壳体上的。

当动力经一级减速的外啮合齿轮传动传给太阳轮时，因齿圈是固定不动的，行星齿轮既绕太阳轮自转，同时又沿着齿圈滚动，进行公转，从而行星轮架即可带着驱动轮旋转，并将动力传递给履带。

三、履带式推土机制动系

履带式推土机广泛采用带式制动器，这是因为其便于布置在转向离合器的从动鼓上。制动器可以用脚踏板单独操纵，也可以用转向离合器的操纵杆联动操纵。

图 2-1-16 所示为上海 TY-320 型推土机的湿式带式制动器。

油缸固定于机体。上摇臂与驾驶室踏板相连，操纵力由上摇臂经下摇臂推动滑阀向右移动，其端头的锥面便封闭了活塞内腔的泄油孔道 O，制动油液经油缸侧壁进入封闭的油腔，推动活塞右移，使带式制动器制动。当操纵力去除后，弹簧使滑阀与活塞复位，这时，系统油液是经滑阀与活塞相配的狭小缝隙通过，然后由油道 O 排出。因此，当不制动时，系统中总是有少量的油液通过 O 腔，以润滑制动带。

活塞与滑阀便组成了液压随动机构，一旦推动滑阀封闭其通道，则活塞必定推动滚轮摇臂而制动；否则，若停止推动，则滑阀与活塞便恢复至中立位置，由 O 腔泄油。这样，只

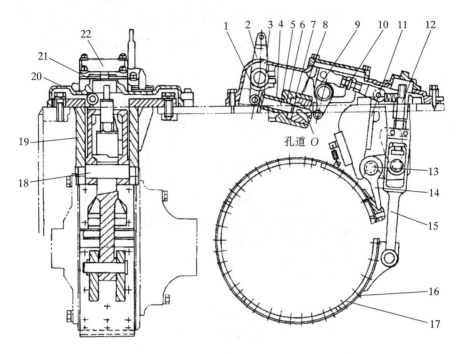

图 2-1-16　上海 TY-320 型推土机带式制动器结构示意图

1—下摇臂；2—上摇臂；3—弹簧座；4—弹簧；5—滑阀；6—衬套；7—油缸；8—活塞；9—滚轮摇臂；10—双头螺栓；11—双臂杠杆；12—调整螺钉；13—前支承销；14—棘爪；15—调整杆；16—制动带；17—摩擦衬片；18—后支承销；19—支撑板；20—弹簧；21—盖；22—盖板

需用轻微的操纵力，就可由高压油产生较大的作用力，从而大大减轻机手的劳动强度。

滚轮摇臂上端连有双头螺栓，螺栓的右端又连有双臂杠杆，而后者的下端则通过两个销子与棘爪、调整杆相连，后两零件便连接着制动带的两个端头。支撑板上端固定在箱体上，下端与前、后支承销相连，支撑板在连接处有两个允许两销浮动的凹槽。

制动带的工作原理为双向浮动式。不论推土机前进还是后退，制动鼓与制动带的摩擦力都有利于制动带进一步抱紧制动鼓。

当推土机前进行驶而制动时，制动鼓呈逆时针方向旋转。由于制动带的上端的运动趋势方向与摩擦力方向相反而必然呈固定端状态，制动带的下端的运动趋势方向与摩擦力方向相同而呈浮动端状态。前支承销被固定于虚线凹槽的底部，双臂杠杆则必然以前支承销为支点逆时针旋转，而双臂杠杆右面的浮动端则带动调整杆拉制动带下端而刹紧制动鼓。

当推土机倒退行驶时，制动鼓顺时针旋转。根据上述原理，制动带的下端为紧边，以后支承销为支点，前支承销为浮动端拉紧制动带而制动。

当摩擦衬片磨损后，可由双头螺栓及调整螺钉来调整，前者为大调整，后者为微调整。

四、履带式推土机行驶系

履带行走装置由驱动链轮、导向轮、托链轮、支重轮、履带（统称"四轮一带"）、台车架以及履带张紧装置等组成。

台车架通过"八"字梁刚性铰接在机架后轴上，整个台车可绕机架后轴摆动。当行走装置行驶在崎岖的路面时，为保持上部机体的稳定性和舒适性，美国 CAT 公司 D10 推土机采用了高置驱动轮的结构，以便减少泥、砂、石对驱动轮的磨损，减少了由地面传来的冲击，同时也不受台车架变形对履带啮合造成的影响。

1. 履带和驱动轮

履带的功用是支持整机重量，保证产生较大的牵引力。目前推土机广泛采用组合式履带，如图 2-1-17 所示，由履带板、链轨节、销套、销轴等组成。

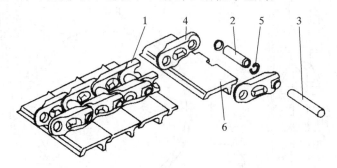

图 2-1-17　组合式履带结构示意图

1，4—链轨节；2—销套；3—销轴；5—防尘垫圈；6—履带板

履带板分别由两个螺钉装在左、右链轨上，相邻两节链轨用履带销轴连接，左、右链轨用销套隔开，销套同时还是驱动轮卷绕的节销。由于前链轨的后端与后链轨的前端重叠，这样组成的链轨就形成了平直的履带轨道，支重轮就在其上滚动，履带销与链轨的销孔是紧配合，为了拆装方便，在每条履带上设有 2 个专用的活销，其配合过盈量稍小，较易拆卸，需要拆开履带时就在这 2 个活销处拆开履带。

为了防止土沙进入销轴和销套之间增加磨损，有些履带在销轴和销套间加设防尘圈。美国 CAT 公司首先研制出密封润滑履带，如图 2-1-18 所示。销轴的孔内以及销轴与销套的摩擦面之间始终存有稀油，由销轴端头孔中注入。"U"形密封圈由聚胺酯材料制成，密贴于销套与链轨节的沉孔端面上。套在密封圈上的集索圈由橡胶制成，起着类似于弹簧的紧固作用。由于其压紧力使"U"形密封圈始终保持着良好的密封状态。这样，无论销轴与销套怎样反复相对转动，润滑油均不会渗出，泥沙也不会浸入，这就是这种履带密封的关键。

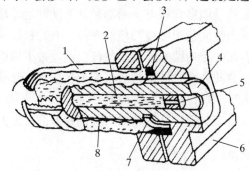

图 2-1-18　密封润滑履带销结构示意图

1—销套；2—贮油腔；3—密封圈；4—销轴；5—端销；6—链轨节；7—止推环；8—油孔

止推环承受着销套与链轨节的侧向力，保护着密封件不受损坏。

这种装置改善了润滑，减少了磨损，降低了功率消耗，保证链轨节不因磨损后而伸长以致影响正确的啮合。但其制造工艺复杂、成本高。

组合式履带具有更换零件方便的优点，当某零件损坏时，只需单独换掉该零件即可，而无需将整块履带板报废。此外，当工作条件变化时（例如从岩石地变为沼泽地），只要将履带板更换就能适应新的工作条件。因此，组合式履带应用较广泛。组合式履带的缺点是结构复杂，拆装麻烦，质量较大，因而运动惯性也较大。

履带板的结构有整体式和组合式，但大型推土机常用组合式履带。组合式驱动轮如图2-1-19所示，由若干块齿圈节组成齿圈，当个别轮齿损坏时可以个别更换，更换方便，从而降低成本。也有将全部齿圈制成一体的，然后与轮毂装配。

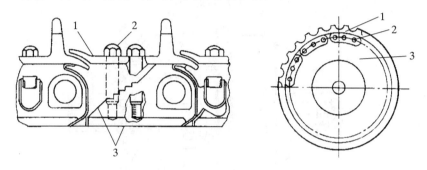

图 2-1-19　组合式驱动轮结构示意图
1—齿圈节；2—固定螺钉；3—轮毂

整体式驱动轮是将齿圈轮毂制成一体。齿圈材料通常用碳素钢和低碳合金钢，齿面进行表面热处理以提高其耐磨性。

2. 支重轮和托链轮

在推土机行驶过程中，支重轮沿履带的轨面滚动，并且夹持履带，不让其横向滑出。转向时，则迫使履带在地面上横向滑移。

图 2-1-20（a）（b）所示分别为推土机单缘支重轮和双缘支重轮。单缘支重轮安装时左右对称布置。双缘支重轮除轮缘外，其余结构与单缘支重轮相同。支重轮由锰钢制成，经热处理提高其硬度。轴承座与支重轮体用螺钉紧固。轴瓦为双金属瓦，用销子与轴承座固定。这样，上述三者固为一体，可相对于轴旋转。浮动油封是通过轴向压紧力使"O"形密封圈变形，进一步使两浮封环坚硬而光滑的端面密封，这样，润滑油不会漏出，泥水也不会浸入。梯形的平键固定着轴与支重轮内盖；轴两端又削成平面，固定在台车架上，同时限定了其轴向窜动和周向转动。轴内装有稀油，由油封密封，保证良好的润滑。托链轮用来托住履带，防止履带下垂过大，以减小履带在运动中的振跳现象，并防止履带侧向滑落，从而减小零件磨损和功率耗损。托链轮通过滚锥轴承支承在托链轮轴上，轴承的松紧度通过螺母调整。托链轮的润滑密封与支重轮原理相同。托链轮轴安装在托链轮架内，托链轮架由螺钉固定在台车架上。

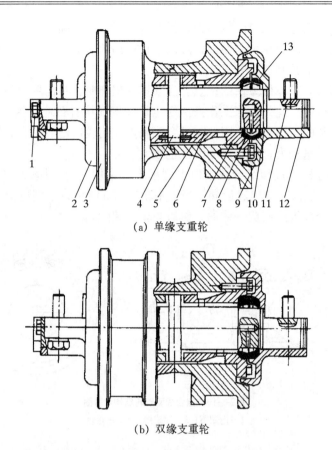

（a）单缘支重轮

（b）双缘支重轮

图2-1-20　上海TY-320型推土机的支重轮结构示意图

1—活塞；2—支重轮外盖；3—支重轮体；4—轴；5—轴承座；6—轴瓦；7，10—"O"形密封圈；
8—浮动油封；9—支重轮内盖；11—平键；12—挡圈；13—浮封环

3. 导向轮和张紧装置

导向轮和张紧装置，用来引导和张紧履带，并缓和行驶中道路传来的冲击力。图2-1-21所示为上海TY-320型推土机导向轮，导向轮一般用锰钢制成箱形结构，外缘形状中部凸起，便于与履带"啮合"。它依靠双金属瓦滑动轴承支承在导向轮轴上旋转。轴承依靠从油塞处注入的稀油润滑。为了密封，在轴的两端装有双金属环浮动油封。

导向轮轴的两端装在滑架中，并用锥形止动销锁紧，限制其轴向和周向的运动。导向轮的滑架由两个用弹簧压紧的导板固定在台车架上，因此滑架可以在台车架的上部沿导轨前后移动。左、右两侧滑架的端面均固定着侧导板，限制导向轮的侧向滑出。

导向钩防止了导向轮脱离上导轨面。弹簧销座与导板焊为一体，通过弹簧、压板、调整螺钉，可使导向轮在上导轨面处与导向钩的下导轨面获得恰当的运动间隙，以便进行前后移动。较大的调整，可通过加减垫片（13，19）来实现。

图2-1-22所示为上海TY-320型推土机履带张紧装置示意图，由缓冲弹簧，调整油缸和活塞等组成。张紧杆的左端与导向轮叉臂相连，右端与调整油缸的凸缘相接；活塞杆的左端连有活塞，中部的凸缘装在弹簧前座的凹槽中；缓冲弹簧夹在前、后弹簧座之间，其预紧力通过螺母来调整。

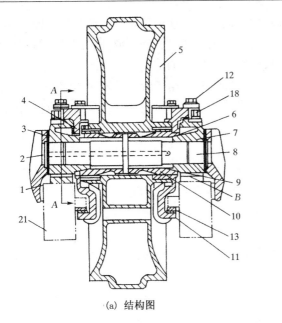

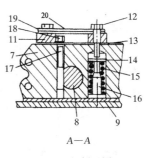

(a) 结构图　　　　　　　　　　　　　　　(b) 局部剖示图

图 2-1-21　上海 TY-320 型推土机引导轮结构示意图

1—侧导板；2—油塞；3，13，19—垫片；4—衬套；5—导向轮；6—浮动油封；7—滑架；
8—导向轮轴；9—导板；10—双金属瓦滑动轴承；11—导向钩；12—调整螺钉；14—压板；
15—弹簧；16—弹簧销座；17—止动销；18—螺母；20—盖板；21—纵梁

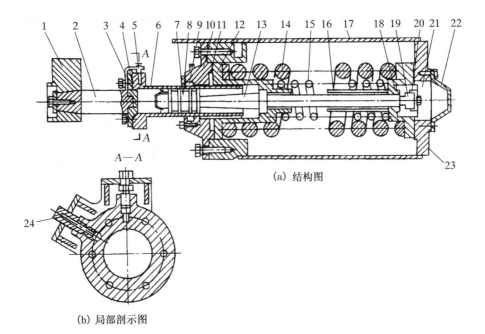

(a) 结构图

(b) 局部剖示图

图 2-1-22　上海 TY-320 型推土机张紧装置结构示意图

1—导向轮叉臂；2—张紧杆；3—端盖；4，9—"O"形密封圈；5—放油塞；6—调整油缸；
7—活塞；8—压盖；10—前盖；11—钢套；12—弹簧前座；13—活塞杆；14—缓冲大弹簧；
15—缓冲小弹簧；16—限位管；17—弹簧箱；18—弹簧后座；19—螺母；20—锁垫；
21—螺钉；22—后盖；23—后支座；24—注油嘴

当需要张紧履带时，只要通过注油嘴向缸内注油，使油压增加，调整油缸即外移，并通过张紧杆、导向轮使履带张紧。如果履带过紧，则可通过放油塞放油，即可使履带松弛，调整这种装置省力省时，所以在履带式机械中得到了广泛的应用。

当机械行驶中遇到障碍物而使导向轮受到冲击时，由于液体的不可压缩性，冲击力可通过活塞杆、弹簧前座传到缓冲弹簧上，于是弹簧压缩，导向轮后移，从而使机件得到保护。

4. 机架与悬挂装置

（1）机架。

履带式底盘的机架有全梁式、半梁式两种，而推土机多采用半梁式。两根纵梁与后桥箱焊为一体。后桥箱有铸钢件与焊接件之分，随着焊接工艺的改进，近年来焊接件用得较多。后桥箱机架中部横梁通过铰销支承在悬架上。

（2）悬架。

悬架是用来联接机架和台车架的，机体质量是通过悬架传到台车架上。同时还兼有缓冲作用，可以减轻行走装置产生的冲击震动传到传动系统。

悬架有弹性悬架、半刚性悬架和刚性悬架之分。工程机械由于行驶速度较低，目前多采用半刚性和刚性悬架两种。

采用半刚性悬挂的推土机机架的后部与通过两根"八"字形布置的斜梁刚性地与台车架铰接在一起；而架前部则通过平衡梁弹性地支承在台车架上。

平衡梁为中空箱形结构的横梁，如图 2-1-23 所示。中间以纵向水平铰与机架前部铰接在一起，两端自由地托在三角形活动支架上，重力通过橡胶块传到台车架上，橡胶块变形和恢复过程中吸收冲击能量，从而减弱了由台车架传往机体的振动。由于平衡梁可绕中间纵向水平铰摆动，平衡梁中点纵向水平铰的摆动量为两端支点高差的一半。当推土机在不平地面上作业时，机架的左右摆动较小，铰接在机架上的铲刀悬挂装置相对较稳定，可改善推土作业质量。

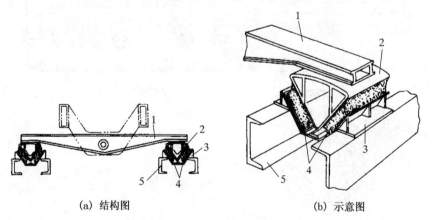

(a) 结构图　　　　　　　　　　　　　　(b) 示意图

图 2-1-23　推土机平衡梁结构示意图
1—平衡梁；2—活动支座；3—固定支座；4—橡胶块；5—台车架

现代 D9L 推土机采用橡胶板弹性元件作弹性悬架，使支重轮成对装在一个平衡臂上，平衡臂再铰接到台车架上。另外，引导轮与驱动轮分别与前后各组支重轮构成平衡臂，也可绕铰销摆动。这样，当推土机在不平路面行驶时，支重轮、引导轮、驱动轮都可以随路面形状相对台车架上下摆动。在不平度较大的路面上行驶时，台车架还可以绕与机体的铰接轴摆动，以便履带与路面间保持良好接触。这样，就可以使履带对地面有较均匀的接地压力，避免单个支重轮受力。橡胶块分别固定在平衡臂与台车架上，一方面限制支重轮的摆动范围，另一方面衰减或吸收振动与冲击。因此，这种悬架具有承载能力大、行走平稳、噪声小、乘坐舒适、附着性能好等优点。

第三节　推土机工作装置

一、推土装置

推土机的推土装置简称铲刀，有直铲式和斜铲式两种形式。采用直铲式铲刀的推土机，其铲刀正对前进方向安装，称为正铲，又可分为固定式与可调试两类，其中直铲可调式推土装置铲刀可在在垂直平面内倾斜一个角度以实现侧铲作业。斜铲式铲刀可在水平面内回转一定的角度安装以实现斜铲作业，一般最大回转角为 25°。斜铲式铲刀还可使铲刀在垂直平面内倾斜一个角度以实现侧铲作业，侧倾角一般为 0°~9°，如图 2-1-24 所示。回转式（回转角度一般为 60°~65°）铲刀以 0°回转角安装时，同样可实现直铲作业。因此，回转铲刀的作业适应范围更广。

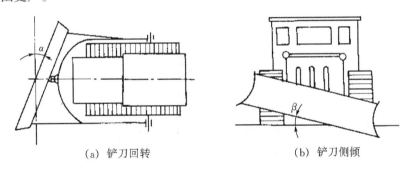

(a) 铲刀回转　　　　　　　　　　(b) 铲刀侧倾

图 2-1-24　斜铲式推土机铲刀安装示意图

推土装置安装在推土机的前端，是推土机的主要工作装置。当推土机处于运输工况时，推土装置被提升油缸提起，悬挂在推土机前方；推土机进入作业工况时，则降下推土装置，将铲刀置于地面，向前可以推土，后退可以平地。当推土机作牵引车作业时，可将推土装置拆除。

通常，向前推挖土石方、平整场地或堆积松散物料时，广泛采用直铲作业；傍山铲土或单侧弃土，常采用斜铲作业；在斜坡上铲削硬土或挖边沟，可采用侧铲作业。

1. 直铲固定式推土装置

图 2-1-25 所示为 TY-60 型推土机直铲固定式推土装置。

直铲固定式推土装置由推架总成：左右推杆、水平拉杆、斜撑杆；铲刀总成：弧形刀身（有利于减小切削阻力）、刀片（侧刀片、主刀片）及相应升降油缸等所组成，其中刀身与刀片通过沉头螺钉相连接，杆件之间通过销相连接，铲刀背面分别有连接杆件的支座，铲刀角度不可调整，因此，称之为直铲固定式工作装置推土机，这种推土机工作装置工作时作业刚度好。

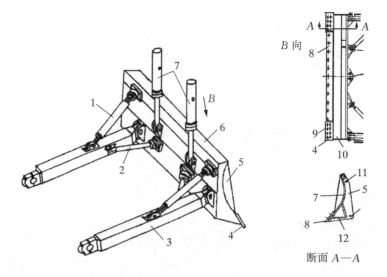

图 2-1-25　TY-60 型推土机直铲固定式推土装置结构示意图

1—斜撑杆；2—水平拉杆；3—推杆；4—侧刀片；5—侧板；6—加高板；7—油缸；8—主刀片；
9—沉头螺钉；10—弧形钢板（刀身）；11—销孔；12—加强筋

2. 直铲可调式推土装置

图 2-1-26 所示为 TY-320 型推土机直铲可调式推土装置。

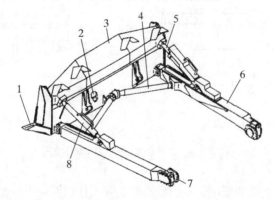

图 2-1-26　TY-320 型推土机直铲可调式推土装置结构示意图

1—端刃；2—切削刃；3—推土板；4—横拉杆；5—倾斜油缸；6—顶推梁；7—铰座；8—斜撑杆

直铲可调式推土装置由推土板、顶推杆、可调斜撑杆、拉杆、弧形刀身、加高板、护板和倾斜油缸等组成。

顶推梁铰接在履带式底盘的台车架上，推土板可绕其铰接支承摆动以实现铲刀的提升或下降。推土板、顶推梁、斜撑杆、倾斜油缸和横拉杆等组成一个刚性构架，整体刚度大，可承受重载作业负荷。在推土板的背面有两个铰座，用以安装铲刀升降油缸。升降油缸铰接于机架的前上方。

通过等量伸长或等量缩短带双向螺纹的斜撑杆和倾斜油缸的长度，可以调整推土板的切削角（即改变刀片与地面的夹角）。

直铲作业是推土机最常用的作业方法。直铲可调式铲刀较斜铲式铲刀自重轻，使用经济性好，坚固耐用，承载能力强，一般在履带式推土机上多采用。

　　3. 斜铲式推土装置

　　斜铲式推土装置构造如图 2-1-27 所示。

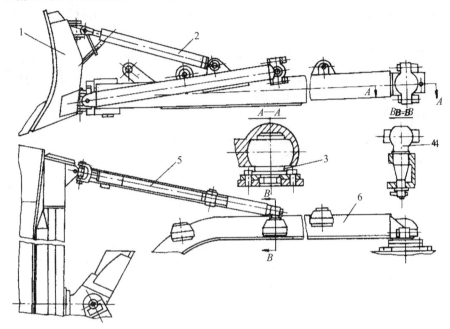

图 2-1-27　TY-220 型推土机斜铲推土装置结构示意图
1—推土铲刀；2—斜撑杆；3—顶推门支架；4—球状铰销；5—推杆；6—顶推门架

　　斜铲式推土装置由推土铲刀（弧形）、顶推门架、可调上撑杆和可调下撑杆等主要部件组成，其中顶推门架左右两端上分别有与可调下撑杆相连接的 3 个支座、前部有与升降油缸活塞杆相连接的 2 个支座，且可调下撑杆上还有与可调上撑杆相连接的支座，铲刀两侧无挡板，刀背面有与顶推门架前部相铰接的支座。斜铲式铲刀可根据施工作业需要调整铲刀在水平和垂直平面内的倾斜角度。

　　当两侧的螺旋推杆分别铰装在顶推门架的中间耳座上时，铲刀呈直铲状态；当一侧推杆铰装在顶推门架的后耳座上，而另一侧推杆铰装在顶推门架的前耳座上时，铲刀则呈斜铲状态；铲刀水平斜置后，可在直线行驶状态实现单侧排土，回填沟渠，提高作业效率。

　　为了扩大推土机的作业范围，提高推土机的工作效率，现代推土机广泛采用侧铲可调式新结构，只要反向调整倾斜油缸和斜撑杆的长度，即可在一定范围内改变铲刀的侧倾角，实现侧铲作业。铲刀侧倾调整时，先用提升油缸将推土板提起。当倾斜油缸收缩时，安装倾斜油缸一侧的推土板升高，伸长斜撑杆一端的推土板则下降；反之，倾斜油缸伸长，倾斜油缸一侧的推土板下降，收缩斜撑杆一端的推土板则升高，从而实现铲刀左、右侧倾。铲刀处于侧倾状态下，可在横坡上进行推土作业，或平整坡面，也可用铲尖开挖浅沟。

　　同时调节两侧斜撑杆的长度（左右斜撑杆的长度应相等），可改变铲刀的切削角，以适应不同土质的作业要求。

　　为避免铲刀由于升降或倾斜运动导致各构件之间发生运动干涉，引起附加应力，铲刀与顶推门架前端应采用球铰连接,铲刀与推杆、铲刀与斜撑杆之间,也应采用球铰或万向联轴器连接。

顶推门架铰接在履带式基础车台车架的球状支承上,整个推土装置可绕其铰接支承摆动升降。

推土板主要由曲面板和可卸式切削刃组成。切削刃用高强度耐磨材料制造,磨损后可进行更换。

推土板的外形结构参数主要有宽度、高度和积土面(正面)的曲率半径。为了减少积土阻力,有利物料滚动前翻,防止物料在铲刀前散胀堆积,或越过铲刀顶面向后溢漏,通常采用抛物线或渐开线曲面为推土板的正面(积土面)形状。此类积土面物料贯入性好,可提高物料的积聚能力和铲刀的容量,降低能量的损耗。因抛物线曲面与圆弧曲面的形状及其移土特性十分相近,且圆弧曲面的制造工艺性好,容易加工,故现代推机的推土板多采用圆弧曲面。按外形和结构的不同配合,推土板有多种外形,常用的三种外形如图2-1-28所示。

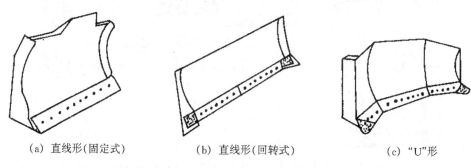

(a) 直线形(固定式)　　　(b) 直线形(回转式)　　　(c) "U"形

图2-1-28　推土板外形结构示意图

图中(a)(b)为直线形。(a)宽度与高度之比较小,推土板正面曲率较小,适合于固定式推土装置;回转式推土装置因为要保证斜铲作业时推土板在纵向的投影宽度仍略宽于行走机构外尺寸,常用宽高尺寸比值较大的(b)型,这种推土板正面的曲率也大些,以利于土屑前翻。直线形推土板的切削力大(即切削刃单位宽度上的顶推力大),但铲刀前的积土容易从两侧流失,推运距离过长会降低推土机的生产率。(c)型推土板两侧略前伸呈"U"形,在运土过程中,"U"形推土板两侧的土壤在上翻的同时向铲刀内侧翻滚,因而其集土能力较强,有效地减少了土粒或物料的侧漏。在长距离推运土壤或松散物料的推集场地作业时,作业效率明显提高。

推土板的断面结构形式有开式、半开式和封闭式三种,如图2-1-29所示。

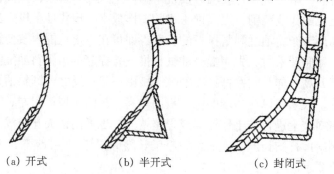

(a) 开式　　　　　(b) 半开式　　　　　(c) 封闭式

图2-1-29　推土板断面结构形式图

开式结构简单，但刚性差，承载能力较低，一般只在小型推土机上采用；半开式推土板背面焊接了加强结构，刚度得到增强。功率较大的推土机常采用封闭式箱形结构的推土板（见图2-1-29（c）），其背面和端面均用钢板焊接而成，用以加强推土板的刚度。封闭式结构承载能力强，耗用金属材料也多。

4. 气流润滑式推土装置

图2-1-30所示为一应用于轮胎式推土机上的气流润滑式轮式推土装置。

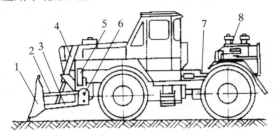

图2-1-30　气流润滑式推土装置结构示意图
1—铲刀；2—上拉杆；3—推架；4—铲刀升降油缸；5—铲刀垂直倾斜油缸；
6—横梁；7—空压机传动轴；8—空压机

在铰接轮胎式推土机的后部安装两台大容量的空气压缩机，向推土板下部提供高压气流，在铲刀表面与土壤之间形成一层"气垫"。这层"气垫"在铲刀与土壤之间起着隔离和润滑的作用，降低了推土板的切削作业阻力，不仅提高了推土机的生产效率，同时也提高了推土机的经济性能。

气流润滑式推土装置用螺栓固接在轮式底盘的前车架上，由铲刀、推架、上拉杆、横梁、铲刀升降油缸、铲刀垂直倾斜油缸等组成。铲刀垂直倾斜油缸伸缩时，横梁可相对与前车架固接的左右门架前后倾斜一定的角度，用以改变铲刀的切削角。推土板下部背面左右各装有一根压缩空气输入钢管。压缩空气可从两侧的输入钢管进入铲刀下部的压缩空气室。推土板下部设有一定数量的被挡板盖住的小孔，进入的压缩空气从小孔中高速喷出，并沿铲刀曲面从下向上形成"气垫"。推土工作装置是由推土板、推架、上拉杆和横梁组成的一个平行四连杆机构。平行四连杆机构的构件具有平行运动的特点，因此推土板升降时始终保持垂直平移运动，不会随铲刀升降而改变预先确定的切削角，这样可以使铲刀始终在最小阻力工况下稳定进行作业。同时，铲刀垂直升降还有利减小提铲时土壤对铲刀的阻力。铲刀垂直倾斜油缸可改变铲刀的入土切削角，即可将垂直状态的铲刀向前或向后倾斜一定的角度（倾斜幅度为±8°），以适应不同土质对最佳切削角选择的要求。

二、松土工作装置

松土工作装置简称松土器或裂土器。松土装置悬挂在推土机基础车的尾部，是大、中型履带式推土机上的一种主要附属工作装置。松土工作装置广泛用于凿裂硬土、页岩、黏结砾石层，以便推土机、铲运机进行推土和铲装作业，提高作业效率。CAT公司在其大型履带式基础车上配备松土器作为主要工作装置来凿裂有裂隙的岩石，开挖露天矿山，用以替代传统的爆破施工方法，可提高施工的安全性，降低生产成本。

对难以凿入和松裂的岩石，可采用预爆破施工工艺，先对岩层实施轻微爆破，然后再行裂土,此法较之完全爆破法安全、节省费用,也有利于环境保护。预爆破可将岩石分裂成碎块,便于铲运机铲运,同时改善了松土器的初始凿入效果。

松土器按机构形式可分为单连杆式和双连杆式。双连杆松土器又分为平行四边形式和可调四边形式两种。传统的单连杆松土器已很少作为推土机附属工作装置使用,CAT 公司开发了一种单连杆的径向可调式松土器。松土器各种典型机构形式如图 2-1-31 所示。

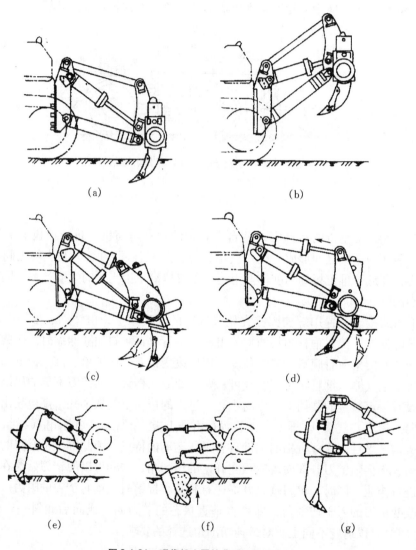

(a)　　　　　　　　　　　　　(b)

(c)　　　　　　　　　　　　　(d)

(e)　　　　　　　(f)　　　　　　　(g)

图 2-1-31　现代松土器的典型机构示意图

图 2-1-31(a)(b)所示为平行四边形式松土器。当提升和下降松土器时,固定在齿架上的松土齿只作上下平移,齿尖松土角不随松土深度而变化。

由于不同的土质和不同的地质岩层,其最佳的凿入角和松土切削角也不同,作业时阻力也会发生变化,在松土过程中应适时调整松土角度,用以调整松土阻力,改善松土机的牵引切削性能,提高松土机的生产率。现代大、中型松土机已广泛采用先进的可调式平行四杆松土器,以提高松土机的作业适应性。

在图2-1-31(c)(d)(e)(f)所示可调式平行四杆松土机构中，上拉杆由可伸缩式油缸所替代，调节拉杆油缸的伸缩量，即可实现对松土角的无级调节。

图2-1-31(g)所示为径向可调式松土器，其采用一种松土角可调式的单连杆松土机构，兼有机构简单和松土角可调的优点，并且松土角调节范围较宽。这种结构的松土器已在卡特皮勒的D8L推土机上得到应用。

松土器按松土齿的数量可分为单齿式和多齿式。推土机上配备的多齿松土器通常安装3～5个松土齿，用于预松硬土和冻土层，配合推土机和铲运机作业。单齿松土器比切削力大，用于松裂岩石作业。

图2-1-32所示为D85A-12型推土机上安装的三齿松土器。

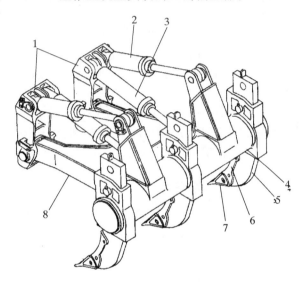

图2-1-32　D85A-12型推土机的三齿松土器结构示意图
1—安装架；2—倾斜油缸；3—提升油缸；4—横梁；5—齿杆；6—护套板；7—齿尖；8—松土器臂

松土器主要由安装架、上拉杆（倾斜油缸）、松土器臂、横梁、提升油缸及松土齿等组成，整个松土装置悬挂在推土机后桥箱体的安装架上。松土齿用销轴固定在横梁松土齿架的啮合套内，松土齿杆上设有多个销孔，改变齿杆的销孔固定位置，即可改变松土齿杆的工作长度，调节松土器的松土深度。

松土齿由齿杆、护套板、齿尖镶块及固定销组成（如图2-1-33所示）。齿杆是主要的受力件，承受巨大的切削载荷。齿杆形状有直齿形、折齿形和曲齿形三种基本结构（如图2-1-33(a)(b)(c)所示）。直齿形齿杆在对松裂致密分层的土壤作业时，具有良好的剥离表层的能力，同时具有凿裂块状和板状岩层的效能，因而被卡特皮勒公司的DSL、D9L和D10型履带式推土机作为专用齿杆采用。

曲形齿杆提高了齿杆的抗弯能力，裂土阻力较小，适合松裂非匀质性的土壤。块状物料先被齿尖掘起，并在齿杆垂直部分通过之前即被凿碎，松裂效果较好，但块状物料易被卡阻在弯曲处。折齿形齿杆形状比曲齿简单些，性能介于直齿和曲齿之间。

松土齿护套板用以保护齿杆，防止齿杆剧烈磨损，可延长齿杆的使用寿命。尖松土齿的齿尖镶块和护套板是直接松土、裂土的零件，工作条件恶劣，容易磨损，使用寿命短，需经

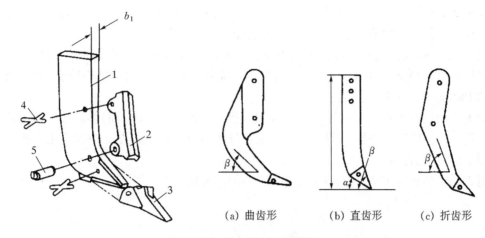

(a) 曲齿形　　　　(b) 直齿形　　　　(c) 折齿形

图 2-1-33　松土器的结构示意图

1—齿杆；2—护套板；3—齿尖镶块；4—刚性销轴；5—弹性固定销

常更换。齿尖镶块和护套板应采用高耐磨性材料，在结构上应尽可能拆装方便，连接可靠。

松土器的齿尖镶块的结构按其长度可分为短型、中型和长型三种；按其对称性可分凿入式和对称式两种形式。齿尖结构如图 2-1-34 所示。

(a) 短型(凿入式)　　　(b) 中型(凿入式)　　　(c) 长型(对称式)

图 2-1-34　齿尖镶块的结构示意图

齿尖镶块的结构不同，其凿入性、凿裂性和抗磨性也不同，可适应不同土质和岩层的使用要求。松土时，应根据特定的作业条件和地质结构，合理选用松土齿。

短型齿尖镶块刚度大，耐冲击，适合凿裂冲击负荷大的岩石，齿尖不易崩裂。但短型齿尖耐磨性较差，所含耐磨材料成分较低。

中型齿尖镶块具有中等抗冲击能力和较好的耐磨性，适合一般硬土的破碎作业。

长型齿尖镶块具有高耐磨性，但抗冲击能力较低，齿尖容易崩裂。长型齿尖的耐磨材料含量较高，适合耙裂动载荷较小的冻土。

凿入式齿尖由合金钢锻造成型，具有良好的自磨锐性能和凿入能力，特别适合凿松均匀致密的泥石岩、粒度较小的钙质岩和紧密黏结的砾岩类土质。此类匀质物料不仅凿入性好，而且容易凿裂，土壤对齿尖镶块的磨损也不严重。

对称式齿尖镶块具有高抗磨性，自磨锐性好。由于齿尖镶块的结构具有对称性，故可反复翻边安装使用，延长齿尖使用寿命。

在不容易造成崩齿的情况下，应尽量选用长型凿入式或长型对称式齿尖镶块，用以提高齿尖镶块的耐磨寿命。

第四节　推土机操纵控制系统

推土机的操纵包括发动机的操纵、基础车的操纵和工作装置的操纵三部分。发动机操纵由驾驶员在室内操纵启动马达按钮。基础车操纵是控制推土机前进、倒退、变速、左/右转弯和停驶。工作装置操纵是控制推土铲刀或松土器动作的，实现铲刀的升、降、浮动和固定、铲刀切削角度和侧倾角度的调整操纵，还包括松土器的升、降和固定、松土器倾斜调整控制。在驾驶室内，驾驶员在作业中根据需要控制这些操纵杆、手柄和踏板。

一、TY-320 型推土机操纵杆件系统

1. 发动机操纵杆系统

TY-320 型推土机的发动机操纵杆系统如图 2-1-35 所示，主要为油门手柄系统和减压杆系统。减压杆系统用脚操纵，以便于柴油机顺利启动。油门手柄系统中的接合器由回转盘和压紧弹簧构成，油门手柄的连杆与回转盘连接，可利用转盘的摩擦力使手柄停留在所需位置。

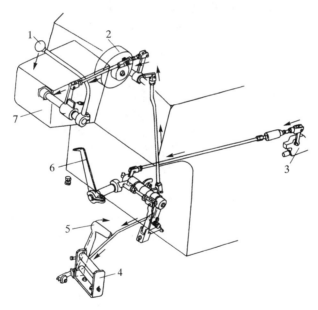

图 2-1-35　TY-320 型推土机的发动机操纵杆系统布置图
1—油门手柄；2—接合器；3—高压油泵调整器；4—踏板架；
5—减速踏板；6—减压杆；7—仪表板

2. 基础车操纵杆系统

（1）变速器操纵杆系统。

图 2-1-36 所示为变速器操纵杆系统。变速杆通过两套杠杆机构，可使组合式液压操纵阀中的两个变速阀以及换向阀联动。向右拨动变速杆时，换向阀可使压力油进入第二变速阀，再向后拉动变速杆使其进入前进各挡位，就可使第二变速阀接通动力变速箱中的第一（高挡）离合器或第三（低挡）离合器，同时又可使第一变速阀接通第四（进、退高挡）

离合器或第五（进、退高挡）离合器，从而得到前进各挡速度。当向左拨动变速杆时，换向阀可使压力油进入第二（倒退）离合器，再向后拉动变速杆进入倒退各挡位，就可使第一变速阀接通变速箱中的第四离合器或第五离合器，得到倒退二挡或一挡。

进退换向操纵是由变速杆在变换所需方向的挡速时同时完成的。

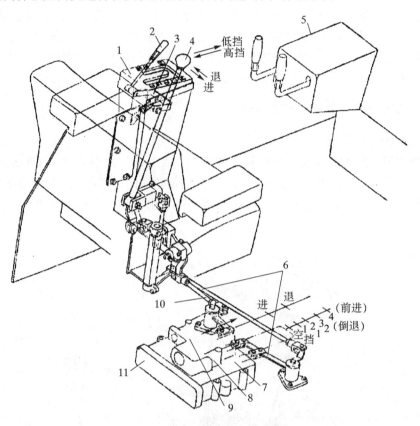

图 2-1-36　TY-320 型推土机动力变速箱的操纵杆系统布置图

1—"Ⅱ"形限制器；2—安全杆；3—安全杆制动器；4—变速杆；5—转向杆；
6—变速阀联动杠杆机构；7—第一变速阀位置；8—第二变速阀位置；9—换向阀位置；
10—液压操纵阀体；11—换向阀联动杠杆机构

（2）转向操纵系统。

图 2-1-37 所示为 TY-320 型推土机的液压转向操纵油路循环系统，其中转向滑阀可由转向杆（如图 2-1-35 所示）操纵。

转向离合器操纵机构的动作情况如图 2-1-38 所示。

液压转向操纵阀位于驾驶室座下的后桥壳体上部，阀内安装着两根滑阀，分别由驾驶室内的两根操纵手柄通过各自的连杆、杠杆和转轴来使之移动。不动手柄时，两根滑阀由各自的弹簧保持在使左、右离合器都处于接合的位置，其油流情况如图 2-1-38（a）所示，此时，推土机直线行驶。

当推土机向右转弯时，只要拉动右边的转向操纵阀手柄，就可使右边的滑阀向后移动，沟通阀体内通向 F 油口和后回油口 C 的油路，使进入阀体内的压力油从 F 口流出，沿横轴的中心油道进入锥毂形接盘的内腔，将活塞向外推。与此同时，主动鼓内腔的油经油管进入

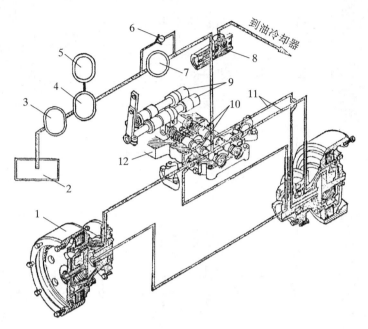

图 2-1-37　TY-320 型推土机液压转向操纵机构油路循环系统布置图

1—转向离合器；2—后桥壳体油池；3—滤网；4—油泵；5—发动机；6—单向阀；

7—滤油器；8—减压阀；9—转轴；10—滑阀；11—油路；12—操纵阀体

阀体的 G 油口，再从后回油口 C 流回转向离合器室。于是外压盘便解除了对离合器片的压力，使右离合器分离。此时，因左边滑阀没有移动，左边的离合器仍处于接合状态，所以推土机向右转。其油流情况如图 2-1-38(b) 所示。

　　推土机向左转弯的情况与向右转弯时相似，如将左、右操纵手柄都拉动，左、右滑阀都向后移动，则进入阀体的压力油将分别从 E 与 F 油口进入锥毂形接盘的内腔，将活塞都向外推，使左、右两个离合器都分离。此时的油流情况如图 2-1-38(c) 所示。

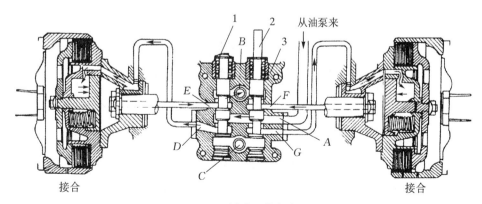

(a) 两离合器结合时

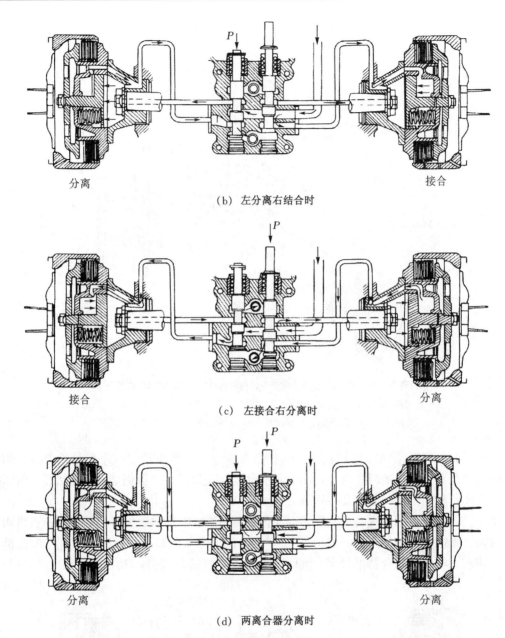

(b) 左分离右结合时

(c) 左接合右分离时

(d) 两离合器分离时

图 2-1-38　液压离合器式转向操纵机构及其动作情况

1，2—左、右滑阀；3—液压操纵阀；

A—接油泵的总进油口；B—总进油口；C—后回油口；D，E，F，G—接转向离合器的进、出油口

二、工作装置液压操纵系统

随着液压控制技术的迅速发展，使推土机的性能日趋完善，控制精度越来越高，其工作装置已实现液压化控制，采用液压控制系统的推土机具有切土力强、平整质量好、生产效率高等特点，可以满足施工质量的要求。

推土机的工作装置液压系统可根据作业需要，迅速提升或下降工作装置，也可实现铲刀或松土器缓慢就位。操纵液压系统还可改变推土铲刀的作业方式,调整铲刀或松土器的倾斜角度和切削角度。

推土机普遍采用开式液压回路,开式回路系统具有结构简单、散热性能好、工作可靠、油中杂质可在油箱中沉淀等优点。

下面介绍推土机工作装置液压操纵机构的工作情况,推土铲刀操纵阀装于液压操纵箱内,推土机操作手可以扳动操纵杆在水平方向摆动(如图 2-1-39 所示),从而带动推土铲刀操纵阀的阀杆(阀芯)运动。

松土器操纵阀也装于液压操纵箱内,扳动松土器操纵杆在垂直平面内摆动,从而带动松土器操纵阀的阀杆运动(如图 2-1-40 所示)。

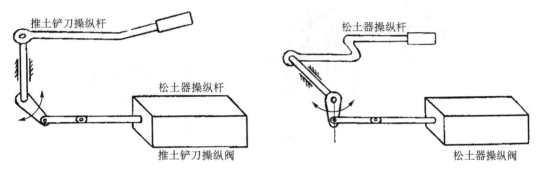

图 2-1-39　推土铲刀的操纵阀示意图　　　　　　图 2-1-40　松土器的操纵阀示意图

在一些功率较小的推土机上(如 PD-120,TY-160,TY-180,TY-75 等),液压系统各操纵阀都是人力直接操纵,而在功率较大的推土机上则广泛采用液压伺服操纵(如图 2-1-41 所示)。

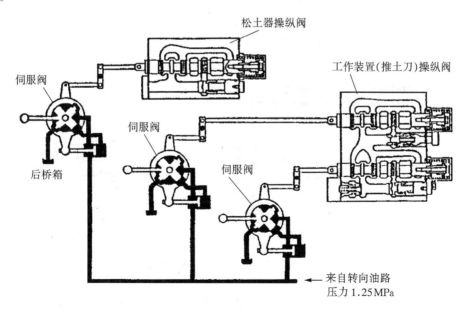

图 2-1-41　伺服油路示意图

工作装置操纵阀的阀芯通过连杆、摇臂等与伺服阀相连，驾驶员扳动工作装置操纵手柄，实际上是转动了伺服阀的阀芯，阀套则在伺服油缸的作用下带动工作装置操纵阀阀芯运动，从而轻便省力地控制工作装置的各个动作。

伺服阀的液压油来自转向油路，液压油同时供给 3 个伺服阀，工作压力为 1.25 MPa，阀的回油流入后桥箱。伺服阀的工作原理如下。

1. 伺服阀"中立"（如图 2-1-42 所示）

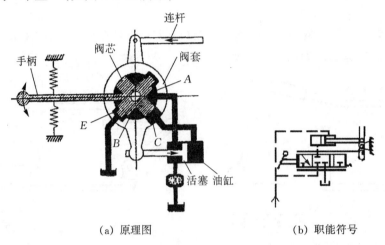

（a）原理图　　　　　　　　　　　（b）职能符号

图 2-1-42　伺服阀"中立"原理、液压职能示意图

当工作装置操纵手柄在"中立"的位置时，伺服阀的阀芯处于中间位置，油缸的回油腔 C 与回油口 E 不通，活塞不动，与活塞相连的阀套和连杆也静止不动。

2. 伺服阀"顺转"（如图 2-1-43 所示）

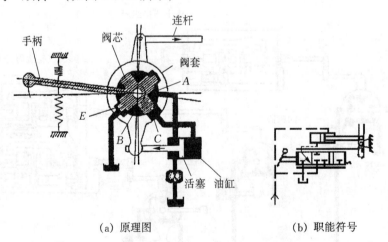

（a）原理图　　　　　　　　　　　（b）职能符号

图 2-1-43　伺服阀"顺转"原理、液压职能示意图

当工作装置操纵手柄向上扳动时，伺服阀的阀芯顺时针转动，液压油由油缸左腔→A 腔→C 腔→油缸右腔，此时油缸的左右腔都充满液压油，但活塞右面的受力面积大于左面的受力面积，从而推动活塞左移，带动阀套也作顺时针转动，推动连杆右移。当阀套转动到一

定位置时，便关闭了 C 腔和 A 腔的通道，因此油缸的右腔被封闭而不能回油，活塞、阀套、连杆均停止运动。如操纵手柄继续向上扳动，又接通了 C 腔和 A 腔，以上运动重复出现，如此反复进行，一直到连杆移动到需要的位置。

3. 伺服阀"逆转"（如图 2-1-44 所示）

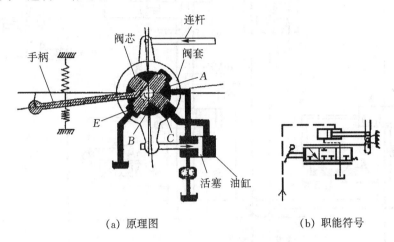

（a）原理图　　　　　　　　（b）职能符号

图 2-1-44　伺服阀"逆转"原理、液压职能示意图

当工作装置操纵手柄向下扳动时，伺服阀的阀芯逆时针转动，使 C 腔和 B 腔接通，油腔右腔的油从 C 腔 → B 腔 → E 腔 → 回油口，油缸左腔的压力油推动活塞右移，阀套逆时针转动，拉动连杆左移。当阀套转到一定位置时，切断 C 腔与 B 腔的通道，油缸右腔被封闭不能回油，因而活塞停止右移，阀套停止转动，连杆停止左移。如操纵手柄继续向下扳动，C 腔与 B 腔又被接通，以上运动重复出现，如此反复进行，直到连杆移动到需要的位置。

现以上海 TY-320（D85A-12）型履带式推土机为例，分析其工作装置液压系统。

图 2-1-45 所示为 TY-320（D85A-12）型履带式推土机操纵液压系统。该液压系统为开式系统，其动力元件为 PAL200 型油泵；执行元件包括铲刀升降油缸，推土铲刀倾斜油缸、松土器升降油缸和松土器倾斜油缸；控制元件为各种液压阀；辅助装置包括油箱、滤清器及油管等。

油泵由传动系分动箱输出的动力驱动，输出的压力油通过分配阀供应到系统各执行元件。系统的最高压力为 140MPa，由油泵出口处的主溢流阀控制。由于各执行机构一般不需同时运动，铲刀升降控制回路、铲刀侧倾控制回路和松土器升降控制回路全部以串联方式连接：油泵输出压力油通向铲刀升降控制回路入口，其回油通向松土器控制回路入口；松土器控制回路的回油通向铲刀侧倾控制回路入口，铲刀侧倾控制回路的回油直接回油箱。

如果几个回路同时工作，由于负荷的叠加，系统工作压力会很高。为了避免工作油缸活塞的惯性冲击，降低其工作噪声，油缸内一般都装有缓冲装置。

大型推土机的液压元件一般尺寸较大，管路较长，若采用直接操纵的手动式换向控制阀，因受驾驶室空间的限制，布置起来比较困难，难以实现控制元件靠近执行元件以缩短高压管路的长度，高压管路过长会导致管路沿程压力损失增加。现代大型履带式推土机已广泛采用便于布置的先导式操纵换向控制阀。先导阀在驾驶室以便操纵，而换向阀则布置在工作油缸附近。以先导阀分配的控制液压油来操纵换向阀换向，这样可减少系统功率损失，提高传动效率。

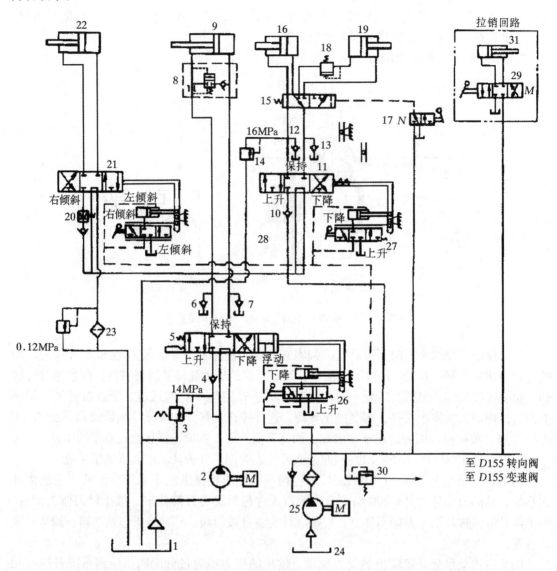

图 2-1-45 TY-320（D85A-12）型履带式推土机工作装置液压系统原理示意图

1，24—油箱；2—油泵；3—主溢流阀；4，10—单向阀；5—铲刀换向阀；6，7，12，13—补油阀；8—快速下降阀；9—铲刀升降油缸；11—松土器控制阀；14—过载阀；15—松土器换向阀；16—松土器升降油缸；17—先导阀；18—控制单向阀（锁紧）；19—松土器倾斜油缸；20—单向节流阀；21—铲刀倾斜油缸换向阀；22—推土铲刀倾斜油缸；23—滤油器；25—变矩器、变速箱操纵系统油泵；26—铲刀油缸先导随动阀；27—松土器油缸先导随动阀；28—铲刀倾斜油缸先导随动阀；29—拉销换向阀；30—变矩器、变速箱溢流阀；31—拉销油缸

在本系统中，推土板和松土器升降油缸的控制阀，均采用先导式操纵的随动换向控制阀。先导式操纵控制阀全为滑阀式结构，可实现换向、卸荷、节流调速和工作装置的微动控制。换向时，先操纵手动式先导阀，若将先导式阀芯向左拉，先导阀则处于右位工作状态，来自变矩器、变速箱操纵系统油泵的压力油分别进入伺服油缸的大腔和小腔。由于活塞承压面积差，活塞杆将右移外伸，并通过连杆拉动推土板或松土器工作油缸的换向控制阀右移。

当换向控制阀阀芯右移时，连杆机构将以伺服油缸活塞杆为支点，又带动先导阀的阀体左移，使先导阀复位，回到"中立"位置。此时，主换向控制阀就处于左位工作，而伺服油缸活塞因其大腔被关闭，小腔仍通过压力油向左推压活塞，故活塞被固定在此确定的位置上，主换向控制阀也固定在相应的左位工作状态。

先导式操纵换向控制阀具有伺服随动助力作用，操纵伺服阀较之直接操纵手动式换向控制阀要轻便省力，可减轻驾驶人员的疲劳。

铲刀工作时有"上升""固定""下降""浮动"四种不同的操纵要求，其控制回路有四个相应的工作位置。当换向阀处于"浮动"位置时，油缸大、小腔连通，整个铲刀机构为自由悬挂状态，可随地面起伏自由浮动。铲刀浮动状态便于推土机清理场地作业，也可在推土机倒行时利用铲刀平地。

大型推土机铲刀的升降高度可达 2m 以上，提高铲刀的下降速度，对缩短铲刀作业循环时间，提高推土机的生产效率有着重要的意义。为此，在推土板升降回路上装有铲刀快速下降阀，用以降低铲刀下降时操纵油缸小腔的排油腔回油阻力。铲刀在快速下降过程中，回油油流在阀内的节流元件上产生较大压降，当滑阀元件两端的压差足以克服弹簧阻力时，阀芯移动到连通位置，小腔回油即通过速降单向阀直接向铲刀升降油缸进油腔补充供油，从而加快了铲刀的下降速度。

推土板在速降过程中，推土装置的自重对其下降速度将起加速作用。铲刀下降速度过快有可能导致升降油缸进油腔供油不足，形成局部真空，产生气蚀现象，影响升降油缸工作的平稳性。为防止气蚀现象的产生，确保油缸动作的平稳，在油缸的进油道上均设有推土板升降油缸单向补油阀 6 和 7，在进油腔出现负压时，补油阀 6 和 7 迅速开启，进油腔可直接从油箱中补充吸油。

在作业过程中，松土器的升降与倾斜不需同时进行，在液压操纵系统中，其升降和倾斜油缸共用一个先导式操纵换向控制阀，另外设置一个选择工作油缸的松土器换向阀。作业时，可根据需要操纵手动先导阀来改变松土器换向阀的工作位置，再分别控制松土器的升降与倾斜。松土器换向阀的控制压力油由变矩器、变速箱的齿轮油泵提供。

同样，松土器液压回路也具有快速补油功能，松土机构补油阀 12 和 13 在松土器快速升降或快速倾斜时可迅速开启，直接从油箱中补充供油，实现松土机构快速平稳动作，提高松土作业效率。

由于松土器作业阻力大，经常出现冲击超载荷，在其控制液压回路上装有松土机构过载安全阀和控制单向阀（锁紧阀）。

松土机构过载安全阀可在松土器突然过载时起安全保护作用。当松土器固定在某一工作位置作业时，其升降油缸闭锁，油缸活塞杆受拉，如遇突然载荷，小腔为过载腔，油压将瞬时骤增，当油压超过安全阀调定压力时，安全阀即开启卸荷，油缸闭锁失效，从而起到保护系统的作用。为了提高安全阀的过载敏感性，应将该阀安装在靠近升降油缸的位置上。通常，松土机构安全阀的调定压力要比系统主溢流阀的调定压力高 15% ~ 25% 。

松土器倾斜油缸控制单向阀安装在倾斜油缸大腔的进油道上。松土器松土作业时，倾斜油缸处于锁闭状态，油缸活塞杆受压，大腔承受载荷较大。该腔闭锁油压相应较大，装设倾斜油缸锁闭控制单向阀，可提高松土器控制阀中位锁闭的可靠性。

采用单齿松土器作业时，松土齿杆高度的调整也可实现液压操纵。用液压控制齿杆高度固定拉销，只需在系统中并联一个简单的拉销回路，执行元件为拉销油缸。

在推土板倾斜回路的进油道上，设有流量控制单向阀，该阀可调节和控制铲刀倾斜油缸的倾斜速度，实现铲刀稳速倾斜，并保持油缸内的恒定压力。

三、推土板自动调平装置

现代工程机械采用机电一体化现代控制技术已日趋广泛。现代控制技术的应用，极大地提高了自行式工程机械的自动化程度，减轻了驾驶人员的操作疲劳，提高了施工质量和作业速度，实现了节能化和智能化，为现代大型建设工程提供了理想的施工设备。

国外一些推土机上已采用激光导向和电-液伺服控制技术，自动控制铲刀的切土深度，减少了推土机往返作业的遍数和行程，提高了大面积场地的平整精度和施工质量，加快了工程进度，降低了施工成本。

激光具有极强的方向性，控制精度高。激光用于定坡导向，其定坡误差可控制在0.01%以内；利用激光控制铲刀切土深度，其混匀地面垂直标高均方根偏差小于±30mm。

图2-1-46所示为装有激光导向装置的Ⅱ3-171型履带式推土机。

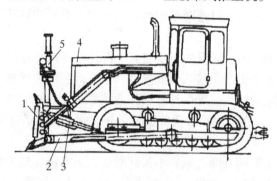

图2-1-46　Ⅱ3-171型激光导向履带式推土机结构示意图
1—推土铲刀；2—顶推梁；3—铲刀倾斜油缸；4—升降油缸；5—激光跟踪调平装置

推土机推土装置的调平系统，具有发射、接收、跟踪激光和自动调平铲刀的功能。其他由激光发射装置、激光接收器及其高度位移装置、顶推梁纵坡角度传感器、光电转换器及电-液伺服跟踪控制回路等自动控制装置所组成。

激光发射装置通常装设在作业区以外的适当位置，激光接收器及其高度位移调整装置则安装在铲刀上方，用来搜索激光、检测铲刀的相对高度。

铲刀自动调平原理如图2-1-47所示。

当发电机为激光辐射器提供能源时，激光器内的激光工作物质即激发和释放定向激光束。通过控制装置可调整激光接收器液压油缸的工作高度，使激光接收器对准激光束，即可按预定的铲刀切削深度进行推铲平地作业。在推铲作业过程中，调平系统自动控制装置将及时根据所检测的铲刀相对高度，通过电-液伺服控制回路，自动修正铲刀的离地高度，重新调整铲刀入土深度，使激光接收器快速准确跟踪对准激光束，始终保持铲刀的恒定高度，提高平地的精度。

当路面设计标高确定后，自动调整推土机应采用多次推铲作业法，其切土深度应逐次递减，以确保平整精度，提高施工质量。每次确定切削深度后，都应从新调整激光发射器与激

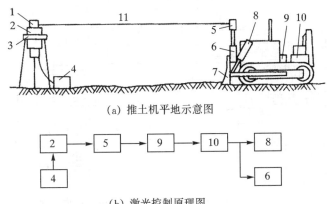

(a) 推土机平地示意图

(b) 激光控制原理图

图 2-1-47　激光控制铲刀工作原理示意图

1—转动探头；2—激光辐射器；3—可调式三角梁；4—发电机；5—激光接收器；6—激光接收
器液压油缸；7—推土铲刀；8—铲刀升降油缸；9—控制装置；10—液压油箱；11—激光束

光接收器的相对高度，保证激光束对准接收系统。

　　装有激光导向自动调平系统的履带式推土机，可沿直线路面进行往返推铲平地作业，也可在大面积场地沿任意方向或弯道行驶作业。当采用直线形推铲作业法时，可在作业区外安装固定式激光发射器。这种激光器固定发出一束定向激光，可被直线作业的推土机激光接收器有效接收。平整大面积场地，则可采用非定向推铲作业方式，用以提高推土机对施工场地的作业适应性，确保施工质量。推土机进行非定向平地作业，在作业区装设的激光器宜选用旋转扫瞄式激光辐射器。该激光器能使激光束连续旋转，形成一个高精度的激光辐射基准平面。安装和调整旋转扫瞄式激光器十分简便，缩短了作业辅助时间。推土机在任意方位，其激光接收器均可截获激光平面高度信号，并通过自动调平控制系统，及时调整铲刀切土深度，快速跟踪激光，提高平整精度。

　　激光器按激光工作物质可分为固体激光器、气体激光器、半导体激光器和液体激光器等几种，推土机激光导向普遍采用气体激光器。气体激光器以多种气体原子、离子、金属蒸气等作为工作物质，通过气体放电辐射激光。气体激光器具有结构简单、造价低、操作方便等优点。旋转式气体激光器的激光辐射半径可达数百米，旋转速度可达 1200r/min，且激光平面稳定，不受气候条件的影响，可以满足推土机高平整度施工作业的要求。

　　激光导向自动跟踪控制的液压回路如图 2-1-48 所示。

　　该液压系统采用双泵双回路，具有手控和激光跟踪启动控制铲刀的功能。手控液压回路由油泵、手动多路换向组合阀、滤清器、铲刀倾斜油缸及其液压油锁、铲刀升降油缸和液压油箱组成。采用手控液压回路控制推土工作装置，可实现铲刀升降或倾斜。手动多路换向组合阀，由上、中、下三个手动式换向控制阀和溢流节流阀组合而成。三个手动阀均采用滑阀式结构，系四位五通阀。下阀为铲刀升降控制阀，具有"提升""下降""浮动""锁闭"四个工作位置，可实现铲刀升降、定位闭锁和浮动推土作业。中阀为铲刀倾斜控制阀，通过控制铲刀倾斜油缸，操纵铲刀前倾、后倾、倾斜定位（锁闭）或置铲刀于倾斜浮动状态。上阀为铲刀速降补油控制阀。当铲刀快速下降时，油泵可直接向升降油缸大腔补充供油，确保系统工作平稳。将该阀置于左工作位置，接通升降油缸排油腔，则可降低大腔的排油阻

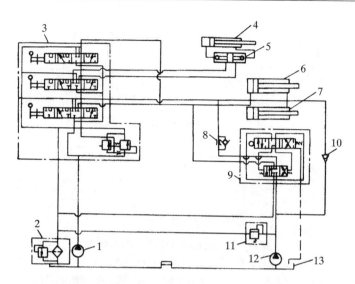

图2-1-48　带激光控制铲刀的液压回路工作原理示意图

1—油泵；2—滤清器；3—手动多路换向组合阀；4—铲刀倾斜油缸；5—液压油锁；
6，7—升降油缸；8—单向节流阀；9—电-液换向组合阀；10—单向阀；11—溢流阀；
12—油泵；13—液压油箱

力，提高铲刀提升速度。

铲刀倾斜油缸液压油锁，可双向锁定倾斜油缸，将铲刀固定在任意倾斜状态，保持固定的铲刀切削角或调定的侧倾角，用以提高推土机的作业稳定性。

电-液自动控制回路由油泵、电-液换向组合阀、单向节流阀、单向阀、系统安全溢流阀、铲刀升降油缸和液压油箱组成。

推土机应用激光导向平地作业，可启动电-液自动控制回路，实现激光控制铲刀，提高地面平整度和施工质量。

电-液伺服控制回路由油泵提供压力油，通过激光接收器检测的铲刀相对高度和顶推梁纵坡角度传感器转换的电信号，迅速输入电-液伺服系统，操纵电-液换向组合阀（由电磁先导阀操纵液控换向阀），自动控制铲刀提升或下降，修正铲刀相对高度，跟踪激光束，实现铲刀自动调平。单向节流阀可在铲刀下降时节流调速，缓慢平稳下降，达到铲刀渐近找平的目的，提高找平精度。

单向阀可防止推土工作装置自重引起铲刀自然坠落，确保铲刀定位的可靠性。

溢流阀在系统过载时开启卸荷，可保护自控液压系统的安全。

使用铲刀自动调平装置时，驾驶员首先应将激光导向控制仪表板上的"工作状态"旋转开关旋至"自动控制"位置，使控制系统处于自动调平工作状态。

第五节　国内外推土机的发展现状

推土机是铲土-运输机械中生产历史最久、拥有量较多、应用最广泛的一个机种。现在已实现了利用GPS（全球定位系统）、GIS和GSM技术开发的基于GPS的定位系统，国外某些推土机也采用无线电遥按、激光、电子技术、传感技术、微机控制等先进技术，使推土机的工作装置实现了自动控制，如日本新卡特彼勒-三菱公司的推土机作业激光自动调平装置。日本小松公司的 D555A 推土机的自动切土控制系统，利用传感技术和电子计算机技术，使推土机实现了自动推土作业。

美国是世界上最早生产履带式推土机的国家，推土机制造技术一直居领先地位。卡特皮勒（Caterpillar）公司是世界上最大的工程机械生产企业，其生产的履带式推土机除系列基本型外，还有多种变型产品，不但品种齐全，而且结构新颖、性能先进，目前在世界市场上极具竞争力。现代推土机所用发动机向着大功率的柴油机方向发展，美国卡特皮勒公司生产的 D575 型推土机，其发动机功率达 784kW（1066.24HP），是目前国外最大功率的推土机。

日本的推土机工业虽然起步较晚，但发展十分迅速，已成为现代推土机的生产大国之一，小松制作所（KOMAT′SU）是日本最大的工程机械制造公司，不仅重视大型推土机的发展，同时还注重发展小型推土机，注重推土机的多用途和作业性能，生产的推土机也具世界一流水平。该所于 1991 年研制成世界上最大的 D575A-2 型超大型履带式推土机，功率高达784kW，工作质量为 132t，牵引力达 1.96MN。世界上生产特大型推土机的厂商也很少，当前生产超过 650kW 的推土机的厂商只有小松（KOMAT′SU）和卡特皮勒（Caterpillar）。

从 20 世纪 80 年代后期开始，滚翻保护系统（ROPS）和落物保护系统（FOPS）开始应用于驾驶室安全保护。卡特皮勒履带推土机 D9R 型上安装了最新的监视系统，电子计算机监视系统（CMS 系统）。该系统除了具有 N 系列推土机三级报警监视系统（EMS）功能外，还有一个能对数据进行记忆、存储和分析的电子控制器（ECM），能确定元件的故障征兆、每个开关电路的状态、显示各仪表和指示器上记录的最终数值。CMS 系统这些功能有助于故障诊断和检修作业，大大降低了判断故障和排除故障所需时间，提高了推土机的完好率。

目前日本已生产出适用于沼泽地区泥泞条件下施工的沼地推土机并试制了可在水下 60m深处施工的水下推土机。这种推土机的履带板特别制成三角形的，其履板是很宽的三角板，用特制螺栓装在履带链节上，各块履板之间留有一定间隙。履板的纵断面（顺推土机纵轴线方向看）为梯形即底面比顶线长，这种断面形状既能保证机械转向良好，又可防止机械在横地上工作时侧滑。三角板履带可使其在沼泽地行驶于上、下坡时创造阶梯，从而使机械易于攀登，可爬下 30°～40°的陡坡。

带三角形履板的履带行驶于沼泽地时不会使土壤搅烂成泥浆而降低其强度。当履板受载荷而下陷时，其两边挤压着稀泥，使其围着履板向上翻起，从两毗邻履板间的空隙挤上地面。这样挤压的结果，使稀泥中的水分被部分挤出，稀泥变稠、变黏，一部分胶黏在履带的两侧。这些黏附在履板上的泥土在履板转到履带驱动轮处时会自动地掉下来。带三角形履板的履带在驶过地面时履板的接地面积要比普通履板大得多，对地面的单位压力较小，同时三角履板深入土内又起了压实作用，使得机械在行驶时不易下陷，也不易打滑。

我国推土机行业发展始于 20 世纪 70—80 年代，以引进小松、卡特和利勃海尔技术为主，经过近 20 年的消化吸收，目前形成了以 20 世纪 80 年代末小松技术产品为主导的格局，从 59kW（80 马力）到 235kW（320 马力）规格齐全的产品系列。但我国推土机技术仍处于较低水平，在运用集成电路技术、微电子技术、传感技术、信息技术和自动控制技术，实现节能化和智能化等方面，我国仍处于起步阶段。目前国内主要有徐州工程机械集团有限公司、三一重工股份有限公司、天津工程机械研究院、长安大学工程机械学院在从事这方面研发工作，已经完成了道路施工机械中的装载机、材料拌和站、自卸车、摊铺机和压路机等单机的智能化改造，初步掌握机群智能化工程机械系统的设计和制造技术，但是在智能推土机研究方面，国内还只是在涉及推土机某些局部装置，如三一重工的 TQ230 全液压推土机。推土机单机集成化操作与智能控制技术，智能监控、检测、预报、远程故障诊断与维护技术，基于网络的机群集成控制与智能化管理技术等方面，CAN 总线技术，自动找平技术，行走控制技术，GPS/GIS、LED 液晶显示器和计算机控制的发动机管理技术已成为智能化推土机的发展方向。

推土机的生产在我国近十几年来发展较快。推土机专业制造厂家主要有山东推土机总厂、黄河工程机械厂、宣化工程机械厂、上海彭浦机器厂、郑州工程机械厂、青海工程机械厂等十多家。

从 20 世纪 70 年代后期开始，我国先后引进小松制作所、卡特皮勒公司履带式推土机的制造技术，相继开发了 TY-180，TY-220，TY-320 等现代大、中型液压式推土机。我国以生产履带式推土机为主，除普通型推土机外，还生产多种型号的低比压湿地推土机和其他专用型推土机。70 年代我国开始生产轮胎式推土机，现已初步形成系列。据统计，我国生产的推土机已有 30 多种规格，年生产能力约 4000 台，产品结构有了很大改进，整机性能也有了很大提高，部分产品已达到国际先进水平。

国内的推土机生产厂家、工程机械科研部门和高等院校近年来对推土机技术的发展也作出了突出的成就。天津工程机械研究所和上海彭浦机器厂联合开发研制的上海 410 型履带式推土机是我国目前自行研制开发的最大功率的推土机，发动机功率为 306kW，在研制过程中成功地解决了大功率推土机动力传动系统的匹配，大功率变矩器的设计，重型结构件的焊接，低速大扭矩行星终传动齿轮、三角锥形花键的选材、加工、热处理等关键技术。工程兵工程学院研制开发了推土机切土深度自动控制系统，该系统是根据发动机转速的变化，利用单片机来控制铲刀液压缸升降，从而实现了推土机工作装置的自动控制。该系统在上海 TY-120A 型推土机装机试验中表明：可以减轻驾驶员的操作强度，因而改善了操作条件，提高了推土机作业效率和质量，适合于履带式和轮胎式推土机安装使用。

第六节 推土机常见故障、导致原因及排除方法

在推土机的使用过程中，由于零件的磨损或装配和调整的不正确，以及推土机内个别零件的不清洁，都将造成各种不同形式的故障。为了避免推土机在工作中发生事故，应经常注意推土机的工作情况，并能及时地发现和排除各种故障。

为了便于了解故障的原因，选择必要的消除方法，现列举以下各种最常见的推土机故障以及发生故障的可能原因和排除方法，见表 2-1-1。

表 2-1-1　　　　　　　　　　　　　　　推土机常见故障、原因及排除方法

故　障		原　因	排除方法
湿式主离合器故障	1. 主离合器打滑	（1）摩擦片磨损	调小摩擦片间隙
		（2）调整环松动	重新调整后固定
		（3）摩擦片过度磨损	更换摩擦片
	2. 主离合器结合不上	调整环调整过量，摩擦片之间间隙过小	回松调整环，调大间隙
	3. 主离合器分离不彻底	（1）摩擦片异常变形或损坏	更换
		（2）小制动器摩擦片磨损	调整或更换
		（3）润滑油路不通，使轴承咬死	更换轴承，使润滑油路通畅
	4. 主离合器异常发热	（1）摩擦片异常磨损	调小摩擦片间隙
		（2）主离合器油位过高或过低	将油位控制在油尺刻度内
		（3）润滑油路不工作	检查润滑油泵、油冷却器
干式主离合器故障	1. 主离合器打滑	（1）摩擦片沾油	清洗
		（2）主离合器调整不当，不能压紧	重新调整
		（3）摩擦片过度磨损	更换摩擦片
	2. 主离合器有拉带现象	（1）摩擦片翘曲或损坏	更换
		（2）离合器制动摩擦片磨损	更换
		（3）离合器制动摩擦片沾有油污	清洗
		（4）连接块断裂	更换
		（5）主离合器与发动机不同心或歪斜	检查情况，必要时校正
变速箱故障	1. 变速杆沉重	（1）变速箱润滑油过厚（尤其在冬季）	调换润滑油
		（2）拨叉轴弯曲	校直或更换
	2. 齿轮难以啮合	（1）齿轮有杂物夹入	检查后除去
		（2）拨叉轴弯曲或折断	更换
		（3）齿轮的齿面或圆角部磨损	修理或调换
		（4）主离合器有拖带现象	更换
	3. 噪声太大	（1）润滑油不足或黏度太低	补充或调换
		（2）轮齿、轴承磨损或损坏	更换
	4. 变速杆不能换挡	连锁装置失灵	调整
转向离合器及其操纵机构故障	1. 未拉转向操纵杆而推土机行走偏向一侧	（1）该侧转向离合器摩擦片有油污	清洗
		（2）该侧转向离合器摩擦片磨损失灵	更换
		（3）该侧转向离合器弹簧失效或折断	更换
		（4）该侧转向离合器操纵杆无自由行程	调整
		（5）该侧转向操纵杆与橡皮缓冲垫	清除
	2. 拉动转向操纵杆时很费力	（1）转向离合器机构调整不正确	重新调整
		（2）增力器无机油或黏度太小	加油或换油
		（3）增力器有油污、杂质	检查过滤网、清洗换油
	3. 转向操纵杆向后拉时推土机不转弯	（1）转向离合器操纵机构的可调顶杆调整不当	重新调整
		（2）分离机构调整不当	调整分离机构的球面螺帽

续表 2-1-1

故　　障		原　　因	排除方法
制动器故障	1. 制动器打滑故障	（1）摩擦片磨损导致露出铆钉头	更换摩擦片
		（2）摩擦片沾有油污	清洗或更换
		（3）调整不良	重新调整
		（4）转向离合器不能分离	调整离合器或加以修理
	2. 终传动故障	链轮浮动油封漏油	更换浮动油封
	3. 行走装置故障	（1）引导轮、支重轮、托轮漏油	更换浮动油封
		（2）引导轮、支重轮、托轮中心不在一直线上	校正中心
		（3）台车架变形	校正
		（4）台车架支承轴衬片磨损	调换轴衬
		（5）台车架支承轴轴承盖螺栓松弛	将其拧紧
履带故障	1. 履带不能调整，张紧机构失灵故障	密封环磨损和损坏，油嘴锥面接触不良	更换或修复
	2. 履带脱出	（1）履带张力太松	调整张力
		（2）支重轮凸缘磨损	修复或更换
推土装置故障	1. 推土铲刀上升力不足	（1）液压油不足	按油标加油
		（2）安全阀压力调整不当	重新调整
		（3）操纵阀损伤或磨损	检查后修理或调换
		（4）泵的磨损极大	检查后修理或调换
		（5）活塞密封圈损坏	调换
	2. 推土铲刀的保持力不足	（1）操纵阀漏油	检查后修理或更换零件
		（2）油缸活塞密封圈磨损或损伤	更换
	3. 推土铲刀上升太慢	（1）泵的磨损极大	检查后修理或更换零件
		（2）油缸活塞密封圈磨损或损坏	更换
		（3）操纵阀磨损	更换或更配阀杆
	4. 活塞杆漏油	（1）密封圈磨损	更换
		（2）密封圈损坏	更换
	5. 安全阀不起作用	（1）安全阀上有杂物夹住	检查并清理
		（2）安全阀弹簧失效或调整不当	更换或重新调整
	6. 油压不足	（1）油量不足，吸入空气	补充加油
		（2）在油路中有漏油	修理或更换零件
	7. 油温过高	（1）滤油安全阀压力过高	重新调整 0.4MPa
		（2）油量不足	补充加油
		（3）滤网被杂物堵住	清洗

思考与习题

1. 履带式推土机为何存在经济运距？

2. 推土机按行走方式分为几种？各有何特点？

3. 从行驶系上看，为何履带式推土机用得多？

4. 土方施工机械传动系如何适应作业符合需要？有何特点？

5. 工程机械动力装置为何多数采用柴油机？

6. 画图说明现代推土机传动系的结构特点：

① 机械式（履带式、轮胎式）；

② 湿式主离合器；

③ 液力变矩器（履带式、轮胎式）。

7. 试述 TY-320 型推土机动力换挡变速箱结构特点及工作原理。

8. 论述 TY-320 型推土机熄火后，应如何避免发动机启动与机械启动同时进行？

9. TY-320 型推土机是如何完成换挡工作的？

10. 试述履带式推土机转向离合器（TY-100，TY-180，TY-320）结构特点。

11. 履带式推土机行走装置组成特点怎样？

12. 履带式推土机是如何实现制动的？

13. 履带式推土机与汽车驱动桥有何区别？其最终传动装置类型及特点怎样？

14. 试分析推土机下列故障现象：

① TY-320 型推土机，一挡空载，行走正常，但推土作业不动；

② TY-60 型推土机向左侧转向不灵敏；

③ 履带式推土机工作时无力；

④ TY-320 型推土机，工作时跑偏；

⑤ TY-320 型推土机转向离合器散热器温度过高。

15. 机械为何采用锁紧离合器？其作用及组成如何？

16. 试述循环式推土机工作装置组成特点。

17. 试述连续式推土机工作装置组成特点。

18. 推土机松土装置组成特点如何？

19. 何谓"液压伺服系统"？都有哪些特点？

20. 土石方机械液压伺服阀组成及工作原理如何？

21. 试分析 TY-320 型推土机工作装置液压系统组成特点。

22. 试分析 TY-320 型推土机作业时出现下列不正常现象，你如何诊断与排除其故障？

① "仿形推土作业"性能较差；

② 推土铲刀下降缓慢；

③ 推土铲刀下降不平稳；

④ 松土器下降缓慢或时而不平稳；

⑤ 松土装置常损坏；

⑥ 不能对较硬土壤进行松土；

⑦ 提升铲刀时，当操纵手柄处于"中立"位置时，推土装置自动下降。

第二章　装　载　机

第一节　概　述

一、装载机功用

装载机通常用于铲装、搬运、卸载土与砂石一类散状物料、做短距离转运工作，在较长距离的物料转运工作中，更多的是配合运输车进行运输作业以提高工作效率。对岩石、硬土等也可进行轻度的铲掘作业，是一种广泛用于公路、铁路、矿山、建筑、水电、港口及国防等工程的土石方施工机械。如果换用不同工作装置，还可以扩大其使用范围，完成推土、起重、装卸、除雪等其他物料的工作，在公路，特别是高等级公路施工中，常用于集料场、沥青混凝土拌和站、稳定土拌和站进行上料、路基工程的填挖等作业。由于其作业速度快、效率高、操纵轻便等优点，因而装载机在国内外得到迅速发展，成为公路建设中土石方施工机械的主要机种之一。

二、装载机分类

装载机一般可按发动机功率的大小、传动形式、行走装置、装载的方式以及使用场合不同进行分类。

1. 按发动机功率的大小分

小型：功率小于 74kW；中型：功率为 74～147kW；大型：功率为 147～515kW；特大型：功率在 515kW 以上。

2. 按传动形式分

① 机械传动：结构简单、使用维修较容易；但传动系冲击振动大，功率利用差。

② 液力—机械传动：传动系所受冲击振动小，车速随外负载自动调节，操作轻便。现代装载机常采用。

③ 液压传动：可实现无级调速，操作简单；但启动性差，工作可靠性差。

④ 电传动：无级调速、工作可靠、维修简单；但设备质量大、费用高。

3. 按行走装置及结构分

① 轮式：质量轻、速度快、机动灵活、效率高，不易损坏地面；但轮胎易磨损、接地比压大、通过性差、稳定性差。

●铰接式车架：转弯半径小、纵向稳定性好，生产率高，适用范围广。

●整体式车架：车架为一个整体，转向方式有前轮转向、后轮转向、全轮转向及差速转向。在小型及大型电动装载机上采用。

② 履带式：接地比压小、通过性好、重心低、稳定性好、附着性能好、牵引力大、切

削力大；但速度低、维修不便、机动性差，易损坏地面。

4. 按装载的方式分

① 前卸式：工作装置简单，工作可靠，机手视野好，适用于各种作业场合。

② 回转式：工作装置安装在可回转 90°～360° 的转台上，侧面卸载不需倒车，作业效率较高；但结构复杂，侧卸时横向稳定性差。

③ 后卸式：前端铲装，从机顶翻转到后端卸料，作业效率高，专用于井下作业；但作业安全性较差。

5. 按使用场合分

① 露天用装载机：采用前端卸料作业机构，在工程施工中应用非常广泛。

② 井下装载机：根据井下巷道的特殊工作条件设计的，两种形式各有其应用领域。

第二节　装载机构造

一、装载机总体构造

装载机总体是由基础车、工作装置及液压操纵系统三大部分所组成。它以柴油机或汽油机作为动力源，以轮胎或履带行走机构产生推力，由工作装置来完成土石方工程的铲装、转运、卸载作业的一种施工机械。

轮胎式装载机（如图 2-2-1 所示）的动力由柴油发动机提供，底盘大多采用液力变矩器、动力换挡变速箱以及行星齿轮式轮边减速器传动；铰接式车体转向、双桥驱动、钢丝帘布、宽基低压轮胎、液压操纵、工作装置多采用反转连杆机构等。

图 2-2-1　轮胎式装载机外观图　　　　　　　图 2-2-2　履带式装载机外观图

履带式装载机（如图 2-2-2 所示）是以专用底盘或工业拖拉机为基础，装上工作装置并配装适当的操纵系统而构成的。

单斗装载机工作过程是用动臂将铲斗平放到地面，斗口朝前（如图 2-2-3(a)所示），机械慢速前驶，铲斗因自重而切入料堆，待铲斗装满后，将斗收起，使斗口朝上，这是铲装过程；用动臂将铲斗升起（如图 2-2-3(b)所示），机械倒退并转驶至卸料处，这是转运过程；将铲斗对准运料车厢的上空，然后使斗向前倾翻（如图 2-2-3(c)所示），物料卸于车厢内，这是卸料过程；卸料后，将铲斗回转至水平位置，机械快速前驶至装料处（如图 2-2-3(d)

所示），这是回程过程。

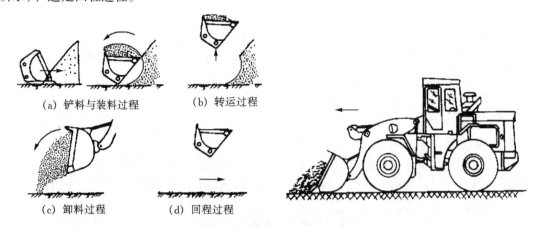

(a) 铲料与装料过程　　　(b) 转运过程

(c) 卸料过程　　　(d) 回程过程

图 2-2-3　单斗装载机工作过程示意图

二、装载机传动系统（底盘）

图 2-2-4 所示为国产 ZL50B 轮胎式装载机传动简图。

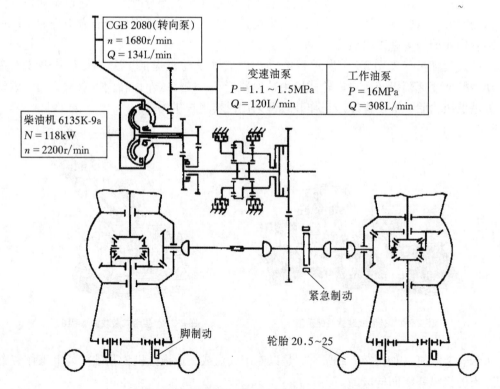

图 2-2-4　ZL50B 型轮胎式装载机传动系原理示意图

　　该机装备国产 6135K-9a 型柴油发动机，额定功率为 118kW，发动机动力直接传输给双涡轮变矩器泵轮，由泵轮经一级齿轮传动驱动转向油泵、变速操纵油泵和工作装置操纵系统油泵；变矩器两涡轮通过超越离合器将动力传给行星变速箱输入轴，由变速箱输出的动力再经一级齿轮减速后由前后传动轴分别传给前后驱动桥，动力由驱动桥经中央传动变换90°方向，再经差速器、半轴，最后经行星式轮边减速后传给驱动轮。

图2-2-5所示为履带式装载机传动简图。

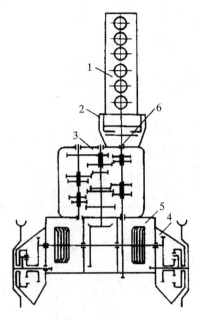

图2-2-5 履带式装载机传动系原理示意图

1—发动机；2—主离合器；3—变速箱；4—最终传动；5—后桥箱；6—万向节传动轴

履带式装载机的动力为柴油机，机械传动采用液压助力湿式离合器和湿式双向液压操纵转向离合器和正转连杆工作装置。

本节主要介绍轮胎式装载机底盘主要部件。

1. 变矩器

（1）ZL40B（ZL50）型装载机变矩器构造（如图2-2-6所示）。

ZL40B（ZL50）型装载机采用双涡轮液力变矩器，可随载荷变化自动改变变矩工况，扩大了变矩器的高效区。除具有一般三元件液力变矩器的变矩特性外，还相当于一个两挡自动变速箱，提高了装载机对载荷的自适应性。

变矩器的壳体左端与柴油机飞轮壳相连接，右端与箱体固定。两端分别用纸垫和密封环9密封。泵轮（内部分布27个近似圆柱曲面叶片）与罩轮（轴端支承在飞轮孔中）通过弹性板与飞轮联结成一体，与柴油机同转速。涡轮组由Ⅰ涡轮（内部分布36个近似圆柱曲面叶片）和Ⅱ涡轮（内部分布23个近似圆柱曲面叶片）组成。Ⅰ涡轮用弹性销与涡轮罩固定并铆接在涡轮毂上。两个涡轮分别以花键与输入一、二级齿轮相连，绕共同的轴心线独立旋转。Ⅰ涡轮为轴流式，Ⅱ涡轮为向心式。导轮座与壳体相固定，作为泵轮的右端支承，其花键部位装有导轮（内部分布20个近似圆柱曲面叶片）并用弹簧挡圈（未标注）限位。齿轮与泵轮固定用以驱动各个油泵，并与不转动的导轮座之间设有密封环12，工作时有少量泄油但不会泄压。两个油封环的作用亦相同。铜套用以隔离输入一级齿轮和二级齿轮的相对运动。

　　大超越离合器（如 H 向视图）的弹簧 36 一端支承在压盖上，另一端顶住并通过隔离环施压力给滚子，使其与外环齿轮和内环凸轮的滚道接触。外环齿轮与内环凸轮同向旋转，前者快过后者，离合器接合。后者超过前者，离合器脱开。

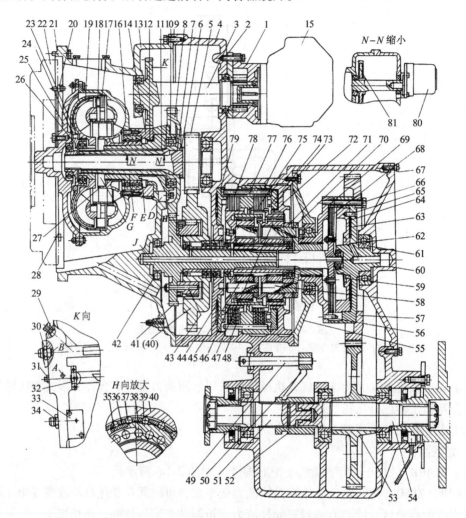

图 2-2-6　ZL40B 型变矩器-变速箱结构示意图

1—变速泵；2，20—垫片；3—齿轮轴；4—箱体；5—输入一级齿轮；6—铜套；7，11—油封环；8—输入二级齿轮；9，12—密封环；10—导轮座；11—油封环；13—壳体；14—齿轮；15—工作油泵；16—泵轮；17—弹性销；18—Ⅰ涡轮；19—Ⅱ涡轮；21—纸垫；22—飞轮；23—涡轮罩；24—铆钉；25—罩轮；26—涡轮毂；27—导轮；28—弹性板；29—油温表接头；30，34—管接头；31—螺塞；32—压力阀；33—背压阀；35—滚子；36，76—弹簧；37—压盖；38—隔离环；39—内环凸轮；40—外环齿轮；41—中间输入轴齿轮；42—轴承；43，66，67—螺栓；44—太阳轮；45—倒挡行星轮；46—倒挡行星轮架；47—一挡行星轮；48—倒挡内齿圈；49—前后桥连接拉杆；50—前后桥连接拨叉；51—后输出轴；52—滑套；53—输出轴齿轮；54—前输出轴；55—中盖；56—圆柱销；57—中间轴输出齿轮；58—一挡行星轴；59—盘形弹簧；60—端盖；61—球轴承；62—直接挡轴；63—直接挡油缸；64—直接挡活塞；65—圆柱销；68—直接挡摩擦片离合器；69—直接挡受压盘；70—直接挡连接盘；71—一挡行星轮架；72—一挡油缸；73—一挡活塞；74—一挡内齿圈；75—一挡摩擦片离合器；77—弹簧销轴；78—倒挡摩擦片离合器；79—倒挡活塞；80—转向油泵直接挡；81—转向油泵驱动齿轮

（2）ZL40B（ZL50）变矩器工作原理。

图 2-2-7 所示为 ZL40B 变矩器工作原理示意图。

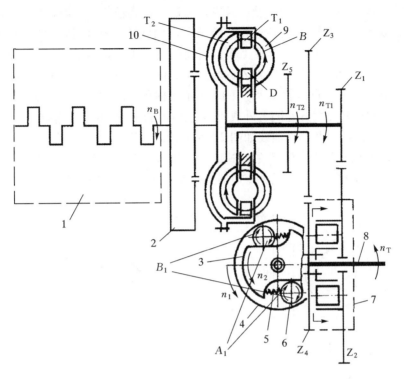

图 2-2-7　ZL40B 变矩器工作原理示意图

1—柴油机；2—飞轮；3—内环凸轮；4—外环齿轮；5—弹簧；6—磙子；

7—大超越离合器；8—输出轮；9—工作腔；10—罩轮

　　由 4 个工作叶轮组成的变矩器工作腔，里面充满工作油。泵轮 B（内均布近似 27 个圆柱曲面叶片）的作用是把发动机发出的机械能转换为油液的动能。其他由发动机带动以转速 n_B 旋转，迫使腔内油液按图示方向以巨大的速度冲击涡轮。涡轮 T_1（内均布近似 36 个圆柱曲面叶片）和 T_2（内均布近似 23 个圆柱曲面叶片）吸收液流的动能并将其还原为机械能，分别以转速 n_{T_1} 和 n_{T_2} 旋转，将动力经齿轮 Z_1 和 Z_3 传送给大超越离合器。导轮 D（内均布近似 20 个圆柱曲面叶片）是不旋转的，液流冲击导轮叶片时，要赋给它以力矩，使导轮产生一个大小相等、方向相反的反力矩并通过液体反射给涡轮，使涡轮输出的力矩值改变。4 个工作轮的叶片各有一定的形状和进、出口角度，使液流按规定的流道和方向进出各个叶轮。但由于泵轮的转速 n_B 受油门控制而有高低，涡轮的转速 n_{T_1} 和 n_{T_2} 随外载荷（通过桥和变速箱反馈）加于输出轴上的转速 n_T 变化而或快或慢甚至不旋转（如起步和制动工况，车轮不动，n_T 为零），使液流进入各个工作轮的速度和相对冲角都在不断地变化，泵轮发出的力矩和导轮反射的力矩也在变化，涡轮通过液体获得的泵轮力矩（正向）和导轮反射力矩（有正或反两个方向）的代数和亦随之发生改变。导轮力矩为正向时，涡轮输出力矩变大，反向时则输出力矩变小。变矩器之所以能够变矩，就在于有不动的导轮存在。

　　涡轮 T_2 为向心式，动力可通过齿轮对 Z_3，Z_4 直接输出，主要用于高速轻载工况。涡轮

T_1为轴流式，主要用于低速重载工况，其动力必须通过滚子将齿轮 Z_2 和 Z_4 楔紧成为一体才能输出。如图 2-2-7 所示，滚子在弹簧的作用下，与外环齿轮 Z_2 的内圆和内环凸轮（其他与齿轮 Z_4 固定为一体）的滚道面相接触。当装载机处于高速轻载工况时，齿轮 Z_4 亦即内环凸轮的转速 n_2，高于外环齿轮 Z_2 的转速 n_1，滚子沿 A_1 向旋转，外环齿轮 Z_2 空转，来自涡轮 T_1 的动力被切断。此时，仅涡轮 T_2 单独工作；当装载机处于低速重载工况时，外载荷迫使齿轮 Z_4 的转速 n_2 下降，而低于外环齿轮 Z_2 的转速 n_1，滚子沿 B_1 向旋转而被楔紧，两个齿轮 Z_2 和 Z_4 成为一体旋转，将来自涡轮 T_1 和 T_2 的动力汇流输出。此时，涡轮 T_1 和 T_2 共同工作。大超越离合器的这种楔紧和脱开是随着外载荷的变化而自动进行的，不需要人为控制。

　　双涡轮变矩器的结构及特性曲线如图 2-2-8 所示。在重载低速工况下，涡轮将减速，当二级齿轮 Z_4 的转速低于一级齿轮 Z_2 的转速时，一级涡轮和二级涡轮共同传递扭矩。此时冲击损失小，变矩系数大，但效率低，变矩器工作在特性曲线的"1"区段。

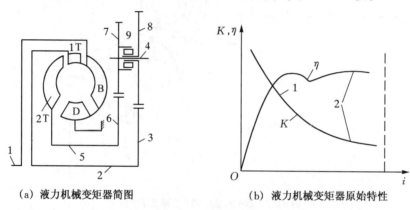

（a）液力机械变矩器简图　　　　　（b）液力机械变矩器原始特性

图 2-2-8　双涡轮变矩器结构及特性曲线示意图

1—输入轴；2—中间轴；3，6，7，8—齿轮；4—输出轴；5—空心轴；9—单向离合器

　　随着外载荷的减小，只有二级涡轮传递扭矩，此时变矩系数小，但效率高，变矩器工作在曲线"2"区段。

　　从特性曲线可看出，双涡轮液力变矩器的变矩系数大，并且高效范围宽，使得装载机在铲装作业时，具有低速大牵引力，而在运输工况时，具有较高车速。另外，由于变矩器具有两相，其变矩系数的曲线由两段不同的曲线组成，因此能随外负荷的变化自动变速。

　　变矩器本身相当于两挡变速，这样可减少变速箱的挡数，大大简化了变速箱的结构和操纵。

　　2. 动力换挡变速箱

　　（1）ZL40B（ZL50）型装载机变速箱。

　　ZL40B（ZL50）型装载机的变速箱结构如图 2-2-6 所示。变速箱由箱体、超越离合器、行星变速机构、摩擦片离合器、油缸活塞、变速泵、变速操纵阀、滤油器以及轴和齿轮等主要零部件组成。这是具有两个前进挡一个倒退挡的行星式变速箱。装载机的行驶换向和切断传动系动力均由该变速箱实现。由于双涡轮变矩器的自动变挡功能，此处变速箱得以简化而仍能满足牵引工况和行驶工况大范围变速的要求。

　　变速泵（齿轮泵）将箱体中的油输送到变速操纵阀，操作者借助于变速操纵杆，将压力油通入选定的挡位，完成液压换挡。

　　行星变速机构由两个行星排组成，前、后行星排的太阳轮、行星轮、齿圈的齿数相同，因而行星排特性参数 K 也相同。倒挡和一挡采用行星变速机构二挡为直接传动。行星变速机构主要由行星轮架、行星轮、行星轴、内齿圈和太阳轮组成。行星轮装在行星轮架上，同时与太阳轮和内齿圈啮合。一挡内齿圈与一挡摩擦片离合器的主动片用花键联结，倒挡摩擦片离合器的主动片与倒挡行星轮架用花键联结。当挂一挡时，一挡内齿圈被一挡摩擦片离合器所制动。太阳轮的转动，一方面使行星轮绕自身的轴线作自转，另一方面，由于一挡内齿圈被制动，不能转动，因此一挡行星轮架与一挡行星轮一起绕太阳轮的轴线作公转，动力从行星轮架输出。该传动方案为大减速方案，传动比为 $K+1$。

　　当挂倒挡时，由于行星轮架被制动，太阳轮的转动使倒挡行星轮只能作自转而不能作公转。并且通过行星轮迫使倒挡内齿圈转动，动力从倒挡内齿圈输出。

　　倒挡行星变速机构中，被摩擦片离合器所制动的是倒挡行星轮架，由倒挡内齿圈输出动力，而一挡被制动的则是一挡内齿圈，输出动力的是一挡行星轮架。两个行星变速机构输出动力的旋转方向相反。当倒挡工作时，一挡摩擦片离合器是脱开的，一挡行星轮与一挡内齿圈空转，不传递动力，这时倒挡的动力只是借一挡行星轮架传递。倒挡传动方案的传动比为 $-K$。

　　后部是一个分动箱，由一对常啮齿轮副组成。从动齿轮轴用花键和前桥输出轴联结。后桥输出轴前端用滑动轴承支承在前桥输出轴后部中心孔内；后端则以滚动轴承支承在壳体上。

　　整个挡位的操纵由操作手通过变速操纵阀来完成。

　　(2) ZL40B 型装载机变速箱各挡传动路线。

　　二挡（即直接挡）传动路线如图 2-2-9（各部分名称参照图 2-2-6）所示。当变速操纵阀的分配阀杆，置于二挡的位置时，压力油从变速操纵阀进入箱体的二挡进油口，流入直接挡油缸，推动直接挡活塞左移，使直接挡摩擦片离合器结合。直接挡受压盘、直接挡油缸、中间轴输出轴齿轮，是用螺栓 67 联结在一起。而圆柱销固定在直接挡受压盘上，这时，中间输入轴齿轮传来的动力，通过太阳轮，传入直接挡轴，由直接挡摩擦片离合器传到圆柱销。直接挡受压盘、螺栓 67、中间轴输出齿轮，经输出轴齿轮，传入前输出轴，实现高速前进运行。

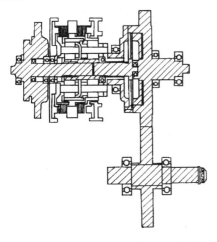
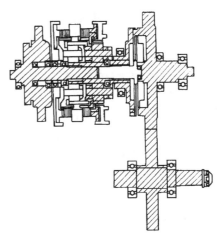

图 2-2-9　二挡传动路线原理示意图　　　　　　图 2-2-10　一挡传动路线原理示意图

一挡传动路线如图 2-2-10 所示（各部分名称参见图 2-2-6）。

当变速操纵阀的分配阀杆置于一挡位置时，压力油从变速操纵阀进入箱体的一挡进油孔，流入一挡油缸，推动一挡活塞左移，使一挡摩擦片离合器结合。根据一挡行星变速机构原理，太阳轮的动力传到一挡行星轮架上。由于一挡行星轮架与直接挡连接盘联结成一体。直接挡连接盘与直接挡受压盘用花键联结。动力从一行星轮架直接挡连接盘传到直接挡受压盘，其旋转方向与二挡相同。

倒挡传动路线如图 2-2-11 所示（各部分名称参见图 2-2-6）。

当变速操纵阀的分配阀杆置于倒挡的位置时，压力油从变速操纵阀进入箱体的倒挡进油孔，流入倒挡油缸（在箱体上），推动倒挡活塞右移，使倒挡摩擦片离合器结合。

根据倒挡行星变速机构的原理，太阳轮传来的动力，从倒挡内齿圈输出，而倒挡内齿圈与一挡行星轮架是用齿圈联结在一起的。这时，倒挡内齿圈的动力便传到一挡行星轮架上，其旋转方向与一挡相反，获得倒退运行。

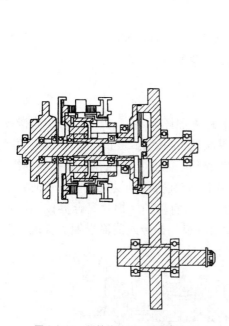

图 2-2-11　倒挡传动路线原理示意图

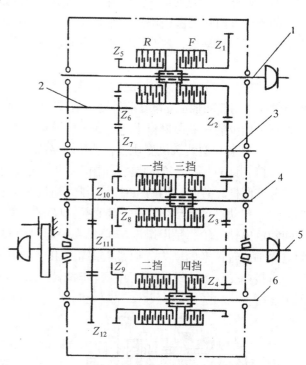

图 2-2-12　KSS80 型装载机的定轴式动力变速箱示意图

1—输入轴；2，3，4，6—中间轴；5—输出轴

（3）定轴式动力换挡变速箱。

图 2-2-12 所示为日本川崎 KSS80 型装载机上采用的定轴式动力换挡变速箱。该变速箱为组合式，由换向机构和 4 个变速机构串联而成。共有 4 个前进挡和 4 个后退挡。进退挡（F，R）采用双多片摩擦离合器（两个摩擦离合器组合在一起）为结合元件，每个双多片离合器只有一个推动油缸操纵，不能同时接合两边离合器。选定进退挡后，只要任意接合一个换挡离合器就可获得一个挡位。这种结构比采用独立的离合器紧凑些。定轴式动力换挡变速箱比行星变速箱结构尺寸大。

3. 变矩器-变速箱液压系统

变矩器和变速箱工作中产生的热量是由压力油的循环散热解决的，其液压系统如图2-2-13 所示。

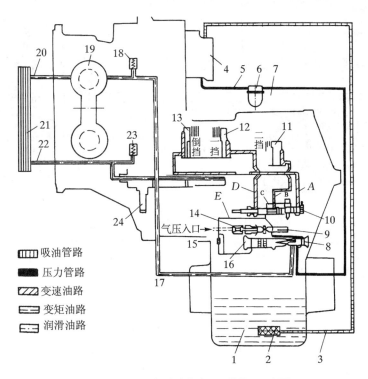

图 2-2-13　变矩器-变速箱液压系统原理示意图

1—油底壳；2—滤网；3，5，7，20，22—软管；4—变速泵；6—滤油器；8—调压阀；9—离合器切断阀；
10—变速操纵分配阀；11—二挡油缸；12—一挡油缸；13—倒挡油缸；14—气阀；15—单向节流阀；16—滑阀；
17—壁箱埋管；18—压力阀；19—变矩器；21—散热器；23—背压阀；24—大超越离合器

变速泵通过软管 3 和滤网从变速箱油底壳吸油。泵出的压力油从箱体壁孔流出经软管 5 到滤油器过滤（当滤芯堵塞使阻力大于滤芯正常阻力 0.01～0.12MPa 时，里面的旁通阀开启通油），再经软管 7 进入变速操纵阀。至此，压力油分为两路：一路经调压阀（1.1～1.5MPa），离合器切断阀进入变速操纵分配阀，根据变速阀杆的不同位置分别经油路 D、B 和 A 进入一、二挡和倒挡油缸，完成不同挡位的工作。另一路经箱壁埋管进入变矩器。软管 20 和 22 是壳体与散热器之间的进、回油管。经过散热冷却后的低压油回到变矩器壳体 13 （如图 2-2-6 所示）的回油孔 J，润滑大、小超越离合器和变速箱各行星排后流回油底壳。压力阀保证变矩器进口油压最大为 0.56MPa，出口油压为 0.28～0.45MPa。背压阀保证润滑油压为 0.1～0.2MPa，超过此值即打开泄压。

4. 驱动桥

图 2-2-14 所示为 ZL40B 型装载机驱动桥。

为增大牵引力，提高作业性能和越野性能，本机采用全桥驱动。前、后桥滑套用花键和前、后桥输入轴相联，由拨叉拨动。牵引工况下，将滑套移向前面，前、后桥同时驱动；高速运输工况下，将滑套移向后面，后桥分离动力，则只有前桥驱动。滑套通过拉杆、拨叉来操纵，并可由锁定机构锁定。

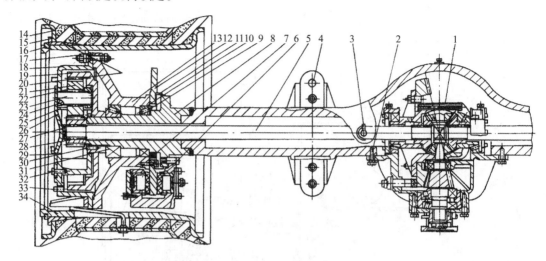

图 2-2-14　轮胎式装载机驱动桥结构示意图

1—主传动器；2，4，32—螺栓；3—透气管；5—半轴；6—盘式制动器；7—油封；8—轮边支承轴；9—卡环；
10，31—轴承；11—防尘罩；12—制动盘；13—轮毂；14—轮胎；15—轮辋轮缘；16—锁环；17—轮辋螺栓；18—
行星轮架；19—内齿轮；20—挡圈；21—行星轮；22—垫片；23—行星轮轴；24—钢球；25—滚针轴承；26—盖；
27—挡圈；28—太阳轮；29—密封垫；30—圆螺母；33—螺塞；34—轮辋

　　前、后驱动桥略有不同，其区别在于中央传动副锥齿轮的螺旋方向不同。前桥的主动螺旋锥齿轮为左旋，后桥则为右旋，其余结构相同。

　　驱动桥主要由壳体、中央传动装置，包括差速器、半轴、轮边减速器及轮胎轮辋总成等组成。

　　5. 转向系统

　　ZL40B 型装载机的转向系统采用流量放大系统，其原理如图 2-2-15 所示。

　　该系统由先导油路和主油路组成，最高压力分别为 2.5MPa 和 12MPa。通过全液压转向器及流量放大阀，使先导油路的流量变化与主油路进入转向液压缸的流量变化成一定比例关系，以低压小流量来控制高压大流量，使转向操纵轻便灵活，系统功率利用充分。

　　（1）转向工作原理。

　　本系统的转向泵打出的压力油分两路，一路经减压阀（调定压力为 2.5MPa）减压后，作为先导油路压力源经全液压转向器进入流量放大阀的方向控制阀的控制油路，用于控制方向阀的换向；另一油路经方向阀直接作用于转向缸，在进出油路上设置有流量放大阀的梭阀，从梭阀来的工作油压分别作用于流量放大阀的流量控制阀和先导安全阀

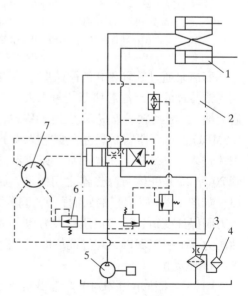

图 2-2-15　转向系统工作原理示意图

1—转向油缸；2—流量放大阀；3—滤清器；
4—散热器；5—转向泵；6—减压阀；7—转向器

（调定压力为 12MPa），通过滤清器、散热器流回油箱。

方向盘不转动时，转向器两出口关闭，流量放大阀主阀杆在复位弹簧作用下保持在中位，转向泵与转向油缸的油路被断开，主油路经过流量放大阀中的流量控制阀卸荷回油箱。转动方向盘时，转向器排出的油与方向盘的转角成正比，先导油进入流量放大阀后，再通过主阀杆上的计量小孔控制主阀杆位移，即控制开口的大小，从而控制进入转向油缸的流量。由于流量放大阀采用了压力补偿，使得进出口的压差基本上为一定值，因而进入转向油缸的流量与负载无关，而只与主阀杆上开口大小有关。停止转向后，主阀杆一端先导压力油经计量小孔卸压，两端油压趋于平衡，在复位弹簧的作用下，主阀杆回复到中位，从而切断到油缸的主油路。

（2）全液压转向器。

装载机一般采用 ORBITROL 全液压转向器（详见平地机转向系部分）。

6. 制动系统

ZL40B 型装载机的制动系统有两个：行车制动系统和手制动系统。

（1）行车制动系统（如图 2-2-16 所示）。

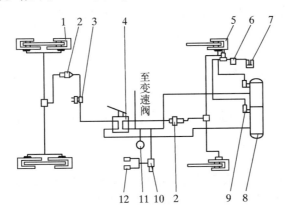

图 2-2-16　装载机行车制动系原理图
1—盘式制动器（夹钳）；2—加力器；3—制动灯开关；4—双管路气制动阀；
5—压力控制器；6—油水分离器；7—空气压缩机；8—空气罐；9—单向阀；
10—气喇叭开关；11—气压表；12—气喇叭

此系统是气顶油、四轮制动的双管路系统，由空气压缩机、油水分离器、压力控制器、空气罐、双管路气制动阀、加力器、盘式制动器等组成。空气压缩机由发动机驱动，压缩空气经油水分离器、压力控制器、单向阀进入空气罐，其压力为 0.68 ~ 0.7MPa。踩下双管路气制动阀，气分为两路，分别进入前、后加力器，推动制动器的活塞、摩擦片压向制动盘而制动车轮。松开脚踏板，加力器的压缩空气从双管路气制动阀处排出到大气而解除制动。

其中加力器结构如图 2-2-17 所示。这是一个气推油加力器，分气缸和液压总泵两部分。制动时，压缩空气推动活塞 2 克服弹簧 5 的阻力，通过推杆使液压总泵的活塞 13 右移，总泵体内的制动液产生高压，推开回油阀的小阀门，进入制动器的活塞油缸。当气压为 0.68 ~ 0.7MPa 时，出口的油压为 10MPa。

松开制动踏板，压缩空气从接头返回，活塞 2 和 13 在弹簧作用下复位，制动器的制动

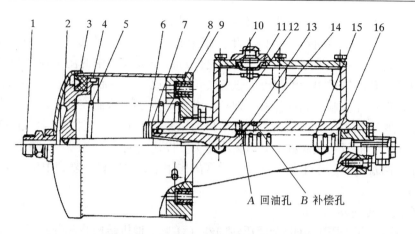

图 2-2-17 装载机制动系加力器结构原理图

1—接头；2，13—活塞；3—"V"形密封圈；4—毛毡密封圈；5，15—弹簧；6—锁环；
7—止推垫圈；8，14—皮圈；9—端盖；10—加油塞；11—衬垫；12—滤网；16—回油阀

液经油管推开回油阀流回总泵内，总泵活塞复位。若制动液过多，可以经补偿孔 *B* 流入贮油室。

制动踏板松开过快，制动液滞后未能及时随活塞返回，总泵缸内形成低压。在大气压力下贮油室的制动液经回油孔且穿过活塞头部的 6 个小孔，由皮碗周围而补充到总泵内。再次踏下制动踏板时，制动效果就增大。

回油阀上装一小阀门，它关闭时，液压管路保持一定的压力，防止空气从油管接头或制动器皮碗等处侵入系统。

（2）盘式制动器。

图 2-2-18 所示为装载机盘式制动器。制动盘固定在轮毂上，随同车轮一起旋转，夹钳固定在桥壳上。每一驱动桥有 4 个盘式制动器，每个制动器共有 4 个活塞。制动时，加力器的压力油进入活塞缸，且经夹钳中内油道、油管进入每个活塞缸中，活塞推动摩擦片压向制动盘，产生制动力矩。制动解除后，在矩形密封圈的弹性恢复力作用下，活塞复位。摩擦片磨损后与制动盘的间隙增大，活塞的移动将大于矩形密封圈的变形，活塞和矩形密封圈之间产生相对移动，从而补偿摩擦片的磨损。摩擦片有 3 条纵向沟槽，是磨损量的标记，摩擦片磨损量到达沟槽底部之前须更新。松开止动螺钉，拔出销轴，摩擦片就可拿下，更换新片。

（3）紧急和停车制动系统。

紧急和停车制动系统用于装载机在工作中出现紧急情况时制动，以及当装载机气制动系统压力过低时起安全保护作用，也可以用停车后使装载机保持在原位置，不致因路面倾斜或其他外力作用而移动。

紧急和停车制动系统如图 2-2-19 所示，该系统由控制按钮、紧急和停车制动控制阀、制动器室、制动器、制动器快速松脱阀等组成。从空气罐中来的压缩空气进入紧急和停车制动控制阀，控制制动器室的工作。当压缩空气进入制动气室时，压缩大弹簧，制动器被松开，当气压被释放时，大弹簧复位使制动器接合，装载机制动。

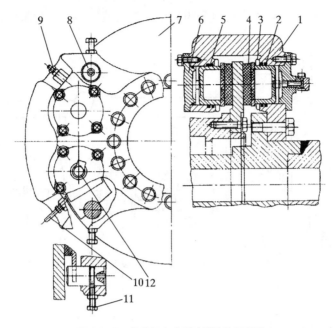

图2-2-18　装载机盘式制动器结构原理图

1—夹钳；2—矩形密封圈；3—防尘圈；4—摩擦片；5—活塞；6—上油缸盖；
7—制动盘；8—销轴；9—放气嘴；10—油管；11—止动螺钉；12—管接头

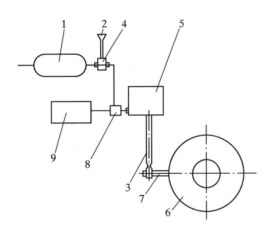

图2-2-19　装载机紧急和停车制动系统工作原理图

1—空气罐；2—控制按钮；3—顶杆；4—紧急和停车制动控制阀；5—制
动器室；6—制动器；7—拉杆；8—快速松脱阀；9—变速操纵空挡装置

7. "三合一"机构

全液压传动和液力机械传动的轮式工程机械，当发动机熄火后进行拖动行走时，由于车轮的运动不能通过传动系顺利地逆向传递而导致三个方面的问题：其一是液压油泵没有动力，转向系统无液压助力，操纵很困难；其二是不能实现拖启动；其三是机械下坡滑行时，无法利用发动机进行排气制动。在一些装载机上，利用一个超越离合器来连接另一条传动路线来解决上述三个问题，称为"三合一"机构。如图2-2-20所示的传动系中，在变速箱的输出轴上安装了一个超越离合器，通过外齿轮由一根过渡轴与一个油泵驱动齿轮机械连接。

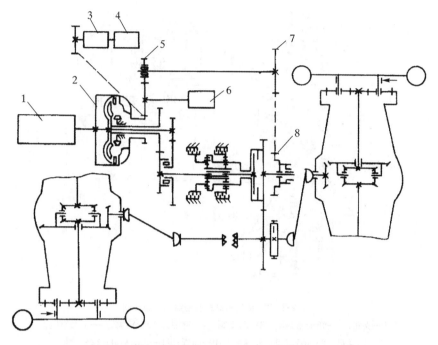

图 2-2-20 装载机传动系的"三合一"机构原理图

1—发动机；2—泵轮；3，4，6—液压油泵；5，7—中间轴传动齿轮；8—超越离合器上齿轮

当装载机被拖动时，车轮的运动通过过渡轴传递给油泵驱动轴和液力变矩器泵轮，最终可传递给发动机曲轴。这样，同时解决了转向助力、拖启动和排气制动的问题。当发动机启动后，一旦曲轴速度上升，由于通过过渡轴传到变速箱输出轴上超越离合器的转速高于通过正常传动路线传给超越离合器的转速，超越离合器自动分离，从而保证传动系的正常工作。

第三节 装载机工作装置

一、形式及特点

装载机工作装置布置在装载机的前端，通过连杆机构铰接在装载机的前机架上。作业装置为可拆式，可根据作业需要进行换装，用以适应不同的作业对象。装载机的工作装置按照运动机构杆件的数量可分为六杆机构和八杆机构；按照摇臂的数量可分为单摇臂和双摇臂机构；按照机构运动时摇臂与铲斗转向的配合可分为正转机构和反转机构，摇臂与铲斗转向相同则称为正转机构，反之称为反转机构。常用的组合形式有反转六杆机构（轮式）和正转八杆机构（履带式），如图 2-2-21 所示。

图 2-2-21 中(a)(b) 所示为正转六杆机构。其机构由铲斗、动臂、摇臂、连杆、机架和转斗油缸 6 个构件组成。

图 2-2-21(c) 所示为正转八杆机构工作装置，其机构由铲斗、动臂、前摇臂、后摇臂、前连杆、后连杆、机架和转斗油缸 8 个构件组成。由于机构存在两个摇臂，又称为双摇臂机

构。

图 2-2-21（d）所示为反转六杆机构工作装置，其机构由铲斗、动臂、摇臂、连杆、机架和转斗油缸 6 个构件组成。

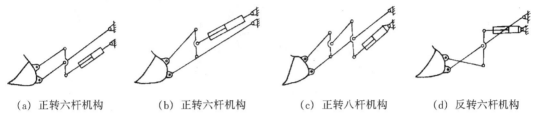

（a）正转六杆机构　　　（b）正转六杆机构　　　（c）正转八杆机构　　　（d）反转六杆机构

图 2-2-21　装载机工作装置常用机构形式示意图

六杆机构结构简单，但连杆传动比小些，在大型装载机上要保证连杆传动效率，将使连杆机构尺寸很大；八杆机构结构较复杂，但连杆传动比较大，较适合大中型装载机。

正转装载机构在工作时杆件运动干涉少，动臂可做成直线型，加工简单；反转装载机构，为了避免运动中杆件的干涉，动臂常做成"Z"形，并且，只能采用一个转斗油缸布置在框架中间。

正转六杆机构在动臂提升过程中，铲斗收斗角（后倾角）变化很大，易洒料，而反转六杆机构和正转八杆机构铲斗后倾角随动臂升降变化较小，工作时不易洒料。

正转六杆机构通常在履带式装载机的工作装置上采用，由于工作装置的重心靠近装载机，因而有利于提高铲斗的装载量。装载机铲掘时，工作装置油泵向转斗油缸有杆腔提供压力油，活塞杆收缩，铲斗即可掘起。

轮式装载机的工作装置广泛采用正转八杆和反转六杆机构。瑞典沃尔沃公司的 BM 系列装载机采用正转八杆机构，美国卡特皮勒公司的轮式装载机有正转八杆和反转"Z"形六杆两种形式。我国 ZL 系列轮式装载机的工作装置则普遍采用反转"Z"形六杆机构。

综合上述分析比较，"Z"形反转六杆机构有下列优点。

① 装载机铲掘转斗时，转斗油缸大腔进油，掘起力大，其掘起力将随斗齿（或铲斗刀刃）离开地面向上转动而逐渐增大，有利于提高装载机的铲掘能力。

② 当动臂升举至卸料高度时，转斗油缸小腔开始进油为动力，铲斗向前翻转卸料，因铲斗转动角速度较小，由"Z"形杆机构的运动特性保证了铲斗卸料角速度可得到有效控制，故铲斗卸载惯性小，减轻了机构的卸载冲击。

③ 通过"Z"形反转杆机构铰点的优化设计，在装载机动臂升举和运载过程中，可实现铲斗保持接近平移运动，物料不易洒落，提高装载机装卸的作业质量。同时也可实现在任意高度位置上卸载，并使卸载角大于 45°，以保证卸净。

④ "Z"形反转连杆易于实现铲斗自动放平，可以提高装载机铲装和平地作业效率。

二、工作装置的构造

装载机的工作装置由动臂总成（左右动臂、横杆、摇臂及连杆等）、铲斗总成（斗体及斗齿等）、相应的动臂油缸、转斗油缸及其液压控制系统所组成。图 2-2-22 所示为国产 ZL 系列装载机工作装置。

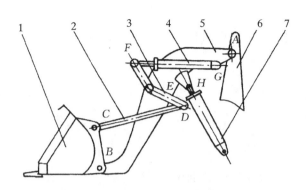

图 2-2-22　"Z"形反转六杆机构工作装置

1—铲斗；2—连杆；3—摇臂；4—转斗油缸；5—动臂；6—机架；7—动臂举升油缸

两条动臂下端铰接于机架，上端铰接于铲斗，为铲斗提供支承；在动臂下侧，焊有动臂举升油缸活塞杆铰接支座，油缸活塞杆铰接在支座内的销轴上。销轴和铰接支座承受举升油缸的升举推力，由安装于机架上的两个动臂油缸同步操纵升降。"Z"形反转六杆机构为了避免机构干涉，只有一个摇臂安装在连接两条动臂的横梁上，处于对称中心位置。摇臂的一端铰接转斗油缸的活塞杆，另一端与连杆铰接，连杆另一端提供铲斗第三个支点。机构锁定时，可使铲斗在空间定位，而机构运动时，转斗油缸活塞的运动可通过摇臂和连杆的传递，使铲斗以动臂铰销为转轴转动而实现铲装和卸料作业。

另外，也有的反转六杆机构工作装置在两条动臂的内侧对称地布置两套并列的转斗机构，如图 2-2-23 所示。

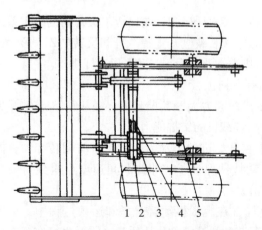

图 2-2-23　并列布置转斗机构的反转工作装置示意图

1—连接板；2—套管；3—铰销；4—贴板；5—销轴

图 2-2-24　沃尔沃正转八杆机构示意图

正转机构的工作装置不存在机构干涉问题，一般在左右动臂所在的平面内布置连杆、摇臂和转斗油缸，左右动臂以横梁连接在一起以增加机构刚度，如图 2-2-24 所示。

图 2-2-24 为沃尔沃公司的 BM 系列装载机采用的正转八杆机构工作装置，其转斗油缸装在后连杆的位置上。

要求装载机工作装置在工作时，应在转斗油缸闭锁，动臂举升或降落时，连杆机构能使铲斗上下平动或接近平动，以免铲斗倾斜而洒落物料；在动臂处于任何位置时，铲斗绕动臂铰点转动进行卸料时，其倾斜角不小于45°；在最高位置卸料后，当动臂下降时，又能使铲斗自动放平。

1. 轮胎式装载机

（1）动臂总成。

装载机工作装置的动臂有两条，中间通过横拉杆固定，分别支承铲斗的两端用来安装和支承铲斗，并通过升举油缸实现铲斗升降。

动臂的形状按其纵向中心形状可分为直线形和曲线形两种，如图2-2-25所示。

直线形动臂（履带式）的结构和形状简单，容易制造，生产成本低，受力状况好，通常用于正转式工作装置机构；曲线形动臂（轮胎式）常用于反转式连杆机构，其形状容易布置，也容易实现机构优化。

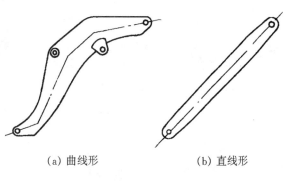

(a) 曲线形 (b) 直线形

图2-2-25 装载机动臂结构形式示意图

动臂的断面结构形式有单板、双板、工字形和箱形等几种结构形式。

小型装载机多采用单板，大中型装载机多采用双板形或箱形断面结构的动臂，用以加强和提高抗扭刚度。

（2）铲斗总成。

如图2-2-26所示为装载机的铲斗构造。

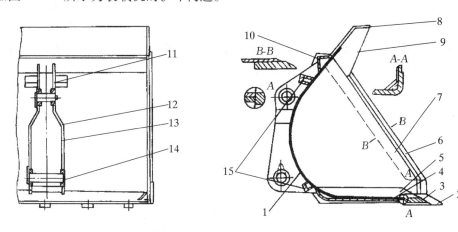

图2-2-26 装载机工作装置铲斗结构示意图

1—后斗壁；2—斗齿；3—主刀板；4—斗底；5，8—加强板；6—侧刀板；7—侧板；9—上挡板；
10—角钢；11—上支承板；12—连接板；13—下支承板；14—销轴；15—限位块

装载机的铲斗是用来铲削和盛装物料的，由铲斗油缸通过摇臂、连杆实现其翻转动作的。

铲斗总成主要由斗底、后斗壁、侧板、斗齿、上下支承板、主刀板和侧刀板等组成。

后斗壁和斗底为斗体，呈圆弧形弯板状，圆弧形铲斗有利于物料贯入流动。专用于铲装岩石的铲斗斗体内还焊有弧形加强筋。斗体两侧与侧板焊接成斗。斗底前缘焊有主刀板，侧板上缘焊有侧刀板。主刀板和侧刀板均采用高强度耐磨材料制成。常用装载机铲斗主刀板形状有直刃形、"V"形、直刃带齿形和"V"形带齿形等4种，如图2-2-27所示。

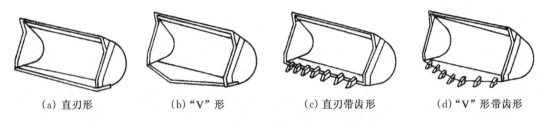

(a) 直刃形　　　　(b) "V"形　　　　(c) 直刃带齿形　　　　(d) "V"形带齿形

图2-2-27　典型铲斗外形结构形式示意图

无齿直刃形主刀板铲斗适合于铲装轻质材料和松散物料，或刮平清理场地；"V"形主刀板的铲斗便于插入料堆，有利于改善铲斗的偏载，适宜用于铲装较密实的物料；但带"V"形主刀板的铲斗由于斗口突出，影响装载机的卸载高度；带齿的斗刃减少了铲斗初始插入料堆时的接触面积，装载机工作装置的插入力集中作用在斗齿上，易于插入物料缝隙，破坏物料结构而迅速装满铲斗。有齿铲斗插入能力大而适宜于铲装大粒度矿石和坚实物料。

铲斗斗齿用螺栓固定在主刀板上，斗齿磨损后可以更换。齿形有尖齿（长而窄）和钝齿（短而宽）两种。

尖齿较易插入物料中，但耐磨性较差。轮式装载机通常采用长而窄的尖形斗齿。钝齿较耐磨，但插入阻力大些。履带式装载机附着牵引力较大，则可选用宽而短的钝形斗齿，用以提高斗齿的使用寿命。斗齿在主刀板上的分布间隔一般为150～350mm。斗齿的结构有整体式和组合式两种。中小型装载机多用整体式斗齿。大型装载机由于作业负荷大，工作条件恶劣，斗齿磨损严重，常用组合式斗齿。组合式斗齿由齿体和齿尖两部分组成，如图2-2-28所示。齿尖以固定销固定在齿体上，磨损后可以更换齿尖。

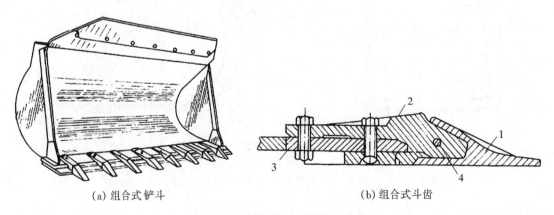

(a) 组合式铲斗　　　　　　　　(b) 组合式斗齿

图2-2-28　组合式铲斗结构形式示意图

1—齿尖；2—齿体；3—斗刃；4—固定销

铲斗背面两侧分别焊有上支承板（各部分名称如图2-2-26所示）和下支承板，动臂和连杆分别与下支承板和上支承板的销轴铰接。对于正转机构，两个动臂铰点和连杆铲铰点对称布置，反转机构铲斗的铲限位块可分别限制铲斗上转或下转的极限位置。铲斗的上挡板和两侧的加强板8，可防止铲斗后倾时物料洒落。

铲斗侧刀板的形状对插入阻力和物料的充满程度也有一定的影响。采用弧形或折线形侧刀板可降低铲斗的插入阻力，同时也会降低铲斗实际容量，比较适合用于铲装石料的铲斗采用。

（3）限位机构。

在装载机工作装置中常设有动臂升降自动限位装置、铲斗前倾、后倾角限位以及铲斗自动放平机构，以使其在作业过程中动作准确、安全可靠、生产力高。

在铲装、卸料作业时，对铲斗后倾、前倾角度有一定的要求，进行限位控制，多采用限位挡块限位方式。后倾角限位的限位块分别安装（焊接）在铲斗前斗臂背面和动臂前端与之相对应的位置上；前倾角限位的限位块安装（焊接）在铲斗前斗臂背面和动臂前端与之相对应的位置上，也可以将限位块放置在动臂中部限制摇臂转动的位置上。这样可以控制前倾、后倾角，防止连杆机构超越极限位置而发生干涉现象。

动臂升降气控自动限位装置由凸轮、气阀、储气筒、动臂油缸控制阀等组成。它使动臂在提升或下降到极限位置时，动臂油缸控制阀能自动回到中间位置，限制动臂继续运动而发生事故。

铲斗气控自动放平机构由凸轮、导杆、气阀、行程开关、储气筒、转斗油缸控制阀等组成，它能使铲斗在任意位置卸载后自动控制铲斗上翻角，保证铲斗降落到地面铲装位置时，斗底与地面保持合理的铲掘角度。

2. 履带式装载机

履带式装载机工作装置多采用正转八连杆结构，如图 2-2-29 所示。它主要由动臂、弯臂、横杆、摇臂、连杆、动臂油缸及转斗油缸等所组成。

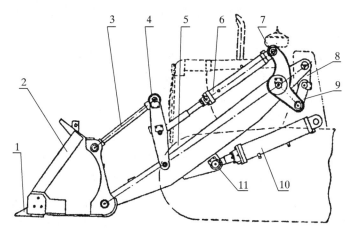

图 2-2-29　履带式装载机工作装置结构示意图

1—斗齿；2—铲斗；3—连杆；4—摇臂；5—动臂；6—转斗油缸；
7—弯臂；8—销臂；9—连接板；10—油缸；11—销轴

第四节　装载机液压操纵系统与液压减振系统

一、操纵液压系统与转向液压系统之间的联系

装载机工作装置液压系统与转向系统可各自独立成系统，也可通过控制阀相联系，通常有三种形式。

1. 独立形式

工作装置液压系统、转向液压系统和动力换挡液压系统均为独立的液压系统，分别由各自的液压泵供油，系统之间无任何联系，具有独立的操作性。国产 ZL20、ZL30 等轮式装载机采用此种独立形式的液压系统。

2. 共泵分流形式

工作装置液压系统与转向液压系统共用一个液压泵，通过单路稳定分流阀将压力油分别分配到两个液压系统。此种形式的液压系统通常在小型轮式装载机（如 ZL10 和 ZLl5）上采用。

3. 能量转换形式

工作装置液压系统与转向液压系统可通过流量转换阀，自动控制和合理分配转向系统与工作装置系统的液压油流量，使系统既能保障转向液压系统有足够的稳定流量，又能最大限度地满足工作装置液压油缸对流量的要求。

能量转换形式的液压系统设有主泵、辅助泵和转向泵（其中主泵和辅助泵为双联泵）。3 个油泵分别与流量转换阀通过油路相连，使工作装置和转向两个系统的流量能够自动进行转换，也即根据发动机的转速变化合理进行能量转换，充分利用 3 个油泵的能量，满足转向系统和工作装置的运动要求，提高循环作业效率，充分利用发动机功率，减少液压系统发热。

装载机的工作装置液压系统和转向液压系统的三泵双回路、能量转换式液压系统，其局部工作原理如图 2-2-30 所示。

该液压系统可随发动机的转速变化自动转换工作状态。流量转换阀有 3 个工作装置：左位为辅助泵向工作装置液压系统供油；中位为辅助泵同时向工作装置和转向液压系统供油；右位为辅助泵单独向转向液压系统供油。

3 种工况能量转换原理如下。

（1）发动机低速运转工况（如图 2-2-30 所示）。

当发动机的转速低于 600r/min 时，转向泵和辅助泵输出的流量较小，此时油液通过两个环形节流阀的阻尼孔，依次产生压力降。因发动机的转速较低，输出的流量小，所产生的压力将不足以克服液控流量转换阀右端的弹簧张力，所以转换阀的阀杆被右端弹簧推向左侧，流量转换阀则处于右位工作。此时，辅助泵可与转向泵同时向转向液压系统供油，用以补偿转向油缸的供油量，以保障转向的安全。工作装置液压系统的压力油仅靠主油泵提供。

（2）发动机中速运转工况（如图 2-2-31 所示）。

当发动机的转速处在 600～1110r/min 中速范围内运转时，转向泵和辅助泵的输出流量增加，通过节流阀的流量也随之增加，液控流量转换阀阀杆两端的压力差亦相应增大。此时，在液控压差的作用下，阀杆将克服弹簧的张力，向右侧移动，流量转换阀自动进入中

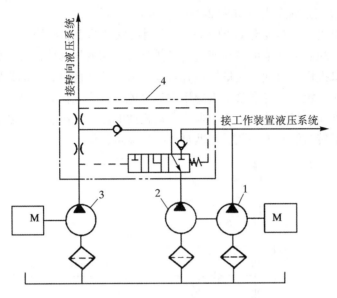

图 2-2-30　低速工况液压系统局部示意图

1—主泵；2—辅助泵；3—转向泵；4—流量转换阀

位，辅助泵进入转向液压系统的通道截面减小，同时通过流量转换阀进入工作装置，液压系统的通道开启，并与主油泵提供的压力油合流，增大工作装置液压油缸的供油量。随着发动机的转速提高，阀杆右移量将随之增加，辅助泵经流量转换阀进入工作装置液压系统的供油量也相应增加，而进入转向液压系统的补偿供油量则相应减少，但辅助油泵和转向油泵向转向液压系统的总供油量将基本保持不变，不会受发动机转速变化的影响。此工况中，辅助泵同时向转向和工作装置液压系统供油。

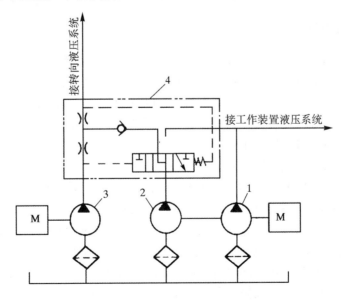

图 2-2-31　中速工况液压系统局部示意图

1—主泵；2—辅助泵；3—转向泵；4—流量转换阀

（3）发动机高速运转工况（如图 2-2-32 所示）。

当发动机转速进一步提高至 1110r/min 以上时，阀杆两端的液控压力差进一步增大，迫使阀杆进一步移至最右端，辅助泵经流量转换阀通往转向液压回路的油路则被截断，转向液压系统仅由转向泵提供压力油，流量转换阀自动进入左位。此时，辅助泵输出的压力油全部供给工作装置液压系统，并与主泵提供的压力油合流，进入工作装置液压油缸，用以提高工作装置的作业速度和装载机的生产率。由于发动机此时已处于高速运转状态，转向泵提供的流量已能完全满足转向的要求，无需辅助泵再提供流量补偿。

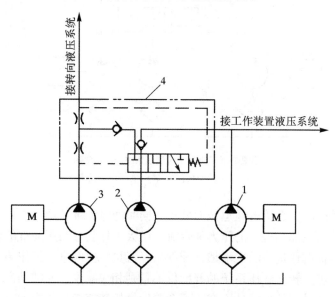

图 2-2-32　高速工况液压系统局部示意图

1—主泵；2—辅助泵；3—转向泵；4—流量转换阀

二、液压操纵系统

在大中型现代化装载机的工作装置液压系统中，采用了先导式操纵的液压系统，以改善操作性能。采用先导控制方式，还可对多路换向阀进行远距离操纵，有利于对结构尺寸较大的多路换向阀进行合理布置，缩短主工作油路，以减少沿程压力损失。

工作装置的操纵系统主要是控制动臂上升、下降、固定及浮动四个状态，而转斗油缸操纵阀控制其前倾、保持和后倾三个位置。

1. ZL40B 型装载机工作装置操纵液压系统

图 2-2-33 所示为 ZL40B 的工作装置液压操纵系统图。该系统为开式系统，采用互锁油路限制动力油缸和转斗油缸不同时工作。装载机动臂有升、降、固定和浮动四个操纵要求，而转斗油缸只有正转、反转和固定三个操纵要求。液压系统中相应为动臂油缸和转斗油缸分别配置了四位六通阀和三位六通阀。如图 2-2-33 所示，配阀的两个换向阀位于中位，油泵输出的油液通过两换向阀直接返回油箱，油泵处于卸荷状态。转斗油缸的换向阀为三位六通阀，它控制铲斗后倾、保持和前倾三个工作位置。

本系统为转斗油路优先，当转斗油缸换向阀离开中位时，即切断了主动臂换向阀的油液通路，保证动臂与铲斗不能同时工作。

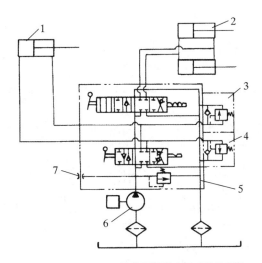

图 2-2-33　ZL40B 工作装置操纵液压系统示意图

1—转斗油缸；2—动臂油缸；3—转斗油缸小腔双作用安全阀；4—转斗
油缸大腔双作用安全阀；5—组合式分配阀；6—油泵；7—测压点

转斗油缸的两腔装有双作用安全阀（3 和 4）。当闭锁转斗油缸而升降动臂时，由于工作装置的连杆机构不具有平移性质，将会引起转斗油缸活塞受拉或受压而造成油缸一腔油压过高而另一腔出现真空的现象。双作用安全阀的作用就是在这种情况下使高压腔及时泄油并给低压腔补油，以避免管路超压过载或造成液压油出现气蚀现象。当动臂在最高位卸料时，铲斗和物料将靠自重迅速前倾，此时也通过双作用安全阀向转斗油缸小腔大量补充油液。动臂油缸换向阀为四位六通阀，可控制动臂提升、闭锁、下降和浮动。当换向阀接通浮动位置时，油缸处于浮动状态，可保证空斗迅速下降和在坚硬地面上铲刮作业时，铲斗可在地面上浮动。

2. ZL50 型装载机工作装置的液压系统

如图 2-2-34 所示，装载机工作装置液压系统与转向系统采用能量转换形式，油箱为两个系统共用，装有滤清器。油泵固定在变速器箱体上由柴油机直接驱动。

操纵阀是由转斗滑阀和动臂滑阀所组成的双联滑阀，阀内设有安全阀，当液压油压力超过 15MPa 时安全阀打开，以保证系统安全。转斗滑阀为三通六位阀，在转斗油缸小腔与回油路之间并联一个单向安全补油阀，铲斗上转时的安全阀限制其最高压力，当铲斗下转时单向阀又起到补油的作用。动臂滑阀为四位六通阀，使动臂实现上升、下降、固定和浮动四种动作。其他主要是依靠油泵为其供油，当转向系统不工作（发动机转速达到一定值）时辅助泵自动与油泵合流为动臂和转斗供油。

流量转换阀是在当装载机转速提高到一定时或不转向时，由于液压阀的入口油压较低，使转向油泵出口与液压阀 13 入口的压力差增大，流量转换阀处于左位，辅助泵与油泵合流为工作装置供油；当转速下降（转向阻力下降）时，流量置换阀处于中位，此时，辅助泵根据转向阻力和工作装置液压系统阻力的大小自动决定向阻力小的一侧供油；当转向阻力增大，液压阀 13 进口油压升高即泵出口与入口间压力差减小，此时流量置换阀处于右位，强制使辅助泵与泵合流为转向系统供油。

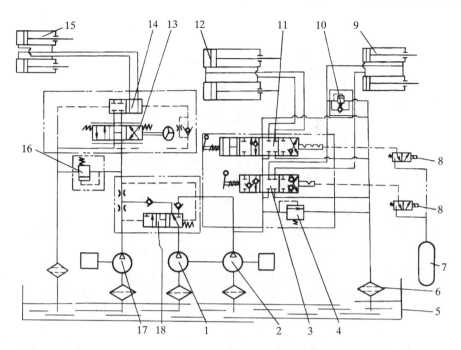

图 2-2-34　ZL50 装载机工作装置液压系统原理示意图

1—辅助泵；2—油泵；3—转斗滑阀；4—安全阀；5—油箱；6—滤油器；7—贮气筒；8—电磁开关；9—转斗油缸；10—双作用安全阀；11—动臂滑阀；12—动臂油缸；13，14—转向阀；15—转向油缸；16—安全阀；17—转向油泵；18—流量转换阀

　　为了操纵方便可靠，操纵阀上装有定位装置。为了提高作业效率和保护机件，在液压系统中装有滑阀自动复位装置（贮气筒、电磁开关等），以实现作业中动臂升降的自动限位和铲斗自动放平。

　　3. CAT966D 型装载机工作装置操纵液压系统

　　CAT966D 型装载机反转六连杆机构工作装置的液压控制系统工作原理如图 2-2-35 所示。

　　CAT966D 型装载机工作装置液压系统采用先导式液压控制系统，由工作装置主油路系统和先导油路系统组成。主油路多路换向阀由先导油路系统控制，操纵十分轻便。

　　先导控制油路是一个低压油路，由先导油泵供油，由举升先导（手动操纵）阀和转斗先导（手动操纵）阀，分别控制举升油缸换向阀和转斗油缸换向阀的阀杆（也称主阀芯）向左或向右移动，改变工作油缸多路换向阀的工作位置，使工作油缸处于相应的工作状态，以实现铲斗升降、转斗或处于闭锁工况。

　　先导控制油路建立的多路换向控制阀阀杆的推移压力为二次压力，该压力与先导阀手柄的行程成比例。先导阀手柄行程大，控制油路的二次压力也大，主阀芯的位移量也相应增大。先导阀手柄不仅可以改变主阀芯的位移方向，而且其手柄行程与主阀芯的位移量成正比。因工作装置多路换向阀（或称主阀）主阀芯的面积大于先导阀阀芯的面积，故可实现放大操纵力，减轻驾驶员的劳动强度。通过合理选择和调整主阀芯复位弹簧的刚度，还可实现主阀芯的行程放大，有利于提高主控制回路的速度微调性能。

　　在先导控制回路上设有先导油路调压阀，在动臂升举油缸无杆腔与先导油路的连接管路

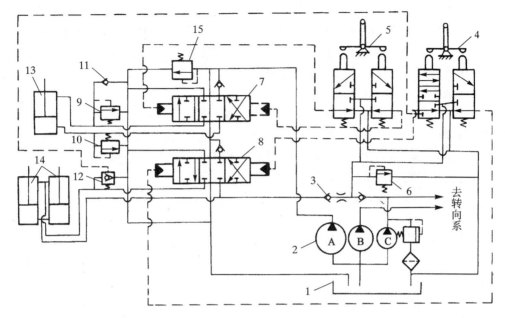

图 2-2-35　CAT966D 型装载机工作装置液压系统原理示意图

1—油箱；2—油泵组；3—单向阀；4—举升先导（手动操纵）阀；5—转斗先导（手动操纵）阀；6—先导油路调压阀；7—转斗油缸换向阀；8—举升油缸换向阀；9，10—安全阀；11—补油阀；12—液控单向阀；13—转斗油缸；14—举升油缸；15—主油路限压阀；A—主油泵；B—转向油泵；C—先导油泵

上设有单向阀。在发动机突然熄火的情况下，先导油泵无法向先导控制油路提供压力油，举升油缸在动臂和铲斗的自重作用下，无杆腔的液压油可通过单向阀向先导控制油路供油，同样可以操纵举升先导阀和转斗先导阀，使铲斗下落，还可实现铲斗前倾或后转。

在转斗油缸的两腔油路上，分别设有安全阀，当转斗油缸过载时，两腔的压力油均通过安全阀直接卸荷回油箱。

当铲斗前倾卸料速度过快时，转斗油缸的活塞杆将加快收缩运动，有杆腔可能出现供油不足。此时，可通过补油阀直接从油箱向转斗油缸有杆腔补油，避免气穴现象的产生，消除机械振动和液压噪声。同理，工作装置的左右动臂举升油缸在铲斗快速下降时，也可通过液控单向阀直接从油箱向举升油缸上腔补充供油，防止液压缸内形成局部真空，影响系统正常工作。

CAT966D 型装载机的工作装置设有两组自动限位机构，分别控制铲斗的最高举升位置和铲斗最佳切削角的位置。

自动限位机构设在先导操纵杆的下方，通过动臂油缸举升定位传感器和转斗油缸定位传感器的无触点开关，自动实现铲斗限位。当定位传感器的无触点开关闭合时，对应的定位电磁铁即通电，限位连杆机构产生少许位移，铲斗回转定位器或举升定位器与支承滚之间出现间隙，在先导阀回位弹簧的作用下，先导阀操纵杆即可从"回转"或"举升"位置自动回到"中立"位置，停止铲斗回转或升举。

三、工作装置的液压减振系统

轮式装载机广泛采用刚性悬架，在前后机架与车桥之间不装减振弹簧，是为了避免弹性悬架的伸缩变形而影响工作装置的作业稳定性。然而，装载机的作业环境较为恶劣，经常处在中短运距的工地上进行穿梭式作业，凹凸不平的地面必然引起机械的振动和颠簸，破坏装载机的行驶平稳性。机械的强烈振动和颠簸还将导致铲斗内的物料洒落，降低装载机的生产效率。为了缓和振动和冲击，驾驶员不得不降低行驶速度，用以降低振动加速度，达到衰减振动、避免机件损坏、改善驾驶条件的目的。但降低载运行驶速度，不仅明显降低了生产效率，还会使柴油机的经济性能指标下降。

采用刚性悬架的轮式装载机中，轮胎是唯一的弹性元件。降低轮胎气压，增加轮胎的阻尼作用，可以适当改善机械的减振性能。但轮胎的弹性过大同样会给铲装作业带来不良的影响，使装载机失去转向的稳定性。轮胎的阻尼作用过大，也容易引起轮胎的内剪力，分离帘布层，破坏轮胎的物理机械性能，缩短轮胎的使用寿命。

由于弹性轮胎减振受到阻尼能力的限制，衰减振动的幅度较小，其减振特性不能完全满足装载机作业的要求。

轮式装载机在作业和运载过程中，除垂直振动以外，还存在工作装置的纵向角振动，亦称点头振动。其中纵向角振动尤为突出，是轮式装载机的一种主要振动形式，对铲斗物料的洒落影响更大。

轮式装载机的振动模型如图 2-2-36 所示。

在轮式装载机的振动模型中，装载机的底盘和发动机总成为主质量系统 A，轮胎为主质量系统的弹性阻尼装置 B；工作装置及铲斗内的物料则为副质量系统 D，工作装置液压油缸则为副质量系统的弹性阻尼装置 C。

当动臂举升油缸和转斗油缸闭锁时，液压油缸将失去弹性和阻尼作用。为缓和和改善工作装置的振动和冲击，提高铲斗在提升和装载运行中的平稳性，避免物料

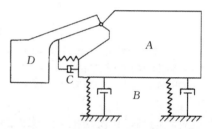

图 2-2-36　轮式装载机的振动原理模型

洒落，最大限度地提高装载机的生产效率，现代轮式装载机已采用工作装置液压减振系统。

轮式装载机工作装置液压控制与减振系统的工作原理如图 2-2-37 所示。该液压减振系统由 3 个二位电磁换向阀、2 个或多个膜片式蓄能器、节流阀组成。液压蓄能器为工作装置副质量系统的弹性元件，节流阀为阻尼元件，构成装载机工作装置的液压减振装置。

蓄能器并联在工作装置液压主控制系统的动臂升举油缸大腔的油路上，节流阀与蓄能器串联。在蓄能器与节流阀之间装有电磁换向阀 1 和 2；在动臂升举油缸小腔的油路上装有电磁换向阀 3，与油箱直接相连。

当装载机处于运输工况时，地面的不平度引起机械振动和颠簸，工作装置液压减振系统中的弹性元件液压蓄能器便吸收或释放冲击振动压力能，同时通过节流阀的阻尼作用，降低振动加速度，达到衰减装载机及其工作装置振动的目的，从而提高装载机的行驶铲斗运行的稳定性。

如图 2-2-37 所示为装载机的运输工况，其动臂举升油缸和转斗油缸均闭锁，液压减振处于减振开启状态。此时，电磁换向阀 1 和 2 接通举升油缸下腔和蓄能器，装载机机架受到冲击后，蓄能器即吸收或释放冲击和振动产生的压力能，随时进行油液交换。

其中，节流阀 4 的节流孔径要比节流阀 5 的节流孔径大得多，在举升油缸下腔与蓄能器进行油液交流时，主要流经阻尼小的节流阀 4。因为在此工况下，动臂举升油缸和转斗油缸内活塞与缸壁的摩擦，以及液压油在油管和液压阀内的黏性摩擦，基本上可以满足减振的要

求，故节流阀4只需起阻尼补偿作用，而流经节流阀5和电磁换向阀2的流量甚少。此时，动臂举升油缸的有杆腔则通过电磁换向阀3与油箱相通；具有排油和补油的作用。

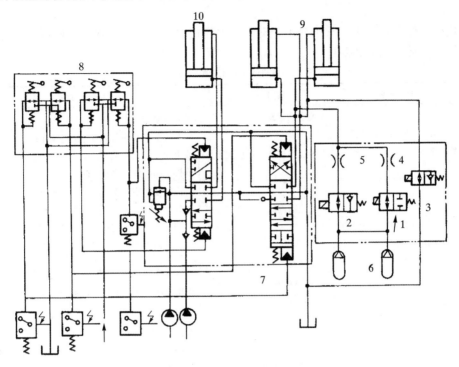

图2-2-37　轮式装载机工作装置液压控制与减振系统原理示意图

1，2，3—电磁换向阀；4，5—节流阀；6—蓄能器；7—工作装置油缸换向主控制阀；

8—先导阀；9—动臂举升油缸；10—转斗油缸

当装载机处于铲掘作业工况时，无论举升动臂还是转斗，都要求工作装置主液压系统迅速供油，提高循环作业效率。此时，应将液压减振系统的电磁换向阀1和3关闭，以保证主油路提供工作油缸足够的油量，避免系统弹性缓冲造成工作装置动作缓慢。但液压减振系统中的电磁换向阀2仍处于开启状态，以使工作油缸进油腔的油压与蓄能器保持压力平衡。如果需要停止铲斗运动，应将主换向阀置于"中立"位置，此时，系统则可恢复减振开启状态。由于动臂举升油缸下腔油压始终与蓄能器的油压相等，故铲斗始终能保持其升举高度不变，从而避免了装载机常因液压油缸内漏造成铲斗缓慢沉降的缺点，提高了工作装置液压系统的工作可靠性。

液压减振系统的开启和关闭由先导阀控制。驾驶员可根据作业需要操纵先导阀手柄。当切断先导油泵油路时（如图2-2-37所示），电磁换向阀1和3即获得压力感应信号而开启，系统则处于减振开启状态；当先导阀接通先导控制油路时，先导控制液压系统的油压上升将自动触动压力开关，电磁换向阀1和3则被关闭，此时，系统处于非减振状态。

节流阀5的流量应能满足举升油缸下腔与蓄能器及时达到压力平衡，同时也应满足工作装置在铲装物料时，其铲斗动作反应灵敏，没有明显的弹性缓冲过程。

国外最新试验资料表明，采用液压减振系统的轮式装载机，若其行驶速度在40km/h范围内，振动加速度的峰值可降低70%；中小型轮式装载机在运输工况下，最大振幅应为±25mm，一般不会超过15mm，驾驶员很难察觉出来，减振十分有效。

第五节　装载机液力传动系统的故障分析与排除

装载机在作业过程中，常常会由于动力换挡变速箱出现故障而影响作业效率。装载机底盘常见故障及诊断见表 2-2-4。

表 2-2-4　　　　　　　　　　　　装载机底盘常见故障及诊断

序号	故障现象	故障原因	排除方法
1	一挡、倒挡正常，二挡无驱动力	变速手柄未到位	重新调整
		变速压力表在二挡位置降压	如有渗漏，紧固箱端盖外围的螺栓；或更换"O"形密封圈和纸垫；或拆二挡构件，检修、换件
2	变速压力、动臂、转斗和转向都正常，但装载机仍不能前进与后退	变速箱内缺油和进油管路堵塞	检查变速箱油底壳和变矩器滤清器，若有金属碎块等物，则变速箱内的超越离合器零件有损坏；若变速箱油底壳和变矩器滤清器内有铝屑等物，则变矩器零件损坏，则应拆卸，修件
		变速箱内的二挡构件周围的螺栓被切断或中间轴输出齿轮脱落	拆开变速箱的"8"字形端盖，取出二挡构件，更换切断的螺栓（材料是 40Cr）即可
3	一挡、倒挡无力，二挡行驶缓慢	变速压力低	加大油门查看压力表指针是否摆动：若剧烈摆动，则变速箱里油太脏或油量不足→应查看油位油塞能否流出油；若有油流出，则油太脏→应清洗件、更换件；若油量正常，变速压力正常，则拆除变矩器和变速箱的连接，检修、换件。
4	一挡驱动无力，其他挡位正常	变速拉杆没有调整到位	重新调整变速拉杆
		变速压力表在一挡位置降压	检修一挡构件
5	发动机工作正常，装载机不能行驶	变速箱的油位和变速压力低	应添加规定新油或检修换件
		变矩器的钢板连接被螺栓剪断或者是弹性板破裂而造成的	拆除变矩器的柴油机的连接部分，查明损坏部位，更换或修复损坏零件
6	只能前进不能后退	变速压力表在倒挡位置降压	对倒挡进行检修、换件
		前进挡有卡死	检修、更换一挡内齿圈上面的隔离环
7	驱动无力，时走时停	变速箱油量不足	应添加规定新油
		变速压力低	加大油门查看压力表指针是否摆动：若压力表摆动剧烈→则供油不足→则可检查进油管路、变矩器、滤清器→清洗堵塞的导管和滤芯，或更换起泡的胶管
		变矩器和变速箱内机件损坏；滤网被无金属块和铝屑等物堵塞	分解检查，更换损坏的零件
8	变速器压力正常，一挡和倒挡都不能行驶，只有二挡可以正常行驶	变速箱里的一挡、倒挡连接盘扭断	拆检变矩器和变速箱，检修、更换一挡、倒挡连接盘损坏的零件

第六节 装载机常见故障及排除

装载机常见故障和排除方法见表 2-2-5。

表 2-2-5　　　　　　　　　　　　　装载机常见故障和排除方法

序号	故障现象	故障原因及特征	排除方法
1	柴油机启动不能行驶	(1) 未挂上挡; (2) 变速箱油位过低; (3) 变速操纵阀的制动阀杆不能复位; (4) 变速箱损坏或油封渗漏	(1) 重新推到挡位或检查挡位的准确性; (2) 补充新油; (3) 拆检制动阀杆; (4) 更换油泵或油封
2	驱动力不足	(1) 变矩器出口油压低,变矩器调压阀失效; (2) 发动机转速不够; (3) 离合器打滑; (4) 变矩器油温过高	(1) 检查变速箱油位,清洗油底壳及集滤器; (2) 按"变矩器油压油温检查"一项,检查柴油机转速; (3) 更换油封
3	变速压力过低	(1) 减压阀组失效; (2) 滤清器堵塞,油泵失效; (3) 离合器油封严重漏油	(1) 找出原因进行检修; (2) 清洗滤芯、更换油泵; (3) 更换油封
4	变矩器油温过高	(1) 变速箱油位过高或过低; (2) 离合器打滑	(1) 按要求注油; (2) 检查离合器油压
5	转向盘空行程过大	(1) 齿条螺母与扇轮间隙过大; (2) 随动杆、万向节间隙过大或调整不当	(1) 按要求进行调整; (2) 按要求进行调整
6	转向力矩不足	(1) 转向泵磨损流量不足; (2) 安全阀压力过低; (3) 转向阀严重内漏	(1) 检查或更换转向泵压力 (13.7MPa)、ZL40 为 9.8MPa (100kg/cm²); (2) 应调节其启压力:13.7MPa
7	脚制动力矩不足	(1) 制动总泵或分泵漏油; (2) 制动液压管路中有气; (3) 压缩空气压力低; (4) 加力器皮碗磨损	(1) 更换皮碗或矩形密封; (2) 进行放气; (3) 检查压缩机,控制阀及管路密封性; (4) 更换皮碗
8	脚制动后挂不上挡	(1) 气制动阀踏板限位螺钉调整不当; (2) 气制动阀不能彻底回位,变速压力表不指示; (3) 气制动阀活塞卡住,解除制动后不能回气,制动杆卡住	(1) 重新调整踏板限位螺钉,使气制动阀能彻底回位; (2) 清洗检修活塞; (3) 拆检制动阀杆
9	动臂提升或转斗不足	(1) 安全阀调整不当,系统压力偏低; (2) 吸油管及滤清器堵塞; (3) 齿轮泵严重内漏; (4) 管路或油缸内漏	(1) 系统工作压力应调为:ZL40 为 14.7MPa (150kg/cm²),ZL50 为 15.7MPa(160kg/cm²); (2) 清洗、换油; (3) 更换齿轮泵; (4) 按自然沉降检查系统密封性,新机该值为 (10mm/15min)

续表 2-2-5

序号	故障现象	故障原因及特征	排除方法
10	停车后贮气缸压力迅速下降	(1) 气制动阀进气阀门被脏物卡住或损坏； (2) 管路接头松动或管路断裂； (3) 压力控制器止回阀不密封	(1) 如 15～20min 气压下降不超过 0.049MPa（0.5kg/cm²）可不修理：①连续几次踏制动踏板用空气吹掉阀门上的脏物；②如阀门损坏应更换； (2) 拧紧接头或更换油管； (3) 检查不密封的原因，必要时更换
11	空气压力表上升缓慢	(1) 管路接头松动； (2) 空压机工作不正常； (3) 油水分离器放油螺塞未关紧； (4) 气制动阀故障	(1) 拧紧接头； (2) 检查空压机工作情况； (3) 重新关紧； (4) 检查清洗内部

第七节　装载机的现状及发展趋势

一、装载机发展概况

我国从 20 世纪 60 年代初在测绘国外产品基础上开始小批量试制生产单斗装载机到现在已形成了柳州工程机械厂、厦门工程机械厂、成都工程机械总厂、宜春工程机械厂、徐州工程机械厂等近百个厂家生产轮胎式装载机和少量履带式装载机的规模。装载机的年产量已达到 13000 多台，其中轮胎式装载机占 99%。装载机的规格型号已有 130 多个，斗容从 0.3t 到 10t，其中大型机占 45.8%，小型机占 18.9%，超小型机仅占 1%。除单斗轮胎式装载机和履带式装载机外，我国近几年还开发有少量的多功能装载机，如装载挖掘机和伸缩臂装载机。

经过近 50 年的发展，我国装载机的结构、性能和产品技术水平都有了较大提高。

国外装载机生产厂家以美国卡特皮勒和日本小松制作所产品居多。美国克拉克公司以生产大型装载机为主，而约翰·迪尔公司则生产一系列的小型多功能装载机。

二、装载机发展趋势

近年来，国内外装载机的发展特点大体可分为以下几点。

1. 向着大型化与小型化发展

为适应越来越多的大型工程建设发展的需要，装载机（特别是轮胎式装载机）向大功率、大斗容量的方向发展。如美国克拉克公司生产的 675 型，功率达 1MW，美国卡特皮勒公司开发了斗容量为 17.5～30.4m³ 的大型装载机。在国内，目前大型的装载机有柳州工程机械厂开发的 ZL100 型，临沂工程机械厂开发的 ZL72B 型。同时，为适应市政建设、城市环境和小型工地施工的需要，小型装载机也得到了较大的发展，例如日本东洋运搬株式会社生产的 "310" 型小型轮胎式装载机（1975 年），斗容量仅为 0.1m³，功率约为 10kW。特别是全液压传动小型装载机，在美国已占装载机总数的 40%。履带式装载机与轮胎式装载机相比向大型化方向发展的趋势比较缓慢。

2. 采用新结构、新技术

采用新结构、新技术，可以提高机器效率、操作性、安全性和舒适性。在装载机动力上，普遍采用废气涡轮增压式柴油机。传动系统上，采用双泵轮液力变矩器，使发动机功率和装载机的牵引力随作业工况获得比较理想的匹配；有的装载机在发动机和变矩器之间安装了一个"奥米伽"离合器，使离合器传递扭矩可在0% ~ 100%范围内变化；也有的装载机上采用了新型差速器，如扭矩比例式差速器、防滑差速器、限制滑动差速器，在变速箱上采用了涡轮变速器（如美国克拉克475C装载机）。传动方式也有发展，出现了电动轮装载机。制动系统上，国外已使用封闭结构油冷湿式多片制动器、双泵双管制动系统等以提高制动能力，减少维修保养工作量。驾驶室装有ROPS和FOPS以及EMS、空调和隔音设备等。这些新结构、新技术使机械始终保持在最佳工作状态，改善了作业安全性、可靠性和操作人员舒适性，充分发挥操作人员的最大效能，提高机器的综合性能。

3. 采用机电液一体化、电子化先进技术

随着电子技术、计算机技术的进步与不断发展，为保证机器的可靠性、安全性和节省能量，进入20世纪80年代以来，国外已将一些电子技术、智能技术用在装载机等一些工程机械上，以提高机器的各种性能和作业质量。

4. 向轮胎化方向发展

由于轮胎式装载机具有质量轻、速度快、机动灵活、效率高、维修方便等一系列优点，所以，在国外轮胎式装载机发展较快，轮胎式装载机在品种规格、数量上都远比履带式装载机多。

思考与习题

1. 试述ZL40型装载机传动系及液力变矩器的结构特点及工作原理。

2. 试述装载机制动系加力器的组成及工作原理；有的装载机为何安装"三合一"机构？其特点怎样？

3. 如何理解"ZL40型装载机液力变矩器本身相当于两挡变速"这句话？

4. ZL40型装载机为何采用双涡轮液力变矩器？

5. 试述ZL40型装载机动力换挡变速箱结构特点。

6. 试分析下列ZL40型装载机故障现象：

① 出现高速行驶，缓慢（速度提不上来）；

② 作业时，牵引力不足。

7. 试分析下列ZL50型装载机故障现象：

① 装载机无法拖启动；

② 熄火后，无转向；

③ 熄火后，下坡制动不良；

④ 启动后，前桥发出"异响"；

⑤ 韩国新进口的装载机出现"机械拖制"现象。

8. 试述并画图说明装载机工作装置组成特点。

9. 画图说明能量转换式装载机液压操纵系统组成及工作原理。

10. 试诊断与排除装载机下列故障现象：

① ZL50 型装载机动臂举升缓慢；

② ZL30 型装载机铲斗自动前翻；

③ ZL45 型装载机动臂举升到某一位置时自动缓慢下降；

④ ZL50 型装载机动臂举升不起来，铲斗翻倾还可以；

⑤ 装载机举升油缸工作时，不平稳；

⑥ 刚修完的装载机动臂油缸举升不起来。

11. 铲斗油缸回路中，为何装有双作用安全阀？

12. 装载机各个油缸活塞杆联结点"销轴"是如何润滑与固定的？

第三章　平　地　机

第一节　概　述

一、功用

平地机是一种多用途的铲土运输机械，主要用于土方工程中场地平整和整形作业。平地机工作装置操纵控制灵活，通过改变平地刮刀的作业方位或更换工作装置可方便地进行开挖边沟、回填、修边坡、推松土、除雪、松土等作业，对级配要求不高的路面基层稳定土也可用平地机来拌和。因此，平地机用途十分广泛，是路基路面施工不可缺少的作业机械。

平地机用于土方施工，虽然其克服负荷的能力较低，但其作业精度高，完成的工作面平整。这一优点是其他各种铲土运输机械所不及的。

平地机在作业过程中，作业行驶速度较高，空行程时间只占作业时间的15%左右，有效作业时间明显高于装载机和推土机，是一种高效率的土方施工作业机械。

二、分类

现代平地机整体结构较为统一，多采用液力机械式传动系统和液压操纵系统，其行走机构均为轮胎式。但也存在结构上的一些差异，主要表现在以下几方面。

（1）按车轮数、驱动轮对数和转向轮对数可分为以下几种：

① 3×2×1型，前轮转向，中后轮驱动；

② 3×3×1型，前轮转向，全轮驱动；

③ 3×3×3型，全轮转向，全轮驱动；

④ 2×1×1型，前轮转向，后轮驱动；

⑤ 2×2×2型，全轮转向，全轮驱动。

（2）按机架形式分为以下两种。

① 整体机架式：整体式机架刚性较好，但机械的转向半径较大。

② 铰接机架式：铰接式机架不仅转向半径较小，便于在窄小地段施工，且由于工作装置可随前机架一起转动，其作业适应范围更宽。

三、发展概况

美国是最早生产平地机的国家，其平地机的产量居世界首位。美国卡特皮勒、德莱赛、约翰·迪尔等公司生产的平地机技术先进，其技术性能具有世界先进水平。

日本小松制作所和三菱重工也是世界著名的平地机生产企业，其电子技术应用领先世界水平。小松平地机品种齐全，其中GD825A-1型超重型平地机采用最先进的电子监控系统和负荷传感液控新技术，性能先进，在世界市场上具有很强的竞争力。

在欧洲，生产平地机的主要厂家有德国的 O&K 和 Gehl，以及意大利的 Fiatallis 等制造公司。

在世界范围内，各国正在加速现代化的进程，土方工程规模日益扩大，平地机有向大型化方向发展的趋势。加拿大 Champion 公司生产的功率为 522kW 的 100t 超重型平地机，是当前世界上最大的平地机。与此同时，为满足狭窄场地施工作业的需要，一些国家也注重发展轻型平地机。最小的平地机是日本生产的 MGD743 轻型平地机，功率只有 26kW。

据统计，全世界自行式平地机的年产量约 2 万台，其中，中型平地机约占总需求量的 50%，功率一般在 86 ~ 127kW。由于平地机在配套施工机械中的利用率相对较低，市场需求量受到一定的限制，一些用户要求采用租赁方式解决配套使用的方法。这样，施工机械租赁公司在一些国家应运而生，成为平地机销售市场的大户。

20 世纪 90 年代后期，一些国家在平地机上开始采用机电一体化技术，配有铲刀自动调整装置，用以提高平地精度。同时采用工况监控、故障诊断和专家智能等电子控制系统，逐步实现平地机的现代化、节能化和自动化，并备有多种工作装置及其液压控制系统。现代平地机还备有铲刀自动调平装置，采用先进的电子控制技术，装有翻倾保护和落物保护的驾驶室。

我国生产平地机的历史较短。天津工程机械厂是我国最早生产平地机的专业厂家，也是我国平地机的重要生产基地。该厂具有先进的设计和制造工艺水平，产品不断更新，近年又引进德国 FAUN 公司平地机的制造技术，形成了新的 PY 系列产品。

第二节　平地机底盘

平地机主要有发动机、液力机械式传动系统、行走驱动装置、前后机架、工作装置、转向和制动系统，以及液压控制系统所组成。图 2-3-1 和图 2-3-2 所示分别为国产 PY-180 和 PY-160B 型平地机的外形图。PY180 机身尺寸（长 × 宽 × 高）为 10280mm × 2995mm × 3305mm；PY160B 型机身尺寸为（长 × 宽 × 高）为 8146mm × 2575mm × 3340mm。前者采用铰接式机架，最小转向半径为 7800mm，而后者采用整体式机架，最小转向半径为 8200mm。由此可看出铰接式机架使整机更加机动灵活。

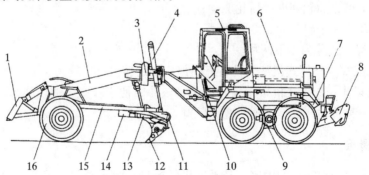

图 2-3-1　PY-180 型平地机外形图

1—前推土板；2—前机架；3—摆架；4—刮刀升降油缸；5—驾驶室；6—发动机罩；7—后机架；
8—扣松土器；9—后桥；10—铰接转向油缸；11—松土耙；12—刮刀；13—铲土角变换油缸；
14—转盘齿曲；15—牵引架；16—转向轮

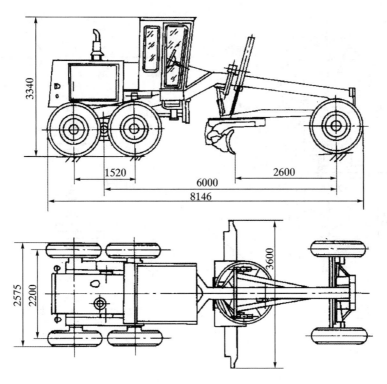

图 2-3-2　PY-160B 型平地机外形图（单位：mm）

一、PY-180 传动系

现代自行式平地机普遍采用机械动力换挡和液力机械动力换挡传动系统。卡特皮勒公司生产的 G 系列、小松公司的 GD505A-2 和 GD505A-3，加拿大 CHAMPION 公司的 710/710A，720/720A 等型号的平地机采用机械动力换挡变速箱，不设液力变矩器，由发动机直接驱动，传动效率较采用液力变矩器高 15% 左右。液力机械动力换挡变速箱应用较广泛，因液力变矩器具有无级自动变速变扭特性，具有载荷自适应性强和作业效率高等特点。

图 2-3-3 所示为我国 20 世纪 90 年代开发的 PY 系列新型平地机 PY-180 型的传动系统图。该机采用了液力机械式传动系统。

PY-180 型平地机采用国产水冷式增压柴油机作动力，扭矩适应系数大，载荷适应性强。传动系统由三元件向心式液力变矩器、定轴式动力换挡变速箱、驱动桥及其摆动式平衡传动箱等主要传动装置组成，集中布置在平地机的后机架上，结构十分紧凑。

发动机输出的动力经液力变矩器，进入动力换挡变速箱，然后从变速箱输出轴输出，经万向节传动轴输入三段型驱动桥的中央传动。中央传动设有自动闭锁差速器，左右半轴分别与左右行星减速装置的太阳轮相连，动力由齿圈输出，然后输入左右平衡箱轮边减速装置，通过重型滚子链轮减速增扭，再经车轮轴驱动左右驱动轮。驱动轮可随地面起伏迫使左右平衡箱作上下摆动，均衡前后驱动轮的载荷，提高平地机的附着牵引性能。

转向液压系统备有紧急转向泵，转向油泵工作失效时，可自动接通紧急转向泵，使系统工作安全可靠。

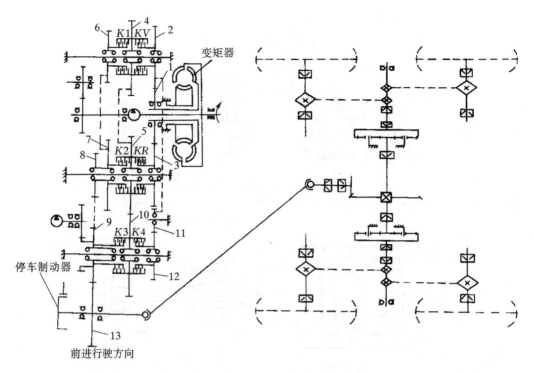

图 2-3-3　PY-180 型平地机传动系统示意图

1—涡轮轴齿轮；2～13—常啮合传动齿轮；KV，K1，K2，K3，K4—换挡离合器；KR—换向离合器

　　平地机的制动系统由行车制动系统和停车手制动器组成。行车制动采用单回路液压制动系统，通过制动分泵驱动蹄式制动器制动后桥车轮。停车制动采用手动盘式制动器，盘式制动器安装在动力换挡变速箱的前输出轴上。

　　PY-180 型平地机采用可透性液力变矩器，当变矩器处于超越工况时，可利用发动机进行持续排气制动。

二、液力变矩器与动力换挡变速箱

　　PY-180 型平地机采用 ZF 液力变矩器-变速箱或 Clark 液力变矩器-变速箱，与发动机共同工作。液力变矩器与动力换挡变速箱共壳体，前端与发动机飞轮壳体用螺栓连接，并整体固紧在后机架上。

　　变速箱由变速油泵向液压换挡离合器提供压力油实现动力换挡。变速泵由泵轮轴驱动，安装在变速箱内的后上方。变速泵为齿轮油泵，除向换挡离合器提供压力油外，同时向液力变矩器供油，然后经冷却器冷却，再供给变速箱的压力润滑系统。

　　液力变矩器为单级向心式变矩器，具有一定的正透性。变矩器泵轮通过弹性盘（非金属材料）与发动机飞轮直接相连，涡轮轴为定轴式动力换挡变速箱的输入轴。

　　ZF 液力变矩器-变速箱和 Clark 液力变矩器-变速箱均为组合式变速箱，由主、副变速箱串联而成。前者采用高低挡副变速箱，具有 6 个前进挡和 3 个倒退挡；后者采用倒顺挡副变速箱，设有 6 个前进挡和 6 个倒退挡。

　　ZF 液力变矩器-变速箱的传动简图如图 2-3-4 所示。

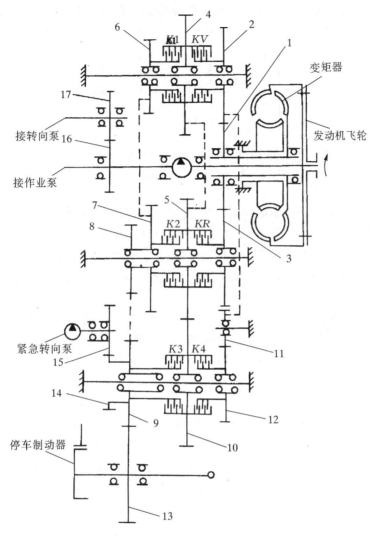

图 2-3-4 ZF 液力变矩器-变速箱传动简图

1—涡轮轴齿轮；2~13—常啮合传动齿轮；

KV，$K1$，$K2$，$K3$，$K4$—换挡离合器；KR—换向离合器

齿轮箱采用 6WG180 型动力换挡变速箱，设有 KV，$K1$，$K2$，$K3$，$K4$ 等 5 个换挡离合器和 1 个换向离合器（KR），均采用常啮合齿轮定轴传动。换挡离合器为多片式双离合器结构。

"$KV—K1$" "$KR—K2$" "$K4—K3$" 换挡双离合器均为单作用双离合器，即左右离合器在传动时可以单独接合，也可以同时接合传递动力。双离合器共设一个油缸，左右离合器分别设有压紧活塞。离合器接合靠压力油推动活塞压紧多片式摩擦衬片，从而可以驱动离合器从动鼓传递动力。离合器接合油压卸荷，分离弹簧即可迅速分离离合器，中断动力传递。换挡离合器可实现负载换挡，换挡柔和无冲击。

在变速箱后端伸出的泵轮轴上，装有平地机工作装置的驱动油泵。由泵轮轴齿轮驱动的短轴上装有平地机的转向油泵。变速箱输出轴啮合副的主动齿轮通过双联小齿轮驱动紧急转

向泵。变速箱输出轴前端装有停车制动器；后端通过传动轴将动力输入后桥行走驱动装置。

变速箱的传动方案框图如图 2-3-5 所示。

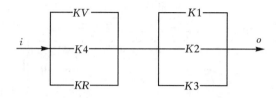

图 2-3-5　变速箱传动方案框图

KV，*K*1，*K*2，*K*3，*K*4—换挡离合器；*KR*—换向离合器

该变速箱由主、副变速箱组成。副变速箱前置，含有 2 个前进挡，1 个倒退挡；主变速箱后置，是一个含有高、中、低 3 个挡位的变速组，组合后可分别获得 6 个前进挡和 3 个倒退挡。接合一个挡位，需要接合两个换挡离合器（主、副变速箱各接合一个）。采用这种三自由度多离合器主副变速箱串联的传动方案，具有换挡离合器个数较少挡位数较多的优点，同时结构较简单，操纵也较方便。

6WG180 型动力换挡变速箱采用电-液系统控制换挡。电-液控制系统由变速泵、换挡工作压力控制阀、电磁换挡液压信号阀、液压换挡阀、换挡（换向）离合器组，以及滤清器、安全阀、油箱等液压元件和挡位选择器等电气元件组成。

在电-液换挡控制系统中，电磁换挡信号阀的信号油压和通过液压换挡阀进入换挡（换向）离合器的接合油压，都由变速泵主油路提供。换挡时，应根据所行驶的路面状况，手动操纵电控挡位选择器，选择适合的挡位（挡位选择器安装在驾驶室司机座位右侧）。操纵挡位选择器，即接通与选择器相关的电磁信号阀，并通过电磁信号阀输出信号油压，再控制液压换挡阀实现动力换挡。换挡时应按电路逻辑依次变换挡位，不能跳挡操作。平地机换向时，应将挡位降至 1 挡进行。

PY-180 型平地机依次升挡或降挡的换挡规律可提高平地机对负载的自适应性能。对于液力变矩器经常处在高效区转速范围内工作，有利稳定发动机的转速，使之经常处在靠近额定转速的调速特性上工作，充分发挥柴油机的经济技术性能，提高传动效率。

液控液压换挡换向阀设有缓冲装置，可使换挡（换向）离合器接合平稳、换挡无冲击。

6WG180 变速箱的电-液换挡电气线路中设有空挡保险装置，只有在变速箱处于空挡位置时，才能启动发动机。这样可以避免发动机负载启动，防止司机错误操作。

采用 Clark 液力变矩-变速箱的换挡（换向）控制工作原理相同。

6WG180 变速箱的各挡传动路线如下。

（1）前进挡。

Ⅰ速：涡轮轴齿轮 1→齿轮 2→*KV*→齿轮 6→齿轮 7→齿轮 8→齿轮 9→齿轮 13→输出轴；

Ⅱ速：涡轮轴齿轮 1→齿轮 2→齿轮 11 —齿轮 12→*K*4→齿轮 10→齿轮 5→齿轮 4→*K*1→齿轮 6→齿轮 7→齿轮 8→齿轮 9→齿轮 13→输出轴；

Ⅲ速：涡轮轴齿轮 1→齿轮 2→*KV*→齿轮 4→齿轮 5→*K*2→齿轮 8→齿轮 9→齿轮 13→输出轴；

Ⅳ速：涡轮轴齿轮 1→齿轮 2→齿轮 11→齿轮 12→*K*4→齿轮 10→齿轮 5→*K*2→齿轮 8→

齿轮 9→齿轮 13→输出轴；

Ⅴ速：涡轮轴齿轮 1→齿轮 2→KV→齿轮 4→齿轮 5→齿轮 10→K3→齿轮 9→齿轮 13→输出轴；

Ⅵ速：涡轮轴齿轮 1→齿轮 2→齿轮 11→齿轮 12→K4→K3→齿轮 9→齿轮 13→输出轴。

（2）倒退挡。

Ⅰ速：涡轮轴齿轮 1→齿轮 3→KR→齿轮 5→齿轮 4→K1→齿轮 6→齿轮 7→齿轮 8→齿轮 9→齿轮 13→输出轴；

Ⅱ速：涡轮轴齿轮 1→齿轮 3→KR→K2→齿轮 8→齿轮 9→齿轮 13→输出轴；

Ⅲ速：涡轮轴齿轮 1→齿轮 3→KR→齿轮 5→齿轮 10→K3→齿轮 9→齿轮 13→输出轴。

三、后桥与平衡箱

对于小型四轮平地机，与一般的自行式机械一样，所有车轮都能良好地附着地面。对于六轮平地机，如果三对车轮各通过车桥连接机架，则可能因道路不平而使个别轮悬空。这将导致着地车轮承受过大的载荷和降低牵引性能。实际应用中，一般采用一个后桥与机架固定，两对后驱动轮通过平衡箱实现串联同步传动绕，两对驱动轮与平衡箱一起可绕后桥摆动。这种结构形式已比较成熟，各生产厂家一直沿用。

1. 后桥传动形式

① 主传动为两级齿轮减速（一对螺旋锥齿轮，一对圆柱齿轮），不设差速器，这是一种结构较为简单的传动形式。不设差速器的优点是当一侧车轮出现打滑现象时，另一侧车轮仍有驱动力。缺点是转弯阻力较大，轮胎容易磨损。PY-160A 型平地机采用这种形式的后桥。这种传动形式，过去采用较多，但目前已不多见。

② 主传动为两级齿轮减速（一对螺旋锥齿轮和一对圆柱齿轮），使用差速器（带差速锁的差速器或无滑差速器）。采用这种传动形式的平地机较为普遍。作业时，为了防止一侧车轮打滑，将差速锁锁住；转弯时或在公路上正常行驶时将锁打开。

③ 后桥主传动＋桥边行星减速传动。主传动一般为一级圆柱齿轮加一级螺旋锥齿轮（带差速器）传动，或只有一级圆锥齿轮（带差速器）传动。例如卡特皮勒、约翰·迪尔、德莱赛公司生产的平地机为此种传动形式。

后桥传动形式主要取决于对速比的要求。后桥主传动、桥边减速传动及平衡箱串联传动都可以实现减速传动，因此可以有多种传动组合来满足对速比的要求。

2. 差速器

平地机上使用的差速器都有防止一侧轮子打滑的功能。目前采用的差速器有 3 种结构形式。

① 带刚性差速锁的差速器（如图 2-3-6 所示）。这种差速器按照功能的不同，在结构上可分为两部分：中央箱内为普通的闭式圆锥齿轮式差速器部分；左边的箱内为差速锁部分。需要使用差速锁时，操纵带牙嵌的滑动套右移与固定在差速器壳上的牙嵌啮合，将左半轴与差速器壳固定在一起。这时两根半轴不能相对转动，被刚性地连为一根轴，这样未打滑的一侧车轮便不受打滑车轮的限制，其他可以得到更多的，甚至全部的由主传动传来的扭矩，使未打滑一侧车轮的附着力得到充分利用，以使车轮能顺利摆脱打滑的困境。在转弯时，驾驶员通过操纵滑套左移将差速锁脱开。

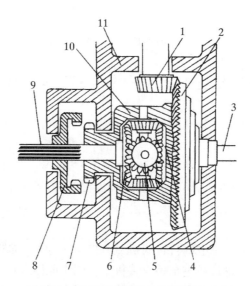

图 2-3-6　带刚性差速锁的差速器结构示意图

1—小锥齿轮；2—大锥齿轮；3—右半轴；4，6—半轴齿轮；5—行星锥齿轮；
7—固定在差速器壳上的牙嵌；8—带牙嵌的滑动套；9—左半轴；10—差速器壳；11—扣桥箱体

② 带非刚性差速锁的差速器：这种差速器用液压控制的湿式多片摩擦离合器作为差速锁（如图 2-3-7 所示），以控制差速器两侧半轴的锁定与脱开。

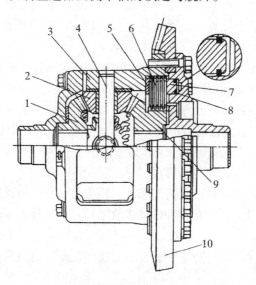

图 2-3-7　带非刚性差速锁的差速器结构示意图

1—左半轴齿轮；2—行星锥齿轮；3—差速器壳；4—十字轴；5—内摩擦片；
6—外摩擦片；7—活塞；8—密封圈；9—右半轴齿轮；10—大锥齿轮

外摩擦片与差速器壳用花键相连，内摩擦片与右半轴齿轮也用花键相连。作业时，活塞在油压力作用下将内外摩擦片压紧，利用摩擦力后桥箱体将右半轴齿轮与差速器壳锁在一起，从而使左右半轴不能相对转动。这种差速锁的特点是：不论两根半轴处在任何相对转角位置都可以随时锁住，当一侧车轮突然受到过大外阻力矩时，摩擦片有打滑缓冲作用。此外，液压操纵非常方便，通过操纵电磁控制阀可随时将差速锁打开或关闭。

　　③ 无滑转差速器。这种差速器也称 NO-spin 差速器，其结构如图 2-3-8 所示。差速器壳体的左右两部分与大齿轮（一般为主传动的大锥齿轮或第二级圆柱齿轮）用螺栓紧固在一起。主动环固定在左右两半壳体之间，随着差速器壳体一起转动。主动环的两个侧面有沿圆周分布的许多倒梯形（角度很小）断面的径向传力齿，相应的左右从动环的内侧面也有相类似的传力齿。倒梯形传力齿之间有甚大的侧隙，制成倒梯形的目的在于传递扭矩过程中，防止从动环与主动环脱开。弹簧力图使主从动环处于接合状态。花键毂内外均有花键，外花键与从动环相啮合，内花键用以连接半轴。

　　当直行时，主动环通过传力齿带动左右从动环、花键毂及半轴一起转动，如图 2-3-8（b）所示。传动齿轮传给主动环的扭矩，按左、右车轮阻力的大小分配给左、右半轴，此时与不设差速锁时相同。

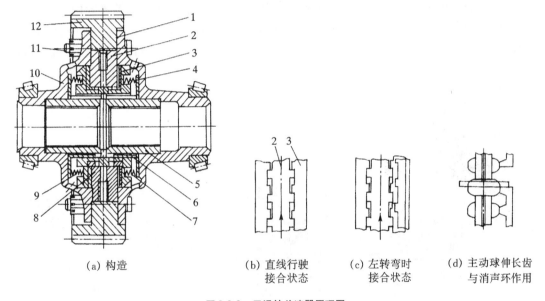

（a）构造　　　　（b）直线行驶　　　（c）左转弯时　　（d）主动球伸长齿
　　　　　　　　　　接合状态　　　　　接合状态　　　　与消声环作用

图 2-3-8　无滑转差速器原理图

1—差速器右壳；2—主动环；3—从动环；4—弹簧；5—花键毂；6—垫圈；7—消声环；
8—卡环；9—中心环；10—差速器左壳；11—螺栓；12—大齿轮

　　当转弯时，要求差速器起差速作用。为此，在主动环的孔内装有中心环。它可以相对于主动环作自由转动，但受卡环的限制不能作轴向移动。中心环的两侧有沿圆周分布的许多轴向梯形断面齿，它分别与两个从动环内侧面内圈相应的梯形齿接合，梯形齿间为无侧隙啮合。设此时为左转弯（如图 2-3-8（c）所示），左轮慢、右轮快，则主动环与左从动环紧紧啮合，带动左半轴及车轮转动，中心环与左从动环的梯形齿也紧紧啮合。右车轮转得快，即右从动环有相对主动环快转的趋势，两者的倒梯形传力齿有较大的齿侧间隙，允许有一定相对角位移，而右从动环与中心环上的梯形齿是无侧隙啮合。右轮的快转将迫使从动环克服弹簧的压力向右移动，使右从动环与主动环的传力齿分开，中断右轮的扭矩传递。这时左轮（内侧车轮）驱动，右轮则被带动以较高的转速旋转。

　　由于右从动环是被迫不断地在中心环梯形齿作用下向右滑移，又在弹簧作用下返回，因此相对转动中会引起响声和磨损。为了避免这一情况，在从动环的传力齿与轴向梯形齿之间的凹槽中还装有带相同梯形齿的消声环。消声环是个带缺口的弹性环，卡在从动环上，可绕从动环自由转动，但不能相对轴向移动。当右从动环脱出时，消声环也被带着轴向脱出，并顶在中心环的梯形齿上（如图 2-3-8(d)所示），使从动环保持离主动环最远位置，消除了从动环轴向往复移动的冲击响声。当右从动环转速下降到稍低于主动环的转速时，又重新与主动环接合。

这种差速器的优点是既能自动实现转向差速，又可防止单侧驱动轮打滑。但由于转向时外侧车轮是被带动的，没有驱动力，只有内侧车轮驱动，这会使转向阻力增大，转向时车速瞬时增大，不利于转向操纵。

3. 后桥平衡箱串联传动

如前所述，为了提高行驶、牵引性能和作业性能，一般六轮平地机都在半轴之后采用一级平衡箱传动，由平衡箱驱动每一侧前后布置的两个车轮。后桥半轴输出动力到平衡箱的主动轴，经传动比相同的串联传动装置分别传给中、后车轮轴，整个平衡箱连同中、后车轮可以绕半轴摆动。后桥平衡箱串联传动的结构如图 2-3-9 所示。当平地机在不平的地面上行驶时，由于平衡箱的摆动可以保证每侧的中、后轮始终同时着地，有效地保证了平地机的附着牵引性能。

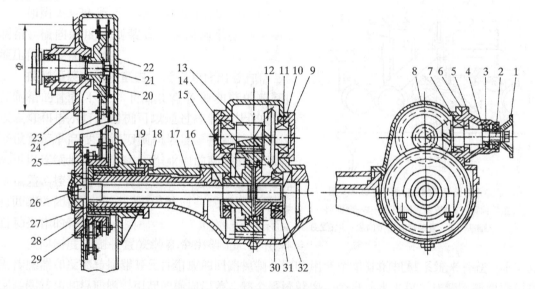

图 2-3-9　平地机后桥及平衡箱结构示意图

1—连接盘；2—主动锥齿轮；3，7，11—轴承；4，6，10，31—垫片；5—主动锥齿轮座；8—齿轮箱体；
9—轴承盖；12—从动锥齿轮；13—直齿轮；14—从动直齿轮；15—轮毂；16—壳体；17—托架；18—导板；
19，28—垫片；20—链轮；21—车轮轴；22—平衡箱；23—轴承座；24—传动链；25—主动链轮；26—半轴；
27—端盖；29—钢套；30—轴承；32—压板

采用平衡箱结构不仅可以保证车轮良好地附着于地面，还有利于提高平地机刮刀作业平整性。平地机越障时工作装置高度变化示意图如图 2-3-10(a)所示。

由于刮刀悬挂在机架上，位置大致在机身的中部，当左右中轮同时越过高度为 H 的障碍物时，后桥的中心升起高度中有 $H/2$，而位于机身中部的铲刀的高度变化为升高约 $H/4$。如果只有一只车轮（如图 2-3-10(b)所示所示的左中轮），越过高度为 H 的障碍物，此时后桥的左

端升高 $H/2$，后桥中部升高值为 $H/4$，铲刀的左端升高值 $3H/8$，右端升高值仅为 $H/8$。

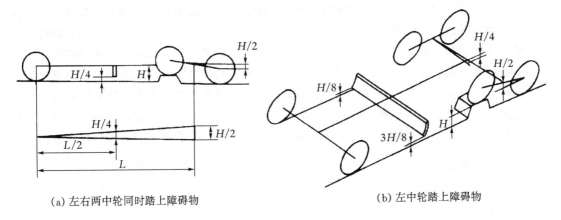

(a) 左右两中轮同时踏上障碍物　　　　　　　　(b) 左中轮踏上障碍物

图 2-3-10　平地机越障时工作装置高度变化示意图

　　平衡箱串联传动有链条传动和齿轮传动两种形式。链条传动结构简单，并且有减缓冲击的作用，缺点是链条寿命低，需要时常调整链条长度。齿轮传动寿命较长，不需调整，但是这种结构复杂，造价较高。齿轮传动可以在平衡箱内实现较大的减速比，所以采用这种形式的平衡箱时，后桥主传动通常只使用一级螺旋齿轮减速。目前大多数平地机上采用链条传动式平衡箱。

四、前　桥

　　平地机的前桥结构大同小异。PY-180 型平地机的前桥如图 2-3-11 所示。

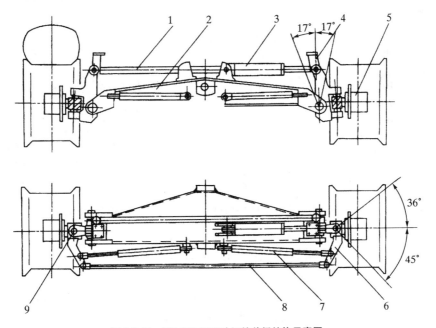

图 2-3-11　PY-180 型平地机的前桥结构示意图

1—倾斜拉杆；2—前桥横梁；3—倾斜油缸；4—转向节支承；5—车轮轴；
6—转向节；7—转向油缸；8—梯形拉杆；9—转向节销

平地机的前桥结构由前桥横梁、车轮轴、转向节、转向节销、转向节支承、梯形拉杆、倾斜拉杆等主要零部件组成。前桥横梁与前机架铰接，可绕前机架铰接轴上下摆动，用以提高前轮对地面的适应性。前桥为转向桥，左右车轮可通过转向油缸推动左右转向节偏转，实现平地机转向。与一般自行式机械不同的是，平地机前轮还可通过倾斜油缸和倾斜拉杆实现前轮左右倾斜。前轮倾斜有几个方面的作用：转向时，将前轮转向内侧倾斜，可以进一步减小转向阻力，缩小转弯半径，从而提高平地机的机动灵活性；平地机在横坡上作业时，倾斜前轮使之处于垂直状态，有利于提高前轮的附着力和平地机的作业稳定性；当平地机刮刀侧伸作业时，利用前轮向侧伸的相反方向倾斜，有利于平地机作业时保持直线行驶状态。

五、转向装置

转向形式有以下三种。

1. 前轮转向

这种单纯依靠前轮偏摆转向的平地机仍在生产。在铰接式机架出现之前，这种转向形式比较普遍。但这种转向形式过于简单，转弯半径大，有时不能满足作业中的特殊需要，因此，这种转向方式目前已不多采用。

2. 全轮转向

如图 2-3-12(a)所示为四轮平地机全轮转向时的状态，它采用前轮和后轮分别偏摆转向的方式。如图 2-3-12(b)为六轮平地机全轮转向时的示意图，前桥为偏摆车轮转向，后桥为桥体回转瞄向。PY-160A 型平地机即采用这种转向形式，它的后桥体上部与机架铰接，允许后桥体在水平面内绕铰点转动，如图 2-3-12(c)所示。转向油缸的一端与后桥壳体铰接，另一端铰接在机架上。转向时，外侧的油缸缩进，内侧油缸伸出，后桥壳体在油缸力的作用相对于机架铰点转动。

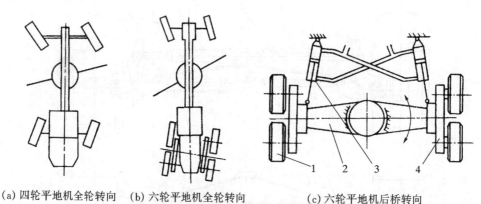

　(a) 四轮平地机全轮转向　　(b) 六轮平地机全轮转向　　　　(c) 六轮平地机后桥转向

图 2-3-12　平地机全轮转向示意图
1—后轮；2—后桥壳体；3—转向油缸；4—平衡箱

全轮转向在操纵上有两种方式：一种是前轮和后轮分别操纵，前轮由方向盘操纵，后轮由液压换向阀操纵；另一种是通过方向盘操纵全液压转向器，在液压油路上装有分配阀，实现前后轮转向分配控制，分配阀是可调的，用一个扳动手柄控制。

后轮转向结构复杂，转动角也不可能大。由于铰接式机架的出现，后轮转向已逐渐被铰接式机架转向所取代。

3. 前轮转向和铰接式机架转向

前轮转向形式仍为偏转车轮，机架被分为前后两部分，中间铰接，用液压油缸控制机架的偏摆角。有些平地机在驾驶室内的操纵台前还装有角度指示器，能显示机架的摆动角度。此外，为了防止在运输或高速行驶时出现意外事故，在铰接处还装有锁定杆，能将机架锁住，起安全保护作用。机架铰接结构如图 2-3-13 所示。

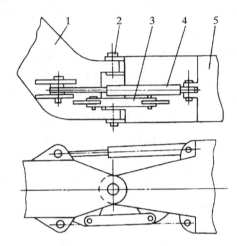

图 2-3-13　平地机铰接式机架简图
1—前机架；2—销轴；3—锁定杆；4—油缸；5—后机架

铰接式平地机的行走方式有直行、折腰转向行和折腰斜行 3 种，如图 2-3-14 所示。

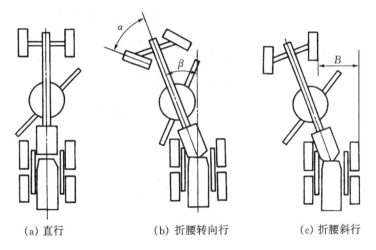

(a) 直行　　　　　　(b) 折腰转向行　　　　　　(c) 折腰斜行

图 2-3-14　铰接式平地机行走方式简图

由图 2-3-14(b)可见，机械折腰转弯时，后轮驱动力作用方向偏离前轮中心，转弯阻力比单纯前轮转向时要小，同时允许前轮有更大的偏转角。图 2-3-14(c)所示的折腰斜行，也称偏置行驶，是平地机作业时常用的行走方式。

第三节　平地机工作装置

一、平地刮刀工作装置

两条滑轨支撑在刮刀架两侧角位器的滑槽上，可以在刮刀侧移油缸的推动下侧向滑动。角位器与回转圈耳板下端铰接，上端用螺母固定住。当松开螺母时，角位器可以摆动，从而带动刮刀改变切削角（也称铲土角）。

平地刮刀是平地机的主要工作装置。平地刮刀工作装置的结构如图 2-3-15 所示，主要由摆架机构、牵引架、回转圈、角位器、刮刀、悬挂油缸、牵引架侧摆油缸和刮刀侧伸油缸等组成。牵引架的前端是个球形铰，与车架前端铰接，因而牵引架可绕球铰在任意方向转动和摆动。回转圈支承在牵引架上，可在回转驱动装置的驱动下绕牵引架转动，从而带动刮刀回转。刮刀的背面有上、下作业装置操纵系统，可以控制刮刀作如下 6 种形式的动作：①刮刀左悬挂油缸升降；②刮刀右悬挂油缸升降；③刮刀回转；④刮刀侧移（相对于回转圈左移和右移）；⑤刮刀随回转圈一起侧移，即牵引架引出；⑥刮刀切削角的改变。

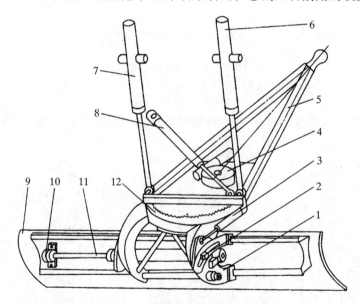

图 2-3-15　平地机刮土工作装置结构示意图

1—角位器；2—角位器坚固螺母；3—切削角调节油缸；4—回转驱动装置；
5—牵引架；6—右升降油缸；7—左升降油缸；8—牵引架侧摆油缸；
9—刮刀；10—油缸头铰接支座；11—刮刀侧伸油缸；12—回转圈

其中①②④⑤形式一般通过油缸控制，③采用液压马达或油缸控制，而⑥一般为人工调节或通过油缸调节，调好后再用螺母锁定。由于左右悬挂油缸可以独立操纵升降，当二者等长下降到刮土位置时就可进行水平刮土，而当二者不等长下降到刮土位置时就可进行侧铲刮土和挖边沟作业。

不同的平地机，铲刀的控制机构也不尽相同，例如有些小型平地机为了简化结构，没有角位器机构，切削角是固定不变的。

1. 牵引架及转盘

牵引架在结构形式上可分为"A"型和"T"型两种。"A"型与"T"型是指从上向下看牵引杆的形状。"A"型牵引架为箱形截面三角形钢架，如图 2-3-16 所示。其前端通过牵引架铰接球头与弓形前机架前端铰接，后端横梁两端通过刮刀升降油缸铰接球头与刮刀提升油缸活塞杆铰接，并通过两侧刮刀提升油缸悬挂在前架上。牵引架前端和后端下部焊有底板，前底板中部伸出部分可安装转盘驱动小齿轮。在牵引架后端的左侧支架上焊有刮刀侧摆动油缸铰接球头。刮刀摆动油缸伸缩可使刮刀随转盘绕牵引架对称轴线左右摆动。

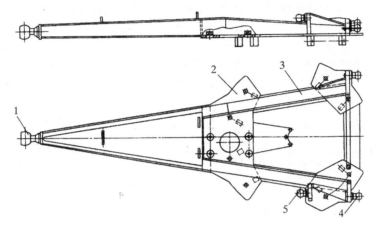

图 2-3-16　平地机 A 型牵引架结构示意图

1—牵引架铰接球头；2—牵引架底板；3—牵引架体；

4—刮刀升降油缸铰接球头；5—刮刀侧摆动油缸铰接球头

图 2-3-17 所示为"T"型牵引架，其牵引杆为箱形截面结构。这种结构的优点是在回转圈前面的部分只是一根小截面杆，横向尺寸小，当牵引架向外引出时不易与耙土器发生干涉。但它在回转平面内的抗弯刚度下降。

与"T"型牵引架相比，"A"型牵引架承受水平面内弯矩能力强，对于液压马达驱动涡轮蜗杆减速器形式的回转驱动装置便于安装。所以"A"型结构比"T"型结构应用普遍。当松土耙土器装在刮刀与前轮之前时，"A"型牵引架的运动占用空间大，容易与耙土器干涉。但是，如果使用液压马达涡轮减速器的回转驱动装置，"T"型牵引架结构布置不如"A"型结构方便。

转盘如图 2-3-18 所示，是一个带内齿的大齿圈，通过托板悬挂在牵引架的下方。转盘驱动小齿轮与转盘内齿圈相啮合，用来驱动转盘和刮刀回转。

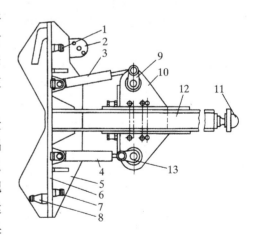

图 2-3-17　平地机"T"型牵引架结构示意图

1，7—刮刀升降油缸球铰头；2—回转圈安装耳板；

3，4—回转驱动油缸；5，10—底板；6—横梁；

8—牵引架引出油缸球铰头；9，13—回转齿轮摇臂；

11—球铰头；12—牵引杆

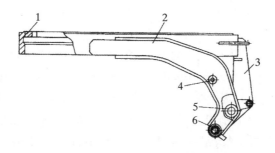

图 2-3-18　PY-180 型平地机的转盘结构示意图

1—带内齿的转盘；2—弯臂；3—松土耙支撑架；4—刮刀摆动铰销；

5—松土耙安全杆；6—液压角位器定位销

　　前底板和后端两侧底板下方对称焊有 8 个转盘支承座，通过 8 个垂直悬挂螺栓和托板将转盘悬挂在牵引架下方的转盘支承座上。回转圈属于不经常传动件，所以齿圈制造精度要求不高。配合面的配合精度也不高，并且暴露在外。回转圈在牵引架的滑道上回转，滑道是个易磨损部位，要求滑道与回转圈之间有滑动配合间隙且应便于调节。

　　转盘两侧焊有弯臂（如图 2-3-18 所示），左右弯臂外侧可安装刮刀液压角位器。角位器弧形导槽套装在弯臂的液压角位器定位销上，上端与铲土角变换油缸活塞杆铰接。刮刀背面的下铰座安装在弯臂下端的刮刀摆动铰销上。刮刀可相对弯臂前后摆动，改变其铲土角。刮刀后面弯臂的铰轴上可安装 1~6 个松土耙齿。刮刀背面上方焊有滑槽，刮刀滑槽可沿液压角位器上端的导轨左右侧移，刮刀可向左右两侧引出外伸或收回。刮刀背面还焊有刮刀引出油缸活塞杆铰接支承座，液压引出油缸通过该铰接支承座将刮刀向左或向右侧移引出。

　　改变刮刀的工作位置，即可改变平地机的工作状态。平地机处于运输工况时，刮刀应提升至运输位置。刮刀升降时，牵引架可绕前机架球铰上下摆动。平地机处于作业工况时，可根据施工作业的需要，适时调整刮刀的工作位置。

　　图 2-3-19 所示的转盘支承装置为大部分平地机所采用的结构形式。这种结构的滑动性能和耐磨性能都较好，不需要更换支承垫块。

　　回转齿圈的上滑面与青铜合金衬片接触，衬片上有两个凸圆块卡在牵引架底板上；青铜合金衬片有两个凸方块卡在支承垫块上，通过调整垫片调节上下配合间隙。回转齿圈在轨道内的上下间隙一般为 1~3mm。用调节螺栓调节径向间隙（一般值为 1.5~3mm），用 3 个紧固螺栓固定，支承整个回转圈和铲刀装置的重量和作业负荷。这种结构简单易调，成本也低，因此得到普遍采用。

　　转盘两侧焊有弯臂（见图 2-3-18），左右弯臂外侧可安装铲刀液压角位器。角位器弧形导槽套装在弯臂的液压角位器定位销上，上端与铲土角变换油缸活塞杆铰接。铲刀背面的下铰座安装在弯臂下端的铲刀摆动铰销上。铲刀可相对弯臂前后

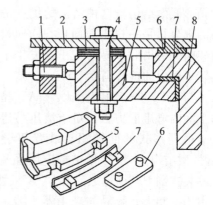

图 2-3-19　平地机转盘支承装置结构示意图

1—调节螺栓；2—牵引架；3—垫片；

4—紧固螺栓；5—支承垫块；

6，7—青铜合金衬片；8—回转齿圈

摆动，改变其铲土角。铲刀后面弯臂的铰轴上可安装 1～6 个松土耙齿。铲刀背面上方焊有滑槽，刮刀滑槽可沿液压角位器上端的导轨左右侧移，刮刀可向左右两侧引出外伸或收回。刮刀背面还焊有刮刀引出油缸活塞杆铰接支承座，液压引出油缸通过该铰接支承座将铲刀向左或向右侧移引出。

改变刮刀的工作位置，即可改变平地机的工作状态。平地机处于运输工况时，刮刀应提升至运输位置。刮刀升降时，牵引架可绕前机架球铰上下摆动。平地机处于作业工况时，可根据施工作业的需要，适时调整刮刀的工作位置。

2. 回转驱动装置

安装在牵引架中部的刮刀回转液压马达，可通过涡轮减速装置驱动转盘，使安装其上的刮刀相对牵引架做 360° 回转，用以改变刮刀在水平面内的倾斜角度，实现平地机侧移卸土填堤，或回填沟渠。如果将刮刀在水平面内平置于地面，平地机则可向前直移铲土平地；若将刮刀回转 180°，则可倒退进行平地作业。另一种驱动转盘的方式是由双油缸交替随动控制驱动小齿轮，工作原理如图 2-3-20 所示。回转小齿轮上带有偏心轴，偏心轴与两个回转

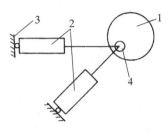

图 2-3-20　双油缸交替随动控制驱动小齿轮示意图
1—回转小齿轮；2—回转驱动油缸；
3—牵引架底板；4—偏心轴

驱动油缸的活塞杆连接；回转油缸的缸体分别铰接在牵引架底板上。这样，就组成一个类似曲柄连杆机构的"V"形结构。在两个油缸活塞杆伸、缩和缸体绕铰点摆动的互相配合作用下，通过偏心轴带动小齿轮回转。

目前多数平地机采用液压马达带动涡轮蜗杆减速器驱动型。这种传动结构尺寸小，驱动力矩恒定、平稳。涡轮蜗杆减速器的输出轴朝下，很容易漏油，因此对密封要求高。双油缸驱动式传动过程中油缸的作用力和作用臂是交替变化的，因此驱动力矩变化幅度较大。国产 PY-160A、PY-180 和加拿大 Champion 公司的 710 型、720 型等平地机均采用这种驱动形式。

作业时，当刮刀离回转中心较远的切削刃遇障碍物，产生很大阻力时，容易引起刮刀扭曲变形或损坏。为此不少平地机在回转机构上采用缓冲保护措施。涡轮蜗杆减速器有一定的自锁性能，因此一般不宜用液压过载保护；双油缸驱动因驱动力矩变化幅度大，也不宜用液压保护方法。因此回转机构多采用机械方法保护，通常在涡轮减速器内用弹簧压紧的摩擦片传递动力，当过载时摩擦片打滑而起保护作用。

3. 刮　刀

各种平地机的刮刀都基本相似，它包括刀身和切削刃两部分。刀身为一块钢板制成的长方形曲面弧形板，在其下缘和两端用螺栓装有切削刀片。刀片采用特殊的耐磨抗冲击高合金钢制成。刀片为矩形，一般有 2～3 片，其切削刃是上下对称的，因此刀口磨钝或磨损后可上下换边或左右对换使用。为了提高刮刀抗扭抗弯刚度和强度，在刀身的背面焊有加固横条，在某些平地机上，此加固横条就是上下两条供铲刀伸缩时使用的滑轨。平地机刮刀与推土机铲刀相比，刀身长而矮，适合于刮土量较小而平整度高的作业要求。弧形板曲率半径小，便于土屑前翻而不至于越过刮刀洒落到刮刀后面。

刮刀相对于回转中心侧移是平地机作业中最常用的操作之一，目前生产的平地机基本上都采用了油缸控制刮刀侧移。为了扩大刮刀侧移的范围，刮刀体上一般都有两个以上油缸铰

点，根据作业时的需要随时调换。

平地机刮土作业时，应根据土壤性质和切削阻力大小适时调整刮刀切削角。

刮刀切削角的调整有两种方式：人工调整（如图 2-3-21（a）所示）和液压缸调整（如图2-3-21（b）所示）。油缸体铰接在回转圈两侧，缸杆头部与角位器铰接，当松开紧固螺母后，操纵油缸伸缩，即可使角位器绕下铰点转动，使切削角改变，调好后人工将紧固螺母锁紧。人工调节方式目前仍比较多，尤其在中小型平地机上。不论采用哪种方式调整切削角，调整后都必须将紧固螺母锁紧。

为了拓宽平地机的作业范围，可在刮刀的一侧安装刀片，用于开挖、安装路缘石矩形沟或小排水沟等。根据刀的回转角决定挖出的土堆放在沟的左侧或右侧。如图 2-3-22 所示为路缘石沟铲刀的结构。挖沟刀片用埋头螺栓固装在平地机刮刀的一侧端部，刀片的正面形状和尺寸根据缘石沟的断面形状和尺寸来确定。

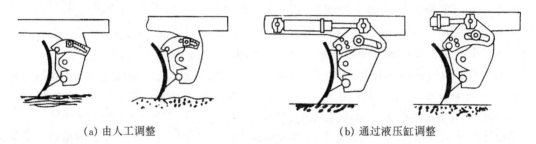

(a) 由人工调整　　　　　　　　　　　　(b) 通过液压缸调整

图 2-3-21　平地机铲刀切削角调整方式示意图

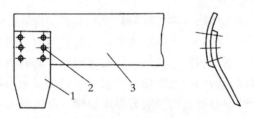

图 2-3-22　平地机路缘石沟铲刀结构示意图

1—挖沟刀片；2—螺栓；3—刮刀

二、松土工作装置

松土工作装置主要用于疏松比较坚硬的土壤。对于不能用刮刀直接切削的地面，可先用松土装置疏松，然后再用刮刀切削。松土工作装置按作业负荷程度分为耙土器和松土器。由于负荷大小不同，松土器和耙土器在平地机上安装的位置是有差别的。耙土器负荷比较小，一般采用前置布置方式，即布置在刮刀和前轮之间。松土器负荷较大，采用后置布置方式，布置在平地机尾部，安装位置离驱动轮近，车架刚度大，允许进行重负荷松土作业。

耙土器齿多而密，每个齿上的负荷比较小，适用于不太硬的土质。可用来疏松、破碎土块，也可用于清除杂草。耙过后的土块度较小，疏松效果好。

耙土器的结构如图 2-3-23 所示。通过两个弯臂头部铰接在机架前部的两侧。耙齿插入耙子架内，用齿楔楔紧。耙齿用高锰钢铸成，经淬火处理，有较高的强度和耐磨性，耙齿磨损后可往下调整，调量为 6cm。伸缩杆可用来调整耙子的上下作业范围，摇臂机构有三个臂：两侧的两个臂与伸缩杆铰接，中间的臂（位于机架正中）与油缸铰接，油缸为单缸，作业时油缸推动摇臂机构，通过伸缩杆推动耙齿入土。这样，作业时的阻力通过弯臂和油缸就作用于机架弓形梁上，使弓形机架处于不利的受力状况，所以在这个位置一般不宜设重负荷作业的松土器。

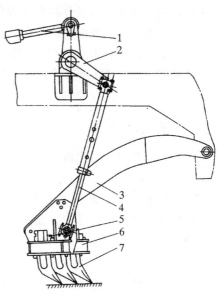

松土器一般适用于土质较硬的情况，也可破碎路面或疏松凿裂坚硬的土质。由于受到机械牵引力的限制，松土器的齿数较少，但每个齿的承载能力大。松土器安装在平地机的尾部，一般为松土、耙土两用。通常松土器上留有较多的松土齿，以正常作业速度下车轮不打滑为限；在疏松不太硬的土壤时，可插入较多的松土齿，这时，就相当于耙土器。

松土器有双连杆式和单连杆式两种，如图 2-3-24所示。双连杆式近似于平行四边形机构。这种结构的优点是松土齿在不同的切土深度下松土角基本不

图 2-3-23　平地机耙土装置结构示意图

1—耙子收放油缸；2—摇臂机构；3—弯臂；
4—伸缩杆；5—齿楔；6—耙子架；7—耙齿

变，这对松土有利。另外，双连杆同时承载，改善了松土器架的受力状态。单连杆式松土器由于其连杆长度有限，松土齿在不同的入土深度下的松土角变化较大，但结构简单。

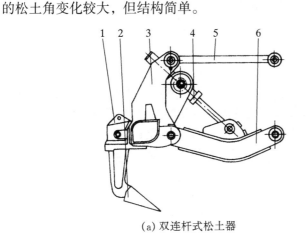

（a）双连杆式松土器

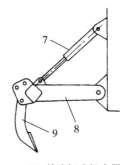

（b）单连杆式松土器

图 2-3-24　平地机松土器的结构形式简图

1—松土齿臂；2—齿套；3—松土器架；4—控制油缸；5，6，8—松土器连杆；
7—升降油缸；9—松土齿

松土器的松土角一般为 $40° \sim 50°$，松土器作业时松土齿受到两个方向力的作用，即水平方向的切向阻力和垂直于地面方向的法向阻力。由于松土角所致，法向阻力一般为向下，这个力使平地机对地面的压力增大，使后轮减少打滑，增大了牵引力。

如图 2-3-24（a）所示的松土器，在 CAT 公司的 C 系列平地机上被采用，松土器连杆 5 和 6 右端铰接在平地机尾部的连接板上，左端与松土器架铰接。控制油缸的缸体铰接在松土器架上。松土器架的截面为箱形结构，箱形架的后面焊有松土齿座，松土齿插入松土座内用销

子定位，松土齿的头部装有齿套。齿套用高耐磨耐冲击材料制成，经淬火处理，齿套磨损后可以更换，使松土齿免受磨损。作业时，控制油缸收缩，松土齿在松土架带动下插入土内。

　　松土器有轻型和重型两种。图中所示为重型作业用松土器，共有 7 个松土齿安装位置，一般作业时只选装 3 个或 5 个齿。轻型松土器可安装 5 个松土齿和 9 个耙土齿，耙土齿的尺寸比松土齿小，因而作业时阻力也小，作业时可根据需要选用安装作业耙齿。

三、推土工作装置

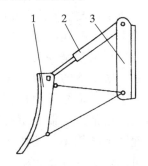

图 2-3-25　平地机上的推土装置
1—推土铲刀；2—升降油缸；3—支架

　　推土工作装置是平地机主要的辅助作业装置之一，装在车架前端的顶推板上。推土铲刀的宽度应大于前轮外侧宽度。铲刀体多为箱形截面，有较好的抗扭刚度。铲刀的升降机构有单连杆式和双连杆式。双连杆式机构为近似平行四边形机构，铲刀升降时铲土角基本保持不变；单连杆式结构较简单。由于平地机上装置的推土铲不同于推土机上的，它主要是完成一些辅助性作业，一般不进行大切削深度的推土作业。因此，单连杆机构可以满足平地机推土铲作业的需要，图 2-3-25 所示为平地机上的单连杆推土工作装置。

　　推土铲主要用来切削较硬一些的土壤、填沟以及铲刀无法到达的边角地带的铲平作业。

第四节　平地机操纵与控制系统

一、转向操纵系统

　　平地机一般采用液压转向系统以减轻驾驶员的劳动强度。转向系统可分为全液压转向系统和液压助力转向系统。全液压转向系统偏转车轮的力完全是液压力，这种转向系统操纵轻便省力，便于布置，在转向车轮远离驾驶室的情况更能显示其优越性，这特别适合于平地机的结构特点。液压助力转向系统，在液压系统工作正常情况下，偏转车轮的力来自液压力；当液压系统出现故障时，也可以靠驾驶员操纵方向盘，通过机械传动的方式直接用人力使车轮偏转，只不过驾驶员的劳动强度加大了。目前的平地机较广泛地采用全液压转向，但也仍有不少在使用液压助力型转向系统。下面分别介绍这两种转向系统的结构和工作原理。

　　1. 全液压转向操纵系统

　　全液压转向系统由方向盘直接驱动 Orbitrol 转向器实现液压动力转向。该系统由转向器、流量控制阀、转向油缸等组成。Orbitrol 液压转向器结构如图 2-3-26 所示。

　　转向器主要由转向阀和计量马达组合而成。图中隔盘左边的部分是转向阀，其基本元件是阀体、阀芯、阀套。阀体上有 4 个与外管路相连通的进、出油口，图中所示的两个为通向油泵和油箱的进、出油口，另外两个通往转向油缸两腔。阀芯用连接块与方向盘相连接，阀芯、阀套和联轴器用拔销穿在一起，但阀芯上的销孔是个长条形销孔，其他与阀套之间可以有一定量的相对转动。隔盘的右边是个摆线马达，转子与联轴器用花键连接，定子、隔盘和端盖构成工作腔。当压力油进入液压马达时，推动转子在腔内绕定子公转（即转子中心绕定子的中心线转动），同时转子也自转，带动联轴器和阀套一起转动。

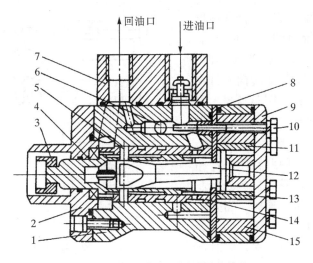

图 2-3-26 Orbitrol 液压转向器结构简图

1—阀体；2—阀盖；3—连接块；4—蝶式定位弹簧；5—拔销；6—单向阀；7—溢流阀；
8—隔盘；9—端盖；10—调节螺栓 11—转子；12—联轴器；13—阀芯；14—阀套；15—定子

当方向盘不动时，阀芯和阀套在蝶式定位弹簧的作用下处于中间位置，压力油进入阀体后将单向阀关闭，而流入阀芯与阀套上两排互相重合的小孔进入阀芯内腔，然后再经蝶式定位弹簧的长孔通过回油口流回油箱。此时油缸和计量马达的两腔都处于封闭状态，车轮保持现有的偏转角行驶，地面作用于车轮的力也传不到方向盘上。

当转动方向盘时，通过连接块带动阀芯转动，使之与阀套之间产生相对转角位移。当转过 2°左右时，经阀芯、阀套、阀体和隔盘通往马达的油路开始接通，当转过 7°左右时油路完全接通，并使原来的回路完全关闭，马达进入全流量运转。按照方向盘转动方向的不同，压力油驱动转子正转或反转，使压力油进入转向油缸的左腔或右腔推动前轮偏转，使平地机左转弯或右转弯。与此同时转子也通过联轴器、拔销拨动阀套产生随动，使阀套与阀芯的相对角位移消失（又回到原来的中位），液压马达的油路重新被封闭，压力油经阀直接回油箱。若继续转动方向盘产生角位移，则又重复上述过程。简单地说，即只要阀芯与阀套有 2°～7°的相对转动，油路即接通，压力油经计量马达进入转向油缸推动车轮转向，而油流通过马达的同时又推动马达，使阀芯与阀套的相对角位移减小，直到完全消除，实现反馈。因此，方向盘的转角大小总是与马达的转动角、流量和油缸的行程成一定比例的。

当司机转动方向盘的速度小于供油流量所对应的转子自转速度时，轮子的转向阻力基本上由液压动力克服，液压马达只作为流量计量器使用，所需操纵力很小。

当发动机熄火或油泵出现故障（供油停止）而不能实现动力转向时，转动方向盘带动阀芯、拔销、联轴器、转子转动，这时液压马达变成了手摇泵，单向阀在真空作用下打开，将转向油缸一腔里的油吸入泵内并压入另一腔，驱动转向轮转向，此时需要较大的操纵力。

2. 液压助力转向操纵系统

液压助力型转向系统的基本原理是采用可自动调节的随动系统，驾驶员只需很小的操纵力和一般的操纵速度来控制元件，而克服转向阻力矩的能量由液压动力提供，减小了司机的操作强度。图 2-3-27 为液压助力转向操纵系统的原理图。

转向器由方向盘、转向蜗杆和扇形
涡轮组成。助力系统由油泵、安全阀、
分配阀、助力油缸等组成。当转向时，
例如方向盘顺时针转动时，转向蜗杆在
方向盘带动下转动，并试图驱动扇形涡
轮及转向臂顺时针转动，但由于转向阻
力和助力油缸（大小腔封闭）的限制，
使扇形涡轮不能转动，因此转向蜗杆和
分配阀的阀芯被迫向右移动使阀处于左
位。分配阀是一个三位四通阀，当处于
左位时，油泵的压力油经阀进入助力油
缸的大腔，推动摇臂和扇形涡轮顺时针
转动，从而通过连杆机构驱动转向车轮
偏摆。

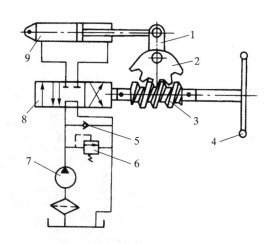

图2-3-27　　液压助力转向系统原理图

1—转向摇臂；2—扇形涡轮；3—转向蜗杆；4—方向盘；
5—单向阀；6—安全阀；7—油泵；8—分配阀；9—助力油缸

　　扇形涡轮转动的同时，带动转向螺杆和分配阀阀芯左移，又使分配阀回到中位，由泵流
向油缸的压力油被切断返回油箱，这样就构成了一个反馈过程。转动方向盘实际上是通过涡
轮蜗杆机构推动阀芯的运动，而阀芯的运动使油路导通，推动助力油缸运动，但油缸运动反
过来又使阀回到原位。运动过程是互相连动的，称之为随动系统。

　　转向摇臂的转动角与方向盘的转动角成比例（即蜗杆涡轮传动比），也就是方向盘转角
与转向车轮转角成比例。在正常情况下，操纵力实际用于克服阀芯运动阻力和涡轮蜗杆之间
的摩擦力。为了减少操纵力，转向器多采用循环球式（如日本小松制作所的平地机），国产
PY-160型平地机则采用双销式转向器。

　　这种液压助力转向系统的特点是工作比较可靠，当液压系统出现故障，或发动机停转时
仍可由人力转向。人力转向时分配阀被推动处于左位或右位，油缸的两腔经过单向阀导通，
此时为完全的机械传动转向操纵。操纵力除了克服偏转车轮阻力外还要推动油缸内的活塞运
动，所以操纵比较费力。与全液压转向相比，它从方向盘到转向前轮完全是机械连接，因此
可靠度较高。而全液压转向系统当出现油路故障（如油路软管爆裂）时会出现转向失控现
象，转向系统也较复杂。然而，尽管如此，由于平地机机身长，全液压转向系统因布置较方
便，所以仍较广泛地被采用。

二、工作装置操纵系统

　　对平地机操纵系统的要求主要是操纵控制精度和动作响应速度，这与一些其他机械如挖
掘机、装载机等有所不同。因此，对液压系统的主要要求是平稳的流速和较大的流量。平稳
的流速有利于司机掌握扳动手柄的时间与执行元件的移动距离之间的稳定比例关系，使操纵
有较好的可预测性，便于操作精度控制。大的流量可以提高元件的执行速度，使动作响应及
时。此外，还须考虑能量损失要小，能实现复合动作。要同时满足上述要求是不容易的。

　　平地机工作装置的液压操纵系统目前主要有以下几种类型。

　　① 按泵的类型分为定量系统和变量系统；

　　② 按泵的个数（指主要工作泵）有单泵和双泵系统，一般双泵用于双回路；

③ 按回路分为单回路和双回路；

④ 按工作装置液压系统与转向液压系统的关系分为独立式和混合式。

下面以 PY-180 型平地机为例，介绍平地机的液压控制系统。

图 2-3-27 所示为其液压系统工作原理图，图中包括工作装置液压系统、转向液压系统和制动液压系统。

1. PY-180 型平地机工作装置液压系统

PY-180 型平地机工作装置液压系统如图 2-3-28 所示。

工作装置液压系统由高压双联齿轮泵、手动操纵阀组 19 和 20、单/双油路转换阀总成、补油阀、限压阀、双向液压锁、单向节流阀、蓄能器、进排气阀、压力油箱、左（右）刮刀升降油缸 7 和 8、刮刀摆动油缸、刮刀引出油缸、铲土角变换油缸、前推土板升降油缸、后松土器升降油缸、刮刀回转液压马达等液压元件组成。

在工作装置液压系统中，双联泵中的泵 II 可通过多路操纵阀组 18 给前推土板升降油缸、刮刀回转液压马达、前轮倾斜油缸、刮刀侧伸油缸和右刮刀升降油缸提供压力油。泵 I 可向制动单回路液压系统提供压力油。当两个蓄能器的油压达到 15MPa 时，限压阀将自动中断制动系统的油路，同时接通连接多路操纵阀组 19 的油路，并可通过多路操纵阀组 19 分别向后松土器升降油缸、刮刀铲土角变换油缸、铰接转向油缸、刮刀引出油缸和刮刀左升降油缸提供压力油。和泵 II 分别向两个独立的工作装置液压回路供油，两液压回路的流量相同。当泵 I 和泵 II 两个液压回路的多路操纵阀组都处于"中位"位置时，则两回路的油流将通过单/双油路转换阀总成中与之对应的溢流阀，并经滤清器直接卸荷回封闭式的压力油箱。此时，多路操纵阀组 19 和 20 中的各工作装置换向阀的常通油口均通油箱，所对应的工作装置液压油缸和液压马达均处于液压闭锁状态。

PY-180 型平地机工作装置的液压油缸和液压马达均为双作用液压油缸和双作用液压马达。当操纵其中一个或几个手动换向阀进入左位或右位时，压力油将进入相应的液压油缸工作腔，相关的工作装置即开始按预定要求动作；其他处于"中立"位置的换向阀全部油口被闭锁，与之相应的工作装置液压油缸或液压马达仍处于液压闭锁状态。

任何一个工作液压油缸或液压马达进入左位或右位工作状态时，在所对应的液压回路（泵 I 工作回路或泵 II 工作回路）中，因单/双油路转换阀总成内分别设有流量控制阀，可使工作液压油缸或液压马达的运动速度基本保持稳定，用以提高平地机工作装置运动的平稳性。

当系统超载时，双回路均可通过设在单/双油路转换阀总成内的安全阀开启卸荷，保证系统安全（系统安全压力为 13MPa）。因刮刀回转液压马达和前推土板升降液压油缸工作时所耗用的功率较其他工作油缸大，故在泵 II 液压回路中，单独增设了一个刮刀回转和前推土板升降油路的安全阀，其系统安全压力为 18MPa。

当油路转换总成处于液压系统图示位置时，泵 I 和泵 II 所形成的双回路可分别独立工作，平地机的工作装置可通过操纵对应的手动换向阀，改变和调整其工作位置。

双回路液压系统可以同时工作，也可单独工作。调节刮刀升降位置时，则应采用双回路同时工作，这样可以保证左右刮刀升降油缸同步移动，提高工作效率。

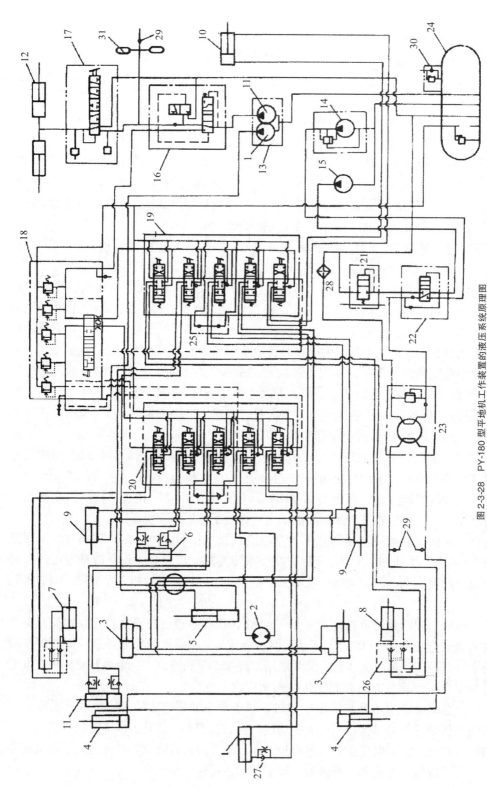

图 2-3-28　PY-180 型平地机工作装置的液压系统原理图

1—前推土板升降油缸；2—刮刀回转液压马达；3—铲土角变换油缸；4—前轮转向油缸；5—刮刀引出油缸；6—刮刀摆动油缸；7，8—左、右升降油缸；9—铰接转向油缸；10—后松土器升降油缸；11—前轮倾斜油缸；12—制动分缸；13—双联齿轮泵（Ⅰ，Ⅱ）；14—转向泵；15—紧急转向泵；16—限压阀；17—压力油箱；18—单／双油路转换阀总成；19—多路转换阀总成；20—单／双油路操纵阀（上）；21—旁通溢流阀；22—转向阀；23—液压转向器；24—补油阀；25—压力油箱；26—双向液压锁；27—单向节流阀；28—冷却阀；29—微型测量接头；30—进排气阀；31—蓄能器

　　为了提高工作装置的运动速度，可将油路转换总成置于左位工作，此时，可将泵Ⅰ和泵Ⅱ双液压回路合并为一个回路，也称合流回路。系统合流后，流量提高 1 倍，工作装置的运动速度也可提高 1 倍，进一步缩短了平地机的辅助工作时间，有利于提高平地机的生产率。

　　在刮刀左右升降油缸上设有双向液压锁，可以防止牵引架后端悬挂质量和地面反作用垂直载荷冲击引起闭锁油缸产生位移。

　　为实现前推土板平稳下降和刮刀左右平稳摆动，在前推土板油缸 1 的下腔（有杆腔）和刮刀摆动油缸的上下腔均设有单向节流阀，控制回油速度，确保推土板和刮刀双向运动无惯性冲击。

　　在前轮倾斜油缸的两腔设有两个单向节流阀，可实现前轮平稳倾斜。为防止前轮倾斜失稳，在前轮倾斜换向操纵阀上还设有两个单向补油阀，当倾斜油缸供油不足时，可通过单向补油阀从压力油箱中补充供油，以防气蚀造成前轮抖动，确保平地机行驶和转向的安全。

　　为满足左右铰接转向油缸对铰接转向和前后机架定位的要求，在铰接转向换向操纵阀的回油道上设有补油阀，当系统供油不足时直接从压力油箱中补油，可实现平地机稳定铰接转向和可靠定位。

　　在平地机各种工作装置的并联液压回路中，由于刮刀左右升降油缸的两端均装有双向液压锁，故刮刀升降油缸进油腔的液压油在油缸活塞到达极限位置时，不可能倒流回油箱。其他工作装置油缸和铲刀回转油马达均未设置双向液压锁。为防止各工作装置液压油缸或液压马达进油腔的液压油出现倒流现象，同时避免换向阀进入"中位"时发生油液倒流，故在后松土器、刮刀铲土角变换、铰接转向、刮刀引出、前推土板、刮刀摆动、前轮倾斜和刮刀回转诸回路中，各封闭式换向操纵阀的进油口均设有单向阀。

　　PY-180 型平地机的液压油箱为封闭压力油箱。压力油箱上装有进排气阀，可控制油箱内的压力保持在 0.07MPa 的低压状态下工作，有助于工作装置油泵和转向油泵正常吸油。进排气阀还可根据压力油箱压力的变化适时进入空气，或排出多余气体。封闭式压力油箱可防止气蚀现象的发生，防止液压油污染，减少液压系统故障，延长液压元件使用寿命。

　　2. PY-180 型平地机转向液压系统

　　PY-180 型平地机的转向液压系统由转向泵、紧急转向泵、转向阀、液压转向器、前轮转向油缸、冷却器、旁通指示阀和封闭式压力油箱等主要液压元件组成。

　　平地机转向时，由转向泵提供的压力油经流量控制阀和转向阀，以稳定的流量进入液压转向器，然后进入前桥左右转向油缸的反向工作腔，推动左右前轮的转向节臂，偏转车轮，实现左右转向。左右转向节用横拉杆连接，形成前桥转向梯形，可近似满足转向时前轮纯滚动对左右偏转角的要求。

　　转向器安全阀（在液压转向器内），可保护转向液压系统的安全。当系统过载（系统油压超过 15MPa）时，安全阀即开启卸荷。

　　当转向泵出现故障无法提供压力油时，转向阀则自动接通紧急转向泵，由紧急转向泵提供的压力油即可进入前轮转向系统，确保转向系统正常工作。紧急转向泵由变速箱输出轴驱动，只要平地机处于行驶状态，紧急转向泵即可正常运转。当转向泵或紧急转向泵发生故障时，旁通指示阀接通，监控指示灯即显示信号，用以提醒操作人员。

三、自动调平装置

现代较为先进的平地机上安装有自动调平装置。平地机上应用的自动调平装置是按照施工人员给定的要求，如斜度、坡度等，预设基准，机器按照给定的基准自动地调节铲刀作业参数。采用自动调平装置，除了能大大地减轻司机作业的疲劳外，还具有很好的施工质量和经济效益。由于作业精度高，使作业循环次数减少，节省了作业时间，从而降低了机械使用费用。又由于路面的铲平精度或物料铺平的精度提高，因而物料的分布比较均匀，可以节省铺路材料，提高铺设质量。

自动调平系统有电子型和激光型两种，一般都由专门的生产厂家生产，只有一些较大的工程机械制造公司（例如美国的 CAT 公司和日本的小松制作所）由自己设计制造，专门为自己的设备配套。

1. 电子调平装置

目前国外各公司使用的电子调平装置在结构、原理上都大体相同，仅在一些具体的技术细节处理上有所不同。下面以美国的 Sundstrand-Sauer 公司生产的 ABS1000 自动调平系统为例介绍系统的结构原理。

如图 2-3-29 所示，该系统由四部分组成：控制箱、横向斜度控制装置、纵向刮平控制装置、液压伺服装置。

控制箱装在驾驶室内，接收并传出各种信号。控制箱的体积不大，上面装有各种功能的旋钮、仪表灯和指示灯。司机可以通过控制箱上的旋钮来设置铲平高度和铲刀横向坡度。控制箱上的仪表可以连续地显示出实际作业中的刮平高度和斜度偏差。控制箱上还有开关及状态显示。可随时打开或关闭整个系统，很容易地实现手工操作和自动操作的转换。

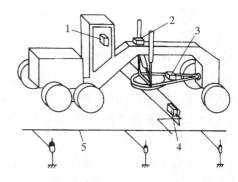

图 2-3-29　平地机自动调平装置示意图
1—控制箱；2—液压伺服装置；3—横向斜度控制装置；4—纵向铲平控制装置；5—基准线

横向斜度控制装置安装在牵引架上。它由斜度传感器和反馈转换器等元件组成的回路控制，同时用一个单独的机械系统来补偿（校验）回转圈转角和纵向倾斜引起的横向误差。整个系统就像一个自动水平仪，连续不断地检测刮刀横向坡度。当驾驶员在控制箱上设置了斜度值后，如果实际测得的刮刀横向斜度与设置的斜度不同，立即通过信号传到液压伺服装置，控制升降油缸调节刮刀至合适的斜度。

纵向铲平控制装置安装在铲刀一端的背面，用于检测刮刀的一端在垂直方向上与铲平基准的偏差。其工作原理与横向斜度控制装置相似，它包括一个铲平传感器（即旋转式电位器，并配有专用的减振装置），高度调节器以及基准线或轮式随动装置等附件。

图 2-3-30 所示为轮式随动装置的刮平控制装置。方形连接套装在刮刀一侧的背面，连接整个装置的方形杆可插入套内，然后固定住。整个装置可以从刮刀的一端换到另一端，拆装很容易。工作时，轮子在基准路面上被刮刀拖着滚动，轮子相对于刮刀上下跳动量直接传给铲平传感器上的摆杆，使之绕摆轴转动，转动角由传感器测得。转动角的大小反映了刮刀高度的变化。如果测得的高度与驾驶员在控制箱上设置的高度存在偏差，通过信号立即传到

液压伺服装置，控制升降油缸调节刮刀高度至设置高度为止。轮式随动装置常用于以比较硬的地面为基准时的作业，如沥青路面等。

当基准路面比较软时，多采用滑靴式随动装置，如图2-3-31所示。滑靴由连杆带动，连杆与刮刀背面的连接块铰接，可相对于刮刀作上下摆动，摆动量通过连杆上的支杆拨动摆杆传给传感器。

当没有可参照的基准路面时，通常要在工作路面的一侧设置基准线。基准线的设置方式如图2-3-32所示。桩杆钉入土内，上面套着横杆，横杆可以在桩杆上下滑动以调节基准线的高度，调好后用螺钉定位。传感器上的摆杆在弹簧拉力作用下抵在基准线的下面。

弹簧的拉力可以起到使补偿基准线下垂的作用。随着摆杆绕传感器轴转动，将跳动量传递到传感器。

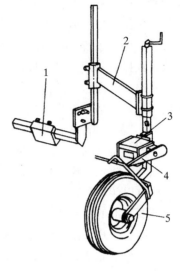

图 2-3-30　轮式随动刮平控制装置简图
1—连接套；2—连接架；3—传感器；
4—摆杆；5—随动轮

液压伺服装置在一个箱内，安装在主机架靠近摆架的位置（如图2-3-29所示）。每个升降油缸都由一组阀（由电磁阀和伺服阀所组成）控制。阀与液压系统的油路相通，直接接受控制信号，以控制两只油缸的升降。两只油缸中，一只跟踪控制纵刮平，控制刮刀设置基准一侧的升降；另一只跟踪横向斜度，控制刮刀另一侧的升降，以保证给定的斜度。基准可以设置在刮刀的左侧，也可以设置在右侧，两只升降油缸的控制转换可以在驾驶室内的控制箱上转动"基准转换旋钮"获得。转换到"人工操纵"方式时，所有的阀关闭，对人工操纵无任何影响。

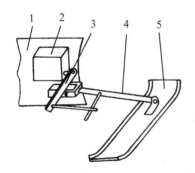

图 2-3-31　滑靴式随动控制装置示意图
1—刮刀；2—传感器；
3—摆杆；4—连杆；5—滑靴

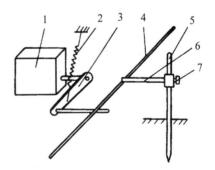

图 2-3-32　基准线控制铲平示意图
1—传感器；2—弹簧；3—摆杆；
4—基准线；5—桩杆；6—横杆；7—螺钉

2. 激光调平装置

激光调平装置是利用激光发射机发出的激光光束作为调平基准，以控制刮刀升降油缸自动地调节刮刀位置。激光发射机安装在一个支架上，一般为三角架。发射机在发出激光束的同时，以一定的速度旋转，形成一个激光基准面。随着范围的扩大，激光束渐渐扩散，一般有效范围的半径为100~200m。在平地机的牵引架上（一侧或两侧）装有支柱，支柱上安装激光接收机，用来检测激光基准面。接收机上装有传感器，能在各个方向检测激光平面。

在驾驶室内有控制箱，驾驶员可以预设刮刀位置。当刮刀实际位置与设置位置发生偏差时，电信号传给液压控制装置以自动矫正刮刀位置。

激光调平系统的特点是在一个大的范围内设置基准，在该范围内工作的平地机都可通过接收装置接收基准信号，进行刮平精度的调整。因此，适用于进行航空机场、运动场、停车场、农田等大面积整地使用，也可用于道路平整施工。激光调平系统有两种：一种是显示加激光调平型，另一种是激光调平与电子调节结合型。下面介绍这两种系统。

（1）显示加激光调平型。

典型的是美国 Spectra-Physics 公司的 Laser-Plane（激光调平）系统。该系统由激光发射机、激光接收机、控制箱、显示器和液压电磁伺服阀所组成。发射机每秒钟旋转 5 次，激光基准面可以倾斜 0% ~ 9% 的坡度，基准面斜度若向纵向和横向分解，可以作为纵向坡度和横向坡度基准的设定值。

显示系统是根据接收机的测量结果，不断地向司机显示刮刀实际位置与所需位置的偏差。司机观察显示器按显示的指示操纵铲刀的升降。显示器可装两个，根据两个接收机的测量结果分别显示刮刀两端的高度；也可以只装一个显示器，显示刮刀一端的情况。

控制箱可以实现"人工控制"与"自动控制"的转换，且有暂停、设置刮刀高度等功能。"自动控制"模式下，利用激光接收机的信号控制液压伺服阀，可自动地将刮刀保持在某个平行于激光束平面的位置上。

（2）激光调平与电子调节结合型。

激光调平与电子调节结合型和电子调平系统的不同之处是，纵向刮平以激光束为基准，而电子调平系统中纵向刮平是以基准绳或者符合要求的路面为基准。典型的是日本小松制作所生产的平地机上采用的自动找平系统。该系统的结构如图 2-3-33 所示。

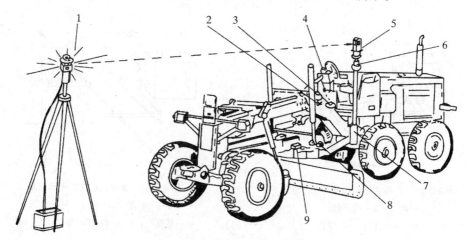

图 2-3-33　激光调平与电子调节结合的调平系统示意图
1—发射机；2—倾斜仪（SLOPE）；3—液压箱；4—控制箱；5—接收机；6—Ⅱ号连接箱；
7—Ⅰ号连接箱；8—倾斜仪；9—旋转传感器

刮刀纵向刮平采用激光调平方式控制，而斜度控制采用倾斜仪测量控制。这样激光接收机只需安装一个，装在纵向刮平控制一侧的牵引架上，以激光束为基准调节这一侧刮刀的高度。倾斜仪装在牵引架上，可以检测刮刀的横向斜度，按照设置的斜度要求控制另一侧升降油缸。控制箱装在驾驶室内，刮刀高度和倾斜度均在控制箱上设置，可以实现"自动控制"和"人工控制"的相互转换。此外还有一个优先设计，即当自动调节作业时，如果刮刀的负荷过大，则可用手动优先操纵各操纵杆。

倾斜仪（TILT）装在牵引架上，其功能与电子调平装置相同，用来检测刮刀横向倾斜度。倾斜仪（SLOPE）和旋转传感器用来补偿由于机体纵向倾斜和刮刀回转一定角度而造成的横向斜度测量误差。当刮刀的回转角为 0° 时，则可不必使用这两个装置。

思考与习题

1. 画图说明下列各题。

① 试述 PY-180 型平地机传动系统的组成特点及工作过程。

② 试述平地机无滑转式差速器的组成及工作原理。

③ 试述六轮式平地机前轮和后轮的组成特点。

④ 为适应作业要求，平地机后桥传动有何特点？

⑤ 试述现代平地机转向系统结构特点。

⑥ 试诊断和排除平地机下列机械故障现象：

● 工作时，一挡工作不良；

● 平地机转向操纵困难；

● 工作时，平衡箱出现"异响"；

● 新进的平地机工作时，出现"跑偏"现象；

● 具有非刚性差速锁的差速器，操纵液压控制阀时，车轮依旧打滑。

2. 试述平地机工作装置的具体结构及工作过程。

3. 试述平地机松土装置类型及组成。

4. 画图说明下列各题。

① 试述 "Orbitrol" 转向器的组成及工作原理。

② 试述平地机液压助力式转向器组成特点及工作过程。

③ 试正确分析 PY-180 型平地机液压操纵系统原理图。

5. 试分析平地机下列故障现象。

① 刮刀自然落下。

② 全液压转向器失灵或工作不良。

③ 刮刀回转不良。

④ PY-180 型平地机在工作中，出现以下故障：

● 刮刀速度缓慢；

● 回转动作不灵敏；

● 斜坡作业前轮不稳；

● 转向抖动；

● 整平精度较差；

● 转向不灵敏；

● 刮刀侧伸不灵敏；

● 液压油寿命缩短。

6. 画图说明下列各题。

① 现代平地机上为何安装自动调平装置?

② 电子调平式平地机控制装置组成特点及工作原理如何?

③ 试述单一激光型平地机控制装置组成特点。

④ 激光型-电子调节型平地机控制装置构造特点如何?

⑤ 以电子调平式型平地机控制装置为例，说明各个部件作用、位置及工作特点。

第四章　铲　运　机

第一节　概　述

一、用　途

铲运机兼有铲装、运输、铺卸土方的功能，铺卸厚度能够控制，可用于大规模的土方调配和平土作业。此外，铲运机在松软的土方铺层上行驶，对铺层有一定的压实作用。铲运机可自行铲装Ⅰ～Ⅲ级土壤，但不宜在混有大石块和树桩的土壤中作业。在Ⅳ级土壤和冻土中作业时要用松土机预先松土。铲运机是一种适合中距离铲土运输的施工机械。根据机型的不同，其经济运距范围较大，100～2000m 的运距都可以选用铲运机进行铲土运输作业。由于铲运机一机就能实现铲装、运输，并且还能以一定的层厚进行均匀铺卸，比其他铲土机械配合运输车作业具有较高的生产效率和经济性，在大型挖、填方基本平衡的土方工程中使用有明显优势。

铲运机在建筑工程中，广泛用于公路、铁路、港口及建筑施工等的土方作业，如平整土地、修筑道路、搬运土方等；在水利工程中，开挖河道、渠道，填筑土坝、土堤和兴修水库等；在农田基本建设中，进行土地粗平，铲除土丘、填平洼地和集中表土、还原表土而修筑梯田等；在矿山的露天采矿中，铲运机可进行剥离、回填和分层采掘等。此外，铲运机在石油开发、军事工程等领域也获得了广泛的应用。

二、分　类

铲运机一般按铲装方式、斗容、行走方式和卸土方式等特点来分类。各种类型铲运机如图 2-4-1 所示。

1. 按铲装方式分类

① 开斗铲装式（见图 2-4-1(a)～(e)）。

② 链板升运式（见图 2-4-1(f)(g)）。

开斗铲装式铲运机靠牵引车的牵引力使带切削刀刃的铲斗切入土中，在行进中将土屑装入斗中，其铲装阻力较大；链板升运式则是利用安装在铲斗前的链板机构将土屑刮入斗中，减小了铲装阻力，不用助铲。

2. 按铲斗容量分类

① 小型，斗容小于 $5m^3$。

② 中型，斗容为 $5m^3$～$15m^3$。

③ 大型，斗容为 $15m^3$～$30m^3$。

④ 特大型，斗容大于 $30m^3$。

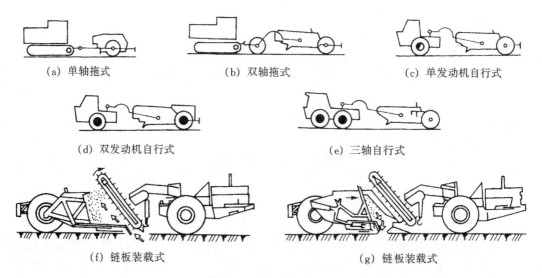

（a）单轴拖式　　　　　　　（b）双轴拖式　　　　　　　（c）单发动机自行式

（d）双发动机自行式　　　　　　　　　　（e）三轴自行式

（f）链板装载式　　　　　　　　　　　　（g）链板装载式

图 2-4-1　铲运机类型示意图

3. 按行走方式分类

（1）拖式。

拖式铲运机本身没有动力装置，作业时需借助牵引车牵引来进行作业。拖式铲运机按轴数又可分为单轴和双轴式。单轴式铲运机自重和斗中土的重力部分通过牵引装置传至牵引车（如图 2-4-1（a）所示），增大了牵引车的附着重力。双轴拖式铲运机自重和斗中土的重力不传给牵引车（如图 2-4-1（b）所示）。拖式铲运机多为小型机，用于 100～500m 运距的小型施工现场作业经济性较好。

（2）自行式。

自行式铲运机采用专用底盘，本身装备有动力装置。以轮胎式行走装置为主，也有履带式的铲运机。按装备的发动机数可分为单发动机式和双发动机式。单发动机式由一台发动机驱动（如图 2-4-1（c）所示），结构较简单，但在较硬的土壤中铲装作业时往往需要助铲以克服负荷，也可采用两机串联作业，两台铲运机先后为一台机提供铲装牵引力，满载后分别运输、卸载；双发动机式铲运机前后各装备一台发动机（如图 2-4-1（d）所示），相应有两套传动系统，在铲装过程中两台发动机同时工作，全轮驱动以获得较大的牵引力，而在运输工况下一般用一台发动机牵引。这种铲运机的单机作业能力强，铲装时不需助铲。自行式铲运机也有双轴牵引车和单轴牵引车的不同结构形式，以单轴式多见。其外形如图 2-4-2 和图 2-4-3所示。

自行式铲运机可适应 200～2000m 运距作业，其经济运距在 500m 以上。

4. 按卸土方式分类

（1）自落卸土式（如图 2-4-4（a）所示）。

利用铲斗倾翻，斗内土靠本身重力卸出，一般用于小容量铲运机。对黏湿土，由于土壤黏附于半壁和斗底，所以可能难以卸净。

（2）半强制卸土式（如图 2-4-4（b）所示）。

利用铲斗底板（有的和后壁一起）前倾，同时利用土本身重力将土卸出。但这种卸土

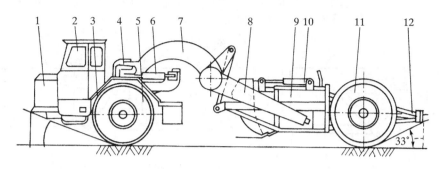

图2-4-2　国产CLZ-9型铲运机外形图

1—发动机；2—驾驶室；3—传动装置；4—中央枢架；5—前轮；6—转向油缸；7—辕架；

8—斗门；9—铲斗；10—斗门油缸；11—后轮；12—尾架

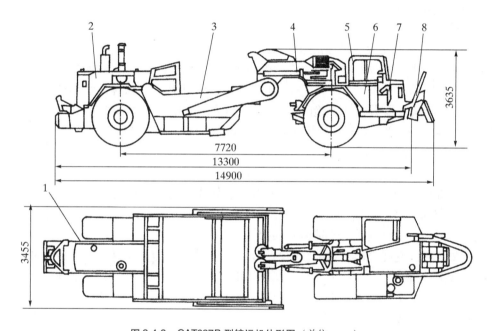

图2-4-3　CAT627B型铲运机外形图（单位：mm）

1—铲运机仪表盘；2—后车发动机；3—铲运斗；4—转向油缸；5—驾驶室；

6—液压油箱；7—牵引发动机；8—推-拉装置

方式仍不能使附着在铲斗两侧壁和斗底上的土卸除干净。

（3）强制卸土式（如图2-4-4（c）所示）。

铲斗的后壁为一块可沿导轨移动的推板，用此推板自后向前强制推出。强制卸土式卸土效果好，但移动后壁所需力很大，功率消耗大。

链板装载式铲运机因前方斜置着链板升运机构，只能从底部卸土，活动的斗底在液压缸的操纵下后移打开，先在重力作用下卸掉一部分土，再将斗后壁向前推，把其余土卸净（如图2-4-1（g）所示）。

现代铲运机工作装置普遍采用液压系统操纵，能使刀刃强制切土，结构简单，操纵轻便灵活。老式的钢丝绳操纵系统已被淘汰。

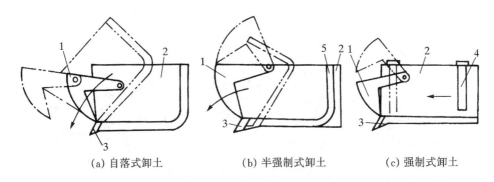

(a) 自落式卸土　　　　　　(b) 半强制式卸土　　　　　(c) 强制式卸土

图2-4-4　各种卸土方式示意图

1—半门；2—铲斗；3—刀片；4—后斗壁；5—斗底后壁

三、发展特点

1. 向大功率、大斗容、高速度方向发展

增大斗容并相应装备大功率发动机是提高铲运机作业效率的关键因素之一。尤其在大型土方工程中，采用大功率、大斗容、高运输速度的铲运机作业，其经济性和作业效率明显提高。从国外铲运机发展看，斗容趋向增大。美国 CAT 公司生产的 666B 型双轴牵引车为动力的铲运机，堆装斗容为 $41.3m^3$，由总功率 698kW 的双发动机驱动，充分显示了该机功率大、斗容大的特点。

提高运输速度是提高铲运机作业效率的另一重要措施。美国、日本、俄罗斯等国生产的自行式铲运机 90% 以上的行驶速度超过 40km/h。轮式铲运机的经济运土距离是同类型履带铲运机的 3~5 倍。当功率相同时，轮式铲运机的生产率为履带式的 1.8~2.5 倍，挖运 $1m^3$ 土的成本，轮式铲运机较履带式铲运机低 25%~50%。

大型铲运机的发展也还存在一些问题。大型铲运机结构复杂、造价高，使用和维修费用也比中小型铲运机高；在一些中等以下规模的工程中难以体现大型铲运机的效率优势。所以一般的施工企业配备大型铲运机，其利用率势必较低，且运输和贮存机具较为困难，在总体上，其使用经济性较差。

2. 广泛采用液压技术

由于液压元件具有重量轻、操作方便等优点，在铲运机上同样得到广泛应用。除液压操纵系统外，传动系由机械传动向液力-机械式和全液压传动方向发展。悬挂装置采用液压减振措施，以降低高速行驶时的冲击震动。

采用全液压传动底盘的工程机械多数用提高系统工作压力的方法来提高液压传动的总效率，减少单位金属消耗量。全液压传动采用变量调节闭式液压系统，而不用节流调速，免去了节流损失。采用组合泵直接与发动机连接，省去了驱动多个单泵所需的中间齿轮传动。采用先进的制造工艺和新材料，使液压元件的可靠性提高。

3. 广泛采用新技术、新结构、新材料

近年来，国外铲运机新技术、新结构的研究有所发展，主要体现在以下几个方面。

① 采用爆破的方法破碎、剥离土壤，减轻铲运机的铲装阻力，从而提高铲装效率。

② 采用曲柄连杆机构联接的活动式刀刃，以液压马达为动力使刀刃在铲装时来回摆动而更有效地克服铲装阻力，提高铲斗充满程度。这种装置很适合用于铲装重黏土。这种结构

已应用于俄罗斯生产的自行式铲运机上。俄罗斯还对双铲刀铲运机斗和后置铲刀及后置链板升运机构的铲斗进行了研究,其试验结果表明,这些结构对降低铲装阻力,减少动力消耗,改善铲斗充盈有明显的效果。

③ 大量使用低合金高强度钢以提高零件的强度,同时减轻机器结构质量;采用复合玻璃钢板制造斗壁以提高其耐磨性和脱土性。

4. 发展特种铲运机

为了开发海底资源,发展水产养殖业,适应低湿、改良沼泽地土壤,国外开发了适应水下作业需要的水陆两用、水下作业铲运机和低接地比压的沼泽型履带式铲运机。

5. 改善机手的操作条件

以人为本,重视改善机手操作条件是近年工程机械设计的一个发展方向。诸如驾驶室安全保护系统,隔噪、减振、空调和防尘设计以及电子故障监测装置在铲运机上也得到了广泛应用。

第二节　铲运机底盘

铲运机作业过程中既有铲装时的低速大负荷工况,又有运输时的高速轻载工况,在一个作业循环里两种工况交替出现。因此,铲运机底盘要同时满足这两方面的要求。本节以轮胎自行式铲运机为主介绍其底盘的组成和主要部件。

一、铲运机传动系

图 2-4-5 所示为国产 CL-9 型铲运机传动系简图。

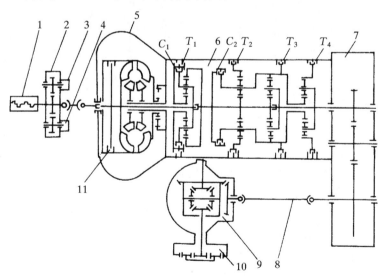

图 2-4-5　CL-9 型铲运机传动系简图

1—发动机;2—动力输出箱;3,4—齿轮油泵;5—液力变矩器;6—变速箱;7—传动箱;8—传动轴;
9—差速器;10—轮边减速器;11—闭锁离合;C_1,C_2—离合器;T_1,T_2,T_3,T_4—制动器

该机装备国产 6120Q 型发动机,额定功率为 117.6kW,采用单轴牵引车的传动系统。

动力由发动机经前传动轴传给动力输出箱，在此，动力分流，一路驱动液压油泵，一路传给双导轮液力变矩器泵轮轴。变矩器涡轮轴输出动力经行星式变速箱、减速箱、后传动轴传输到驱动桥的中央传动输入轴。动力经差速器传给左右半轴，最后通过两边对称的行星式轮边减速机构驱动左右车轮。

CAT627B 型铲运机为双发动机驱动的开斗铲装轮式铲运机。配置两台额定功率为166kW 的 3066 型涡轮增压直喷式柴油机。其传动系分为牵引车（前车）与铲运机（后车）两部分。

两个传动系均为液力机械传动式，采用电-液控制牵引车与铲运机的变速箱同步换挡，整机系统全速同步驱动。

CAT627B 型自行式铲运机前车和后车传动系如图 2-4-6 和图 2-4-7 所示。

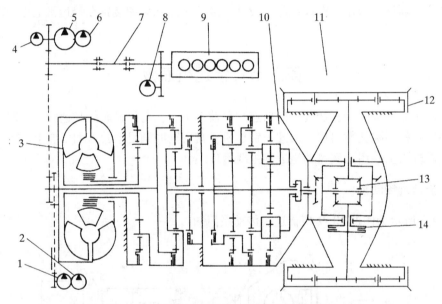

图 2-4-6　CAT627B 型铲运机前车传动系统示意图

1—轮边减速器回油油泵；2—牵引变速箱工作油泵；3—液力变矩器；4—缓冲装置油泵；
5—工作装置油泵；6—转向系统油泵；7—传动轴；8—飞轮室回油泵；9—发动机；
10—变速器；11—轮边减速器；12—轮毂；13—差速器；14—差速锁离合器

前车传动系由发动机输出的动力一部分经齿轮传动带动 6 个工作油泵，包括工作装置操纵系统、缓冲装置和转向操纵系统的液压油泵均由该发动机提供动力。另一路输入液力变矩器和行星变速箱。该变速箱有 8 个前进挡和 1 个倒退挡。倒挡、1 挡和 2 挡为手动换挡，此时动力经变矩器输出，以满足车辆低速大功率变负荷驱动的需要；变速箱在 3 挡～8 挡之间为自动换挡范围，此时动力不经过液力变矩器而直接输入变速箱，以提高传动效率。驱动桥差速器为行星齿轮式，设置了气动差速锁离合器，以备一侧车轮打滑时锁住离合器，使另一侧车轮能发出足够的扭矩。动力经行星式轮边减速后最终传给行走车轮。

后车传动系（如图 2-4-7 所示）中，发动机的动力直接输入到液力变矩器泵轮，而由变矩器涡轮轴分流动力带动两个工作泵。变速箱为 4 个前进挡和 1 个倒退挡的行星变速箱。后车变速箱通过电-液控制系统与前车变速箱同步换挡或保持空挡。铲运机的一个前进挡位对应于牵引车的两个挡位。其他利用液力变矩器在一定范围内可以自动变矩变速的特点，补偿前、后传动比的不同，保证前后传动系统同步驱动。

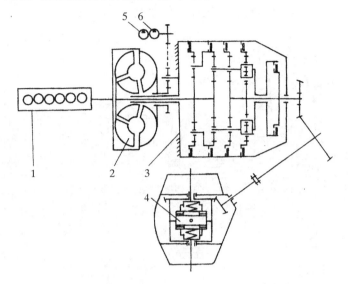

图 2-4-7　CAT627B 型铲运机后车传动系统示意图
1—发动机；2—液力变矩器；3—铲运机变速箱；4—牙嵌式自由轮差速器

后车驱动桥采用牙嵌式自由轮差速器，轮边减速与前车同样采用行星齿轮减速器。

二、铲运机底盘主要部件

1. 液力变矩器

铲运机作业负荷与行驶速度变化范围大。液力变矩器与变速箱的组合有普通的三元件液力变矩器与多挡变速箱组合，如 CAT627B 型铲运机。也有的采用双导轮变矩器配合一个挡位数相对较少的变速箱，如 CLZ-9 型铲运机。

图 2-4-8 所示为 CIZ-9 型铲运机变矩器-变速箱结构图。

该机采用四元件单级三相液力变矩器，具有两个导轮和两个自由轮机构，因而变矩器的特性由两个变矩器特性和一个偶合器特性合成，其原始特性曲线如图 2-4-9 所示。

当铲运机处于重负荷工况下作业时，从涡轮流出的液流进入导轮叶片，液流作用于两个导轮的力矩使两个单相离合器楔紧不转。这时两者的叶片连接起来就如同一个总的严重弯曲的固定导轮叶片，从而保证了变矩器在低传动比情况下冲击损失小，变矩系数高。此时，变矩器工作在特性曲线的 1 区段，变矩系数大且传动效率低。

随着负荷的减小，传动效率急剧上升，当涡轮转速上升到一定程度后，两个固定的导轮将使传动效率趋于下降，此时，液流作用在第一导轮的力矩使其与相联的单向离合器松脱，第一导轮开始自由旋转而不参与变矩，第二导轮受液流力矩作用仍被其单向离合器楔紧不转而起变矩作用，这时的变矩作用小于前者，但效率增大。变矩器工作在特性曲线的 2 区段。

当外负荷进一步降低时，两个导轮的单向离合器均松开而使导轮全部自由旋转，此时变矩器就以偶合器工况工作，其效率随之按线性规律增加，变矩器工作在特性曲线的 3 区段。

该变矩器设置了闭锁离合器 1（如图 2-4-8 所示）。闭锁离合器是一个由液压控制的片状离合器，当变速箱挂高挡，涡轮轴转速提高到一定值时，在闭锁阀的作用下，驱使液压油自动进入活塞式压盘外腔，使离合器接合，从而将涡轮和泵轮联为一体，液力传动变成了机械传动。这种设置使铲运机在高速行驶的工况下传动效率更高。

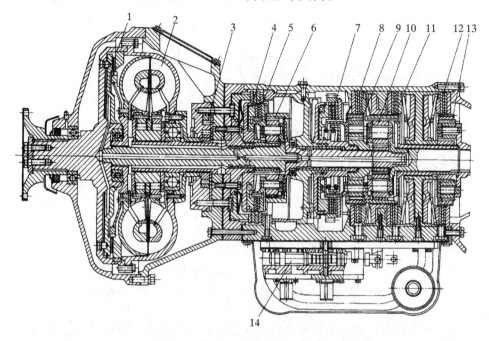

图 2-4-8　CLZ-9 型铲运机变矩器-变速箱结构图

1—闭锁离合器；2—液力变矩器；3—油泵；4—制动器 T_1；5—离合器 C_2；6—行星排 1；7—离合器；
8—制动器 T_2；9—行星排 2；10—行星排 3；11—制动器 T_3；12—制动器 T_4；13—行星排 4；14—换挡操作阀

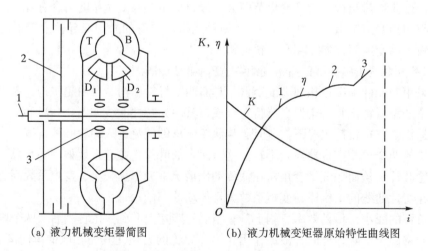

（a）液力机械变矩器简图　　　　　　（b）液力机械变矩器原始特性曲线图

图 2-4-9　CLZ-9 型铲运机变矩器特性曲线示意图

1—输入轴；2—压盘；3—单向离合器

2. 变速箱

（1）CLZ-9 型铲运机变速箱。

CLZ-9 型铲运机变速箱为动力换挡行星齿轮式变速机构，其结构如图 2-4-8 所示，变速箱由前、后两部分串联组成，前变速箱有一个行星排，两个操纵件；后变速箱有三个行星排，四个操纵件。前、后变速箱自由度数均为2，因此各接合一个操纵件可实现一个挡位。本机变速箱共有六挡，四进二退，换挡由液压离合器控制。各挡传动简图如图2-4-10所示。

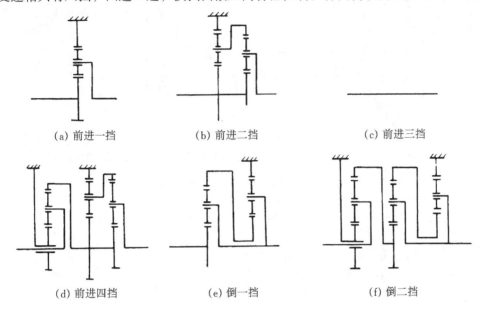

（a）前进一挡　　　　　（b）前进二挡　　　　　（c）前进三挡

（d）前进四挡　　　　　（e）倒一挡　　　　　（f）倒二挡

图2-4-10　CLZ-9型单轴牵引车变速箱各挡传动简图

（2）627B型铲运机变速箱。

627B型铲运机前车采用半自动动力换挡变速箱，有八进一退共九个挡位。后车变速箱传动，共有四进一退五个挡位。利用电-液系统控制前车与后车的变速箱同步换挡。因此该车的机动性能好，工作效率较高。

3. 变速箱液压控制系统

627B型铲运机前车变速箱液压控制系统可分为两部分：一部分是用于实现自动控制；另一部分用于实现变速控制。自动控制部分包括调压阀组、操纵阀组、切断阀组及液压调节器等；手动变速控制部分包括压力控制阀组和变速换挡阀组等。

4. 转向装置及其操纵系统

（1）CLZ-9转向系统。

现代轮胎自行式铲运机多数采用铰接式转向。有带换向阀非随动式和四杆机构随动式两种。CLZ-9采有带换向阀的非随动式铰接转向。转向系统主要由转向器、转向泵、转向阀、滤油器、液压油箱、双作用安全阀、换向阀、液压管路、转向油缸及转向枢架等部件组成。转向系统布置如图2-4-11所示。

转向枢架是连接牵引车和铲斗（后车）的一个牵引铰接装置，起传递牵引力和实现铰接转向的作用，如图2-4-12所示。转向枢架以纵向水平销铰接在牵引车架上，上部以转向立销铲斗的牵引辕架铰接。在辕架的左右耳座和转向枢架的支座上铰接一对转向油缸，通过油缸的推拉使铲斗与牵引车绕立销偏转而实现转向。当铲运机牵引车行驶在不平的地面上时，转向枢架可绕纵向水平销摆动，从而使铲斗随转向枢架一起保持相对平衡。

采用单纵向水平销连接转向枢架的铲运机当牵引车一侧轮胎落入凹坑时，铲运斗通过辕

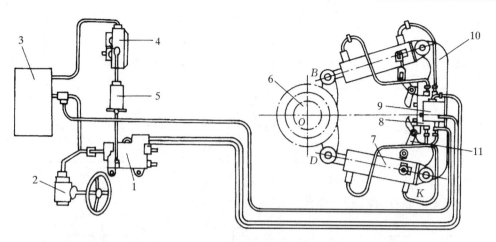

图2-4-11　CLZ-9型铲运机转向系统布置图

1—转向操纵阀；2—转向器；3—油箱；4—转向油泵；5—滤油器；6—辕架牵引座；7—转向油缸；
8—换向阀；9—双作用安全阀；10—牵引车转向枢架；11—换向曲臂

架传到牵引车上的重力作用线偏向凹陷车轮一侧，如图2-4-13（a）所示。这个载荷使低侧车轮受力比水平状态下增大，低侧车轮的变形增加，从而加剧了牵引车朝低侧倾斜。

　　相比之下，WS16S-2型铲运机通过一个独特的梯形机构挂接工作装置，如图2-4-13（b）所示。当牵引车一侧轮胎落入凹坑时，铲运斗通过辕架传到牵引车上的重力作用线远离凹陷车轮一侧，减轻了低侧车轮的载荷，有效地保持了牵引车的平衡。

　　图2-4-14所示为CLZ-9型铲运机的转向操纵液压系统图。

　　图2-4-14中，转向器为球面涡杆滚轮式结构，由方向盘操纵。转向液压泵为转向系统提供工作油

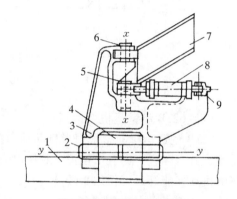

图2-4-12　转向枢架示意图

1—牵引车架；2—纵向水平销；3—转向枢架；
4—牵引车水平销架；5、6—转向销架；7—辕架；
8—转向油缸；9—转向销架油缸支架

压。转向分配阀有三个工作位置，转动方向盘带动转向器通过摇臂和拉杆将分配滑阀的阀芯从阀体中拉出或推入，从而改变操纵转向的压力油流向。油泵输出的液压油通过双作用安全阀、换向阀进入转向液压缸，最终控制辕架相对转向枢架的左右回转达到转向的目的。

　　（2）WS16S-2型铲运机转向机构。

　　WS16S-2型自行式铲运机转向系的转向机构杆系如图2-4-15所示，铲斗绕上下垂直铰销相对于牵引车回转实现铲运机的转向，采用机械反馈随动式动力转向系统，如图2-4-16所示。

　　转向器为循环球齿条齿扇式，其转向垂臂的下端铰接于 AC 上的 B 点。RQ 轴经托架装在牵引车上，其上装有双臂杠杆，而铰点"T"则刚性地装在铲运斗的曲梁上，位置靠近垂直铰销的左侧。当扳动方向盘向左转时，转向垂臂随着摆动（此时转向枢架与铲斗无相对运动，A 无法移动），使 AC 杆以 A 为支点向 C 点移动，经连杆 CD 和转向阀另一支点将转向阀组中的阀杆移到左转供油位置，使压力油进入右转向油缸大腔和左转向油缸小腔，实现铲

运机的左转向，即与铲运斗相连的曲梁绕垂直主销相对于牵引车作顺时针方向转动。此时 T 点拉着 AE 杆作图示方向的移动，B 点因方向盘停止转动而不动。AC 杆以 B 为支点转动，使转向阀杆回到中位，停止向转向油缸供油，铲运机就保持一定的转向位置。如果要继续转向，必须不断地转动方向盘，从而实现机械反馈随动式动力转向。向右转的情况读者可自行分析。

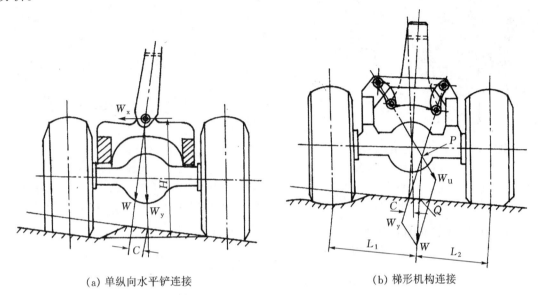

（a）单纵向水平铲连接　　　　　　（b）梯形机构连接

图 2-4-13　铲运斗向牵引车传递载荷示意图

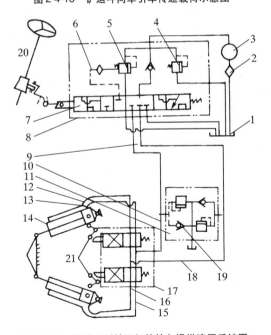

图 2-4-14　CLZ-9 型铲运机的转向操纵液压系统图

1—油箱；2—滤油器；3—油泵；4—溢流阀；5—流量控制阀；6—控制油路；
7—分配阀；8—分配阀组；9，10，12，13，15，16，18—外管路；11—双作用安全阀；
14—转向液压泵；17—换向阀；19—单向阀；20—转向器；21—转向曲臂

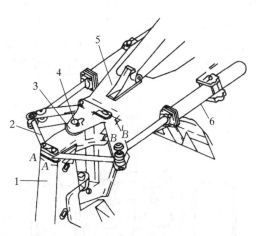

图 2-4-15　WS16S-2 型自行式铲运
机转向机构杆系示意图

1—转向枢架；2—连杆；3—杠杆；4—牵引车与
铲斗之间的垂直铰销；5—辕架；6—左转向油缸

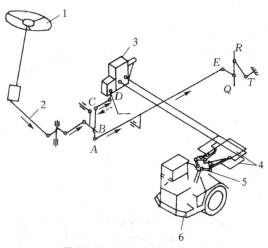

图 2-4-16　WS16S-2 型自行式铲
运机转向系统示意图

1—转向器；2—随动杠杆系；3—转向控制阀组；
4—铲运机；5—油缸六连杆机构；6—牵引车

（3）627B 型铲运机转向系统。

627B 型自行式铲运机转向系为液压反馈随动式动力转向，如图 2-4-17 所示。

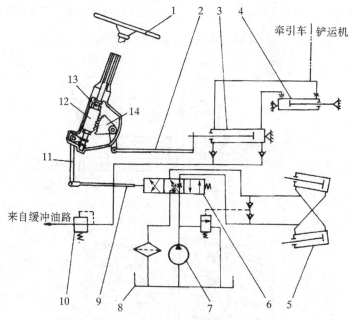

图 2-4-17　627B 型铲运机液压转向系统原理图

1—方向盘；2—扇形齿轮连杆；3—输出随动油缸；4—输入随动油缸；5—转向油缸；6—转向阀；7—转向油泵；
8—液压油缸；9—转向阀连杆；10—补油减压阀；11—转向垂臂；12—齿条螺母；13—转向螺杆；14—扇形齿轮

方向盘轴上有一左旋螺纹的螺杆，装在齿条螺母中，当转动方向盘时，螺杆在齿条螺母中向上或向下移动一距离，螺杆移动带动转向垂臂摆动。由于转向垂臂同转向操纵阀阀杆相连，从而将转向操纵阀阀杆移动到相应的转向位置。转向操纵阀为三位四通阀，有左转、右转和中间三个位置，当方向盘不动时，转向操纵阀处于中间位置。

输入随动油缸的缸体和活塞杆分别铰接于牵引车和铲运机（后车）上，装在转向枢架左侧。输出随动油缸的缸体铰接在牵引车上，活塞杆端通过扇形齿轮连杆与转向器杠杆臂相连。

转向时，输入随动油缸的活塞杆向外拉出或缩回，将其小腔的油液或大腔的油液，压入输出随动油缸的小腔或大腔，迫使输出随动油缸的活塞杆拉着转向器杠杆臂及扇形齿轮转动一角度，从而使与扇形齿轮啮合的齿条螺母及螺杆和转向垂臂回到原位，转向操纵阀阀杆在转向垂臂的带动下回到中间位置，转向停止。因此，方向盘转一角度，牵引车相对铲运机转一角度，以实现随动作用。

来自缓冲油路的压力油经减压阀进入随动油缸以补充其油量。

综合以上三种转向形式可以看出：CLZ-9 型铲运机采用的带换向阀非随动式转向系统由于没有随动作用，操纵比较困难；而 WS16S-2 型铲运机采用的机械式反馈四杆机构随动式转向系统操作性虽然好，但其杆系复杂、铰点过多。627B 型铲运机采用液压式反馈机构随动式转向系统结构质量轻，操作性能好，比机械式反馈更优越。

5. 制动系统

CLZ-9 型铲运机制动系统如图 2-4-18 所示。该系统采用压缩空气制动，由脚踏板操纵，作用于四个车轮轮毂内的车轮制动器上。制动器为蹄片简单非平衡式。

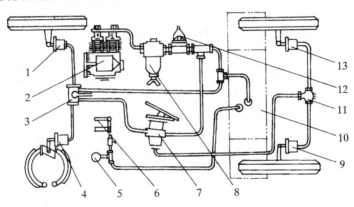

图 2-4-18　CLZ-9 型铲运机制动系统简图

1—前右气室；2—空气压缩机；3—气动转向阀；4—前左气室；5—气压表；6—气喇叭；7—主制动阀；
8—油水分离器；9—后左气室；10—储气筒（铲斗横梁）；11—快速放气阀；12—压力控制器；13—后右气室

发电机带动空气压缩机，被压缩的空气经油水分离器到压力控制器，再进入储气筒。主制动阀与气制动脚踏板相连，当踏下踏板时，贮气筒气体经主制动阀一路直接进入后右气室，一路经气动转向操纵阀进前左右制动气室，将活塞推出。活塞杆推动制动臂，使制动凸轮轴转动。在凸轮的作用下，外涨制动蹄摩擦片，刹住制动鼓。

6. 铲运机悬挂装置

自行式铲运机在铲装作业过程中，需要采用刚性悬架的底盘，使铲运机工作稳定，铲装土壤效率较高，但在运输和回驶过程中，刚性悬挂使得机械的振动较大，限制了运行速度的提高。显然这样会极大地影响到铲运机的生产率，降低其使用寿命，要改用弹性悬挂才能解决问题。

由此可见，自行式铲运机在作业时要求底盘为刚性悬架，高速行驶时要求底盘为弹性悬架。这一矛盾通过采用油气式弹性悬架得以解决，如图2-4-19所示。

WS16S-2 型铲运机的全部车轮都经由油气悬架装置悬挂在车架上。图 2-4-19 所示为牵引车悬架部分原理图，其铲运斗悬架部分与之相仿。

由图 2-4-19 所示，车桥装在悬臂上，悬臂于前端经悬挂油缸与车架连接，后端用一个铰与车架铰接，上端也用一个铰与车架铰接。悬挂油缸的下腔经止回阀与油箱接通，故下腔中的油液没有压力。

WS16S-2 型铲运机为气控液压悬挂，装有悬挂锁定机构，可以方便地将弹性悬挂装置锁住，使机身稳定。例如，在工地用铲运机铲装或刮平地面时，就把弹性悬挂锁住便成刚性悬挂。且还装有自动控制水平机构。左右前轮为独立悬挂，后轮为共同悬挂。

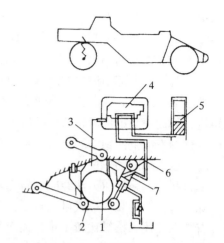

图 2-4-19　WS16S-2 型铲运机弹性悬架示意图
1—前桥；2—悬臂；3—随动杆；4—水平阀；
5—储能器；6—牵引车机架；7—悬架油缸

WS16S-2 型铲运机油气水平控制机构的功用是无论施加在铲运机车轴上的载荷如何变化（如空斗和装载的铲斗），均可保持铲运机离地间隙是不变的。

水平控制机构的工作原理如图 2-4-20 所示。当悬挂油缸 3 的活塞杆在某一负荷作用下缩回到某种程度，车架 7 和悬臂 15 之间的距离随之减小，使得连接悬臂 15 和装在机架上控制箱 12 之间的随动杆 13 向上移动。由于水平控制阀 20 装在控制箱上，随动杆 13 向上移动时带动摇臂 19 压向上，水平控制阀 20，使上水平控制阀 20 换位，使压缩气从储气罐 9 经电磁阀 10（此时在左位）、左上水平阀 20（在左位）梭阀，进入气缸 14，气缸活塞杆向左移动，带动液压水平阀 5 换"向上"位工作，压力油经液压水准阀 5 进入悬挂油缸 3 的上腔，活塞杆外伸，使车架和悬臂之间的距离增加，随动杆 13 拉动摇臂 19 逐渐离开左上水平控制阀。当悬挂同缸 3 的活塞杆恢复到其原来的位置，随动杆也回复到原来位置，左上水平控制阀又恢复右位工作，气缸 14 在右腔密封气体压力的作用复位，液压水准阀 5 也恢复到"定位"位置。由刚性悬挂变弹性悬挂时也有上述这样一个动作过程。

当铲运机卸铺土壤时，因铲运机减载，悬挂油缸的活塞杆外伸（压力油从蓄能器中补入），车架和悬臂之间的距离增加。随动杆向下拉动，导致液压水准阀的阀杆向内移动到另一位置。这时，阀内的油路使得悬挂油缸大腔中的油流回油箱，悬挂油缸中的活塞杆逐渐缩回。如此循环往复，使铲运机始终处于一定的高度。

由于 WS16S-2 型铲运机采用了弹性悬架，缓冲减振性能得到了改善，使之行驶平稳，从而作业循环时间缩短，延长了轮胎的使用寿命。铲运机在铲装作业时又可以实现刚性悬挂，防止铲斗出现摇摆现象。

7. 弹性转向枢架

自行式铲运机牵引车与铲斗是通过牵引铰接装置连接在一起的。铲运机高速行驶时，还存在牵引铰接装置的冲击震动。美国卡特皮勒公司生产的自行式铲运机的转向枢架与铲斗辕架之间，设计了减震式连接装置，其结构原理如图 2-4-21 所示。

该机采用了前后转向枢架结构，在前转向枢架和后转向枢架之间，用两个连杆相连，构成一套平行四连杆机构，具有一个自由度。这个自由度的运动由缓冲油缸节制。缓冲油缸的下腔为工作腔。

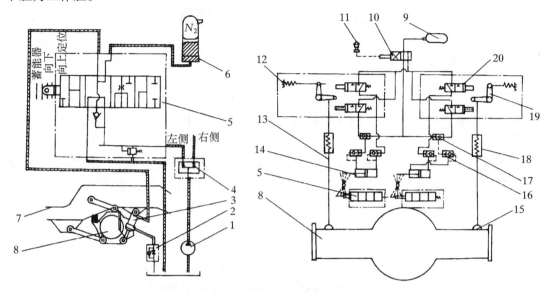

图 2-4-20　WS16S-2 型铲运机悬挂系统示意图

1—油泵；2—单向节流阀；3—悬挂油缸；4—分流阀；5—液压水准阀；6—蓄能器；7—车架；8—前桥；
9—储气罐；10—电磁阀；11—悬挂操纵阀；12—控制箱；13—随动杆；14—气缸；15—悬臂；
16—速放阀；17—梭阀；18—弹簧衬套链节；19—摇臂；20—水平控制阀

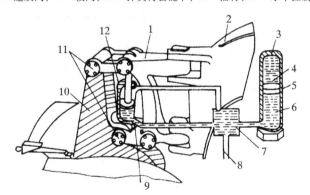

图 2-4-21　自行式铲运机的减震式连接构造与原理示意图

1—后转向枢架；2—辕架；3—蓄能器；4—氮气；5—浮动活塞；
6—油液；7—水平控制阀组；8—液压系统来油；9—节流孔；
10—前转向枢架；11—水平铰；12—缓冲油缸

　　节流孔限制油液的脉动，吸收一部分冲击能量，对振动产生阻尼。液流进入蓄能器，强制活塞向上移动，压缩氮气，在其压缩时吸收振动。当弹回时氮气膨胀使活塞下移，液流经节流孔流回缓冲油缸，继续阻尼和减缓地面引起的振动。

　　在自行式铲运机铲装或卸土时，驾驶员只要推下选择阀操纵杆使油路闭锁，弹性减震式连接装置即转为刚性系统，以满足铲装和卸土时铲刀要求固定的位置。

　　减震式连接装置装有安全装置，在发动机熄火时自动断路，系统降压，铲运机辕架连同后转向枢架落到下位，抵在止动块上。水平控制阀起控制液流通向蓄能器及油缸大腔的作用。

第三节　铲运机工作装置

一、开斗铲装式工作装置

开斗铲装式工作装置由辕架、斗门及其操纵装置、斗体、尾架、行走机构等组成。一般的开斗铲装式铲运机工作时，铲斗半口的刀刃在牵引力的作用下切入土中，提斗并关闭斗门后运输。

铲运机运行到卸土地点时打开斗门，在卸土板的强制作用下将土卸出，CLZ-9 型铲运机工作装置与一般的铲斗有所不同，其斗门可帮助向铲斗中扒土，其结构如图 2-4-22 所示。

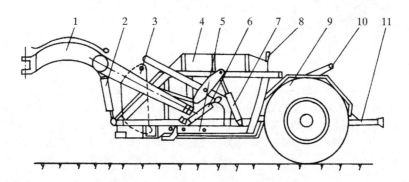

图 2-4-22　CLZ-9 型铲运机工作装置示意图

1—辕架；2—铲斗升降油缸；3—斗门；4—铲斗；5—斗底门；6—斗门升降油缸；

7—斗门扒土油缸；8—后斗门；9—后轮；10—卸土油缸及推拉杆；11—尾架

1. 辕　架

辕架上铲斗的牵引构件，主要由曲梁和门架两部分组成。图 2-4-23 所示为 CLZ-9 型铲运机的辕架。辕架由钢板卷制或弯曲成形后焊接而成。曲梁为整体箱形断面，其后部焊在横梁的中部。臂杆亦为整体箱形断面，按等强度原则作变断面设计，其前部焊在横梁的两端。因此，辕架横梁在作业时主要受扭，故作圆形断面设计。连接座为球形铰座。

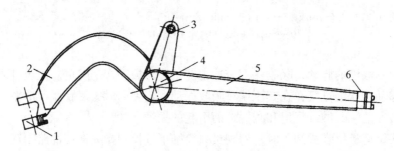

图 2-4-23　CLZ-9 型铲运机辕架示意图

1—牵引座；2—曲梁；3—提斗液压缸；4—横梁；5—臂杆；6—铲斗球销连接座

2. 斗　门

如图 2-4-24 所示，CLZ-9 型铲运机斗门部分主要由斗门、拉杆、斗门臂及摇臂组成。

轴孔 a 与铲斗板上的轴销连接。该机斗门具有帮助扒土的功能，其运动由 A，B 两油缸完成，如图 2-4-25 所示。A 缸活塞杆伸缩使斗门绕孔转动而升降。B 缸活塞杆缩进，通过摇臂和拉杆使斗门张开，反之，活塞杆伸出，斗门就收拢。其动作过程分四步，当斗门在最下位置时，斗门张开。第一步，油缸 B 下端进油，斗门收拢扒土（如图 2-4-25(a)所示）；第二步，油缸 A 下端进油，斗门上升（如图 2-4-25(b)所示）；第三步，斗门上升到顶后，油缸 B 上端进油，斗门张开（如图 2-4-25(c)所示）；第四步，油缸 A 上端进油，斗门下降（如图 2-4-25(d)所示）。斗门上升过程中，斗门始终呈收拢状态；斗门下降过程中，斗门保持张开状态。斗门收拢与上升是通过顺序阀控制连续完成的，而斗门张开与下降通过压力阀控制而连续完成。

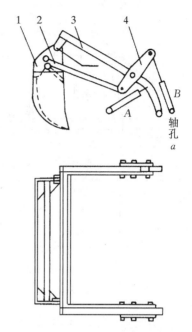

图 2-4-24　斗门及斗门杠杆示意图
1—斗门；2—拉杆；3—斗门臂；4—摇臂

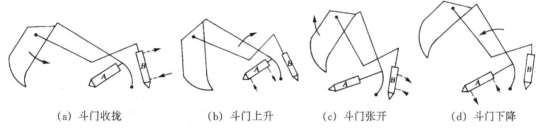

(a) 斗门收拢　　　(b) 斗门上升　　　(c) 斗门张开　　　(d) 斗门下降

图 2-4-25　斗门工作原理图

3. 斗　体

斗体为工作装置的主体部分，其结构如图 2-4-26 所示。

它主要由对称的左右侧壁和前后斗底板、后横梁 12 组焊成一体，此外两侧对称地焊上辕架连接球轴，斗门大臂连接轴座，斗门升降油缸连接轴座和斗门扒土油缸连接轴座，铲斗升降油缸连接吊耳。铲斗前端的铲刀片、斗齿和侧刀片是可拆式，磨损后可以更换。碰撞块的作用是当斗底活动门向前推动时，活动门两侧的杠杆碰到撞块后就关闭。反之斗底门后退，活动板就打开。

4. 卸料机构

CLZ-9 型铲运机的卸料动作由斗底门和卸料板（后斗门）共同完成。斗底门是一活动部件，如图 2-4-27 所示。它由 4 个悬挂轮系挂在铲斗两侧的槽子内。轮轴是偏心的，可以调整与铲斗底板的间隙。

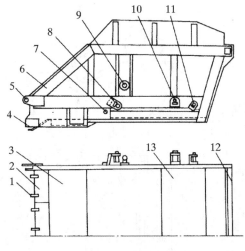

图 2-4-26 斗体结构示意图

1—斗齿；2—刀片；3—前斗底板；4—侧刀片；5—铲
斗升降油缸连接吊耳；6—侧壁；7—斗底门撞块；8—
斗门升降油缸连接轴座；9—辕架连接球轴；10—斗门
升降臂连接轴座；11—斗门扒土油缸连接轴座；12—
扣横梁；13—扣斗底板

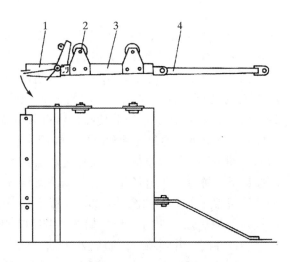

图 2-4-27 斗底门示意图

1—活动板；2—悬挂轮系；3—底板；4—推拉杠杆

斗底门的前部是一个活动板，可以转动。推拉杠杆与铲运机后面的推拉杠杆连接（如图 2-4-28 所示）。活动板在卸土时可以刮平卸下的土。

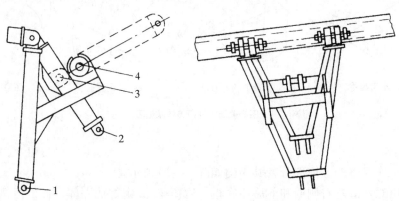

图 2-4-28 推拉杠杆示意图

1—斗底门铰接孔；2—后斗门铰接孔；3—油缸活塞杆铰接销；4—油缸体铰接销

卸料机构卸土工作原理如图 2-4-29 所示。斗底门与后斗门是联动的，由卸土油缸驱动。斗底门与杠杆 ae 连接，后斗门与杠杆 ad 连接。a，b，c，d，e 为铰接点。当卸土油缸的大腔进油时（如左图所示），油缸的缸体向右移，这时它就拉动 ae 杠杆向右，斗底门打开；同时活塞杆通过 b 点推动 ad 杠杆向左移。后斗门向左运动把土推到卸土口。油缸的小腔进油时（如右图所示），ae 杠杆把斗底门向左推，关闭卸土口；同时 ad 杠杆把后斗门向右拉回到铲斗的后端。在这一联动过程中，由于斗底门移动力小于后斗门的移动力，所以斗底门总是先动，后斗门后动。

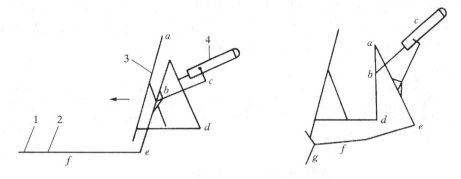

图 2-4-29 卸土工作原理图
1—活动板；2—斗底门；3—后斗门；4—卸土油缸

二、其他形式的工作装置

1. 链板升运式工作装置

链板升运机构用以加速装载过程和减少装土阻力，故链板升运式铲运机可单机作业，不用推土机助铲。链板式铲运机因安装了升运装置而无法设置斗门，必须通过活动斗底卸土。目前，升运式铲运机链板升运机构的配置有两种形式。一种是升运机构前置式（如图 2-4-29 中的 f、g），这种机构铲装过程中升运链要产生振动，对传动装置产生较大的冲击载荷，这是链板升运土壤时挤压泥土所致。在升运土壤的后期阶段，升运链板在回转中，被升运的土壤由于运动的惯性，从上面"回扬"到链板的前面，链板之间的土泄漏及链板端部与铲斗侧壁间的空隙撒落的土，均在铲刀前形成了被堆移的土堆，增加了升运链板的重复工作量。另一种是升运机构后置式，其链板切断土屑是剪切土，所以铲运机工作过程中的动载荷及所需功率均较小。但在铲斗后部配置铲刀和升运装置，往往会导致铲运机铲刀和斗底之间楔住泥土，在斗底下面形成被推移的土堆，以致抬起铲运机的后轮。升运机构后置式铲运机在俄罗斯获得推广。据资料介绍，可平均降低铲土阻力和动力消耗 10%～15%。

升运装置主要由机架、升运链、链板、主动链轮、从动链轮、托轮、减速器、上下支承杆和液压马达等组成。

升运装置的高度调节装置如图 2-4-30 所示。

该升运器与铲斗挠性连接，以保证升运器在遇到较大石块时，可自行向上摆动，把体积较大的石块铲入斗内，并使升运器免受冲击。升运链链系的张力用液压调整，因此性能可靠，使用寿命长。

链板升运式铲运机铲斗部分主要由铲斗体、活动斗底、自动刮平铲刀、卸土推板、主铲刀、侧铲刀等组成。液压缸控制活动斗底的前推和后拉，以完成活动斗底的封闭和开启

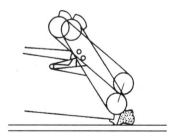

图 2-4-30 升运装置的高度调节示意图

动作。活动斗底两端的滚轮组可在铲斗两侧臂下部的特别轨道上前后滚动。卸土板在液压缸作用下完成卸土前推和回位后拉的动作。铲斗后端焊有液压缸支撑架，与控制卸土推板、活动斗底的液压缸相铰接。

2. 串联作业的自行式铲运机工作装置

在两台自行铲运机的前后端加装一套牵引顶推装置，以实现串联作业。当前铲运机铲土作业时后机为助铲机，后机铲土作业时，前机可给后机强大的牵引力，从而使铲土时间大大缩短，降低土方成本。其工作方式如图2-4-31所示。

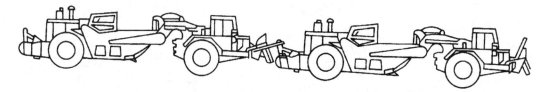

图2-4-31　串联作业的自行式铲运机示意图

3. 螺旋装载自行式铲运机工作装置

这种铲运机是在铲运斗中垂直安装一个螺旋装料器，如图2-4-32所示。它把标准式铲运机与链板式铲运机结合起来，结构简单，更换迅速，易于在一般铲运机上改装。

螺旋装料器有一套独立的液压系统，包括油泵、液压马达、冷却器、滤油器、加压油箱及电子气动控制器。轴向柱塞液压马达经一个行星齿轮减速器驱动螺旋旋转，转速为35～50r/min。它把刀刃切削下来的物料提升起来

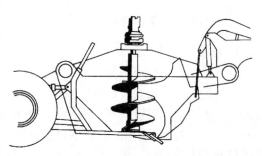

图2-4-32　螺旋装料器示意图

并均匀地撒在整个铲斗之内。液压系统采用高压小流量，可在一定转速范围内获得较大的转矩。

这种铲运机的优点是：能在较短的时间里自己装满铲斗，作业时尘土较少，由于斗门关闭，能使易流动的物料很好地保持在铲斗内，运输时不致撒漏。螺旋式铲运机的生产率比斗容量相等的链板式或推拉作业的铲运机高10%～30%，但铲装距离减少一半。其运动零件比链板式铲运机少，因而维修保养的时间和费用也少，驱动轮胎寿命是助铲式铲运机的2～3倍。

4. 带有双铲刀机构的铲运机工作装置

带有双铲刀机构的铲运机其铲斗的结构特点是，在铲斗后部另设一装料口，并在料口沿整个铲斗宽度装有直刀刃的第二铲刀，故称为双铲刀铲运机。

铲运机可用前铲刀单独作业，也可同时用两个铲刀作业。当用两个铲刀作业时，用液压缸控制后铲刀相对于固定铰摆动，打开被装成切削角的装料口，铲刀切入土表面，同时土进入后部铲斗（如图2-4-33(a)所示），前后铲刀能处在同一水平，也可以处在不同的水平面。也可只用前铲刀铲装（如图2-4-33(b)所示），此时关闭后部装料口，铲运机可按传统的方式作业。

关闭前斗门和后铲刀机构，便形成重载运输状态（如图2-4-33(c)所示）。在液压系统中，控制铲刀机构的液压缸和油管之间装有液压锁，以保证后铲刀机构可靠地固定在举升位置上。卸土时，后铲刀机构也可进行卸土作业（如图2-4-33(d)所示）。

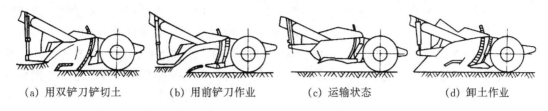

| （a）用双铲刀铲切土 | （b）用前铲刀作业 | （c）运输状态 | （d）卸土作业 |

图2-4-33　双铲刀铲运机的工作循环图

这种形式的铲运机提高了铲装效率，而且保持了普通式铲运机结构简单、工作可靠的优点。

第四节　铲运机工作装置液压系统

图2-4-34所示为CLZ-9型铲运机工作机构的液压系统图，它主要由手动控制和自动控制两大部分组成。

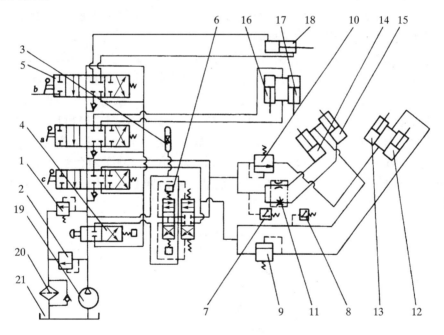

图2-4-34　CLZ-9型铲运机工作机构液压系统图

1—先导式溢流阀；2—直动式溢流阀；3—缓冲器；4—电-液切换阀；5—手动三联多路阀；6—电-液换向阀；7，8—压力继电器；9，10—顺序阀；11—同步阀；12，13—斗门开闭油缸；14，15—斗门升降油缸；16，17—铲斗升降油缸；18—卸土油缸；19—油泵；20—回油路过滤器；21—油箱

操纵系统的液压油由齿轮泵供给。齿轮泵靠动力输出箱的一个从动齿轮驱动。工作油缸共有7个，包括铲斗升降油缸，斗门升降油缸，斗门扒土、斗门开闭油缸及卸土油缸。这7个油缸都可以用手动三联多路阀控制。因为斗门升降及扒土的动作频繁，故增设了自动控制。

斗门液压控制原理如下：当油泵压力油先流经二位四通电-液切换阀，此阀不通电时，压力油进入手动三联多路阀，该阀的三个手柄都处于中位时，压力油直接回到油箱，形成卸荷回路。当手动阀 c 左移，压力油就进入顺序阀 10 和同步阀。由于顺序阀 10 调定压力为 7MPa，所以压力油先经同步阀进入斗门开闭油缸的下端，活塞上移，斗门就收拢扒土。斗门开闭油缸的活塞上移到顶，油压增高到大于 7MPa 时，压力油冲开同步阀，进入斗门升降油缸的下端，该活塞上移，斗门上升。斗门上升到顶后，将手动阀换向，压力油就进入油缸 12～15 上端。由于油缸下端的回油要经过顺序阀 9（调定压力为 2MPa），所以压力油先进入油缸 12 和 13 的上端，活塞下移，斗门张开。当此活塞下移到底后，油缸 12～15 上端油压增高，促使油缸 14 和 15 下端的油压也增高，当此下端的油压大于 2MPa 时，回油就冲开顺序阀 9 流回油箱，油缸 14 和 15 的活塞就下移，斗门下降。所以由于顺序阀的作用，手动阀 c 每一次换向，斗门就可完成扒土到上升或张开到下降两个动作。

铲运机装满一斗土，斗门需扒土 5～6 次，手动阀换向就需 10～12 次，动作频繁紧张。为了改善操作性能，本液压系统中采用了电 - 液换向阀和压力继电器，可实现自动控制。其工作原理如下：当电 - 液切换阀励磁后，油泵来的压力油被切换到电 - 液换向阀，向油缸 12～15 供油。油缸动作顺序与手动阀控制相同。当斗门上升到顶时，油压升高，压力继电器 8 动作，产生电信号，使电 - 液换向阀自动换向。反之，斗门下降到底后，压力继电器 7 动作，又产生一个电信号，电 - 液换向阀又自动换向。如此循环 5～6 次后自动停止。

铲斗的升降及卸土板的前后移动是由手动阀 a，b 控制的。当电 - 液切换阀不通电时，油泵来油就进入手动三联多路阀，打开操纵阀 a，压力油进入铲斗升降油缸实现升降；打开操纵阀 b，压力油进入卸土油缸实现强制卸土。回油均从手动三联多路阀流回油箱。

本系统在油泵出口处并联了两个溢流安全阀。先导式大通径溢流阀可实现大流量的卸荷式溢流。因为先导式溢流阀灵敏度低，所以，并联一个小通径直动式溢流阀。

为了减小系统中电 - 液换向阀换向时的压力脉冲，本系统中装有气囊式缓冲器。考虑到斗门扒土负载可能两侧不相等，而斗门扒土抽缸活塞的伸缩在两侧负载不同时要求基本同步，系统中设置了同步阀。

思考与习题

1. 试述 CL-9 型铲运机传动系的结构特点。
2. 试分析 CL-9 型铲运机液力变矩器工作特性。
3. 试述 CL-9 型铲运机工作装置组成特点。
4. 铲运机为什么适合中距离铲土运输？
5. 如何理解 CL-9 型铲运机"变矩器的特性由两个变矩器特性和一个偶合器特性合成"？
6. 试述 CL-9 型铲运机液力变矩器特性曲线。
7. 铲运机是如何转向的？

第五章　挖　掘　机

　　挖掘机是工程机械的主要机种之一，是土石方开挖的主要机械设备，广泛应用于工业与民用建筑、交通运输、水利电力工程、农田改造、矿山采掘以及现代化军事工程等的机械化施工中。挖掘机在近20年发展很快，由于机电液一体化的运用，挖掘机的性能得到很大的提高。现代挖掘机具有各种工作装置与功能，去掉挖斗的挖掘机可作为一个工作平台。随着我国经济建设的飞速发展，特别是国家逐步增加对高等级公路、铁路、住宅和水利设施的投入，挖掘机越来越显示出适应性强、作业效率高等优越性。据统计，工程施工中约有70%的土石方量由挖掘机来完成。

　　随着国民经济的高速发展，液压挖掘机在各种工程建设领域，特别是在基础设施建设中的作用越来越明显，液压挖掘机作为一种快速、高效的施工作业机械愈来愈受到重视。近几年沿海的购机热潮很明显，增长速度接近50%。

第一节　挖掘机械概述

一、挖掘机发展概况

1. 中国挖掘机行业的兴起和发展

① 国外独资与中外合资企业在全行业中比重逐年迅速上升。

② 国内市场对液压挖掘机机型的需求，以20～25吨级中型机型为主。

③ 国内用户对液压挖掘机的高性能、高质量与高可靠性的要求已被视为首要条件。

④ 采用国际先进配套件，注意不断提高制造水平与产品质量的企业，能够在国内液压挖掘机市场中占有一定的份额。

国内外在挖掘机上应用机电一体化技术，主要体现在以下几个方面：

① 泵-发动机电子负荷传感控制系统；

② 液压挖掘机工况检测与故障诊断系统；

③ 无线遥控挖掘机；

④ 作业过程的局部自主化控制（即半自动化液压挖掘机）；

⑤ 全自动液压挖掘机，挖掘机自动化的最终目标是机器人化，由人指定挖掘任务后，其余工作由挖掘机自动完成。

目前，低层次的局部自主式挖掘机发展较快，而全自动的液压挖掘机进展缓慢。今后对挖掘机的要求是：

① 优越的操纵特性及作业性能；

② 适应自卸汽车大型化的需要；

③ 提高维修及保养性能；

④ 大型反铲挖掘机需求装置。

二、挖掘机械类型及组成

1. 按用途及结构特征分类

挖掘机按用途及结构特征的分类见表 2-5-1。

表 2-5-1 挖掘机用途及结构特征分类

分类	基本类型	主 要 特 点
按土方斗数分	单斗挖掘机	循环式工作，挖掘时间占 15% ~ 30%
	多斗挖掘机	连续式工作，对土壤和地形适应性较差，生产率高
按结构特性分	正铲挖掘机	斗齿朝外，主要开挖停机面以上的土壤
	反铲挖掘机	斗齿朝内，主要开挖停机面以下的土壤
	拉铲挖掘机	土斗用钢丝绳吊挂在动臂上，主要用于挖掘停机面以下的泥沙
	抓铲挖掘机	土斗具有活瓣，吊挂在动臂上，主要用于开挖停机面以下的土壤及装卸散粒物料
	其他机型	主要有刨土机、起重机、拔根机、打桩机、刷坡机等
按操纵动力分	杠杆操纵	操纵紧张、生产率低
	液压操纵	操纵平稳、作业范围较广
	气动操纵	操纵灵敏、省力，主要用于制动装置

2. 主要挖掘机类型简介

这里主要介绍多斗挖掘机和单斗液压挖掘机。

① 多斗挖掘机：是一种由若干个挖斗连续循环进行挖掘作业的挖掘机械，主要用于Ⅳ级以下土壤中挖取土方或开挖沟渠、剥离采料场或露天矿场上的浮土、修理坡道以及装卸松散物料等作业。多斗挖掘机可分为链斗式多斗挖掘机和轮斗式多斗挖掘机。链斗式多斗挖掘机是将挖斗连接在挠性构件（斗链）上。现代链斗式多斗挖掘机的挖掘深度已超过40m，高度达到27m，斗容量达2.5m³，生产率达到3000m³/h，机体质量达3000t。轮斗式多斗挖掘机的轮斗固定在刚性构件（斗轮）上，以刚性斗轮取代斗链，用简单高效的输送带将土运出，因此具有切削力大、切削速度快、生产效率高、运转平稳、动载荷小、卸土简便、可靠性好等优点。斗轮装在动臂端部，动臂长度和倾角可调，转台可旋转，故能挖出多种多样的掌子面。理论生产率为70 ~ 15000m³/h，上下挖掘总采掘高度3 ~ 77m，斗轮直径1.9 ~ 2.2m，斗容量0.05 ~ 8.6m³，斗杆长5 ~ 10.5m，动力装置功率为45 ~ 14300kW，机体质量17.5 ~ 7250t。

② 单斗液压挖掘机：在机械传动单斗挖掘机的基础上发展而来的，是目前挖掘机械中重要的品种。

3. 单斗液压挖掘机的基本组成和工作原理

液压挖掘机与机械挖掘机的主要区别在于传动装置的不同，以及由于传动的改变而引起的工作装置机构形式的不同。机械传动的挖掘机采用啮合传动和摩擦传动装置来传递动力。这些装置由齿轮、链条、链轮、钢索滑轮组等零件组成。液压挖掘机则采用液压传动来传递动力如图 2-5-1 所示。

WY60A 型液压挖掘机由油泵、油马达、油缸、控制阀及油管等液压元件组成。由于传动装置不同，控制装置也不同，机械传动挖掘机采用各种摩擦式或啮合离合器和制动器来控制各个机构的启动、制动、逆转和调速等运动，液压挖掘机则采用液压分配器及各种控制阀来控制各机构的运动。

如图 2-5-2 所示为液压挖掘机基本组成及传动示意图。柴油机驱动两个油泵，把高压油

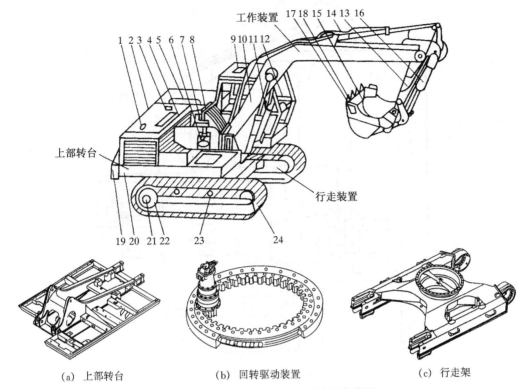

图 2-5-1　WY60A 型液压挖掘机主要结构简图

1—柴油机；2—机棚；3—油泵；4—液控多路阀；5—液压油箱；6—回转减速阀；7—液压马达；8—回转接头；
9—司机室；10—动臂；11—动臂油缸；12—操纵台；13—斗杆；14—斗杆油缸；15—铲斗；16—铲斗油缸；
17—边齿；18—斗齿；19—平衡重；20—转台；21—行走减速阀；22—轮；23—拖链轮；24—履带板

输送到两个分配阀，操纵分配阀，将高压油再送往有关液压执行元件（油缸或油马达）驱动相应的机构进行工作。

　　液压挖掘机的工作装置采用连杆机构原理，而各部分的运动则通过油缸的伸缩来实现。

　　图中所示为液压挖掘机最常用的工作装置——反铲装置。它由铲斗、斗杆、动臂、连杆以及相应的三组油缸 5，6，7 组成。动臂下铰点接在转台上，利用动臂油缸的伸缩，使动臂（亦即整个工作装置）绕动臂下铰点转动，依靠斗杆油缸使斗杆绕动臂的上铰点摆动，而铲斗铰于斗杆前端，实际挖掘工作中，由于土质情况、挖掘面作业条件以及挖掘机液压系统等的不同，反铲装置三种油缸在挖掘循环中的动作配合可以是多种多样的，但也受到一定的限制（如能否复合动作等），上述仅为一般的工作过程。

　　总之，液压挖掘机采用三组油缸使铲斗实现有限的平面运动，加上油马达驱动回转运动，使铲斗运动扩大到有限的空间，再通过行走油马达驱动行走，使挖掘空间可沿水平方向得到间歇地扩大（即坐标中心可水平移位），从而可以满足挖掘作业的要求。由于挖掘作业要求的提高和多样化，工作装置的结构和驱动方式也在发展中。

　　4. 单斗液压挖掘机的基本类型

　　（1）单斗液压挖掘机可按用途及其主要装置的特征进行分类。

　　液压挖掘机按主要用途及工作装置的不同分为通用型和专用型两种。中小型挖掘机大部分为通用型，它们装有反铲、正铲、装载、起重等多种可换工作装置。大型和中型液压挖掘

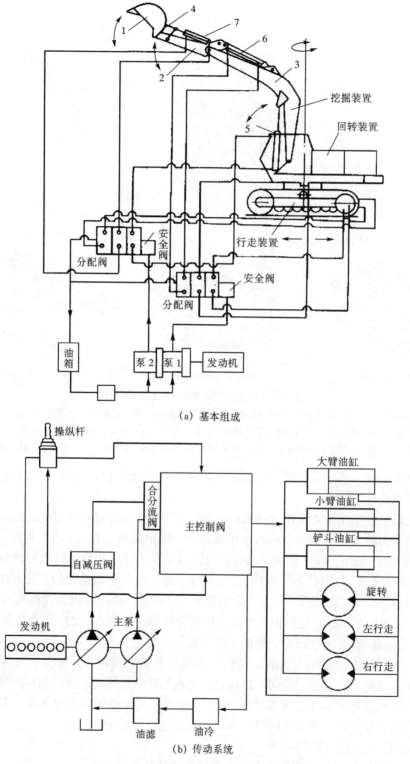

（a）基本组成

（b）传动系统

图 2-5-2　液压挖掘机基本组成及传动示意图

1—铲斗；2—斗杆；3—动臂；4—连杆；5，6，7—油缸

机主要用于矿山采掘和装载，称为采矿型或矿用型，只配有正铲或装载工作装置。

① 按工作装置的结构不同，可分为铰接式和伸缩臂式挖掘机，常用的均为铰接式。伸缩臂式挖掘机因可用于平整清理场地和坡道等作业，故有挖掘平地机之称。

② 按行走装置的不同，液压挖掘机分为履带式、轮胎式、悬挂式及拖式等。

履带式因有良好通过性能而应用最广，对松软地面或沼泽地带还可采用加宽、加长以及浮式履带来降低接地比压。

轮式挖掘机具有行走速度快、机动性好、可在城市街道通行的优点，近年来在中小型液压挖掘机中发展较快。

汽车式和悬挂式是以汽车及拖拉机为基础机械（底盘）装设挖掘或装载工作装置的小型挖掘机，适用于城建小量土方工程及农村建筑。拖式则没有行走驱动机构，转移时由牵引车牵引，主要优点为结构简单、成本低。

③ 按回转部分转角的不同，液压挖掘机有全回转和半回转两类。大部分液压挖掘机是全回转式的，小型液压挖掘机如悬挂式等工作装置仅能作180°左右的回转，为半回转式。

液压挖掘机按主要机构是否全部采用液压传动分为全液压式与半液压式两种。两者区别在于半液压传动挖掘机的行走机构采用机械传动，少数挖掘机仅工作装置采用液压传动。部分轮胎式液压挖掘机多采用半液压式。

（2）挖掘机的发展概况。

单斗挖掘机出现于20世纪40年代末，它是在拖拉机上应用液压技术制成的一种悬挂作业装置而成为悬挂式液压挖掘机。

20世纪50年代后欧洲的一些厂家纷纷研制液压挖掘机，使液压挖掘机由悬挂式发展到全回转半液压式，再发展到全液压式，如1952年法国Poclain公司制成半液压挖掘机；1955年的平均值已达80%以上。

20世纪70年代初，多数液压挖掘机已经过改型，其主要特点是广泛采用了带液压伺服装置的高压变量系统，并且向高速、高压、大功率发展。液压挖掘机不仅用于建筑工程，并开始在各种露天矿场试用成功。此时，液压挖掘机产量占挖掘机总产量的比重愈来愈大，日本1976年已达95%以上；联邦德国为90%以上；美国1972年生产的单斗挖掘机（包括悬挂式）已有98.5%采用液压传动；法国生产的挖掘机基本上都是液压的。

进入20世纪80年代，液压挖掘机的液压系统得到进一步完善，单斗挖掘机基本采用液压传动，质量和外观精益求精。液压系统向机电液一体化发展，根据挖掘机的工作状况自动调节发动机的转速和输出功率。电液伺服系统得到迅速发展，液压挖掘机进一步向大型化和超大型化发展，挖掘机的效率得到进一步提高。

20世纪90年代以来，在挖掘机的开发和生产中基本采用了电液伺服系统和故障自诊功能。在人机配合性能上得到充分重视，操作越来越轻松、驾驶室越来越舒适、配置越来越豪华，产品更新也越来越快，逐步向自动化、智能化、机器人化发展，这都归功于电子技术的发展。挖掘机在电液伺服控制系统上的长足发展使挖掘机在国外的铲土运输机械中占据了主流。挖掘机仍在继续朝着多功能化的方向发展，以主机作工作平台，配置多种工作装置以满足各种工况需要还将成为液压挖掘机的一大优势。大型化和微型化挖掘机、轮式挖掘机以及挖掘装载两用机等机型也是21世纪的热点。

（3）挖掘机的技术革命。

近年来，由于电子技术的飞速发展及计算机的普遍使用，挖掘机开始广泛采用机电液一体化技术，向自动化、智能化和机器人化的方向发展，从而使挖掘机能进一步提高效率、节约能源、提高施工质量。这也就是工程机械发展史上的第三次革命。

机电液一体化技术有如下优点。

① 提高了作业质量和工作的舒适性。

② 节约了能源，提高了效率。采用机电液一体化技术，可节约能源 20% ～ 30%。

③ 改善了操纵性能，使操纵简单省力，可实现无人操纵或远距离操纵。

④ 提高了安全性和可靠性，可进行状态自动监测和故障诊断。

⑤ 为实现自动化、智能化提供了可能。

机电液一体化促进液压行业技术进步，电子技术的应用给液压技术的发展带来了新的革命，促使液压行业本身不断进行技术改进。

动力元件——泵：为适应闭环反馈自动控制的电液比例变量泵、电液伺服变量泵、负载敏感泵和控制元件集成形成多功能模块。

控制元件——阀：适应自动控制、通流能力大、响应速度快、易于集成的插装阀；精度高、响应速度快的数字阀；控制精度高、灵敏度高的伺服阀、比例阀；成本低、可靠性好的高速开关电磁阀等都被广泛采用。

执行元件——液压缸：采用带陶瓷镀层的液压缸能防腐蚀、耐磨损，便于在污染环境中工作。位置自动调节式液压缸，便于自动调节位置及行程。

液压系统整体结构模块化：集成化可方便地构成各种形式，进一步提高可靠性。随着模态技术、计算机仿真技术的成熟，一些现代控制理论如线性系统的自适应控制、非线形系统的模糊控制等，已开始在液压控制中得到应用。

（4）机电液一体化技术在挖掘机上的应用。

电子技术包括计算机技术、集成电路技术、数字电路技术以及通讯技术。电子技术、传感器技术与液压技术相结合，实现了机械的自动控制、自动监测和处理，即为机电液一体化的媒介——感觉器官；以微机为核心的电子技术是机电液一体化的中枢、大脑，其他接受传感器送入的各种信息，进行处理后送至执行机构执行。工程机械机电液一体化技术的内容主要包括如下诸方面：整机电子控制，如电液传动及操纵控制、仿型控制、远距离控制、无线遥控及智能控制等；发动机电子控制，如燃油喷射、发动机工况和电控泵的监测与控制、冷却系统和润滑系统的检测与保护等；行走系统的电子控制，如自动调速、恒速控制、全轮独立自动转向、直线行驶控制、功率分配控制等；工作装置的电子控制；整机电子-液压集成控制。随着电子技术的飞速发展，特别是大规模集成电路的出现与应用，以微处理器为核心的各种控制系统已非常普遍。过去由分立元件构成的系统，现在可以集成到一起。控制系统的集成化使系统的整体结构趋于模块化，从而使结构更简单，操纵更方便，可靠性更好。

三、挖掘机技术性能

2000 年，卡特皮勒公司生产的改进型 CAT320C 型液压挖掘机，无论从外观还是从发动机、液压系统、操作模式、舒适性和安全性等方面都有全方位的提高。发动机型号为 CAT3066T 涡轮增压型，柴油发动机额定功率为 103kW。

1. 液压系统特点

动臂和斗杆采用回油再利用回路(如图2-5-3所示),大大缩短了循环时间,速度更快,从而提高了生产率,并降低了使用成本。据测定,320C 的生产效率相对于320B 提高了7%～12%。

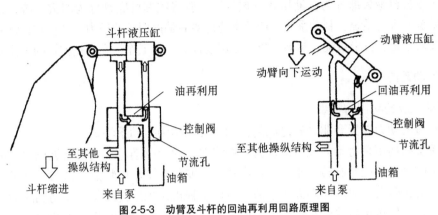

图2-5-3　动臂及斗杆的回油再利用回路原理图

选配的辅助液压系统设有可叠装阀,为其他专用附属工作装置提供匹配的液压流量和压力,可最大限度地发挥机器的多功能性。其他附属工作装置如冲击锤、破碎钳、压路辊和抓斗等。

2. 主要零部件

回转平台采用高强度耐用金属的钢架结构,设计合理,坚固耐用;底座为"X"形、箱式断面结构,具有较大的抗扭抗弯曲强度;履带支重轮架为五边形断面,冲压成形,承载能力强;支重轮、托链轮和引导轮采用密封润滑,履带链节采用密封及油脂润滑,减少了内衬套的磨损,延长使用寿命达15%～20%。

CAT320C 型液压挖掘机驾驶室按人机工程学原理设计,各构件结构简单,便于安装润滑;手柄和踏板操作省力;座椅有软、硬两种可供选择,椅背可平放。

重新设计的驾驶室控制台不同于320B,简单实用,两个操控台均安装在可调的扶手上;驾驶室门的上部窗户可滑移开启,提供户外通风,便于同机外人员交谈;车窗框改善了驾驶员视野;前车窗上部可开闭,收存在驾驶室顶部。

驾驶室装备有自动恒温空调和玻璃除霜器,操作者通过调整操作手柄可任意调节空调的风向;落物保护板由螺栓直接固定在驾驶室外部。

为了减少和避免灰尘的进入,可对驾驶室进行50Pa 的加压。将发动机罩改为强韧性凹陷金属板的平罩,使司机拥有更大的后部视野。

3. 操作功能

CAT320C 型采用动臂优先、回转优先、精细控制和驾驶员模式。CAT320C 型采用自动工作模式,动臂和回转自动优先系统会依据跟踪式操作手柄的动作行程选择最好的工作模式。

CAT320C 型对 CAT320B 的监控器做了全新的变换,是一种全智能的控制系统,向操作者提供更清晰、更简单的作业状态显示。

监控内容包括燃油量、发动机冷却液温度、液压油温度、文字显示故障、保养周期(油液及滤清)、发动机、液压泵、行走马达及5种不同工作装置的工作时数、调整储存控制器、发动机转速;液压系统压力、动力提挡压力和自动模式等。

新监控器可以用20个国家的文字进行显示。

第二节　履带式挖掘机底盘

履带式挖掘机绝大部分为全液压式挖掘机。一般将挖掘机底盘分为四大系统，即传动系统、转向系统、行走系统、制动系统。传动系统传递的是挖掘机的动力，即挖掘机油路中的液压油，使转向系统、行走系统、制动系统、工作装置能正常工作，完成挖掘机的工作要求。

一、传动系统

1. 传动系统的功用与类型

工程机械的动力装置和驱动轮之间的传动部件总称为传动系统。

传动系统的功用是将动力装置的动力，按需要传递给驱动轮和其他操纵机构。由于柴油机或汽油机的输出特性具有转矩小、转速高和转速变化范围小的特点，这与工程机械运行或作业时所需的转矩大、速度范围大相矛盾。所以工程机械采用传动系将发动机的动力按需要适当降低转速增加转矩后传到驱动轮上，使之适应工程机械运行和作业中的动力切换，以及实现机械前进与倒退、转弯等的要求。

传动系统的类型有：机械式、液力-机械式、全液压式和电动轮式等四种。在挖掘机上采用的传动系统主要是全液压式，只有微型挖掘机采用机械式或电动轮式。少数轮式挖掘机的工作装置采用液压式，而行走装置采用机械式。

2. 液压传动的特点

采用液压传动有以下特点。

① 可方便地实现无级调速，调速范围大。液压传动的调速范围可达 2000∶1 柱塞式液压马达的最低稳定转速为 1r/min，这是电力传动很难达到的。

② 易于实现直线往复运动，以直接驱动工作装置。各液压元件间可用管路连接，故安装位置自由，便于机械的总体布局。

③ 能容量大，即较小重量和尺寸的液压件可传递较大的功率。例如液压泵与同功率的电动机相比外形尺寸为后者的 12% ~ 13%，质量为后者的 10% ~ 12%，因此整个机械的重量大大减轻。

④ 由于液压元件的结构紧凑、重量轻，而且液压油具有一定的吸振能力，所以液压系统的惯量小、启动快、工作平稳，易于实现快速而无冲击地变速与换向，应用于工程机械上，可减少变速时的功率损失。

⑤ 液压系统易于实现安全保护，同时液压传动比机械传动操作简便、省力，因而提高了机械生产率和作业质量。

⑥ 液压传动的工作介质本身就是润滑油，可使各液压元件自行润滑，因而延长了元件的使用寿命。

二、以 CAT320、CAT325 型挖掘机为例介绍传动系统及各液压元件

1. 总体液压系统

CAT325 型液压挖掘机由美国卡特皮勒（CATERPILLAR）公司生产，其总体液压系统如图 2-5-4 所示。

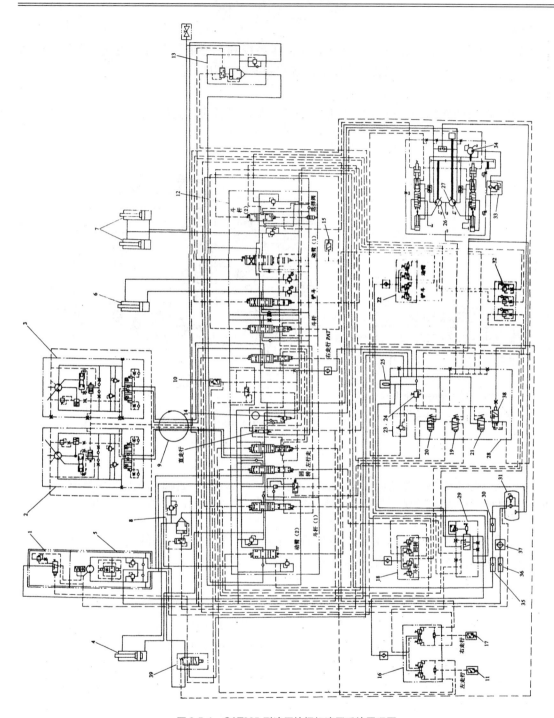

图2-5-4　CAT325型液压挖掘机液压系统原理图

1—回转制动控制阀；2—左行走马达；3—右行走马达；4—斗杆油缸；5—回转马达；6—铲斗油缸；7—动臂油缸；8—斗杆锁紧阀；9—回转接头；10—压力转换开关（工作装置/回转）；11—压力转换开关（左行走）；12—主控制阀；13—动臂锁紧阀；14—主溢流阀；15—压力转换开关；16, 18, 22—先导控制阀；17—压力转换开关（右行走）；19—电磁阀（微动控制）；20—电磁阀（回转优先）；21 电磁阀（行走速度）；23—比例减压阀；24—先导溢流阀；25—蓄能器；26—上泵；27—下泵；28—先导油分流器；29—液压启动控制阀；30—旁路单向阀；31—液压油箱；32—减振阀；33—先导过滤器；34—先导油泵；35—旁路单向阀；36—慢回节流阀；37—油液冷却器；38—自动行走速度变换阀；39—电磁阀（微动回转）

（1）概　述。

CAT325 型液压挖掘机总体液压系统由主液压系统和先导液压系统所组成。在先导油路中形成先导压力信号和压力控制，使以下油流控制能够得以实现。

（2）主油泵。

主油泵的结构如图 2-5-5 所示，包括上泵和下泵，二者通过壳体相连。

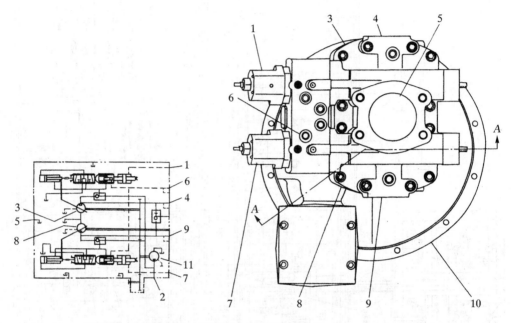

图 2-5-5　主油泵的外形图

1—油口（上泵反向流动控制压力）；2—出油口（先导泵）；3—上泵；4—出油口（上泵）；5—进油口；
6—油口（功率变换压力）；7—油口（下泵反向流动控制压力）；8—下泵；9—出油口（下泵）；10—壳体；11—先导泵

上、下油泵的结构、操作和控制系统都是相同的。液压油箱出来的油进入进油口，该油口是两泵共用的，每个油泵分别经自己的出油口（上泵）或（下泵）输出油压。先经先导泵 11 通过进油口进油而通过出油口（先导泵）排油。

用于控制电子控制器功率变换的压力油通过油口（功率变换压力）进入主油泵，来自主控制阀的反向流动控制压力油分别经油口（上、下泵反向流动控制压力）进入主油泵。主油泵结构如图 2-5-6 所示。油泵为式柱塞泵，通过改变缸体的角度来改变排量。驱动轴（下泵）与发动机飞轮直接偶合。驱动轴上的齿轮（下泵）与轴（上泵）上的齿轮（上泵）啮合。当发动机飞轮驱动轴时，上泵的轴也由于齿轮（下泵）和（上泵）的机械啮合而转动。因为齿轮（下泵）和（上泵）的齿数相同，所以上、下油泵均和发动机的转速相同。由于齿轮（下泵）与先导泵的驱动轴齿轮啮合，所以先导泵也随主油泵运转。

①油泵操作。上、下油泵操作相同。以下油泵为例说明如下：驱动轴由发动机驱动。驱动轴通过 7 个柱塞 24 带动缸体转动。缸体与配流盘相接触，缸体在配流盘上回转。缸体上装有柱塞 24。齿轮（下泵）的斜盘夹住柱塞 24 头部，使它们能在缸体孔内回转。

液压油从油箱中流出，经进油口进入油泵壳体 21，该油分别流经配流盘的进油通道，然

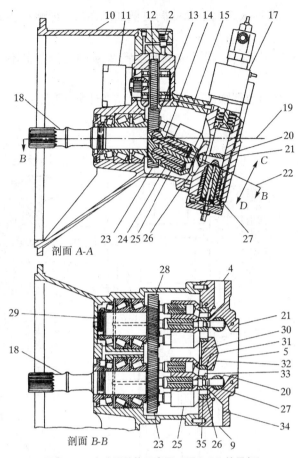

剖面 A-A

剖面 B-B

图 2-5-6　主油泵结构示意图（图 2-5-5 的局部）

2—出油口（先导泵）；4—出油口（上泵）；5—进油口；9—出油口（下泵）；10、21—壳体；11—先导泵；
12—齿轮；13—斜盘；14—销；15—通销（先导泵）；17—调节器；18—驱动轴（下泵）；19、22—中心线；
20—枢销；23—齿轮（下泵）；24、27—柱塞；25—缸体；26—配流盘；28—齿轮（上泵）；29—轴（上泵）；
30—油缸通道；31、32—进口通道；33—中心孔；34、35—出口通道

后从进油通道 31 进入缸体的油缸通道被打开，并转动到进口通道 31 的位置。柱塞 24 根据缸体的角度改变其行程位移，当柱塞移出缸体孔时吸油；当柱塞进入油缸孔时压油。柱塞压入的油液经过油缸通道再经配流盘的出口通道 35，然后压力油经出油口（下泵）从下泵进入液压回

路。配流盘在壳体 21 的机械加工槽内运动。配流盘的中心孔连接枢销的一端，枢销的另一端连在调节器的柱塞 27 上。当操作调节器使柱塞 27 移进移出时，由于枢销和配流盘的机械连接而使缸体改变了角度。当配流盘沿径向 C 移动时，缸体角度减小，柱塞 24 行程减小，油泵的排量减少。当配流盘沿径向 D 运动时，缸体角度增大，柱塞行程增加，油泵排量增大。配流盘表面和缸体表面之间的摩擦副将吸油和压油区隔离开，配

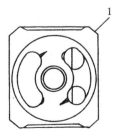

（a）配流盘（下泵）

（b）配流盘（上泵）

图 2-5-7　配流盘示意图（图 2-5-6 的局部）

1—配流盘（下泵）；2—配流盘（上泵）

流盘的另一面与机械加工槽形成密封。摩擦副由精加工而成，因此在拆卸和装配时要加以保护。

配流盘的结构如图 2-5-7 所示。下泵的配流盘与上泵的配流盘是不同的，要特别注意配流盘的安装位置要正确。

② 油泵调节器。油泵调节器如图 2-5-8 所示，其功能如下所述。

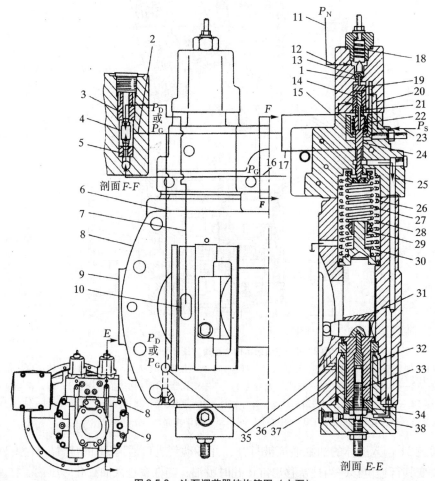

图 2-5-8　油泵调节器结构简图（上泵）

1，21—销；2，3，5，6，7，12，15，16，17，20，25，35—通道；4—梭阀；8—壳体；9—出油口（上泵）；10—输油通道；11—管道（上泵压力）；13，32—柱塞；14，24—控制柱塞；18，22，27，28，30—弹簧；19—套筒；23—管道（压力）；26—弹簧调整垫；31—枢销；33，38—螺栓；34—卡环；36—盖腔；37—柱塞腔；P_D—主油泵传递压力（上泵）；P_G—先导泵传递压力；P_N—反向流动控制压力；P_S—功率变换压力

- 通过电子控制系统反馈，调节器接收。
- 液压压力信号 C、功率变换压力 P_S，再根据机器负载情况和发动机的转速控制油泵排量。
- 保持发动机以持续稳定的功率驱动油泵，调节器接收油泵传递的压力 P_D，称为恒功率流量控制。
- 当控制杆在"空挡"或"部分运动"位置时，调节器接收到反向流动控制压力 P_N，P_N 控制油泵的排量，这称为反向流动控制。

上、下油泵调节器的结构、操作基本相同，以上油泵调节器为例说明如下：上泵的油流经壳体中的输油通道及通道 3，7 和梭阀到达通道 2。先导泵中的油流经通道 16 和 5 及梭阀到达通道 2。仅有主油泵传递压力 P_D 或先导泵传递压力 P_G 中的高压部分能够通过通道 2 控制泵的来油的排量。

压力油通过通道 2 分成如下三部分：一部分经通道 15 进入调节器到控制柱塞 14；另一部分经通道 17 进入调节器到控制柱塞 24；第三部分经通道 6 和 35，再经盖腔到柱塞腔 37。功率变换压力 P_S 的油流经管道 23 到油口，该油口由上、下泵的调节器共用。

当恒功率流量控制时，主油泵传递的压力 P_D 或先导泵传递压力 P_G 中的高压部分，作用在控制柱塞 14 的轴肩上。控制柱塞 14、销 21 和控制柱塞 24 相应地移动以控制油泵排量。

在反向流动控制时，来自管道的反向流动控制压力 P_N 作用在柱塞 13 的端部表面上。控制柱塞 14 移动，使控制柱塞 24 运动来控制油泵排量。

③ 调节器操作。

● 恒功率流量控制（油泵开始变量前）。调节器操作如图 2-5-9 和图 2-5-10 所示。

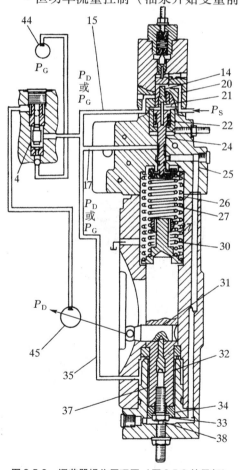

图 2-5-9　调节器操作原理图（图 2-5-8 的局部）
4—梭阀；14，24—控制柱塞；15，17，20，25，35—通道；21—销；22，27，28，30—弹簧；26—弹簧腔；31—枢销；32—柱塞；33，38—螺栓；34—卡环；37—柱塞腔；44—先导泵；45—上泵；P_D—油泵传递压力（上泵）；P_G—先导泵传递压力；P_S—功率变换压力

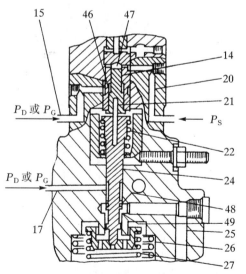

图 2-5-10　调节器操作原理图（图 2-5-8 的局部）
14，24—控制柱塞；15，17，20，25，48，49—通道；21—销；22，27—弹簧；26—弹簧腔；46—轴肩；47—顶端表面；P_D—油泵传递压力（上泵）；P_G—先导泵传递压力；P_S—功率变换压力

当系统工作负荷较小时，来自通道 15 的较高的主油泵输送压力 P_D 或先导泵传递压力 P_G 作用在控制柱塞 14 的轴肩上，来自通道 20 的功率变换压力 P_S 作用在控制柱塞 14 的顶端表面上，控制柱塞 14 将销推下，试图使控制柱塞 24 向下移动，但是由于主油泵传递压力 P_D 及先导泵传递压力 P_G 和功率变换压力之和小于弹簧 22，27 和 30 所产生的联合反力，故控制柱塞 24 不会下移。弹簧 30 的弹力比弹簧 27 的小，故弹簧 30 比弹簧 27 先收缩。通道 48 关闭，而通道 49 打开，在通道 25 和弹簧腔间形成开口油路。弹簧腔的油箱压力作用于卡环底面上，柱塞腔中的主油泵传递压力 P_D 或先导泵传递压力 P_G 使柱塞和卡环向下移动，直到螺栓 33 与螺栓 38 接触为止。由于柱塞通过枢销与缸体机械连接，缸体回转到最大角度位置，使油泵形成最大排量。

●恒功率流量控制（油泵开始变量之后）。如图 2-5-11 和图 2-5-12 所示，随着主油泵负载增加，功率变换压力 P_S 和主油泵传递

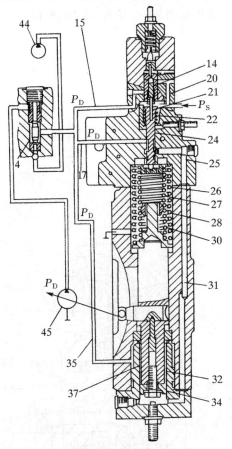

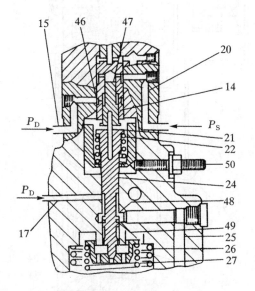

图 2-5-11　调节器操作原理图（图 2-5-8 的局部）
4—梭阀；14，24—控制柱塞；15，17，20，25，35—通道；21—销；22，27，30—弹簧；36—弹簧腔；31—枢销；32—柱塞；33，38—螺栓；34—卡环；37—柱塞腔；44—先导泵；45—上泵；P_D—油泵传递压力（上泵）；P_G—先导泵传递压力；P_S—功率变换压力

图 2-5-12　调节器操作原理图（图 2-5-8 的局部）
14—控制柱塞；15，17，20，25，48，49—通道；21—销；22，27—弹簧；46—轴肩；47—顶端表面；50—调整螺钉；P_D—主油泵传递压力（上泵）；P_S—功率变换压力

压力 P_D 也增大（P_D 比 P_G 大）。作用在控制柱塞 14 的顶端表面和轴肩上的压力为已增大的功率变换压力 P_S 和主油泵传递压力 P_D，二者之和大于弹簧 22 和 30 的合力。控制柱塞 14 通过销压到控制柱塞 24 上。通道 49 关闭，通道 48 打开，使通道 17 中的主油泵传递压力 P_D 经通道 25 到达卡环的底面。主油泵传递压力 P_D 作用在卡环顶面上，经通道 35 供给柱塞腔。卡环顶面和底面所作用的主油泵传递压力是相等的，由于卡环底面比顶面面积大，故卡环克服弹簧 30 和弹簧 28 的阻力将柱塞推起。柱塞 24 与缸体通过枢销机械连接，使缸体转动到较小的角度位置，以使油泵继续变量。

当柱塞向上运动时，弹簧 30 压缩将控制柱塞 24 推起，通道 48 关闭，通道 49 部分打开，油从通道 25 流入弹簧腔。由于弹簧腔与油箱相通，卡环底面的压力变得小于主油泵传递压力 P_D，柱塞停止向上运动。当作用在卡环顶面上的主油泵传递压力 P_D 大于底面压力时，柱塞开始向下运动。由于弹簧 30 的压缩力减小，控制柱塞开始向下运动。通道 49 关闭，通道 48 部分打开，由于主油泵传递压力 P_D 经通道 25 到达卡环底面，柱塞开始再次向上移动。

当主油泵传递压力 P_D 再度增加，并且进一步压缩弹簧 27 时，控制柱塞 24 和 32 将按上面所述方式动作。当主油泵传递压力 P_D 与弹簧 28，30 和 27 的总反力相等时，柱塞处于平衡位置，缸体的角度也保持在这一位置。通过保持通道 48 和 49 处于微开状态而使控制柱塞 24 也处于平衡位置。转动调整螺钉 50 可以改变弹簧 22 压缩力，进而改变油泵的排量。弹簧压缩力增大使油泵排量增大。

• 反向流动控制。如图 2-5-13 所示，当所有操纵杆都处于空挡位置时，主控制阀的中心旁路通道中的油流流量是最大的。当操纵杆轻微移动以进行微调控制操作时，上泵的部分油流进入通道 51，降低了中心旁路通道中的油流流量。于是，流入中心旁路通道的油流被反向流动控制节流孔节流，反向流动控制压力 P_N 在管道内增大。调节器（增大或减小反向流动控制压力 P_N）根据中心旁路通道的油流流量大小而动作。当所有的操纵杆都处于空挡位置时，反向流动控制压力 P_N 最大，使油泵的排量保持最小。

管道中的反向流动控制压力 P_N 经油口进入调节器，作用在柱塞 13 的顶面上，柱塞 13 试图向下运动。功率变换压力 P_S 作用在控制柱塞 14 的端面上，主油泵传递压力 P_D 或先导泵传递压力 P_G 作用在柱塞 14 的轴肩上，同时也作用在套筒的内表面上，套筒试图推动柱塞 13 向上运动。

当作用在柱塞 13 上的反向流动控制压力 P_N 比作用在套筒的压力之和大时，柱塞 13 向下运动，进行反向流动控制。柱塞 13 向下运动的同时，套筒通过销 1 也被向下压，使控制柱塞 14 被压下，这时缸体角度减小，同时油泵排量减小，这就是恒功率流量控制。

当所有的操纵杆均在空挡位置时（由于反向流动控制压力最大），控制柱塞 14 向下推动销 21 使控制柱塞 24 也向下移动，通道 48 打开。来自通道 17 的主油泵传递压力 P_D 或先导泵传递压力 P_G 将柱塞 32 顶起，压缩弹簧 28 和 30。当弹簧调整垫 56 的上端面与弹簧调整垫 55 相接触时，在主油泵传递压力 P_D 或先导泵传递压力 P_G 作用下，控制柱塞 24 连同柱塞 32 一起被顶起，直到达到平衡条件为止。控制柱塞 24 在新的平衡位置保持通道 48 和 49 微开，如同在恒功率流量控制中描述的。现在，缸体的角度最小，油泵的排量最小。

当操纵杆部分移动时，反向流动控制压力 P_N 逐步减小，其作用在柱塞 13 上的力也减小。

当压缩弹簧 27 和 30 的力超过逐渐减小的反向流动控制压力 P_N 的作用时，控制柱塞 24

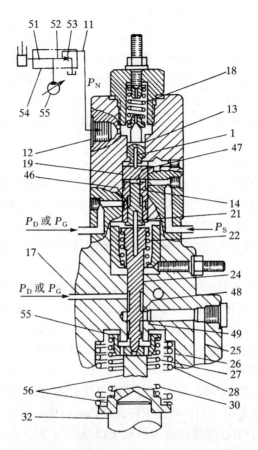

图 2-5-13　反向流动控制操作原理图（图 2-5-8 的局部）

1，21—销；11—管道（反向流动控制压力）；12—油口；13，32—柱塞；14，24—控制柱塞；17，25，48，49，51—通道；18，22，27，28，30—弹簧；19—套筒；26—弹簧腔；45—上泵；46—轴肩；47—断面；52—中心旁路通道；53—反向流动控制节流孔；54—主控制阀；55，56—弹簧调整垫；P_D—主油泵传递压力（上泵）；P_G—先导泵传递压力；P_N—反向流动控制压力；P_S—功率变换压力

在弹簧调整垫 56 与弹簧调整垫 55 接触前就向上运动。在微动控制操作时，油泵的排量根据反向流动控制压力 P_N 被控制在介于最小和最大排量之间的任意值。

　　当柱塞 13 由于反向流动控制压力 P_N 很低（低于 3.45MPa）时，柱塞 32 保持静止，这是因为主油泵传递压力 P_D 不能克服缸体的阻力。在通道 17 和柱塞腔提供的先导泵传递压力 P_G 的作用下柱塞 32 可以移动。

　　●压力-流量（P-Q）特性曲线。P-Q 特性曲线如图 2-5-14 所示。每个油泵的输出特性根据下面两个压力值而定，即油泵输出油路压力和功率变换压力。

　　油泵开始变量后，每个油泵都有自己的压力-流量

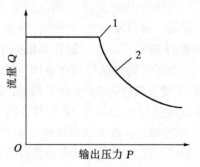

图 2-5-14　P-Q 特性曲线图

1—油泵变量开始点；2—功率特性

特性曲线。P-Q 曲线代表着油泵在不同的压力下输出的流量。曲线 2 的每个点代表用以维持油泵输出功率恒定的相应的油流流量及压力。

2. 主控制回路

（1）主控制阀液压。

主控制阀液压原理如图 2-5-15 所示。

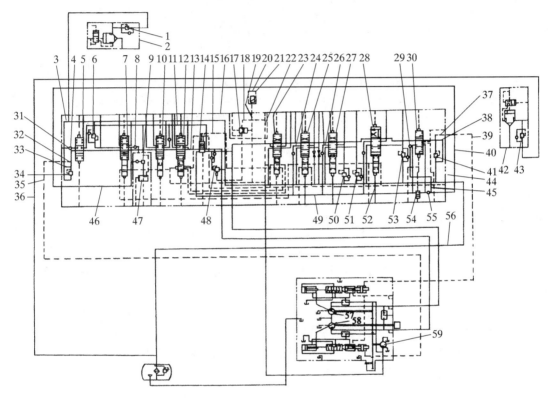

图 2-5-15　主控制阀的液压原理图

1—管道溢流阀（斗杆油缸活塞杆端）；2—斗杆移动减压阀；3, 36, 44, 56—回油通道；4—单向阀；5—动臂控制阀（斗杆油缸头端）；6—管道溢流阀（斗杆油缸头端）；7—斗杆 I 控制阀；8—负载单向阀；9—逻辑阀；10—回转控制阀；11—平行供油通道；12—左行走控制阀；13—中心旁路通道；14—直线行走阀；15, 18, 19, 22, 52—先导油通道；16—主控制阀；17—压力控制阀；20—压力开关（工作装置/回转）；21—电磁阀；23—右行走控制阀；24—中心旁路通道；25—斗杆控制阀；26—负载单向阀；27—铲斗控制阀；28—动臂 I；29—节流阀；30—斗杆 II 控制阀；31, 40, 45, 46—通道；32—通道（上泵）；33—节流孔（下泵反向流动控制）；34—反向流动控制溢流阀（下泵）；35—反向流动控制溢流管道（下泵）；37—通道（上泵）；38—节流孔（上泵反向流动控制）；39—反向流动控制管道（上泵）；41—反向流动控制溢流阀（上泵）；42—动臂变换减压阀；43—管道溢流阀（动臂油缸体头端）；47—压力控制阀；48—主溢流阀；49—平行供油通道；50—管道溢流阀（铲斗油缸体头端）；51—管道溢流阀（铲斗油缸活塞杆端）；53—管道溢流阀（动臂油缸活塞杆端）；54—选择阀；55—单向阀；57—上泵；58—下泵；59—先导泵

（2）主控制阀体。

主控制阀安装在油泵和执行元件（油缸和马达）之间的液压系统中，如图 2-5-16 所示。主控制阀控制来自上泵、下泵和先导泵的流量和压力，使执行元件以最佳的速度朝正确

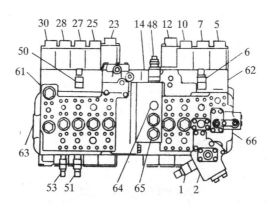

图2-5-16　主控制阀（主视图，与（图2-5-15 对应））示意图

1—管道溢流阀（斗杆油缸活塞杆端）；2—斗杆移动减压阀；5—动臂Ⅱ控制阀；6—管道溢流阀（斗杆油缸体头端）；7—斗杆Ⅰ控制阀；10—回转控制阀；12—左行走控制阀；14—直线行走控制阀；23—右行走控制阀；25—斗杆控制阀；27—铲斗控制阀；28—动臂Ⅰ控制阀；30—斗杆Ⅱ控制阀；48—主溢流阀；50—管道溢流阀（铲斗油缸体头端）；51—管道溢流阀（铲斗油缸活塞杆端）；53—管道溢流阀（动臂油缸体头端）；61—右阀体；62—左阀体；63，66—回油口；64—输入口（上泵）；65—输入口（下泵）

的方向工作。

主控制阀包括右阀体和左阀体。右阀体内并联有如下几种控制阀：右行走控制阀、斗杆控制阀、铲斗控制阀、斗杆Ⅱ控制阀、动臂Ⅰ控制阀。左阀体内并联有如下几种控制阀：直线行走控制阀、左行走控制阀、回转控制阀、斗杆Ⅰ控制阀、动臂Ⅱ控制阀。这两个阀体通过连接成为一体。

右阀体有回油口63，左阀体有输入口（上、下泵）及回油口66。上泵的油流入输入口64，下泵的油流入输入口65。两个油泵的油都被控制阀控制，供给工作油缸和（或）马达。自油缸和马达返回的油进入控制阀，流过回油口，再经回油路回到液压油箱。

每个阀体的其他重要部分说明如下。

① 右阀体。

● 动臂油缸活塞杆端管道溢流阀（动臂油缸体头端）和铲斗油缸管道溢流阀（铲斗油缸体头端和铲斗油缸活塞杆端）用于限制各自油路的压力。

● 反向流动控制溢流阀（上泵）和反向流动控制节流孔（上泵）的功能是控制主油泵变量，此时操纵杆处于空挡位置或部分移动位置。

● 工作装置/回转压力开关产生的电子信号，用于发动机速度自动控制操作。右行走和左行走压力开关也是如此。

● 动臂提升压力开关确定动臂提升的最佳速度。

② 左阀体。左阀体的部件和主要功能基本与右阀体中所描述的相同。主溢流阀限制主液压系统压力。斗杆移动减压阀在主控制阀处于空挡位置时防止斗杆油缸动作。斗杆油缸活塞杆端管道溢流阀安装在斗杆移动减压阀上。动臂油缸头端管道溢流阀（动臂油缸体头端）安装在动臂变换减压阀上，位于动臂控制阀和动臂油缸之间。

主控制阀有以下5种功能：

● 操纵杆在空挡位置时，保证油缸与马达无负荷；

● 单阀操作；

- 当操纵杆在空挡位置或部分移动时，实现反向流动控制；
- 控制负载单向阀防止油缸异常动作；
- 控制溢流阀限制油路压力。

（3）主控制阀空挡操作。

主控制阀（空挡位置）的结构如图 2-5-17 所示。

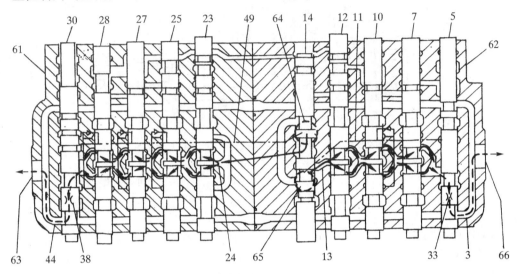

图 2-5-17　主控制阀（空挡位置，图 2-5-16 的局部）示意图

3，44—回油通道；5—动臂Ⅱ控制阀；7—斗杆Ⅰ控制阀；10—回转控制阀；11，49—平行供油通道；12—左行走
控制阀；13，24—中心旁路通道；14—直线行走控制阀；23—右行走控制阀；25—斗杆控制阀；27—铲斗控制阀；
28—动臂Ⅰ控制阀；30—斗杆Ⅱ控制阀；33—反向流动控制节流孔（下泵）；38—反向流动控制节流孔（上泵）；
61—右阀体；62—左阀体；63，66—回油口；64—输入油口（上泵）；65—输入油口（下泵）

上泵经输入油口、中心旁路通道 24 及平行供油通道向右阀体供油。下泵经输入油口、中心旁路通道 24，最后经回油口 63 排出，流回液压油箱。下泵中的油来自输入油口（下泵），流经中心旁路通道、反向流动控制节流孔、回油通道 3、回油口 66 回到液压油箱。上、下两个油泵供给平行供油通道 49 和 11 的油保持不变。操作控制杆使上泵流出的油分成两路：一路由中心旁路通道 24 流出，进入右行走控制阀；另一路由平行供油通道 49 流出，流入斗杆控制阀、铲斗控制阀及动臂Ⅰ控制阀。操作任一控制杆也将下泵的油分成两路：一路从中心旁路通道 13 流出，进入左行走控制阀和斗杆Ⅰ控制阀；另一路自平行供油通道 11 流出，进入回转控制阀。

（4）单阀操作。

以铲斗控制阀为例介绍单阀控制操作原理。铲斗控制阀（空挡位置）如图 2-5-18 所示。

当所有的先导控制阀均处于空挡位置

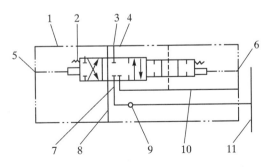

图 2-5-18　铲斗控制阀（空挡位置）示意图

1—铲斗控制阀；2—弹簧；3，4—油口；5，6—先导油口；7—通道；8—中心旁路通道；9—负载单向阀；10—回油通道；11—平行供油通道

时，先导控制阀不向先导油口输油，阀杆在弹簧的作用下进入空挡位置，上泵的油经中心旁路通道进入液压油箱。

铲斗控制阀（铲斗关闭位置）如图 2-5-19 所示。

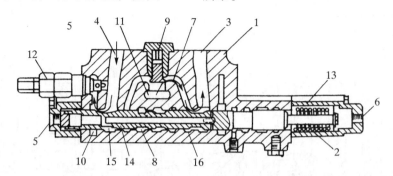

图 2-5-19　铲斗控制阀（铲斗关闭位置，局部）示意图

1—阀体；2—弹簧；3，4—油口；5，6—先导油口；7，15，16—通道；
8—中心旁路通道；9—负载单向阀；10—回油通道；11—平行供油通道；
12—溢流阀；13—阀盖；14—阀杆

当操作控制阀使铲斗关闭时，先导油口 6 使阀杆向左移动，中心旁路通道关闭。

平行供油通道中来自上油泵的油，流经负载单向阀和通道 7 进入油口 3，铲斗油缸活塞杆伸出，使活塞杆末端排出的油流入油口 4。油口 4 的油进入回油通道，返回液压油箱。

（5）反向流动控制信号。

反向流动控制液压原理图（局部）如图 2-5-20 所示。

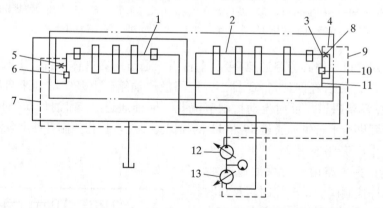

图 2-5-20　反向流动控制液压原理图（铲斗关闭位置，局部）示意图

1，2—中心旁路通道；3，4—通道；5，8—节流孔；6—反向流动控制溢流阀；
7—反向流动控制管道；9—反向流动控制管道；10—反向流动控制溢流阀；
11—回油通道；12—上泵；13—下泵

来自中心旁路通道的反向流动控制压力信号在下列情况下发生作用。

① 当油缸或马达未操作时。

② 当先导控制阀需进行微调控制时。

斗杆Ⅱ控制阀如图 2-5-20 所示，上泵中的油流经中心旁路通道 2、通道 3 及节流孔 8 到回流通道。流经节流孔 8 的油受到约束，使通道 3 的压力增加。反向流动控制压力 P_N 经通道 4 和反向流动控制管道进入油泵调节器，调节器的反向流动控制使油泵开始动作。

如图 2-5-21 所示，反向流动控制溢流阀包括阀体、螺塞、阀及弹簧。当油流在中心旁路通道突然变化时，反向流动控制压力也会突然增加。为防止压力对机器部件造成冲击，反向流动控制溢流阀通过使部分油流经过阀流回回油通道而起缓冲作用。

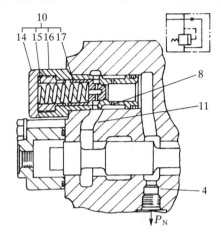

图 2-5-21　斗杆控制阀侧剖视图（图 2-5-20 局部，反向运动控制溢流阀）

1，4—通道；8—节流孔；10—反向流动控制溢流阀；
11—回油通道；14—柱塞；15—弹簧；16—阀体；
17—阀；P_N—反向流动控制压力

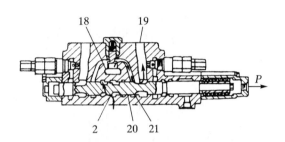

图 2-5-22　铲斗控制阀的典型剖视示意图（微调控制操作，图 2-5-20 局部）

2—中心旁路通道；18—平行供油通道；
19—油口；20—阀芯；21—通道；P—先导压力

铲斗控制阀如图 2-5-22 所示。当部分工作装置开始操作时，先导压力 P 推动阀芯向左微动，先导压力 P 使通道微开，中心旁路通道微开。上泵中部分来自中心旁路通道的油流入节流孔，剩余的油流经平行供油通道和通道到达油口。现在中心旁路通道中的油流减少了，油流经节流孔时阻力减小，通道 3 中的反向流动控制压力 P_N 减小。上油泵缸体回转到更大角度，使上油泵冲程增加，油流量增大。

操作阀芯继续向左运动关闭中心旁路通道，通道 3 没有油流经过，不产生反向流动控制压力 P_N，上泵排量达到最大值。现在上泵的排量由恒功率流量控制。

准确的油泵排量调节（增加或减少）通过控制杆微调得到，这样工作装置可以进行精确作业。下泵油流经节流孔（如图 2-5-21）的反向流动控制作业与此相同。

（6）负载单向阀。

动臂 I 控制阀如图 2-5-23 所示。

负载单向阀有两种功能：当一个压力较高的油路和一个压力较低的油路平行并同时操作时，防止油流入压力低的油路。例如，如果负载较小的铲斗油缸在动臂油缸抬起时动作，动臂油缸内的高压油就会试图向压力低的铲斗油缸内流动。如果油路中没有负载单向阀，动臂就会下降。负载单向阀的第二种功能是：防止在低速启动时动臂下滑。当动臂控制低速升起时，动臂控制阀中心旁路通道的部分油流进入液压油箱。没有负载单向阀，动臂油缸中的压力油会流经中心旁路通道进入液压油箱，引启动臂下落。负载单向阀防止压力油从油缸头端

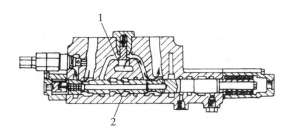

图 2-5-23　动臂Ⅰ控制阀（升臂位置，负载单向阀打开）示意图
1—负载单向阀；2—中心旁路通道

进入油箱。

（7）主溢流阀。

直线行走阀和主溢流阀如图 2-5-24 所示。来自上泵和下泵的油分别经管道 14 和 15 进入主控制阀，再经单向阀到通道 11。只有来自上泵或下泵的高压油能够通过通道 11 进入主溢流阀。

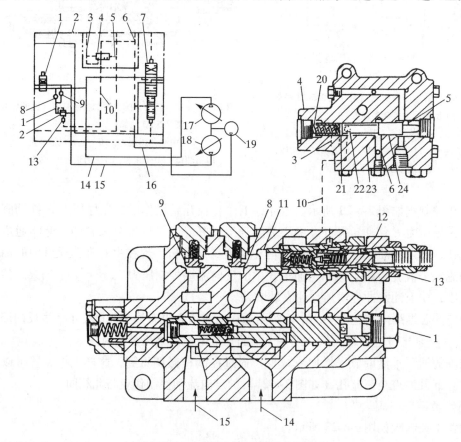

图 2-5-24　直线行走阀和主溢流阀剖视图
1—直线行走阀；2—主控制阀；3—泄油通道；4—压力控制阀；5, 6, 11, 21, 22, 23—通道；
7—右行走控制阀；8, 9—单向阀；10—先导通道；12—主溢流阀；13—活塞；
14, 15, 16—管道；17—上泵；18—下泵；19—先导泵；20—弹簧；24—阀

来自先导泵的油经管道 16 到达通道 5 和 6，行走控制阀引起通道 6 内的压力增加。任何工作装置或回转操作时，通道 6 内的先导油流经压力控制阀和先导通道到达主溢流阀的活塞

底部。当工作装置或回转控制动作时，阀被通道5内增加的压力油所推动，作用在活塞上的油流经先导通道到泄油通道变成低压油。当单独操作行走控制阀时，活塞动作能将主溢流阀压力限制在4.3MPa。当活塞不动作时，在工作装置或回转操作中，主溢流阀的压力被限制在2.4MPa。

压力控制阀安装在直线行走控制阀上。在行走操作过程中，通道5的油压小于弹簧的压力，使阀右移打开通道23，这使通道6中的先导油流经通道23和22到达先导通道。

在工作装置或回转控制操作时，通道5压力增加，阀向左移动，通道23关闭，通道21打开，先导通道的油流经通道21从泄油通道到油泵油管，变成低压油。

主溢流阀关闭位置示意图如图2-5-25所示。

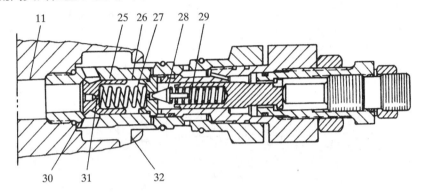

图2-5-25 主溢流阀（关闭位置，图2-5-24局部）示意图

11，30—通道；12—阀；25—阀芯；26—弹簧腔；27，29—弹簧；28—阀；31—节流孔；32—回油通道

当通道11的主油泵油压力小于设定的主溢流阀压力时，阀在弹簧29作用下关闭，通道11的油流经节流孔进入弹簧腔。因为通道11与弹簧腔的压力相等，阀芯在弹簧27的压力下移向左位，关闭通道30。从通道11到回油通道之间没有油流。

主溢流阀处于打开位置时如图2-5-26所示。在行走操作中，先导通道中的油流经通道33到柱塞腔，活塞向左压缩弹簧29，关闭阀。

当通道11的油压增大到行走油路的溢油阀压力设定值时，通道11的油压克服弹簧29的压力，打开阀28。阀腔37中的油流经通道36到回油通道变成低压油。此时，来自通道11的油压经过节流孔减少，于是油流经过弹簧腔到阀腔。由于弹簧腔的压力降低，来自通道11的压力油推动阀芯克服弹簧27的反力向右移动，通道30打开，使来自通道11的高压油流进入回油通道，转动调节器的调节螺栓，可调节压力。

主溢流阀在工作装置或回转操作过程中（阀处于打开位置）如图2-5-27所示。在工作位置或回转操作时，先导通道不向柱塞腔输送油流，柱塞腔的油压较低，这使得弹簧克服柱塞推动活塞向右运动时，弹簧作用在阀28上的力减小，于是溢流阀供给工作装置和回转油路的压力低于行走油路的压力。

当来自通道的油流压力增大到工作装置和回转回路的溢流阀的压力设定值时，阀向右移动，使通道的油流进入回油通道，可通过转动柱塞调节压力。

（8）管道溢流阀和补油阀。

管道溢流阀和补油阀位于每个油缸及其控制阀之间的管道上。

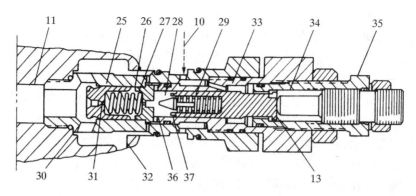

图 2-5-26　主溢流阀（阀处于打开位置，图 2-5-24 局部）示意图

10—先导通道；11，30，33，36—通道；13—活塞；25—阀芯；26—弹簧腔；27，29—弹簧；28—阀；31—节流孔；32—回油通道；34—柱塞腔；35—调节器；37—阀腔

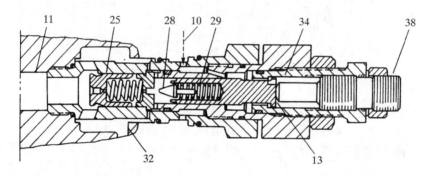

图 2-5-27　主溢流阀（工作装置或回转操作，阀处于打开位置，图 2-5-23 的局部）示意图

10—先导通道；11—通道；13—活塞；25，28—阀；29—弹簧；32—回油通道；34—柱塞腔；38—柱塞

　　当外部压力作用在油缸上（控制阀位于空挡位置）时，油缸及油路内作用在控制阀上的压力增大。管道溢流阀将压力限定在 33.8MPa，管道溢流阀也可作为补油阀进行操作。当外部压力作用在工作装置油缸上时（控制阀处于空挡位置），工作装置油缸的活塞将移动，油缸内将形成真空。补油阀向油缸输送部分低压油，改变油缸内的真空状态。管道溢流阀关闭位置如图 2-5-28 所示。来自于每个油缸及其控制阀之间管道的高压油流经通道 1 进入管道溢流阀。压力油流经柱塞的内部通道 9 进入弹簧腔内的压力相等。

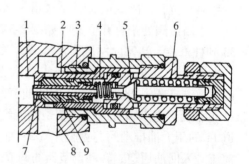

图 2-5-28　管道溢流阀关闭位置结构简图

1，9—通道；2，3，5—阀；4—弹簧腔；6—弹簧；7—柱塞；8—回油通道

　　由于阀 2 和 3 的弹簧腔表面积大于油缸通道的表面积，所以两个阀都会向左移动而且保持不变，来自通道 1 的油流被封闭在通道 9 内保持不动。

　　管道溢流阀打开位置如图 2-5-29 所示。当通道 1 的油压达到溢流阀的设定值时，阀 5 克服弹簧的压力向右移动，于是阀腔的油流经通道 12 到达回油通道，阀腔的油压降低，通道

11 的油压使柱塞向右移动并与阀 5 的左端面接触，于是来自通道 1 的油流入柱塞，再流过通道 9，然后经过弹簧腔 10。由于油流被柱塞外表面所限制，弹簧腔的油压被减小，于是阀 3 向右移动，打开通道 11，油将由通道 1 流向回油通道。

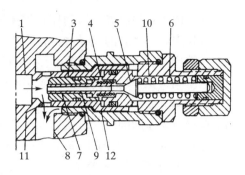

图 2-5-29　管道溢流阀打开位置示意图
1，9，11，12—通道；3，5—阀；4—弹簧腔；
6—弹簧；7—柱塞；8—回油通道；10—弹簧腔

管道溢流阀（补油阀）的工作示意图如图 2-5-30 所示。当油经过油缸活塞杆端管道溢流而损失时，必须在油缸头端补油以防止产生真空。由于通道 1 与弹簧腔通道 9 相连，通道 1 与弹簧腔能产生真空。压力油经回油通道作用在阀 2 的轴肩上，轴肩的背面受到弹簧腔内反向压力作用，阀 2 向右运动，于是油从回油通道作为补偿油流向通道 1，消除通道 1 的真空状态。

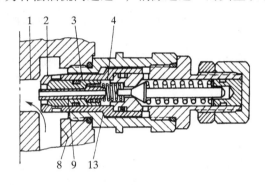

图 2-5-30　管道溢流阀（补油阀）工作示意图
1，9—通道；2，3—阀；4—弹簧腔；8—回油通道；13—轴肩

3. 先导液压系统

（1）先导液压系统。

先导液压系统的油从先导泵经输出管道输出，先导液压油流过先导过滤器进入先导油总管，先导液压系统油压被先导溢流阀限定在 3.45MPa，随后油流分别到以下几个油路：

① 先导控制阀油路；

② 比例减压阀油路；

③ 自动行走速度转换阀（带有选择控制的行走速度电磁阀）油路；

④ 逻辑阀（带有选择控制的压力控制阀和顺序回转电磁阀）油路；

⑤ 控制回转停车制动器油路；

⑥ 主控制阀的先导回路。

（2）先导控制阀油路。

先导控制阀是先导液压系统的主要部件。当操作先导操纵杆时，先导油会流入相应的主控制阀。先导压力油转换控制阀的阀芯用以操作油缸和（或）马达，这使操作控制杆变得很简易。液压启动控制阀是先导控制阀油路的一部分。当液压启动控制杆位于锁定位置时，液压启动控制阀被关闭，不向任何先导控制阀供给先导油，主控制阀芯开关能使启动器开始只控制由于意想不到的操作引起的机器突然运动。当控制杆位于开启位置时，液压启动控制阀打开，使先导油经液压启动控制阀到达各自的先导控制阀。

来自先导控制阀的先导油经各自的管道进入有关操作的控制阀油口。先导油推动主控制阀的阀芯换向。当控制杆的运动到"降臂"位置时，先导控制阀的油经先导管道进入动臂转换减压阀，操作动臂转换减压阀到动臂头部末端的回油经动臂转换减压阀到动臂控制阀，于是动臂油缸缩进。当控制杆运动到"斗杆缩进"位置时，来自先导管道的先导油以与启动动臂转换减压阀同样的方式启动斗杆转换减压阀，则斗杆油缸进行"斗杆缩进"操作。

当控制杆移向"全负荷动臂上升"位置并且作业方式开头置于"动臂优先"方式位置时，来自先导管道的先导油流进入压力开关（动臂起升），启动压力开关（动臂起升）使微调控制电磁阀动作。在动臂和斗杆联合操作的过程中，上（油）泵不向斗杆回路供油，而是将全部油用于动臂回路，于是动臂运动速度加快。左、右行走压力开关都安装在先导控制阀（左/右行走）的底部。行走压力开关的开或关信号发送到电子控制器，电子控制器处理来自行走压力开关的信号以及来自工作装置/回转压力开关的信号，实现发动机转速自动控制（AEC）功能。来自行走压力开关的信号也用于电子控制进行平稳行走控制。

（3）比例减压阀回路。

当通道内的部分先导油进入比例减压阀时，比例减压阀持续接收到来自电子控制器的电信号，并将来自通道的先导油转换成液压信号。液压信号经先导管道传送到主油泵的调节器，以控制油泵的输出流量，使流量与先导油的压力成比例变化。

（4）自动行走速度转换阀回路。

此回路只有当行走速度开关处于"自动行走速度"方式位置时才起作用。将行走速度开关置于"自动行走速度"位置，推动行走速度电磁阀，通道内的部分先导油进入行走速度电磁阀。机器上加有很小的行走负载，行走速度自动转换阀保持打开，油流经行走速度自动转换阀和左、右行走马达的变量阀，于是行走马达高速运转。当行走负载增大到一定程度时，行走速度自动转换阀自动将行走速度降低。

（5）逻辑阀油路。

逻辑阀油路用于在动臂、斗杆和回转的联合负载操作过程中进行操作。来自油道的部分先导油流经顺序回转电磁阀和压力控制阀，逻辑阀打开，使回转和斗杆回路共用来自平行补给通道的下泵油液，使回转与斗杆的移动量与动臂运动成比例。

（6）回转停车制动器卸压回路。

回转停车制动器卸压回路的功能是在工作装置和（或）回转操作时使回转停车制动器卸压，通道的部分先导油进入回转停车制动器控制阀。操作过程中，先导油管道中的先导压力油使回转停车制动器阀保持开启；先导压力油流进回转停车制动器使停车制动器卸压；停车制动器打开。

（7）主控制阀先导油路。

主控制阀内的先导油路液压原理图如图2-5-31所示。右行走控制阀侧剖图如图2-5-32所示。

来自先导泵的先导油经先导油总管，再经管道进入主控制阀，随后油流被分成两路：一路经节流孔17到先导通道11，另一路经节流孔16再分成两股油流。一股油流直接进入先导通道9，该通道与用于工作装置和回转的压力开关相连；另一股油流到达通道18。当仅操作行走控制阀时，通道18对先导通道6打开。在这种情况下，先导压力油供给主控制阀的

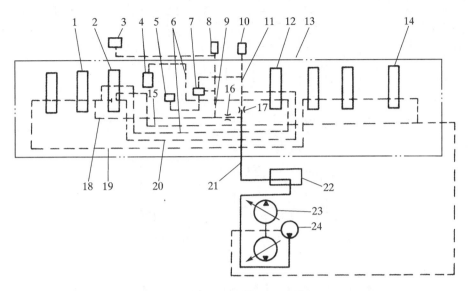

图2-5-31　主控制阀内的先导油路原理图

1—回转控制阀；2—左行走控制阀；3—回转停车制动器控制阀；4—直线行走控制阀；
5—主溢流阀；6，9，11—先导通道；7—压力控制阀；8—压力开关（工作装置/回转）；
10—压力开关（行走）；12—右行走控制阀；13—主控制阀；14—动臂控制阀；15—卸油通道；
16，17—节流孔；18，19，20—通道；21—管道；22—先导油总管；23—上泵；24—先导泵

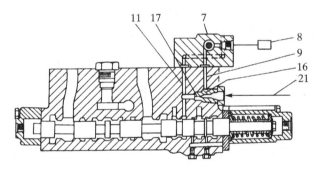

图2-5-32　右行走控制阀侧剖图（图2-5-31 的局部）

7—压力控制阀；8—压力开关（工作装置/回转）；
9，11—先导通道；16，17—节流孔；21—管道

如下油路。

①　来自先导通道 11 的先导压力油用于控制主溢流阀以限制行走油路的工作压力。

②　来自先导通道 9 的先导压力油用于主溢流阀限制工作装置/回转油路的工作压力。来自先导通道 9 的先导压力油也用于发动机转速自动控制（AEC）及为回转停车制动器卸压。

③　来自先导通道 6 的先导压力油用于操作直线行走控制阀以使机器直线行走。

（8）发动机转速自动控制（AEC）油路。

液压原理图（局部）（行走操作的先导油回路）如图 2-5-33 所示。

如图 2-5-31 所示，当所有的工作装置和回转操作都位于"空挡"位置时，先导通道 9 的先导油流经对所有工作和回转控制阀都打开通道 19，然后流向卸油管道。此时先导通道 9

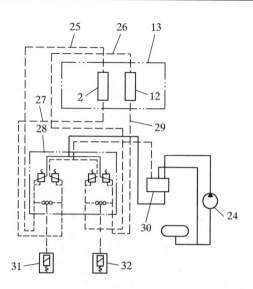

图 2-5-33　行走操作的先导油回路（图 2-5-30 的局部）示意图

2—左行走控制阀；12—右行控制阀；13—主控制阀；24—先导泵；25—先导阀（正向左行走）；
26—先导阀（正向右行走）；27—先导阀（反向左行走）；28—先导控制阀（右/左行走）；
29—先导阀（反向右行走）；30—液压启动控制阀；31—左行走压力开关；32—右行走压力开关

的油路压力很低，工作装置/回转压力开关保持关闭。

当行走控制处于"空挡"位置时，控制正向左行走控制阀、正向右行走先导阀（见图 2-5-33），反向左行走先导阀及反向右行走控制阀凹的先导油压都低，行走压力开关（左/右）均保持关闭。

当所有的先导控制阀都处于"空挡"位置时，工作装置/回转压力开关（如图 2-5-31 所示）、左行走压力开关以及右行走压力开关都向电子控制器发送"关闭"信号。当电子控制器收到"关闭"信号时，它启动 AEC 系统使发动机减速。

当操作工作装置和回转控制中的任意一项时，进行操作的控制阀阻止油从通道 19 流过，使先导通道 9 内的压力增高。增高的压力使工作装置/回转压力开关打开。当进行行走控制操作时，用于行走控制的先导阀的油路压力增大。增大的压力使右行走或左行走压力开关打开。当电子控制器收到来自压力开关的"打开"信号时，其他取代 AEC 功能，发动机将转速提高到调节杆设定值。

（9）先导泵。

先导泵为齿轮泵并且安装在主油泵箱体内。它的运动是通过齿轮分动箱与主油泵啮合得到能量以驱动其工作。先导泵将先导油供给先导系统，以实现先导控制。在额定转速下，先导泵的输出油流量约为 20L/min。

（10）先导油过滤器。

先导油过滤器如图 2-5-34 所示。过滤器安装在回油油路上，先导油过滤器的滤芯过滤先导油路的杂质。如果油流经滤芯时流动不畅，那是因为油温太低或污染严重，此时回油经过旁路溢流阀绕过过滤器直接流回油箱。

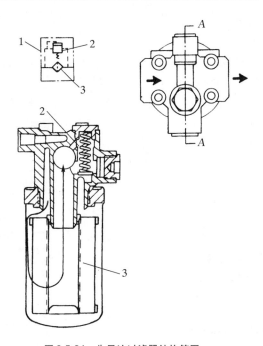

图 2-5-34　先导油过滤器结构简图

1—先导油过滤器；2—旁路溢流阀；3—滤芯

（11）蓄能器及先导溢流阀。

先导油路连接板如图 2-5-35 所示。先导油流经先导过滤器及管道进入先导油总管，再流经通道 29，打开单向阀，然后，油流经通道 12 和管道到液压控制阀。通道 12 的先导油由先导溢流阀的输入油口和蓄能器的输入油口提供。

蓄能器供给先导管道油作为补给油，在联合操作过程中，由于先导泵流量不足，先导系统又需要更多的油时，或当补给减少并且发动机关闭时，补给油由蓄能器供给。蓄能器利用对气体腔的氮气进行压缩来储存液压压力油。

蓄能器的工作原理：首先来自输入油口的先导油进入管道，先导压力油推动球形活塞压缩气体腔中的氮气。单向阀安装在连接到输入油口上的通道内。单向阀的作用是防止压力油流回到通道，蓄能器油流经管道以推动控制阀阀芯换向。

（12）先导溢流阀。

先导溢流阀将先导油路的压力限制在 3.45MPa。先导溢流阀的主要作用是保证先导油路的压力处于安全范围之内。由于先导系统的油流极小，先导泵输出的大部分油流经先导溢流阀回油箱。先导系统所需的大部分油用于控制一个或多个主控制阀阀芯，其所需油压较低，同时油量也小，在阀芯出现故障或先导油

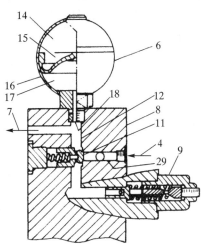

图 2-5-35　先导油路连接板结构简图

4—管道（通向液压控制阀）；6—蓄能器；7—管道（来自先导过滤器）；8—先导油总管；9—先导溢流阀；11—单向阀；12、29—通道；14—气体腔；15—球形活塞；16—油杯；17—管道；18—输入油口

路出现问题时先导溢流阀可确保主阀不被损坏。

（13）比例减压阀。

比例减压阀包括线圈和阀，如图 2-5-36 所示。当操作发动机时，来自电子控制器的电信号激发线圈，该线圈控制着阀。阀允许部分先导压力油通过，并到达油泵调节器，以控制油泵输出流量。调节器所受的压力称为功率转换压力，发动机转速降低使功率转换压力增大，引起油泵输出流量降低。发动机转速增大使功率转换压力降低，而油泵输出流量增大。

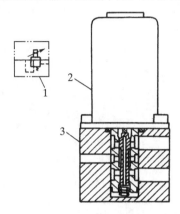

图 2-5-36　比例减压阀原理图

1—比例减压阀；2—线圈；3—阀

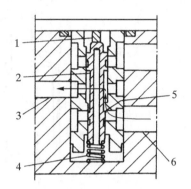

图 2-5-37　局部比例减压阀侧剖视图

（信号流增大）示意图

1—杆；2—轴；3，5—通道（功率转换压力）；4—弹簧；6—通道

信号流增大时比例减压阀侧剖图（局部）如图 2-5-37 所示。发动机转速降低，发向线圈的信号流增大，增加了线圈的电流，从而对杆的吸引力增大。杆克服弹簧的阻力将轴推下，于是通道 5 打开，使来自通道 6 的油流过通道 5，然后作为功率转换压力油经通道 3 到油泵调节器。

信号流减小时比例减压阀侧剖图（局部）如图 2-5-38 所示。发动机转速增大，发送给线圈的信号流减小，杆所受吸引力小于弹簧的压力，杆上移，通道 18 打开，通道 5 关闭。然后通道 3 内的功率转换压力流经通道 8 和通道 7 进入油泵吸油管，功率转换压力降低，使油泵输出流量减小。

功率转换压力由杆所受的力与弹簧的阻力之间的关系确定。如果杆所受的力小于弹簧阻力（发向线圈的信号流较小），功率转换压力降低。如果杆所受的力大于弹簧阻力，功率转换压力增大（发向线圈的信号流较大）。

（14）电磁操作阀。

当对电磁阀按钮操作或电液系统根据工作状况自动发出信号时，线圈得到电信号，线圈通电并使电磁阀动作。先导油总管中有以下三种电磁阀。

① 微调控制电磁阀。微调控制电磁阀用于简单微调控制操作。

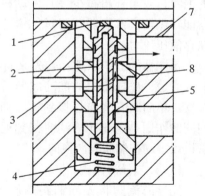

图 2-5-38　局部比例减压阀侧剖视图

（信号流减小）示意图

1—杆；2—轴；3，5—通道（功率转换压力）；4—弹簧；7—通道（通向油泵虹吸管）；8—通道

② 顺序回转电磁阀。顺序回转电磁阀用于简单的挖掘操作。

③ 行走速度电磁阀。行走速度电磁阀用于从"高"到"低"自动变换行走速度。

（15）液压启动控制阀。

液压启动控制阀如图 2-5-39 和图 2-5-40 所示。当液压启动控制阀位于开锁位置时，油口经短管轴的通道 10 向通道 9 打开，先导泵的油经油口 2 进入液压启动控制阀，然后油流经通道 9 由油口 5~8 排出到先导控制阀，这些油随后控制主控制阀。

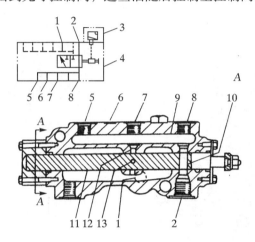

图 2-5-39　液压启动控制阀开锁位置图

1—回油口；2，7—油口；3—限制开关；4—液压启动控制阀；5—油口（先导控制阀用于回转及斗杆）；6—油口（先导控制阀用于左行走）；8—油口（先导控制阀用于右行走）；9，10，12—通道；11—短管轴；13—回油通道

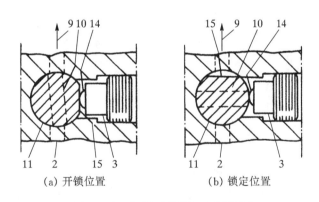

（a）开锁位置　　　　　　　　（b）锁定位置

图 2-5-40　液压启动控制阀 A-A 剖面图

2—油口；3—限制开关；9，10—通道；11—短管轴；14—滑阀 15—切口

限制开关安装在液压启动控制阀上。当液压启动控制阀位于开锁位置时，液压启动控制阀的短管轴位于图 2-5-40（a）所示位置。在这一位置，限制开关的滑阀向左外移直到进入切口，此时限制开关位于"关闭"位置。

当液压启动控制阀位于"锁定"位置时，短管轴向右移动至滑阀，打开限制开关，先导泵的油被堵塞（滞留）在油口 2 和通道 10 之间，通道 12 与短管轴的回油通道接通。随着先导泵油流堵塞在通道 9，来自各先导控制阀的回油经通道 9，12 和 13，流出回油口到油泵吸油腔。此时先导控制杆/踏板的任何操作都不会推动主控制阀。

只有当限制开关打开并且液压启动控制阀位于锁定位置时，才能操作启动开关。

（16）先导控制阀（工作装置/回转）。

先导控制阀如图 2-5-41 所示。两个先导控制阀包括 4 个阀，分别控制机器的一个单独动作。左先导控制阀控制斗杆油缸的伸缩和左、右回转动作；右先导控制阀控制动臂油缸的伸缩和铲斗油缸的伸缩。

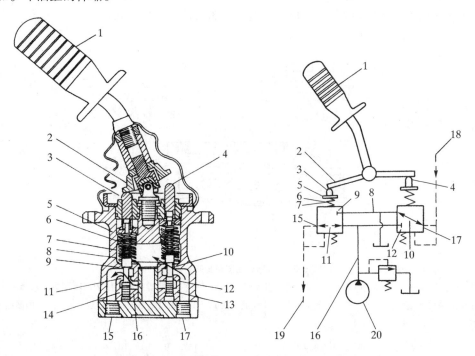

图 2-5-41　先导控制阀（工作装置/回转）原理图

1—控制杆；2—压板；3，4—杆；5—阀座；6，7—弹簧；8—回油腔；9，10—回油通道；

11，12，16—通道；13—短管轴；14—轴；15，17—油口；18—管道（来自主控制）；

19—通道（通向主控制阀）；20—先导泵

当控制杆向左压下时，压板向左翻转，同时克服弹簧的反力向下推动杆 3 和阀座。弹簧 6 的压力使轴向下运动，打开通道 11，于是先导压力油能够流经通道 16 及 11，再经通道通向主控制阀流出油口 15 进入主控制阀。先导压力油作用在主控制阀阀芯末端，使其动作以控制工作装置及回转操作。而作用在主控制阀阀芯的另一端的油，经油口 17、回油通道 10 进入回油腔返回液压油箱。只要杆 4 不压下，回油通道 10 就打开而通道 12 关闭。弹簧 7 在卸压时提供足够的压力使控制杆返回"空挡"位置。

在先导控制杆向左运动时，限流弹簧 6 被压缩。限流弹簧迫使轴向下运动。轴的运动控制油流经通道 11 的先导油压力值。先导油流经通道 11 进入主控制阀。主控制阀阀芯的运动使流入油缸和（或）马达的油改变方向。根据先导控制杆的微小运动可使对油缸和（或）马达进行微调控制操作。

（17）调整先导压力。

从先导控制阀送到主控制阀的先导油压力增加，直接使输入控制阀阀芯移动，使流向工作装置（油缸和/或马达）的压力油流量增加，同时又使先导压力成比例增加。所以先导控制杆微动可对油缸和（或）马达进行微调控制操作，使工作装置和回转操作符合操纵者的要求。用于行走操作的先导阀与用于工作装置和回转的先导阀相似。左、右行走控制阀各自有一套"手柄/脚踏板"联合控制，同样可对行走操作进行调整以改变行走速度。

三、转向系统

挖掘机的主要机体为上部转台和底盘两大部分，上下两部分根据挖掘机工作需要用回转装置连接、支承和驱动。

挖掘机工作中需要上部转台相对于下部底盘作360°全回转（现在还有极少的悬挂式挖掘机推动齿轮、齿条或采用摆动油马达进行270°左右的回转）。一个工作循环中回转动作耗费的时间在整个作业循环中占了50%～70%，因而回转装置是很重要的。提高回转速度是提高作业效率的重要方面，也同时提高整机的工作能力。

通常所指的回转装置由驱动转台旋转的油马达、减速装置、回转滚盘和传动控制系统组成。挖掘机回转液压系统的工作原理如图2-5-42所示。

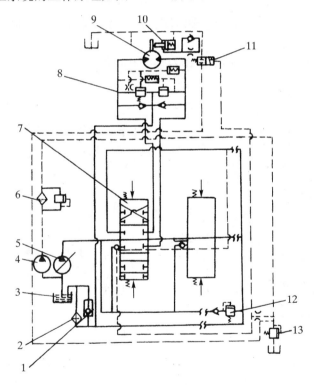

图2-5-42　挖掘机回转液压系统图

1—旁通阀；2—回油滤油器；3—液压油箱；4—辅助油泵；5—后工作油泵；6—滤油器；7—控制阀；
8—超负荷安全阀；9—回转马达；10—停车制动活塞；11—制动松开阀；12—主安全阀；13—辅助安全阀

当操作手柄置于回转位置时，控制油到达控制阀，推动回转阀杆使后工作油泵提供的高压油进入回转马达；同时，控制油回油箱的油路被切断，使制动松开阀的压力增加，推动其阀杆使另一路辅助压力油进入制动活塞，打开回转制动装置，高压油的单向运动使回转马达转动；回转马达通过变速器的小齿轮输出动力，小齿轮与回转齿圈啮合而产生回转动作。

1. 回转系统的传动形式

液压挖掘机根据其回转系统的传动形式可以分为直接传动式和间接传动式。

（1）直接传动。

直接传动是指在低速大扭矩马达的输出轴上直接安装传动齿轮与回转齿圈啮合，或通过单级正齿轮减速后与回转齿圈啮合来驱动挖掘机回转。这种传动形式一般也称为低速方案。直接传动的好处在于：回转装置结构简单，而且不需减速机构就直接得到所需的低转速；低速大扭矩油马达的制动特性较好，适用于采用阀式配流径向柱塞泵驱动的挖掘机。国产液压挖掘机采用得较早，缺点是外形尺寸较大。

（2）间接传动。

间接传动是指用高速小扭矩油马达，通过减速机构降低转速，增大扭矩后与回转齿圈啮合传动。这种传动方案被称为高速方案。其特点是：传动回转装置结构紧凑，不仅容易取得较大的传动比，而且齿轮的受力情况较好，这种构造还可采用与泵结构基本相同的轴向柱塞油马达，故便于大批量生产，从而降低成本。但必须装制动器，以便吸收较大的回转惯性力矩。间接传动所配用的减速箱，大多是正齿轮多级减速箱、行星齿轮减速箱和摆线针轮减速箱。

2. 传动系统

液压挖掘机回转装置的液压传动系统有如下几种形式，如图 2-5-43 所示。

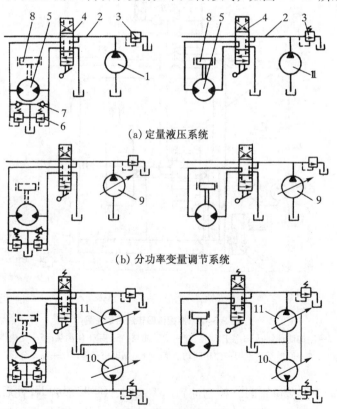

(a) 定量液压系统

(b) 分功率变量调节系统

(c) 全功率变量调节系统

图 2-5-43　回转机构的液压传动方式示意图

1—定量泵；2—高压管路；3—安全阀；4—换向阀；5—油马达；6—过载阀；7—单向阀；
8—制动器；9—分功率变量泵；10，11—全功率变量泵由图 2-5-43 可见，换向阀直接和油马达进出油路相连，当分配阀在中间位置时，油马达的进、出油路互不相通，此时系统处于闭锁状态，外力矩由卸荷阀的预调压力来克服。推动换向阀后，油马达的一条油路进入高压油，而另一条油路则回油箱，以实现回转。换向阀回复到中位时，回转部产生制动，此时在较大的回转惯性力矩的作用下，迫使油马达继续回转一定的角度，从而使油马达的进油出现吸空，于是背压油路（回油路）在背压阀的调定压力下推开单向阀给油马达补油，油马达回油箱被切断，回油阻力就急剧增大，使油马达迅速制动。为了避免紧急制动带来的不利影响，卸荷阀会打开卸荷，油回油箱，也可将卸荷的油互相通入对方油路，作为油马达的补油。

液压回转系统中也可增加机械制动器，如图 2-5-43 所示中的虚线所示。在驾驶员的脚踏控制下，可使回转角度停止在十分准确的位置。当换向阀处于中间位置时，油马达的进出油路相通，此时在转台惯性力矩的作用下，油马达可自由转动而不产生转动力矩。转台的制动只靠机械制动器来实现。图中的各系统由于采用不同的变量泵，故启动特性不一样，但回转装置的制动特性完全相同。

3. 全回转的回转机构

全回转的回转机构，按驱动的结构形式可分为高速方案和低速方案两类。

由高速油马达经齿轮减速箱带动回转小齿轮绕回转支承上的固定齿圈滚动，促使转台回转的称为高速方案。如图 2-5-44 所示为斜轴式高速油马达驱动的回转机构传动简图，图中(a)采用两级正齿轮传动，(b)采用一级正齿轮和一级行星齿轮传动，(c)采用两级行星齿轮传动，(d)采用一级正齿轮和两级行星齿轮传动。

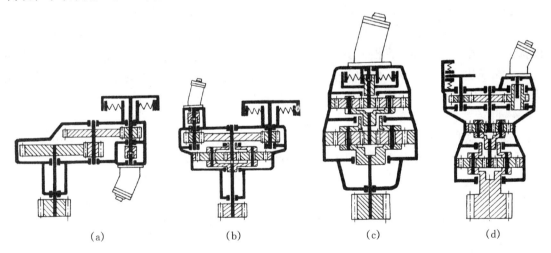

(a)　　　　　　(b)　　　　　　(c)　　　　　　(d)

图 2-5-44　斜轴式高速油马达驱动的回转机构传动简图

因此减速箱的速度比以(a)最小，以(d)最大，此外在高速轴上均装有机械制动器。行星齿轮减速箱虽然加工要求较高，但可用一般渐开线齿廓的模数铣刀进行加工，受力情况好，因而获得广泛的应用。图 2-5-45 所示是一种具有行星摆线针轮减速器的斜轴式油马达驱动的回转机构。其特点是机构紧凑，速比大，过载能力强。德国 Liebherr 公司生产的挖掘机和我国生产的 WY160，WY250 型挖掘机，其回转机构均采用了这种具有行星摆线针轮减速器的高速传动方案。

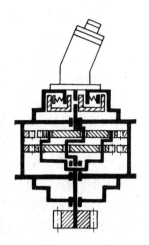

图 2-5-45　行星摆线针轮减速器
的回转机构传动简图

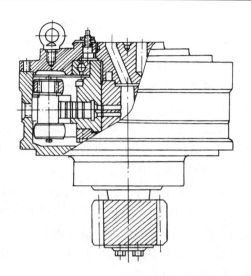

图 2-5-46　内曲线多作用油马达驱
动的回转机构传动简图

　　由低速大转矩油马达直接带动回转小齿轮促使转台回转的传动方案称为低速方案。这种方案所采用的油马达通常为内曲线式、静力平衡式和星形柱塞式等。图 2-5-46 所示为内曲线多作用油马达直接驱动的回转机构，由于低速大转矩油马达的制动性能较好，故未采用另外的制动器。法国 Poclain 公司生产的挖掘机和我国生产的 WY40，WLY40，WY60，WLY60和 WY100 型等挖掘机，其回转机构均采用低速大转矩油马达直接驱动的方案。

　　高速方案和低速方案各有特点。高速油马达具有体积小，效率高，不需背压补油，便于设置小制动器，发热和功率损失小，工作可靠，可以与轴向柱塞泵的零件通用等优点。低速大转矩油马达具有零件少，传动简单，启动制动性能好，对油污染的敏感性小，使用寿命长等优点。所以大部分的挖掘机采用高速传动方案。

　　4. 回转支承

　　回转滚盘实际上是一种大型滚动轴承，它不仅起着支承上部转台和连接下部底盘的作用，而且还承受来自挖掘机作业时的轴向载荷、径向载荷和倾覆力矩。在挖掘机上通常采用交叉滚子滚盘和球滚盘形式。

　　全回转的挖掘机广泛采用滚动轴承式回转支承。这种轴承是在普通滚动轴承基础上发展起来的，结构上相当于放大了的滚动轴承。它与旧式回转支承相比，具有尺寸小，结构紧凑，承载能力大，回转摩擦阻力小，滚动体与滚道之间的间隙小，维护方便、使用寿命长，因而得到广泛使用。它与普通轴承相比，又有其特点。普通滚动轴承的内、外座圈刚度靠轴与轴承座装配来保证，而它的刚度则靠支承它的转台和底架来保证。必须注意底架和转台的刚度是否符合它的需要，因为滚动轴承式回转支承转速低，承受负荷大。

　　滚动轴承式回转支承（如图 2-5-47 所示）由上外座阀内、外座圈，滚动体，隔离体，密封装置，调整垫片，润滑装置和连接螺栓等组成。内座圈或外座圈（分为上下座圈，通过螺栓相连接）可加工成带内齿或外齿的形式。其中带内齿座圈通过螺栓与挖掘机下部行走架相连接，为固定座圈；不带齿座圈通过螺栓与挖掘机上部回转平台相连接，为回转座圈。

　　根据轴承结构不同可作如下分类：按滚动体形式有滚球和滚子；按滚动体排数有单排、双排和多排；按滚道形式有曲面、平面和钢丝滚道等。

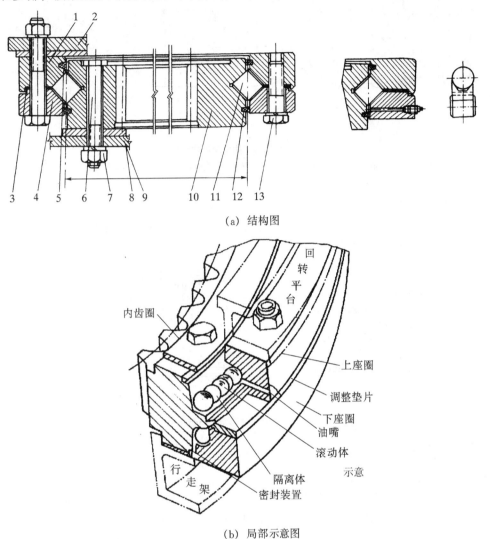

（a）结构图

（b）局部示意图

图 2-5-47　滚子内齿式回转支承结构及局部示意图
1—上外座圈；2—转台；3—调整垫片；4—外座圈；5，12—密封装置；6—连接螺栓；7—螺母；
8—垫圈；9—底架；10—带齿的内座圈；11—滚动体；13—组装螺钉

（1）单排滚球式。

　　单排滚球式（如图 2-5-48 所示），其滚道是圆弧形曲面，滚道断面的半径及与滚球直径 d_0 的关系一般推荐为：$R = 0.52 d_0$。滚道断面的中心偏离滚球中心，与滚球内切于 A，B，C，D 四点，接触角（作用力与水平线所成夹角）一般为 45°，可以传递不同方向的轴向载荷、径向载荷和倾覆力矩。座圈有剖分式和整体式两种。整体式座圈成本低，刚度好。为了便于将滚球装入滚道，外座圈上开有径向装填孔（如图 2-5-48（a）所示），待滚球装填完毕后再用挡圈塞住。

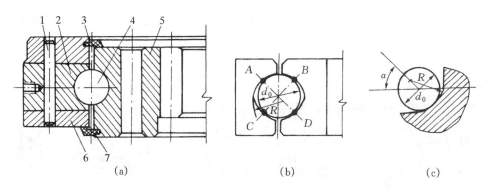

图 2-5-48　单排滚球式轴承结构示意图

1—固定锥销；2—挡圈；3，7—密封圈；4—滚球；5—内齿圈；6—外座圈

（2）双排滚球式。

双排滚球式轴承（如图 2-5-49 所示）的滚球分上下两排布置，由于上排滚球的载荷大于下排，所以可以将下排滚球减小。

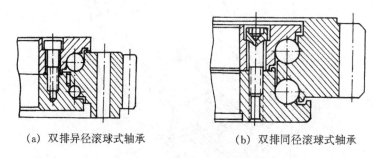

（a）双排异径滚球式轴承　　　　　（b）双排同径滚球式轴承

图 2-5-49　双排滚球式轴承结构简图

（3）交叉滚子式。

交叉滚子式轴承（如图 2-5-47 所示）类似于单排滚球式轴承，滚动体呈圆柱形或圆锥形，相邻滚子按轴线交叉排列，滚道为平面，接触角通常为 45°，同样可以传递不同方向的轴向载荷、径向载荷和倾覆力矩。滚子与滚道理论上是线接触，滚动接触应力分布于整个滚道面上，比滚球式集中在一条狭窄带上的疲劳寿命要高。此外，平面滚道也容易加工。但对连接件的刚性和安装精度的要求比滚球式高，否则，交叉滚子式轴承受载时，可能因连接构件变形而使滚子与滚道出现边缘载荷，过早地破坏滚道面，产生噪声，降低使用寿命。

（4）组合滚子式。

组合滚子式轴承（如图 2-5-50 所示）类似双排滚球式轴承。第三排滚子垂直于上、下两排，主要传递径向载荷。上、下排滚子在滚道上滚动时有很小的滑动，为了使滑动摩擦减小到不发生影响，滚子直径与滚道中心之比应在 1∶35 以上，或将滚子做成锥形，上、下两排锥形滚子的轴线应交于回转中心线上。

履带式单斗液压挖掘机的行走驱动，多数采用两个液压马达各自传动一条履带。与回转机构传动相似，行走传动也可由高速小转矩马达或低速大转矩马达驱动。低速液压马达的驱动如图 2-5-51 所示。

两个液压马达以相同方向旋转。履带直线行使时，如只向一个液压马达供油，并同时将另一个马达制动，则挖掘机绕制动一边的履带转向；若使左、右两液压马达以相反方向卷绕，挖掘机即可实现原地转向。

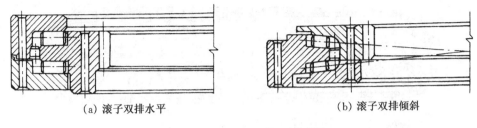

（a）滚子双排水平　　　　　　　　　　　（b）滚子双排倾斜

图2-5-50　组合滚子式轴承结构简图

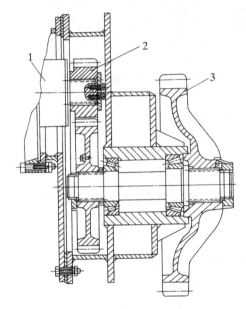

图2-5-51　WY100挖掘机行走机构示意图

1—液压马达；2—主动小齿轮；3—驱动轮

四、行走系统

液压挖掘机的履带式行走装置都采用液压传动，且基本构造大致相同。履带式行走系统包括机架、行走装置和悬架三大部分。机架是全机的骨架，用来安装所有的总成和部件，使主机成为一个整体，是由底架、横梁和履带组成。行走的各种零部件都安装在行走架上。由液压泵出来的压力油经多路阀和回转接头进入行走液压马达。马达把压力能转变为输出转矩后，通过减速箱传给驱动轮。当驱动轮转动后，与其相啮合的履带有移动的趋势。但是，由于履带和土壤行走装置是用来支持机体，把发动机传送到驱动轮上的驱动转矩和旋转运动转变为挖掘机的前、后运动，所以悬架是机架和行走装置之间互相传力的连接装置。

当驱动轮转动后，与其相啮合的履带有移动的趋势。但是，由于履带和土壤间的附着力大于驱动轮、引导轮和支重轮等的滚动阻力，所以驱动轮沿着履带轨道滚动，从而驱动整台机器前进或后退。如果左右两边液压马达的供油方向相反，则挖掘机就地转弯。

履带式行走装置由履带、驱动轮、支重轮、托轮、引导轮和履带张紧装置等组成，如图

2-5-52 所示。

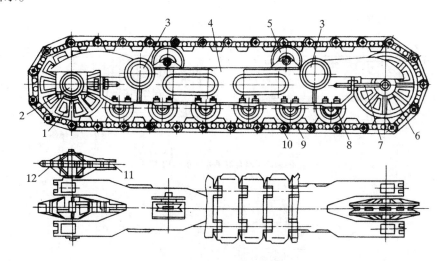

图 2-5-52　履带行走装置示意图

1—驱动轮；2—驱动轮轴；3—下支撑架轴；4—履带架；5—托轮；6—引导轮；
7—张紧螺杆；8—支重轮；9—履带；10—履带销；11—链条；12—链轮

1. 四轮一带

驱动轮、导向轮、支重轮及托轮与履带组成所谓的"四轮一带"，是履带式行走机构的重要零部件，它直接关系到挖掘机的工作性能和行走性能。这部分的质量大约占整机质量的 25%，制造成本也比较高。

2. 行走系统工作原理

下面介绍日本小松制作所 PC 系列的行走系统。行走系统由行走液压马达、双速液压马达调节阀、停车制动器、制动阀等组成。

由双速液压马达调节器根据行走速度电磁阀是否起作用，改变液压马达的排量，使机器换挡，即切换到低速大转矩或高速低转矩。其工作原理如图 2-5-53 所示。

（1）低速（LO）大转矩。

电磁阀不起作用，调节阀被弹簧推向右侧。行走油路的压力油推动单向阀流到端盖，通过调节阀向左移动，因此，由行走控制阀来的大部分压力油通过调节活塞下部向右移动，同时，在调节活塞 $1b$ 上部的压力油通过调节阀上的小孔 d 流向马达壳体。这样，调节活塞推动凸轮斜盘转到最小的斜盘倾角位置，马达排量最小，此时，该系统处于低速（LO）。

（2）高速（HI）低转矩。

电磁阀起作用时，控制压力油从辅助泵流到孔 P，推动调节阀向左移动，因此，由行走控制阀来的大部分压力油通过调节阀的通道 c，进入调节活塞 $1b$ 的下部，使调节活塞下部向左移动，同时，在调节活塞 a 上部的压力油通过调节阀上的小孔 d 流向马达壳体。这样，调节活塞推动凸轮斜盘转到最大的斜盘倾角位置，马达排量最大，此时，该系统处于高速（HI）。

3. 下部行走机构

下部行走机构由履带架、中心轴、前部导向轮、履带张紧器、托链轮、支重轮、履带和行走装置组成。行走装置又包括行走马达、行走减速器、驱动轮等。

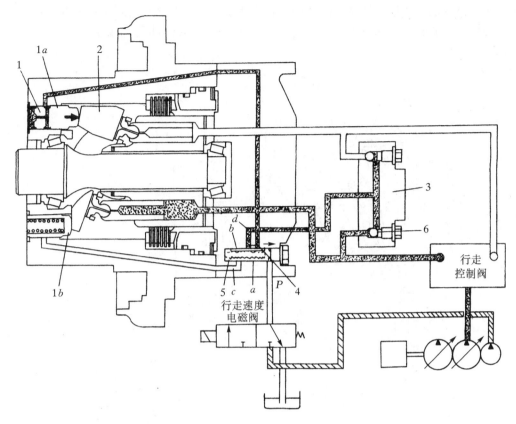

图 2-5-53　双速液压马达工作原理图

1—调节活塞；1a—调节活塞上部；1b—调节活塞；2—凸轮斜盘；3—端盖；4—调节阀；5—弹簧；6—单向阀

（1）行走减速器。

行走减速器如图 2-5-54 所示，为三级行星齿轮减速器。行走马达通过第一级行星轮、第一级行星架、第二级太阳轮、第二级行星轮、第二级行星架、第三级太阳轮和第三级行星轮的传动，使传动轴转动，从而把驱动力传送给第三级行星架和齿圈。第三级行星架固定在行走马达壳体和轮毂上。

由于齿圈和驱动轮是用螺栓连接到轮毂上的，所以它们能一起转动。

（2）行走马达。

行走马达如图 2-5-55 所示，为具有停放制动器（湿式多片常闭式摩擦制动器）的斜盘式轴向变量柱塞型液压马达。

缸体借助弹簧的作用力压紧在配流盘上，称为预紧。由于缸体油孔的油压增加，该压力作用于缸体油孔端面 A，并帮助弹簧把缸体压向配流盘。当压力油供应到配流盘的油口时，压力油便

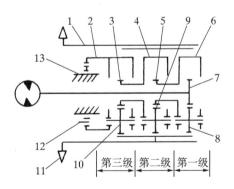

图 2-5-54　行走减速器原理图

1—齿圈；2—第三级行星架；3—第三级太阳轮；4—第二级行星架；5—第二级太阳轮；6—第一级行星架；7—传动轴；8—第一级行星轮；9—第二级行星轮；10—第三级行星轮；11—驱动轮；12—轮毂；13—行走马达壳体

流进缸体一侧的油孔，推动柱塞在缸体中作直线往复运动，由此产生的径向分力作用在驱动轴上，使驱动轴旋转。马达供油口的方向决定了驱动轴的旋转方向，也就决定了挖掘机行走的方向。

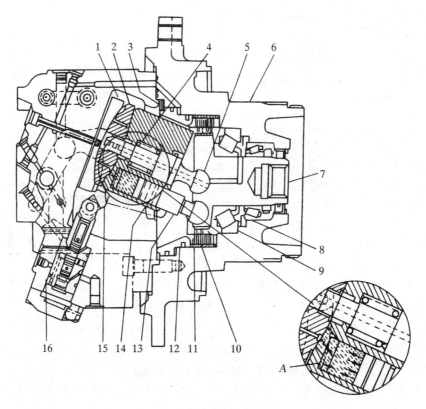

图 2-5-55　行走马达原理图

1—压盘；2—配流盘；3—板簧；4—弹簧；5—中心球塞；6—壳体；7—驱动轴；8，9—滚子轴承；
10，11—摩擦片；12—停放制动活塞；13—柱塞；14—缸体；15—变量连杆；16—变量伺服活塞

4. 行走速度控制

行走速度控制如图 2-5-56 所示。变量伺服活塞通过连杆与配流盘连接在一起，因此，移动变量伺服活塞时，便通过配流盘改变缸体的倾斜角度，导致液压马达排量变化，最后使行走速度产生变化。

当选择了低速或中速行走方式时，泵阀控制器（PVC）不给行走（高-低）电磁阀发出电子控制信号，因此，变换速度的先导压力油 SH 不流到变量伺服活塞，这样阀芯在弹簧的作用下保持向下，于是，来自马达油口的压力油 P 就流入油腔 B 和 C。

由于油腔 C 接收压力油的面积大于油腔 B，所以变量伺服活塞向上移动，使斜盘倾角增加到最大。此时马达柱塞的行程增大，即行走马达的排量增大，行走马达低速转动，因而实现了低速和中速行走形式。在低速行走时，液压泵的流量也减少约 40%。因此，行走液压马达以低速运转。

当轻载行走而需要选择高速行走方式时，泵阀控制器（PVC）给行走（高-低）电磁阀发出电子控制信号，因而变换速度先导压力油 SH 流进油腔 C，使阀芯向上移动。于是，油

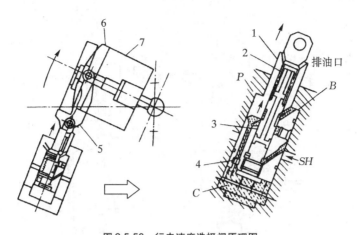

图 2-5-56　行走速度选择阀原理图

1—变量伺服活塞；2—弹簧；3—阀芯；4—节流孔；5—连杆；

6—配流盘；7—缸体；B，C—油腔；P—压力油；SH—先导压力油口

腔 C 的压力油通过阀芯的内通道排出。由于来自马达油口的压力油 P 流入油腔 B，所以变量伺服活塞向下移动，减小缸体的倾斜角度，因此马达柱塞的行程减小，行走马达以较高速度转动，实现了高速行走方式。

然而，当行走载荷较大时，PVC 便停止给比例电磁阀发出控制信号，因此缸体的倾斜角度增大，降低行走速度，以便减轻行走载荷。

五、制动系统

现在的履带式挖掘机都采用液压全制动系统，停车制动器采用常闭式制动器。平时在液压油的作用下使预紧弹簧松开。在起步行走时，操纵行走控制杆，油泵送来的压力油经控制阀进入行走马达和行走制动阀。流到行走制动阀的压力油推动行走制动阀的滑阀并流进制动活塞，克服弹簧的预紧力，将固定盘和转动盘分开，使制动器松闸。当要制动时，将行走控制杆移回到中立位置，流向行走制动阀的油停止，行走制动阀的滑阀回到中立位置。制动活塞没有压力油的推动，弹簧将制动活塞往回推，固定盘和转动盘被压紧，制动器制动。

1. 停车制动器

停车制动器采用常闭盘式制动器，平时靠弹簧紧闸，工作时靠液压油松闸。其工作原理如图 2-5-57 所示。

（1）解除制动。

起步行走时，操纵行走控制杆，来自油泵的压力油经过行走控制阀进入行走马达和行走制动阀。到行走制动阀的压力油推动行走制动阀的滑阀并流进制动活塞室 a，进入室 a 的压力油克服制动弹簧的力，将制动活塞向右推，固定盘和转动盘分开，制动器松闸。

（2）进行制动。

行走控制杆移回到"中位"时，流向行走制动阀的油停止，行走制动阀的滑阀回到中位。制动活塞室 a 的压力下降，弹簧将制动活塞向左推，固定盘和转动盘被压紧，制动器制动。

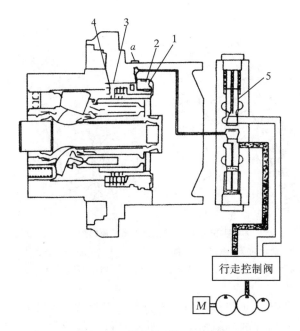

图2-5-57 停车制动器工作原理图

1—制动弹簧；2—制动活塞；3—转向盘；4—固定盘；5—平衡阀

2. 行走制动阀

① 单向阀：该阀的作用是确保平稳启动和停止，并与平衡阀一起共同防止马达回路中产生气穴。在通过油压足够高时阀才能打开，这样就防止了负压下产生气穴的可能。只有压力足够大时单向阀才打开，使马达运动平稳。

② 减压阀：该阀的作用是降低从行走马达分流出来的液压油的压力，以防止制动器突然动作，并将已减压的压力油输送到停放制动器释放油口。

③ 停车制动器释放用往复阀：该阀的作用是将行走马达作业用的液压油分流到减压阀。

④ 过载安全阀：该阀的作用是防止在马达回路中产生超载和冲击压力，即机器停车或下坡时，马达出油口油路被关闭或被平衡阀节流，但马达继续在惯性力作用下转动，所以在马达出油口压力变得异常的高，此时，安全阀打开卸压，以防油道损坏。

⑤ 伺服活塞操作用往复阀：该阀的作用是将行走液压马达专用的压力油分流到伺服活塞。

⑥ 平衡阀：该阀的作用是确保平稳启动和停止，使机械对应发动机的转速（油泵输出流量）行走，并防止挖掘机在下坡行走时产生超速。如图2-5-58 所示，开始启动时，由行走控制阀来的压力油进入孔 PA，推开单向阀 $1a$，由马达的进油口 MA 流到马达的出油口 MB。但由于马达的出油口由单向阀 $1b$ 和平衡阀芯关闭，油停止流动，马达也不转动。

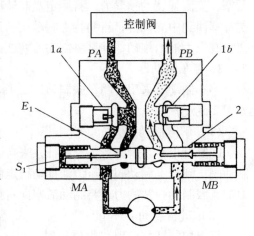

图2-5-58 平衡阀工作原理图

$1a$, $1b$—单向阀；2—平衡阀芯

当进油室 S_1 的压力油升到足以使平衡阀芯移动时，控制阀的进出油口接通，马达开始转动。机械下坡时，由于机重，马达自动转动，使马达进油口压力下降。当室 S_1 中的油压力低于控制阀的回油口压力推动平衡阀芯时，平衡阀在弹簧力作用下回位，出油口被节流，马达转动产生了阻力，使马达不致失控，从而保证机械的安全行驶。

第三节　轮胎式挖掘机底盘

一、传动系统

轮式传动系统主要有全液压式和液压机械式。单斗液压挖掘机轮胎底盘较为普遍的传动方式是行走油马达直接安装在变速箱上，变速箱固定在底盘上，变速箱引出前后传动轴驱动前后桥，并经轮边减速装置驱动轮胎，如图 2-5-59 所示。变速箱有专门的气压或液压操纵，有越野挡、公路挡和倒挡等几个挡位。

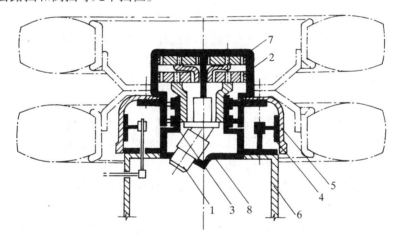

图 2-5-59　用液压马达直接驱动车轮的传动结构示意图
1—高速液压马达；2—行星减速器；3—轴承；4—制动器；5—制动鼓；
6—桥；7—减速器壳；8—驱动装置外壳

全液压式传动即每个车轮都装有一个油马达单独驱动。机械转弯时车轮之间的速度由液压系统调控，自行达到差速作用。因此每个车轮都能很好地适应越野工况。每个车轮内安装的油马达同样有高速和低速两种。液压机械式传动采用高速油马达，使用可靠，这种传动系统比机械传动简单，省掉了上下传动箱，结构更为简单。

有些轮式挖掘机在行走部分采用齿轮式机械传动，而在其他系统采用液压传动，共同使用一个发动机。其传动路线为：

发动机→离合器→油泵→控制阀→液压油缸（挖掘）
　　　　　　　　　　　　　　　液压油缸（转向）
　　　　　　　　　　　　　　　液压马达（回转）
　　　　　　　　　　　　　　　液压油缸（支腿）
　　　　　　　　　　　　　　　液压马达（行走）

有些轮式挖掘机在行走部分采用齿轮式机械传动，而在其他系统采用液压传动，共同使用一个发动机。其传动路线为：

发动机→离合器→油泵→控制阀→油缸（挖掘）

油马达（回转）

油缸（支腿）

发动机→离合器→变速箱→上传动箱→下传动箱→前、后桥

二、转向系统

1. 回转系统的主要构件

根据现在挖掘机的生产状况，挖掘机的回转装置主要采用制动阀、回转马达和回转减速箱来实现回转。通过回转装置和回转轴承，挖掘机的上部转台可以相对于下部车体全方位回转。

（1）回转马达。

斜盘式轴向柱塞马达是回转马达的一种常用类型，其构造如图 2-5-60 所示。马达的主要零件有固定式斜盘、缸体、柱塞、配流盘、马达外壳和停放制动器。停放制动器是湿式多片制动器，由中心板和摩擦片组成。滑靴嵌入每根柱塞，而缸体共有 9 根带滑靴的柱塞。缸体通过花键装在轴上。

回转马达转速的变化取决于从泵输出油流量的大小。油泵的油从马达进油口 A 流入，使柱塞从下死点移动。然后，滑靴沿着固定式斜盘滑动，使柱塞在缸体内作直线往复运动。当高压油从进油口进入马达时，带动回转马达输出轴旋转，转矩通过轴传到回转减速箱，带动上转台旋转。回油从马达出口流出，然后返回到液压油箱中。当高压油以与上述情况相反的方向进入回转马达时，马达则反方向旋转，上部转台也反向回转。

（2）制动器。

制动器由补油阀和安全阀组成，其原理如图 2-5-61 所示。当回转动作停止时，如果上部

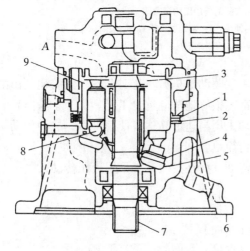

图 2-5-60 回转马达结构简图
1—中心板；2—摩擦片；3—配流盘；4—滑靴；
—固定式斜盘；6—马达外壳；7—轴；8—柱塞；9—缸体

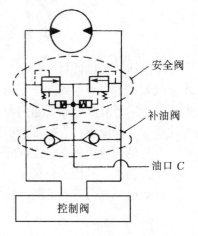

图 2-5-61 制动阀原理图

回转平台由于回转的惯性力作用仍在旋转，则会引起回转马达继续旋转，并从油泵中开始吸油，从而在马达中形成气穴。补油阀通过在回油路（油口 C）中抽吸液压油，用以补偿马达中缺少的液压油，可以防止气穴的产生，也使上部转台能够平稳地转动。

（3）回转停放制动器。

回转停放制动器如图 2-5-62 所示，它是一种湿式多片制动器，只有当制动释放压力油 SI 进入制动器缸体时，制动器才释放（常闭式制动器）。当进行回转作业和斗杆返回作业时（即电磁阀尚未得电时），制动释放压力油 SI 来自先导泵。

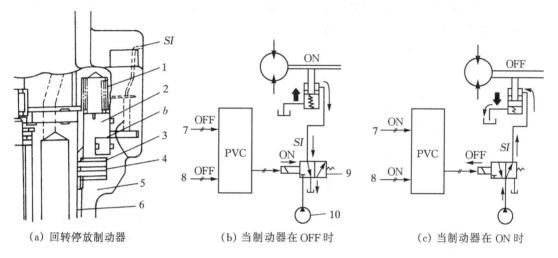

（a）回转停放制动器　　　（b）当制动器在 OFF 时　　　（c）当制动器在 ON 时

图 2-5-62　回转停放制动器

1—弹簧；2—活塞；3—中心板；4—摩擦片；5—马达外壳；6—缸体；7—回转压力开关；8—斗杆返回压力开关；
9—电磁阀；10—先导泵；SI—制动器释放压力油；b—制动器活塞腔

当进行回转和斗杆收回作业以外的其他作业时，或当发动机停机时，制动释放压力油 SI 与液压油箱接通，停放制动就自动由弹簧实施。

当制动器在 ON 位置时（即除了回转和斗杆返回作业以外的作业时），来自回转压力开关和斗杆返回压力开关的信号并不传到泵和阀门控制器（PRV），这样使电磁阀保持通电状态（ON）。当电磁阀通电时，制动释放到油箱口，使得弹簧的作用力通过活塞向下，使中心板与缸体的圆周部分啮合，摩擦片与马达外壳的内表面啮合。由于该摩擦力等于推力载荷，通过摩擦力使得中心板和缸体被制动。

当制动器处于 OFF 位置时（即进行回转作业和斗杆返回作业时），来自回转压力开关和斗杆返回压力开关的信号传至泵阀控制器（PVC），使电磁阀断电。接着，制动释放压力油 SI 向上推，顶着弹簧，使活塞离开了中心板和摩擦片，从而把制动器释放。

（4）回转缓冲阀。

当把回转控制杆扳回到空挡位置，以停止回转作业时，回转马达的回油管被堵住，回油管路的油压升高，此时由于上部回转平台的回转惯性力仍驱动着回转马达从进油口吸油，降低了进油口的压力。接着，当马达停止转动，回油口出现的高油压又把马达从停止推回去，直到进油口和回油口的压力趋于平衡后，回转马达重复进行顺时针和逆时针的回转。回转缓冲阀的功能就是使马达尽快实现这种回转动作转换，使上部回转平台能够稳定地回转，其原理如图 2-5-63 所示。

回转缓冲阀由阀及电磁阀组成。油口 AM_1 和 BM_1 是与回转马达相连的。进入调节阀 1 的先导压力油被送到油口 PS。PVC 发出的信号使电磁阀动作。

当回转控制杆在操作位置时（回转压力开关处于 OFF 位置），而且当 T 传感器的液压油温度高于 20℃时，发动机控制器不发出任何信号使电磁阀通电，因此电磁阀是关闭的。接着，调节阀 1 被打开，以实现其回转缓冲的功能。

当回转控制杆在操作位置时（回转压力开关处于 ON 位置）或者 T 传感器的液压油温度低于 20℃时，发动机控制器（EC）发出信号使先导油从 PS 口流入阀 1，使之关闭，消除了回转缓冲阀的功能，恢复了正常的回转作业。

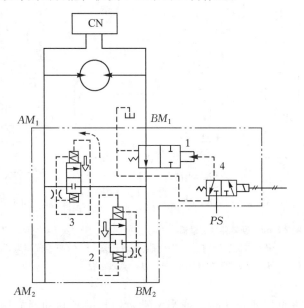

图 2-5-63　回转缓冲阀原理图

1，2，3—阀；4—电磁阀；AM_1，BM_1，AM_2，BM_2—油口

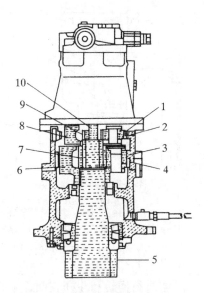

图 2-5-64　回转减速箱结构示意图

1—第一级行星轮；2—第一级齿圈；3—第二级行星轮；4—第二级齿圈；5—传动轴（输出轴）；6—第二级行星架；7—第二级太阳轮；8—第一级行星架；9—第一级太阳轮；10—马达输出轴

（5）回转减速箱。

回转减速箱是二级行星齿轮减速箱，其结构如图 2-5-64 所示。第一级齿圈和第二级齿圈装在外壳里面。外壳用螺栓连接在支架上，因而（一、二级齿圈）是固定不动的。回转马达输出轴驱动第一级太阳轮，然后通过第一级行星轮和第一级行星架传至第二级太阳轮，第二级太阳轮通过第二级行星轮和第二级行星架来驱动传动轴。

由于传动轴通过齿轮与回转轴承的齿圈啮合，而回转轴承又是用螺栓连接在底座上，从而带动上部回转平台回转。

2. 挖掘机的转向要求及常见转向形式

轮胎式挖掘机的司机室布置在回转平台上，转台可 360°全回转。因而挖掘机行走时在司机室操纵车轮转向，必须有一套专门的转向机构，且应能满足下列要求。

① 转台回转不影响转向机构的操纵。

② 操纵轮胎转向要有随动特性，轮胎的转角随方向盘的转动而转动，方向盘不动，轮胎也应停止转动。

③ 操纵轻便，减轻劳动强度。

④ 要减少转向时车轮受到的冲击反映到方向盘的力。

能实现上述转向的机构有多种，如机械传动式转向、液压助力转向、液压转向和气压助力转向等。其中以液压传动的转向应用最为普遍，下面介绍两种常见的形式。

（1）转向机构。

① 油缸反馈式液压转向机构。这是一种由两个油缸和一个阀组成的液压转向机构，如图2-5-65所示。向右转动方向盘经拉杆 AC，起初由于反馈油缸的闭锁，C 点不动而成为支点，杠杆 AC 成 $A'C'$ 的位置，拉动转向阀移动，高压油经阀进入转向油缸的大腔，小腔的油则通向反馈油缸的小腔，反馈油缸大腔的油经转向阀返回油箱。转向油缸运动后推动轮胎向右转动。此时由于转向油缸小腔的回油进入反馈油缸的小腔，反馈油缸缩回，如方向盘转动一定角度后不动，拉杆与垂直杠杆的铰点成为支点，杠杆 AC 成为 $A'C'$ 位置，阀杆又回到中间位置，转向轮停止转动。

这种转向机构结构简单，能实现随动操纵。缺点是行走速度高时不太稳定，操纵有些紧张。如果油泵发生故障，只能拆除转向油缸的联系销子，用机械装置转向拖运。WLY-45 型轮式液压挖掘机即采用此种转向机构。

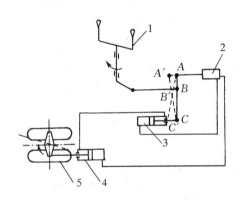

图2-5-65　油缸反馈式液压转向机构原理图

1—方向盘；2—转向阀；3—反馈油缸；

4—转向油缸；5—转轮

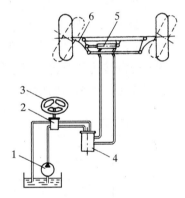

图2-5-66　转子泵转向机构原理图

1—油泵；2—转向器；3—方向盘；

4—中央回转接头；5—转向油缸；

6—转向节臂

② 摆线转子泵的液压转向机构。摆线转子泵式液压转向机构在轮式挖掘机中应用很普遍。这种转向机构由油泵、转向器、转向油缸及转向节臂等组成（如图2-5-66所示），它也是一种液压反馈式转向机构。

这种转向器的作用不仅可使轮胎的转动角与方向盘成正比，而且当油泵出现故障时还能当手动泵用，以静压来转向。转向器已有定型产品，机构布置方便，故使用很多。国产WLY-60 和 WLY-40 型轮胎式液压挖掘机均采用这种转向机构。

液压挖掘机的转向性能优劣也是影响作业效率的因素之一。为了使轮式挖掘机机动灵活，可在转向机构中增加一套变换装置，即装一个四位六通阀，可以按需要成为四种不同的方式操纵转向轮（如图2-5-67所示）：（a）前轮转向，属于一般的情况；（b）四轮转向，适于车身较长时可使转弯半径较小；（c）斜形转向，可使整个车身斜行，便于车辆迅速离开作业面；（d）后轮转向，便于倒车行走时转向。

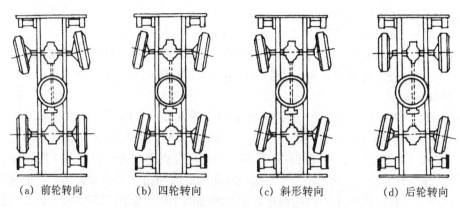

（a）前轮转向　　（b）四轮转向　　（c）斜形转向　　（d）后轮转向

图 2-5-67　各种转向方式示意图

（2）转向回路。

轮胎式挖掘机的转向回路是一种随动系统，要求执行元件的运动跟随控制元件动作，因此，在执行元件和控制元件之间要有反馈。常见的有机械反馈系统和液压反馈系统两种。

如图 2-5-68 所示为机械反馈转向液压系统，该系统中车轮或车架都是直接由转向液压缸来进行偏转的。转向液压缸中的活塞的位置既与方向盘的转角相对应，又与车轮或与车架的偏转角相对应。相对中间位置来说，转向液压缸一腔中的油量变化（流进或流出），是与一定的方向盘转角和车轮或车架的偏转角相对应的，如方向盘转 $\Delta\Omega$，油量变化为 ΔV 与之相对应的车轮或车架的偏转角为 $\Delta\beta$。

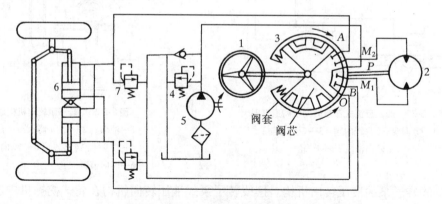

图 2-5-68　机械反馈转向液压系统原理图

1—方向盘；2—计量马达；3—转阀；4—安全阀；5—液压泵；6—转向液压缸；7—过载阀

在方向盘转向轴上直接装一只转阀，转阀和阀套与计量马达的转子机械地连接在一起。方向盘的转向轴则与转阀的阀芯连接。转动方向盘 $\Delta\Omega$，转阀被打开，在压力油流到转向液压缸之前先通过计量马达，当流量达到 ΔV，相应于车轮或车架偏转 $\Delta\beta$ 角时，自动将转阀关闭，系统回复到中位。当转阀在中位时，液压泵输出的油液经过阀套、阀芯中的通道回油箱。计量马达进出口被封闭，转向液压缸的两腔进出口亦被封闭，车轮停留在已获得的偏转角位置上。

现以右转向为例说明机械反馈过程。方向盘沿实线方向转动 $\Delta\Omega$ 角，此时，因计量马达进出口封闭故暂时不动，而阀芯随方向盘转动 $\Delta\Omega$，即转阀输入信号 $\Delta\Omega$，阀被接通，液压泵输出的油液经阀芯中的相应通道进入计量马达，迫使计量马达转子旋转排出的油液经转阀进入转向液压缸相应的腔室，推动活塞偏转车轮，而液压缸另一腔排油回油箱。在计量马达产生的反馈信号消除了阀芯的相对阀套的输入信号 $\Delta\Omega$ 时，阀套与阀芯重新处于相对的中位，油液不再流入计量马达，车轮停止偏转。这种结构使车辆安装布置方便、紧凑，操作省力。

当发动机熄火或液压供油系统出现故障时，能继续维持人力转向的应急作用。人力转向时，计量马达起手动泵的作用。

方向盘转角与转向轮的偏转角之间的比例关系是通过计量马达来保证的。计量马达是用容积法控制流量的马达。当配流元件转阀转动时，液压马达排出一定容积的液体，从而控制进入转向液压缸的流量。保证流进转向液压缸的流量与方向盘转角成正比，因此，这种马达称计量马达。

全液压转向是一种采用伺服转阀式液压转向形式，通过方向盘、转向器、转向油缸使车轮偏转或使铰接式车架发生相对转动而达到转向的目的。图 2-5-69 所示为液压内反馈转向系统，其特点是控制阀用液压方式与计量马达连接。

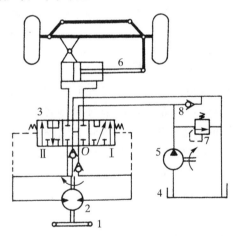

图 2-5-69 液压内反馈转向系统原理图
1—方向盘；2—计量马达；3—控制阀；4—油箱；
5—主泵；6—转向液压缸；7—安全阀；8—单向阀

转动方向盘时，计量马达的控制管路中形成一个压力差，该压力差作用在控制阀的阀芯端面上，迫使阀芯由中间位置 O 移动到工作位置 I 或 II，主泵输出的油液通过控制阀和计量马达流入转向液压缸的相应腔，转向液压缸另一腔排油经过控制阀流回油箱。转向液压缸活塞推动转向梯形迫使车轮偏转实现转向。当方向盘停止转动后，计量马达控制管路中的压力差消失，而使转向控制阀芯两端压力保持均衡，转向控制阀芯在定心弹簧的作用下又回复到中间位置，停止了转向液压缸和车轮的运动。

计量马达控制由主泵输入转向液压缸的流量，主泵输出的油液同时也作用于控制阀的另一端，由此产生了液压内反馈。所谓内反馈，就是转向油路内部自身实现反馈作用，不另设反馈油路，所以该系统是具有液压内反馈的单路液压转向系统。

图 2-5-70 所示为液压外反馈转向系统，这个系统的特点是：具有两个相对独立的油路，一个是反馈控制油路，一个是把主泵产生的能量输送到转向液压缸的主油路，所以是一个具有液压外反馈的双路转向系统。

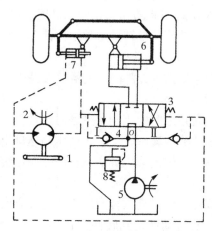

图 2-5-70　液压外反馈转向系统示意图
1—方向盘；2—计量马达；3—控制阀；4—单向阀；
5—主泵；6—转向液压缸；7—反馈液压缸；8—安全阀

在转动方向盘时，计量马达和控制管路之间形成一个压力差，这个压力差使控制阀的阀芯从中间位置 O 移到工作位置 Ⅰ 或 Ⅱ。然后，主泵把油液通过控制阀输送到转向液压缸的一腔，同时另一腔油液流回油箱。活塞移动迫使转向梯形带动车轮偏转实现转向。由于反馈液压缸和转向液压缸都连接在转向梯形上，二者同步运动，反馈液压缸移动转向轮停止偏转，完成随动作用。如果要使转向轮继续偏转，就需要连续地转动方向盘。

这种系统的控制油压的大小与转向无关，操纵平稳灵活，效率高。

3. 轮式挖掘机的行走系统

（1）轮胎底盘的布置。

专用轮胎底盘的行走装置是根据挖掘机的工况、行驶要求等因素合理设计的，挖掘机的作业及行驶操作均在同一司机室内进行，因此，操作方便，灵活可靠。根据国外近几年对挖掘机的开发情况，轮胎式挖掘机是一大发展趋势，这主要是出于使用灵活，适合于城市街头巷尾的建设工程。根据回转中心位置布置的不同，专用轮胎底盘行走装置可分为下列几种。

① 全轮驱动，无支腿，转台布置在两轴的中间（如图 2-5-71（a）所示），两轴轮距相同。这种底盘的优点是省去支腿，结构简单，便于在狭小地点施工，机动性好。缺点是行走时转向桥负荷大，操作困难或需液压助力装置。因此，这种结构仅用于小型挖掘机。

② 全轮驱动，转台偏于固定轴（后桥）一边（$a < b$）（如图 2-5-71（b）所示），减轻了转向桥的负荷，并便于操作，支腿装在固定轴一边，增加了工作时的稳定。这种结构形式适于中小型挖掘机。

③ 单轴驱动，转台远离中心（$a > b$）（如图 2-5-71（c）所示），驱动轮的轮距较宽，转

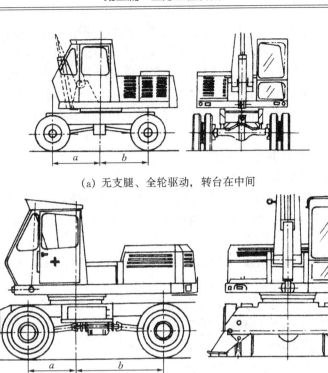

(a) 无支腿、全轮驱动，转台在中间

(b) 双支腿、全轮驱动，转台偏一边

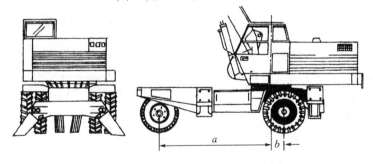

(c) 四支腿、单轴驱动，转台远离中心

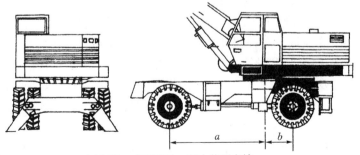

(d) 四支腿、全转驱动，转台偏固定轴

图 2-5-71 专用底盘的各种结构示意图

向轴短小，两轮贴近，转向时绕垂直轴转动。在公路上行驶时可将铲斗放在前面的加长车架上。由于轮胎形成三支点布置，所以受力较好，无需悬挂摆动装置。行驶时转弯半径小，工作时四个支腿支承。这种结构的缺点是行走在松软地面上将会形成三道轮辙，阻力较大，而且三支点底盘的横向稳定性较差。故这种结构仅适于小型挖掘机使用。

④ 全轮驱动，具有四个支腿，转台接近固定轴（后桥）一边（如图 2-5-71（d）所示），前轴摆动，由于重心偏后，因此转向时负荷较轻，易操作，并且通常采用大型轮胎和低压轮胎，因而对地面要求无标准汽车底盘那样严格。这种轮胎底盘目前在中型、大型挖掘机中应用最普遍。

（2）轮胎行走装置的主要特点。

① 用于承载能力较高的越野路面。

② 轮式挖掘机的行走速度通常不超过 20km/h，对地面最大比压为 2.5MPa，爬坡能力为 40% ~ 60%，标准斗容量小于 0.6m³ 的挖掘机可采用与履带行走装置完全相同的回转平台及上部机构。

③ 为了改善越野性能，轮胎式行走装置多采用全轮驱动，液压悬挂平衡摆轴。作业时由液压支腿支撑，使驱动桥卸荷，工作稳定。

④ 长距离运输时为了提高效率，传动分配箱应脱挡，由牵引车牵引，并应有拖挂转向、拖挂制动及照明等装置。通过与转向轴连接的牵引车达到同步行走。

4. 轮胎式行走装置的构造

轮胎式行走装置的构造如图 2-5-72 所示，通常由箱形结构的车架、转向前桥、后桥、行走传动机构以及支腿等组成。由于轮胎式挖掘机的行走速度不高，因此，后桥都采用刚性悬挂。而前桥则制成中间铰接液压悬挂的平衡装置。轮胎式行走装置的传动可有三种形式：机械传动、液压机械传动和全液压传动。

（1）液压机械传动。

在液压挖掘机中有一种所谓半液压传动的挖掘机，即工作装置部分采用液压传动，而行走部分则用机械传动，例如贵州詹阳机械工业有限公司的 W4-60C 型轮胎式液压挖掘机。挖掘机的行走部分为齿轮式机械传动。

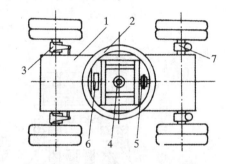

图 2-5-72　轮胎式行走装置构造示意图
1—车架；2—回转支承；3—转向前桥；4—中央回转接头；5—万向节；6—制动器；7—后桥

机械传动系统由柴油机、离合器及油泵传动箱、变速箱、上传动箱、传动轴、转台齿圈、下传动箱、车架、后架、后桥、前桥等部件组成。

柴油机、离合器及油泵传动箱、变速箱、上传动箱联成一个整体并通过橡胶减震器固定于平台上。下传动箱、前桥、后桥固定于车架上。下传动箱与上传动箱、前桥、后桥分别用三根传动轴联接。

动力的传递情况见传动系统原理图（如图 2-5-73 所示）。柴油机的动力由离合器分别传给油泵传动箱及变速箱，油泵传动箱带动两个工作油泵使液压系统工作；而变速箱则以不同的挡位（速比）将动力传给上传动箱，再通过垂直传动轴传给下传动箱，下传动箱又通过后传动轴将传动力传给后桥并带动车轮转动使挖掘机行走。

（2）全液压传动。

全液压传动即每个车轮安装一个油马达单独驱动车轮运动。挖掘机在转弯时车轮之间的

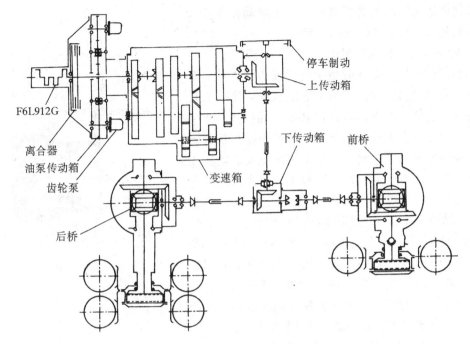

图 2-5-73　轮式挖掘机传动系统原理图

速度由液压系统调节，自行达到差速作用。因此每个车轮都有很好的越野性能。

每个车轮内所装的油马达有低速和高速两种。

采用低速大转矩油马达驱动（如图 2-5-74 所示）可省去减速箱，使结构大为简化，维修方便，离地间隙较大，通过性能好。但对马达要求较高。行走性能的优劣主要取决于油马达等液压元件的质量。

图 2-5-75 所示为采用高速马达驱动车轮的示意图。驱动装置外壳与桥固定，高速液压马达经双列行星齿轮减速后驱动减速器的外壳，车轮轮辋则与减速器外壳固定，因此车轮得到驱动。这种结构由于采用高速液压马达，故行走性能较好，同时行星齿轮传动结构紧凑，整个驱动装置可装在车轮内，结构上具有很大的优势。

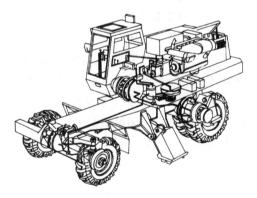

图 2-5-74　低速油马达驱动车轮示意图

部分轮胎式挖掘机根据需要设置悬挂装置。设置悬挂装置是由于轮胎式单斗挖掘机行走速度不太高。因此，一个驱动桥采用刚性（车架与后桥相连接）固定，结构简单；但为了改善行走性能，另一个驱动桥（车架与前桥相连接）通常都制成摆动式悬挂平衡，如图 2-5-76 所示。车架与驱动桥通过中间的摆动铰销铰接，在铰销两侧设有两个悬挂油缸，油缸的一端与车架连接，活塞杆与驱动桥连接，控制阀有两个位置，图示为挖掘机在作业状态，控制阀将两个油缸的工作腔及油箱的联系切断，此时油缸将驱动桥的平衡悬挂锁住，有利于稳定工作。当挖掘机行走时控制阀向左移，使两个悬挂油缸的工作腔相通，并与油箱接通，驱动时便能适应路面的高低坡度，上下摆动使车轮与地面接触良好，充分发挥挖掘机牵引力。

5. 轮胎式挖掘机支腿组成

轮胎式挖掘机在作业时由于挖掘反力使轮胎、车轴等行走装置受力很大，不但会影响机械强度，而且轮胎的变形会使工作不稳定，在某些挖掘位置，水平反力很大会导致挖掘机向前窜动。为了使挖掘机稳定工作，并使轮轴减载，通常都在车架两侧安装液压支腿。支腿在行走时收起，作业时放下，使车架刚性地支撑在地面上。考虑到公路运输，轮式底盘的轮距不能过宽，安装液压支腿后，挖掘作业时可将支腿放下，使横向支距加大，提高了侧向挖掘时的稳定性。有些小型轮式挖掘机支腿的支承面制成带刺的爪形装置，以提高机械与土壤的附着力，防止作业时机器水平移动。

对液压支腿的要求是操纵方便，动作迅速，液压回路中应有闭锁装置，防止受力后油缸缩回。

液压支腿的结构形式有多种，有单油缸操纵的，双油缸操纵的；有横向收缩的，也有纵向收缩的。液压支腿的形式、数量和设置位置应根据底盘结构、转台位置以及作业范围等因素来决定。

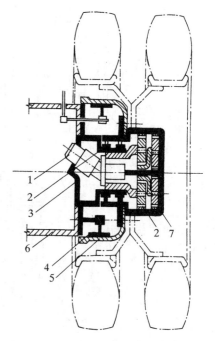

图 2-5-75　用高速油马达驱动车轮示意图

1—高速液压马达；2—行星减速器；3—轴承；
4—制动器；5—制动鼓；6—桥；
7—减速器外壳；8—驱动装置外壳

（1）双支腿。

在小型轮式液压挖掘机中，转台常常偏置于车架的一端，因此设置两个支腿已可保证稳定工作。在拖拉机底盘的悬挂式挖掘机中，同样仅在挖掘工作装置端设置两个液压支腿。双支腿按油缸结构的不同，可分为单油缸式和双油缸式两种。

① 单油缸双支腿。单油缸双支腿（如图 2-5-77 所示）是用一个较长的油缸驱动两个支腿伸缩。油缸置于箱形横梁中，缸体端与一支腿铰接。活塞杆端与另一支腿铰接。当油泵的压力油进入油缸大腔时，活塞杆外伸，两支腿即伸出支撑地面。反之，油进入油缸小腔，则支腿提起缩回。

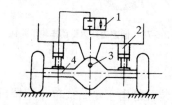

图 2-5-76　液压悬挂平衡装置的示意图

1—控制阀；2—悬挂油缸；
3—摆动铰销；4—驱动桥

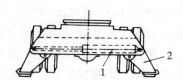

图 2-5-77　单油缸双支腿的示意图

1—油缸；2—支腿

这种单油缸支腿的结构较简单，操作方便，但油缸较长，强度差。地面高低不平时左右两支腿不能随意调整。故这种形式一般用于小型轮胎式挖掘机上。

②双油缸双支腿。双油缸驱动的双支腿是每个支腿由一个油缸驱动。这种支腿具有结构紧凑、动作迅速、强度高等优点。在不平路面上工作时，各个支腿可调整，支撑效果好，同时这种支腿设计时布局方便，故用得较多。

双油缸双支腿根据结构的不同又可分为横向伸缩支腿、纵向伸缩支腿和活动伸缩支腿三种类型。

●横向伸缩支腿（如图2-5-78所示）：这种支腿大多安装在车架后部的两侧，向两侧支撑，增加侧向稳定性，是轮式挖掘机上用得较多的形式。

图2-5-78　横向伸缩支腿结构示意图

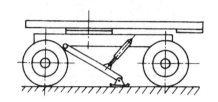

图2-5-79　纵向伸缩支腿的示意图

●纵向伸缩支腿（如图2-5-79所示）：这种支腿通常都装在车架的中部两侧，呈纵向布置，支腿一端铰接于车架，另一端与油缸活塞杆铰接。油缸伸出后支腿撑于地面不超出车身宽度。因此，适于狭窄场地工作。当工作装置纵向工作时，支腿能较好地承受水平反力，其缺点是侧向稳定性较差。

●活动伸缩支腿：活动伸缩支腿是一种位置可任意调整的支腿。图2-5-80所示为这种支腿的示意图，在车架两侧焊有悬臂支架，支腿通过垂直销轴铰接于支架上。油缸随支腿可任意调整位置。行走时支腿紧贴于车架两侧，使运输时宽度尺寸紧凑。

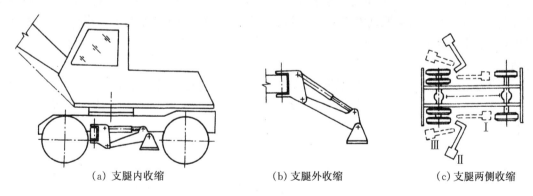

（a）支腿内收缩　　　　　　（b）支腿外收缩　　　　　　（c）支腿两侧收缩

图2-5-80　活动伸缩支腿的示意图

这种支腿能适应多种作业工况，机械稳定性好，但支腿位置需人工辅助调整，费时而且不便。

（2）四支腿。

在中型轮胎式单斗液压挖掘机中通常采用四个伸缩支腿，使车架刚性支承于地面稳定工作。此时轮胎车轴减载，甚至离地不受压力。

常见的四支腿布置有以下两种。

① 四支腿装于车架两端（如图 2-5-81 所示）。

这种形式能使挖掘机的横向和纵向稳定性都有所提高，对转台中心设于车架中部者最合适，前后作业都一样。

② 四支腿中两个设于车架后端，另两个设于前后轮之间（如图 2-5-82 所示）。

这种形式用于转台偏于驱动桥端的挖掘机，行走时转向桥负荷较轻，工作时同样有较好的侧向稳定性。工作装置在端部挖掘时由于有两支腿装在车架端，故承载能力好。

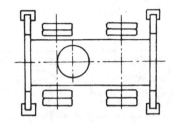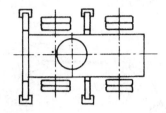

图 2-5-81　装载两端的四支腿轮式挖掘机示意图　　图 2-5-82　四支腿轮式挖掘机的另一种形式示意图

（3）特殊形式的支腿。

为了使液压挖掘机结构紧凑或适用于结构紧凑或适用于不同的地形和路面，可以设计成多种特殊形式的支腿，下面介绍两种类型。

① 整体型支腿。对于小型液压挖掘机，由于轴距很小，机动灵活，它的回转支承装置下面连接一支承平台，平台的前后端即安装支腿。行走时平台离地工作时 4 个轮胎上升到转台上部，于是平台落在地面，支承面积大，承载能力强，可适应多种作业场地。这种支腿使挖掘机的纵向、横向稳定性都较高，并且挖掘机能实现全回转。

这种挖掘机的行走轮胎用链传动驱动（如图 2-5-83 所示），从转台上输出的动力轴端装有链轮 3 和 7，经链传动驱动链轮 2，使其与轮胎 1 共轴。由于前后链传动的外壳都铸有扇形齿轮，并且相互啮合。因此其中一个链壳通过油缸操纵后即可使前后两轮胎都产生升或降的动作。

这种整体型支腿的特点是使挖掘机既具有轮胎式挖掘机的机动灵活的优点，又具有履带式挖掘机的接地面积大、比压低（30kPa 左右）的优点。但因工作时转台降低，因此降低了卸载高度。

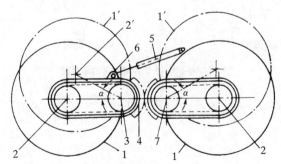

图 2-5-83　轮胎的伸降机构示意图

1，1′—轮胎；2，2′，3，7—链轮；4—扇形齿轮；5—油缸；6—铰销

② 万能型支腿。在步履式挖掘机中，其底盘部分仅有两个后轮和两个带爪的前支腿。这种支腿和后轮可通过油缸操纵上下摆动。支腿是箱形套管式的，可手动调整伸缩，并且调整支腿在扇形板上的固定孔位置后两支腿可分开或合并，使机器运输时支腿不超过后轮的宽度。由于采用这种特殊的支腿，使挖掘机具有独特的性能，如能在斜坡上工作，挖掘的范围更大，稳定性更好，行走机构精简，造价降低，等等。

三、制动系统

1. 制动系统的作用

行驶中的轮式挖掘机在很多情况下都要减低行驶速度，例如转向或通过一些不平的地面时。在遇到障碍物或遇到危险情况时，更需要在尽可能短的时间和距离内将速度降下或停止；并且挖掘机的工作环境可能是坡地或悬崖边，在这样的作业地形下工作，就需要良好的制动系统以保持挖掘机能可靠地停在原地；在下长坡时也需要减速或停车。所有这些原因都要求设置一套专门的装置来实现制动，这套装置就是制动系统。

制动系统在挖掘机中应有两部分，一部分是行走系统的制动，另一部分是回转系统的制动。回转部分的制动已在回转系统中介绍了，这里不再赘述。在此介绍轮式挖掘机制动系统的构成。

根据制动系统的制动介质不同可分为人力制动、气压制动、液压制动、电力制动、复合制动（如电力-液压操纵和电力-气压制动）。在单发动机驱动的挖掘机中，多半采用人力制动、气压制动、液力制动。而大型挖掘机上都以液压制动、复合制动为主。

2. 制动系统的结构及其工作原理

在挖掘机制动系统中，液压操纵用的最广泛。液压操纵的优点是操纵轻便省力、反应快而灵敏、易于提高机械的生产率。缺点是结构复杂、制造精度要求高、维修困难。

目前，全液压挖掘机上广泛采用的先导操纵系统，其操纵油路如图 2-5-84 所示。

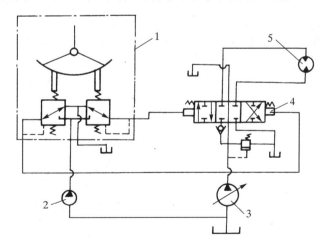

图 2-5-84　先导操纵油路原理图

1—减压阀式先导阀；2—先导泵；3—主泵；4—主控制阀；5—液压马达

扳动先导阀操纵手柄，则从先导泵来的先导压力油首先进入先导阀，然后推动主控制阀的滑阀左右移动使液压马达（或工作油缸）工作。先导泵的出口油压为 2.4 ~ 3MPa，手柄操纵力不大于20N。采用这种先导操纵系统，较好地解决了操纵力减小的问题，使主控制阀在主机上的布置更加方便，给液压系统的布置提供了便利，从而有可能缩短管路，减少了整个液压系统的压力损失，还可大大改善多路阀的调节性能。

液压制动行走系统主要通过液压马达组件来实现。液压马达组件由液压马达、制动阀、停车制动器组成。液压马达的功用是将油液的压力能转变为回转运动的转矩。制动阀的作用是使车辆减速直至停车。停车制动器的作用是防止挖掘机停在斜坡上时出现溜车、滑移现象。采用摩擦片式制动器，由弹簧压紧制动，液压分离。制动阀的工作原理如图2-5-85所示。

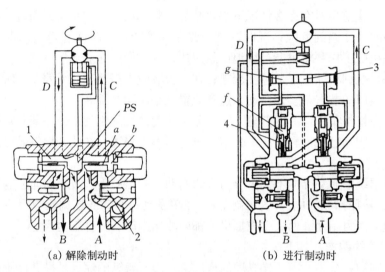

(a) 解除制动时　　　　　　　　　(b) 进行制动时

图2-5-85　制动阀的工作原理图

1—滑阀；2, 4—阀；3—柱塞；A, B, C, D—通道；a, b, f, g—油室

解除制动时，如图2-5-85(a)所示。由通道A供给压力油时，压力油打开阀2，进入液压马达的吸油腔通道C，使液压马达回转。同时，压力油通过滑阀的油孔、油室a进入b室作用在滑阀的端面上，将滑阀推向左侧，使液压马达的压油通道D和通道B相通，油流回油箱。由于滑阀的移动，压力油进入B通道使停车制动器的柱塞移动，解除停车制动，使得液压马达能够转动。

由B通道供给压力油时，滑阀1、2的移动方向与上述过程相反，马达反转。

进行制动时，如图2-5-85(b)所示。行走滑阀回中位，油液压力消失，弹簧使滑阀回到中立状态，由于惯性液压马达仍要继续转动，通道D内的油压升高，油液通过左侧阀的节流孔f室进入g室，柱塞向右移动，油流经节流孔时产生压力下降，从而使作用在左侧阀4上下两端的油压不等，而形成一定的压力差，左侧阀4开启，D室的压力油流向C通道，防止C室产生气穴，柱塞3到达行程末端时，g室与f室的压力上升，左侧阀关闭，通道D内的油压升高，此时右侧的阀4打开，开启压力比挖掘机的溢流设定压力高，这样，通过对D通道内的压力进行二次控制，使液压马达顺利地被制动。

挖掘机在行走时，由于下陡坡等使行走速度变快，液压马达的回转速度大于液压泵的供油速度，称为超速运动。

超速运动时，与制动工况一样，油压力消失，制动阀回到中立状态，这样在液压马达压油腔产生背压，液压马达被减速，达到与油泵供油量相适应的转速。

停车制动器都采用常闭盘式制动器，平时弹簧紧闸，工作时靠液压油松闸。其工作原理如图 2-5-86 所示。

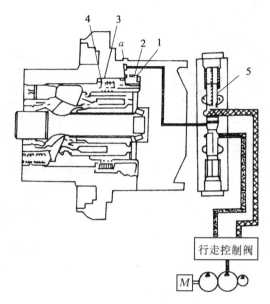

图 2-5-86　停车制动器工作原理图

1—制动弹簧；2—制动活塞；3—转动盘；4—固定盘；5—平衡阀

（1）解除制动。

起步行走时，操纵行走控制杆，油泵来的压力油经过行走控制阀。流到行走制动阀的压力油推动行走制动阀的滑阀并流进制动活塞的室 a，进入室 a 的压力油克服制动弹簧的力，将制动活塞向右推，固定盘和转动盘分开，制动松闸。

（2）进行制动。

行走控制杆移回到"中立"位置，流向行走制动阀的油停止，行走制动阀的滑阀回到中立位置。制动活塞室 a 的压力下降，弹簧将制动活塞向左推，固定盘和转动盘被压紧，制动器制动。制动阀由单向阀、平衡阀和安全阀组成，如图 2-5-87 所示。

① 平衡阀。挖掘机下坡时，由于重力作用，驱动轮的转动比行走马达的转动更快，因此驱动马达加速。马达在无负荷下旋转并将导致失控。平衡阀的作用是使机器对应发动机的转速（油泵输出流量）行走。其工作原理如图 2-5-88 所示。

操纵行走控制杆时，由行走控制阀来的压力油进入孔 PA，推开单向阀22a，由马达的进油口 MA 流到马达的出油口 MB。但马达的出油口由单向阀22b和平衡阀23关闭，油停止流动，马达不转动。马达进油口压力升高，即室 S_1 压力升高。当 S_1 室内的压力大于平衡阀芯移动的压力时，平衡阀23 向右移动。因此，孔 MB 和孔 PB 相通，马达开始转动。

机器下坡时，由于机器自重的影响，马达将在无负荷下转动，马达进油口压力下降。当 S_1 室中的压力低于平衡阀移动的压力时，平衡阀23 在弹簧作用下向左移动，出油口被节流，马达转动时产生阻力，防止马达失控，并使马达按照油泵输出的流量大小旋转。

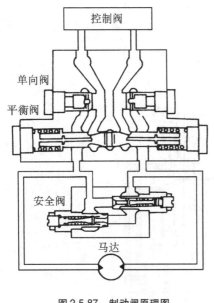

图 2-5-87　制动阀原理图

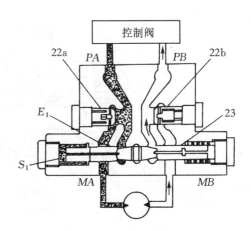

图 2-5-88　制动阀原理图（图 2-5-87 的局部）

22a，22b—单向阀；23—平衡阀

② 安全阀。安全阀的作用：在机器停车或下坡时，马达出油口油路被关闭或被平衡阀节流，但马达在惯性力作用下继续转动，所以马达出油口压力将变得异常的高，此时，安全阀打开卸压，以防管道损坏。

第四节　挖掘机工作装置

工作装置是液压挖掘机的主要组成部分之一。液压挖掘机的工作装置是直接用来进行挖掘机作业的施工工具。液压挖掘机工作装置用油缸推力来完成斗杆推压和动臂提升，增加了转斗的动作，更接近于人手腕的动作，提高了挖掘力，改善了作业性能。挖掘机工作装置的运动轨迹是一条封闭的特殊曲线，它降低了挖掘时产生的应力。根据不同的用途，工作装置种类繁多，其中最主要的有反铲装置、正铲装置、挖掘装载装置、起重装置和抓斗装置等。而同一种装置也可以有许多种不同的结构形式，有的多达数十种，以适应不同的作业条件。下面先介绍液压挖掘机的多功能化与多种附件。

随着工程建设发展的需要，用户对挖掘机的多功能及多种附加装置的要求越来越高，从 20 世纪 60 年代开始，发展了正铲、反铲、起重、钻机等，70 年代液压破碎锤开始应用于液压挖掘机。70 年代中期，根据市场需求，利用液压挖掘机底盘开发了钻机、FP 螺旋钻井机、履带起重机等设备。为降低钢筋混凝土拆除时的噪声，钢筋切断机相继被开发。到 70 年代后期，又开发出全回转叉式液压机、碎石机、道路破碎机、汽车拆除机及伸缩式斗杆、橘瓣式铲斗等。此后经不断改进并向系列化发展。高性能、高效率的液压系统被广泛应用，这些附件经受了恶劣的环境的考验并逐步得到完善，同时挖掘机在安全性、操作性、舒适性等方面得到不断提高。80 年代广泛发展的主要是专用附件、拆除机械等。进入 90 年代，各种特殊的附加设备相继被开发，如泥地工作机、拆除专用机、可伸缩式履带起重机的系列化及隧道专用机、钢材搬运机。

1. 伸缩臂式工程机械

① 履带式斗杆凿岩机。液压挖掘机改造成凿岩机，除对机体的液压系统进行改造外，主体机架、动臂铰点都需加强，并增加配重，以保证挖掘机的稳定性。斗杆前部为箱形可伸缩结构，主要用于山体锚固、山间高压电铁塔的地基深层挖掘、建筑物地基处理、地下挖掘的排土等工作。

② 箱型滑动式斗杆及超长伸缩臂。挖掘机的超长臂型斗杆分为上下两部分，上斗杆可以滑动伸缩，主要用于河道挖掘及河道沿岸的挖掘整修工作，可以在较大范围内作业，但其铲斗比标准型小一些。超长臂型挖掘机驾驶员与铲斗的距离较远，因此装有角度检测器，对铲斗的挖掘角度进行检测，可在驾驶室内的仪表盘显示其工作状态。

2. 拆除机械

① 拆除型挖掘机。拆除型机械在恶劣的环境下作业，对挖掘机动臂铰接点、履带回转部分及机体必须予以加强，对液压系统和发动机采取防尘措施等，以保证正常工作。为适应一般木结构房屋的拆除，这类拆除装备配有叉式附件。叉式附件具有在8m以上高度的抓取能力，也可以在狭窄地方越过周围栏杆进行抓取工作。

② 混凝土破碎机。带有全回转液压马达的破碎机具有低噪声、低振动等特点，配合汽车起重机，可进行高层作业、旧厂房以及50m以上的烟筒等建筑的拆除工作。钢结构建筑物拆除时经常使用液压剪。

③ 碎石机及压碎机。拆除后混凝土、建筑物骨架往往较大，且埋于拆除物底下，为了易于搬运，必须破碎为小块。碎石机可对拆除物进行进一步的破碎，其内安装了永久磁铁，将混杂在一起的钢筋与混凝土进行分离。压碎机工作时，将齿插入沥青或混凝土路面下，使之与地面分离，再进行破碎作业。

④ 液压锤。液压锤目前广泛应用于建筑、道路等拆除工作。由于其低噪声、低振动等优点，受到了广大用户好评，生产量在不断增加。

超高拆除机由于用处较窄，故本书不再赘述。

3. 隧道、地下工程专用机

① 隧道专用机。为了适应隧道工作的特殊条件，发动机的尾气排放必须配备特殊处理装置。要求安装有黑烟净化装置及与装载、液压锤和掘进机等各种作业相适应的液压回路，驾驶室、发动机及液压设备必须采用防结露和防尘措施。在狭窄地方作业时必须采用后方小回转型挖掘机。

② 钢材抓举机。这种抓握钢材的装置张开角度可以达到约80°，在地下工程狭窄现场能够高效安全地进行钢材搬运、安装及拆除等工作。钢材的抓握装置可以垂直、水平及360°回转运动。另外，配备有遥控装置。

③ 地下工程机型。为了满足地下狭窄、低矮范围内工程的需要，挖掘机机体的高度必须降低，且采用短履带、尾气处理装置及黑烟净化装置。

4. 废金属料场作业机械

① 电磁起重运输机。在挖掘机斗杆前部安装电磁铁，进行废金属的堆积和装卸。电磁铁的得电方式有内藏式和外装式两种。除了有标准形式的电磁铁外还有叉式磁铁，用于处理

较长的物体。

②废金属处理机型。这种机械主要采用抓剪式或橘瓣抓斗式，用于废金属场内的金属搬移、装卸、堆积以及整理等工作。为了能够使驾驶员清楚地观察到废金属堆后面的情况，采用高置驾驶室。同时配备有可以测定出每次吸着或抓举金属的重量以及动臂角度的传感器，带有额定搬运重量及实际搬运重量的连续称量装置。

这两种附具在斗杆前安装，可进行木结构房屋的拆除等工作。抓斗夹具的类型有：环式、倾斜式及回转式。现在经过改造后的抓剪式可以像起重机一样进行巨石搬运。橘瓣式抓斗能够顺利收集零碎及复杂形状的物体。

5. 起重机械

本书主要介绍 ML 起重机。ML 起重机即带有铲斗挂钩的液压挖掘机，这种挖掘与起重并存的液压挖掘机，为了保证安全，具有压力传感器、回转角度传感器，在允许工作范围内通过计算机控制，在仪表盘上指示出允许的最大起重量、实际起重量、工作半径以及高度等。

6. 其他应用机械

①林业机械。林业专用机械主要有收割机、推土机、抓扬机等。为保证机械性能的有效利用，必须便于在山间移动，提高履带强度及行走能力，考虑发动机的防尘及驾驶室的安全保障等，增加附属设备后液压挖掘机可以进行伐木、剪枝等工作。超长臂架的叉式抓取机可在堆木场进行整理、搬运工作。

②泥水挖掘机。这是采用钢制悬浮船，可以悬浮在泥水中的挖掘机，具有良好的回转性能，适应于河川、湖泊以及沼泽地等工况。能在非常柔软的地方进行河流的堤坝砌筑、疏通以及河道的维修保养工作。

③遥控式挖掘机。遥控式挖掘机可在约 100m 的距离范围内操作。根据周围环境，可在40 个频率通道中选择一个较好的信号，以保证良好的操作性，防止由于信号混乱而产生的误操作，特别是在意外情况下发动机必须停止运转等安全措施。

④分解型液压挖掘机。在没有进山道路的地方进行工作，并且能够顺利地进入施工现场，将挖掘机分解成 1 ~ 2.8t 的单元，然后利用索道或者直升飞机运至现场，如铁塔建设专用挖掘机。

7. 挖掘装载机

该机种除具有装载机的一切功能外，还有挖掘功能，在同一位置前后操纵的新机型广泛应用于物料的装卸、运输、堆垛、土地平整及自来水管道、煤气管道、输油管道及电缆的铺设，是一种多用途的机械。

8. 挖掘机旋转筛桶铲斗

筛桶铲斗作为一种用振动式铲斗来筛分的非常有效的替代品来出售。铲斗的底板和背板用筛网来替代。筛桶就像一个标准的铲斗（有标准的斗齿或切削刃），筛桶由液压马达驱动旋转。铲斗上装有一个阀，能改变液压油的流量和旋转速度。较慢的旋转速度可提高筛选大的混凝土块和石头的工作效率、延长筛网的使用寿命。使用范围包括把表层土分类；筛选拆毁的废渣；从河床中将粉砂或淤泥分开，回收砾石和石块；清洁和筛选挖出来的石头废料。根据不同尺寸的物料可选择不同的筛网。

9. 子母式挖掘机

母机上配子机，子机动力完全由母机来提供。子机与母机采用液压式专用连接装置连接，油管采用快速接头连接。在水坝工地进行混凝土振捣作业时，将挖斗换成混凝土振动器。由于坝底两端距离较大，使用有线遥控方法操纵子机，站在坝对面模板上的施工人员的工作为：观察坝底模板的振捣情况，保持与子机司机的联系以防止漏振；与母机司机保持联系，保证子机的工作运动需要；负责子母机之间动作的协调性，以避免发生危险。

一、反铲挖掘机

反铲装置是中小型液压挖掘机的主要工作装置，也是工程施工中运用最广泛的工作装置。反铲作业主要用于挖掘机停机面以下的土壤，故最大挖掘深度和最大挖掘半径是反铲挖掘的主要作业参数。

反铲液压挖掘机的工作装置由反铲铲斗、铲斗油缸、斗杆、斗杆油缸、动臂、动臂油缸、连杆机构等构成，各部件间全部采用铰接，通过油缸的伸缩来实现挖掘过程中的各种动作。动臂趾部与动臂油缸下支点均铰接在转台上，并以动臂油缸来支承和改变动臂的倾角，通过动臂油缸的伸缩可使动臂绕下铰点转动而升降。斗杆铰于动臂的上端，斗杆与动臂的相对位置由斗杆油缸控制，动臂升降靠动臂油缸控制，铲斗相对于斗杆的转动靠铲斗油缸控制。用反铲作业时，可根据需要在放下动臂的同时转动斗杆或铲斗；卸料时，也可同时转动斗杆或铲斗。转动铲斗可将料直接卸于运输车上。

为了增加铲斗转角，铲斗油缸往往通过连杆机构与铲斗相连。动臂、斗杆、铲斗的动作可分别进行，也可同时进行。挖掘时动作灵活，效率较高。

动臂是工作装置的主要构件，斗杆的结构一般取决于动臂的结构。反铲动臂有直动臂和弯动臂两种。直动臂构造简单、轻巧、布置紧凑，主要用于悬挂式挖掘机，如图2-5-89所示。

采用整体式弯动臂有利于得到较大的挖掘深度，它是反铲工作装置的最常见的形式，如图2-5-90所示。在我们现在常用的中小型反铲液压挖掘机中主要采用这种结构形式。这种整体式动臂结构简单、价廉，刚度相同时结构重量较组合式动臂轻。缺点是替换工作装置比组合式少，通用性较差。所以说，长期用于挖掘作业的反铲采用整体式动臂结构形式比较合适。

液压挖掘机的主要作业工况是挖掘和装车。对这两种工况，动臂的起升速度是决定工作循环时间的主要因素，动臂起升速度越快，循环时间就越短，机器的工作效率也就越高。为提高动臂的起升、斗杆外伸和斗杆内收动作，设计由双泵合流完成外，还通过电控方式在机器联合动作需要动臂起升时取消斗杆的合流功能，进一步加快动臂起升的速度。对动臂的这种控制方式称为"动臂优先"模式。

"动臂优先"原理是这样的：挖掘机在进行装车或开挖作业时，动臂起升和斗杆内收一般是同时进行的。由于动臂和斗杆都具有双泵合流的功能，两泵会同时向动臂缸和斗杆缸供油。在发动机功率允许的条件下，哪个动作需要更多的油量，就给其提供更多的油；而在动臂快速启动时，发动机接近满负荷，此时若想动臂起升更快一些，就不得不减少向斗杆油缸的供油量，即"动臂优先"工作模式。但"动臂优先"工作模式并不是动臂一直工作于优先状态。"动臂优先"的液压原理如图2-5-91所示。当动臂起升时，来自动臂起升先导控制

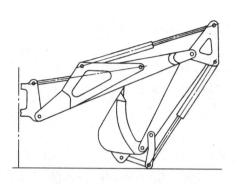

图2-5-89 整体式直动臂结构简图

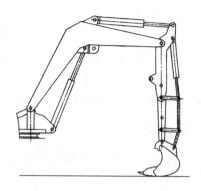

图2-5-90 整体式弯动臂结构简图

阀的先导油使动臂控制阀动作，将上主泵的油导向动臂缸大腔；当先导油油压大于2.25MPa时，动臂合流阀动作，将下主泵的油也导向动臂缸大腔，此时动臂缸处于双泵合流供油状态，使动臂快速上升。

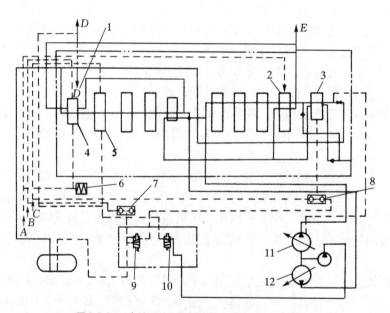

图2-5-91 卡特320B挖掘机部分液压系统原理图

1—限位阀芯；2—动臂控制阀；3—斗杆合流阀；4—动臂合流阀；5—斗杆控制阀；
6—动臂优先压力开关；7，8—梭阀；9—精细控制电磁阀；10—行走速度电磁阀；11—上主泵；
12—下主泵；A—来自动臂起升先导控制阀；B—来自斗杆内收先导控制阀；
C—来自斗杆外伸先导控制阀；D—去往行走马达变速机构；E—去往动臂缸大腔

控制系统方面，按下"动臂优先"按钮，当动臂起升先导油油压大于2646±196kPa后，装于先导油管路上的动臂优先压力开关闭合，电脑收到闭合的信号后，使精细控制电磁阀得电，使斗杆合流阀的先导控制油路接通系统的回油路，此时斗杆合流阀处于中立。这样，在动臂快速起升过程中即使内收斗杆，也能保证动臂快速升起。

斗杆也有整体式和组合式两种。大多数挖掘机都采用整体式斗杆。当需要调节斗杆长度或杠杆比时采用更换斗杆的办法，或者在斗杆上设置 2～4 个可供调节时选择的与动臂端部铰接的孔。在近些年的挖掘机市场我们看到的主要是整体式斗杆，因为整体式斗杆在运用中有很多优点：油缸布置简单；挖掘时效率高，原因是挖掘时受力好；相对来说耐用性好。组合式斗杆是采用改换斗杆长短的方法来改变工作装置满足工作要求的。一般看来，现今市场上的挖掘机主要是采用整体式，根据工作状况客户自己调节斗杆长度以实现优化作业。

动臂油缸和斗杆油缸的连接都采用铰接的方式，其布置方案一般有两种。以动臂油缸来说，一种是动臂油缸位于动臂的前下方。动臂下支点（即与转台的铰点）可以设在转台回转中心之前，并稍高于转台平面，也可以设在转台回转中心之后，以改善转台的受力状况，但使用反铲作业装置时动臂支点靠后布置会影响挖掘深度。大部分中小型液压挖掘机以反铲作业为主，因此都采用动臂支点靠前布置的方案。动臂油缸一般都支于转台前部凸缘上。动臂油缸活塞杆端部与动臂的铰点通常也有两种布置方案。一种是铰点设在动臂封闭箱形体下方的凸缘上，如图 2-5-92（a）所示。另一种是铰点设在动臂箱体中间，如图 2-5-92（b）所示。后一种方案用单只动臂油缸时，动臂底面要开口，使活塞杆可以伸入连接；用两只动臂油缸时，则两缸分置于动臂两侧，在结构上有加强筋保证强度。铰点布置（图 2-5-92（a））不削弱动臂结构强度，但影响动臂下降幅度，（图 2-5-92（b））则相反，但对双动臂较合适。

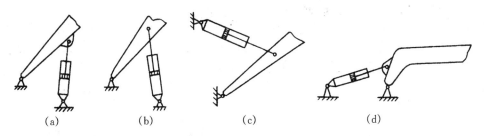

（a）　　　　　　（b）　　　　　　（c）　　　　　　　（d）

图 2-5-92　动臂油缸的布置方式示意图

第二种方案如图 2-5-92（c）和（d）所示，动臂油缸装于动臂的上方或后方，有的称之为"悬挂式油缸"。这个方案的特点是动臂下降幅度较大，在挖掘时，尤其在挖掘较大时动臂油缸往往处于受压状态，闭锁能力较强。尽管在动臂提升时油缸小腔进油，提升力矩一般尚够用，提升速度也较快。故作为专用的反铲有的动臂和斗杆油缸还是采用这种结构。为了统一缸径和保证油缸的闭锁能力，双动臂油缸的方案采用较广。这也是考虑到不破坏动臂箱形截面，且不与斗杆油缸发生碰撞。斗杆油缸只用一个，大型反铲有的动臂和斗杆油缸用双缸。

需要注意的是：动臂与转台连接轴（简称动臂轴）较易损坏。在最大卸载半径下，满斗回转转动动臂轴既承担了工作装置的重量，又受到工作装置离心力及回转惯性力等的作用，所以该动臂轴所受弯曲应力较大。如果该轴表面光洁度差，采用普通材料且对其表面仅作简单处理，将大大降低轴的疲劳强度。因为这会造成轴表面产生细微裂纹，加速轴的疲劳破坏过程，所以该动臂轴应选用高强度合金钢，并对表面进行特殊处理，使轴得到强化，从而提高轴的疲劳强度，延长其使用寿命。

铲斗与铲斗油缸的连接方式如图 2-5-93 所示。其区别在于油缸活塞杆端部与铲斗的连接方式不同。图 2-5-93（a）所示为直接连接，铲斗、斗杆与铲斗油缸组成四连杆机构。图 2-5-93（b）所示中铲斗油缸通过摇杆和连杆与铲斗相连，它们与斗杆一起组成六连杆机构。图 2-5-93（b）与（d）所示类似，区别在于前者油缸活塞杆端铰接于摇杆两端之间。与图 2-5-93（c）所示的机构传动臂差不多，但铲斗摆角位置向顺时针方向转动了一个角度。在现在所使用的液压挖掘机中采用图 2-5-93（b）和（d）所示形式的较多。

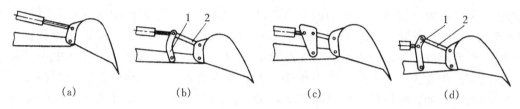

（a） （b） （c） （d）

图 2-5-93　铲斗与铲斗油缸的连接方式示意图

1—摇杆；2—连杆

铲斗的结构形状和参数选择对挖掘机的作业效果影响很大。因为铲斗的作业对象繁多，作业条件也各不相同，用一个铲斗来适应所有作业对象和条件较困难。为了满足不同的特定条件，尽可能提高作业效率，通用反铲装置常配有几种到十几种斗容不同、结构形式各异的铲斗。同一挖掘机上备有的几种容量的反铲斗，大斗用于挖掘松软的土壤，小斗用于挖掘硬土和碎石。配备斗齿和刮板可以使挖掘机适应更多的工作环境和达到更高的作业效率。挖掘窄而深的基坑、圆井或隧道时，反铲斗往往用来代替抓斗工作。由于铲斗或斗杆一般都设有 2～3 个铰点，这样可调整铲斗转角，挖掘效率和质量高于抓斗。图 2-5-94 所示为部分反铲斗的形式。

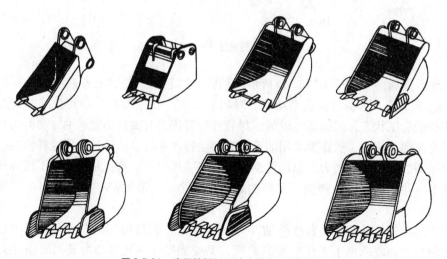

图 2-5-94　液压挖掘机反铲斗基本形式示意图

反铲作业的工作状况及挖掘范围如图 2-5-95 所示。

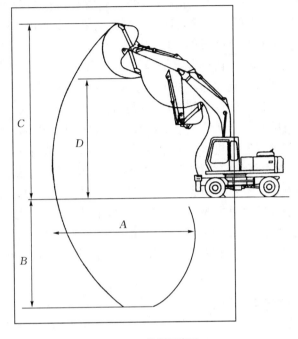

图 2-5-95　挖掘示意图

二、正铲挖掘机

正铲装置根据挖掘对象的不同可以分为以挖掘土方为主的正铲挖掘机和以装载石方为主的正铲挖掘机。前者一般是挖掘停机面以上的土壤，而且往往是通用型挖掘机的一种换用工作装置，所挖掘土壤一般不超过Ⅳ级；而后一种则以爆破后的岩石、矿石为主要的工作对象，一般都为履带式，属于中、大型机，斗容量常在 1m³ 以上。这些挖掘机的工作条件十分恶劣，有时由于爆破得不好而存在大块和出现要"啃根底"的情况，因而要求斗齿上的作用力大，而斗齿磨损也很剧烈。这种挖掘机通常的作业高度在 3～5m 以内，因此要求在地面以上 3～5m 范围以内必须保证较大的斗齿挖掘力。它主要用于装车工况，要求有一定的卸载高度，对卸载的要求也较高（卸载平稳，对车辆冲击小）。前一种挖掘机的构造与反铲相类似，其动臂、斗杆、铲斗往往与反铲通用或稍作改动，这里不再介绍。

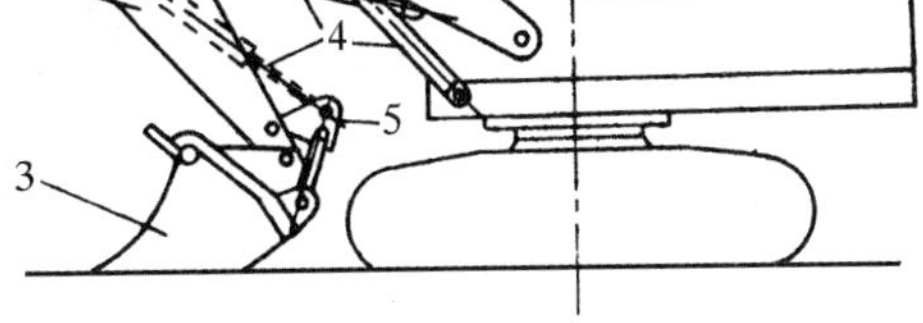

正铲装置由动臂、斗杆、铲斗、工作油缸和辅助件（如连杆装置）等组成，如图 2-5-96 所示。动臂是焊接箱形结构；也有铸焊混合结构，即一些构件受力比较复杂、应力也比较大的部分如趾部、头部分肢、油缸铰座等采用铸件，然后再与钢板焊成一体。与反铲动臂相比，正铲动臂较短并且是单节的。若是通用型挖掘机即采用组合动臂的下动臂。动臂趾部铰支在转台上，动臂

图 2-5-96　正铲装置结构示意图
1—动臂；2—斗杆；3—铲斗；
4—工作油缸；5—连杆装置

油缸的活塞杆端与动臂中部铰接。如前所述，动臂在转台上的铰点和动臂油缸在转台上的铰点不在同一水平面上，动臂铰点高于油缸铰点并且靠后（靠近回转中心，但一般仍在中心的前方），这样的铰点布置能保证动臂具有一定的上倾角和下倾角，以满足挖掘和卸载的需要，同时也保证了动臂油缸具有必要的作用力臂。

斗杆也有焊接成箱形结构、铸焊混合结构等。斗杆的一端与动臂头部铰接，斗杆油缸的缸体端支承在动臂上，活塞杆端则与斗杆中部铰接。由于正铲以斗杆挖掘为主，因此这样的结构布置适合于正铲的工作，油缸大腔进油可以获得较大的挖掘力。

正铲斗铰接在斗杆的端部，铲斗油缸的缸体端支承在斗杆中部，因而斗杆、铲斗油缸、铲斗以及连杆装置组成了六连杆机构（也有铲斗油缸活塞杆端直接与铲斗铰接而形成四连杆机构），油缸伸长或缩短可使铲斗相对于斗杆有一定的转角，并发挥一定的挖掘力。正铲的转斗不是主要挖掘方式，但其必须满足破碎、装斗、调整切削角、卸载等的需要，因此合理地选择铰点位置和油缸尺寸很重要。正铲工作装置的铰点布置可以有多种形式，常见的如图 2-5-97 所示。这几种形式除动臂、斗杆的形状不同外，油缸铰点相对于动臂、斗杆、斗铰点中心线（即 CF、FO 线）的相对位置也不同，但它们的工作原理都是一样的。

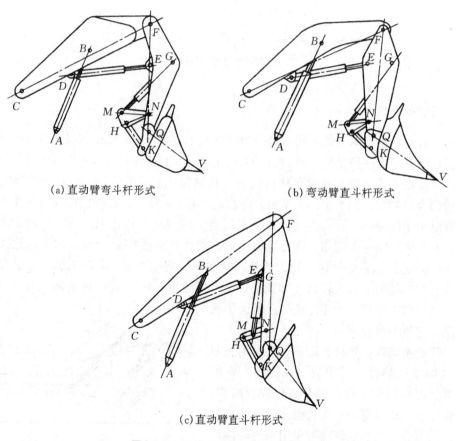

（a）直动臂弯斗杆形式　　　　　　　　　（b）弯动臂直斗杆形式

（c）直动臂直斗杆形式

图 2-5-97　正铲工作装置结构形式示意图

正铲的铲斗根据结构和卸土方式可分为前卸式和底卸式两大类，如图2-5-98所示。

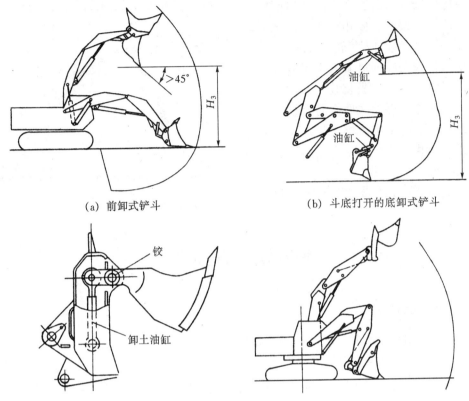

（a）前卸式铲斗　　　　　　　　（b）斗底打开的底卸式铲斗

（c）斗前臂向上跷起的底卸式铲斗

图2-5-98　正铲斗卸载方式示意图

　　前卸式铲斗（如图2-5-98（a）所示）卸土时直接靠铲斗油缸使斗翻转，土壤从斗的前方卸出。这种构造简单，斗体是整体结构，刚度和强度都比较好，并且不需要另设卸土油缸，但是为了能将土卸尽，要求卸土时前壁与水平夹角大于45°，因而要求铲斗的转角加大，结果导致所需的铲斗油缸功率增加，或者造成转斗挖掘力下降或卸土时间延长。此外，前卸式铲斗还影响有效卸载高度。

　　底卸式铲斗靠打开斗底卸土。如图2-5-98（b）所示的铲斗是靠专门的油缸起闭斗底。挖掘时斗底关闭，卸土时斗底打开，土壤从底部卸出。这类结构的卸土性能较好，要求铲斗的转角也小，但必须增设卸土油缸，此外，斗底打开后也影响到有效卸载高度。这类开斗方式现在已少用，目前挖掘机上采用较多的是另一种底卸式铲斗（如图2-5-98（c）所示），图2-5-98（c）的铲斗由两半组成，靠上部的铰连接。卸土油缸装在斗的后壁中。油缸收缩时通过杠杆系统使斗前壁（颚板）向上翘起，将土壤从底部卸出。

　　用这种方式卸载，卸载高度大，卸载时间较短，装车时铲斗得以更靠近车体并且还可以有控制地打开颚板，使土或石块比较缓慢地卸出，因而减少了对车辆的撞击，延长了车辆的使用寿命。

　　另外这种斗还能用于挑选石块，很受欢迎，但铲斗的重量加大较多，因而在工作装置尺寸、整机稳定性相同的情况下斗容量有所减少，并且由于斗由两部分组成，受力情况较差。

采用底卸式铲斗结构，铲斗的转角可以减小，因而有些挖掘机已取消了铲斗油缸的连杆装置，铲斗油缸直接与斗体相连接，简化了结构，并在一定程度上加大了转斗挖掘力。

当挖掘比较松软的对象或用于装载散粒物料时，正铲斗可以换成装载斗，在整机重量基本不变的情况下，这种斗的容量可以大大增加，因而提高了生产率。装载斗一般都是前卸式，不装斗齿，以减小挖掘松散物料时的挖掘阻力。

正铲挖掘机的工作示意图如图 2-5-99 所示。

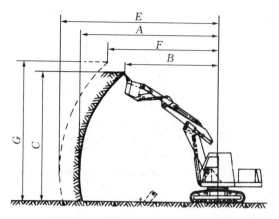

图 2-5-99　液压挖掘机正铲工作装置示意图

第五节　液压系统

一、液压系统概述

液压系统是用液体作为工作介质来传递能量和进行控制的传动系统。液压系统利用液压泵将原动机的机械能转换为液体的压力能，通过液体压力能来传递能量，经过各种控制阀和管路的传递驱动液压执行元件（液压缸和液压马达）将液体压力能转化为机械能，从而实现工作装置的直线往复运动和回转运动。液体在液压管道和各种加工精密的阀体中按照作业工况的要求驱动各执行元件，实现液压驱动。

液压挖掘机的液压系统是由动力元件（各种液压泵）、执行元件（液压缸、液压马达）、控制元件（各种阀）以及辅助装置（冷却器、过滤器）用油管按一定方式连接组合而成。这个系统传递、分配和控制机械动力，是液压挖掘机的关键部分。

液压挖掘机的工作过程包括作业循环(如图 2-5-100 所示)和整机移动两项主要动作。轮胎式挖掘机还有车轮转向和支腿收放等辅助动作。

如图 2-5-101 所示，单斗挖掘机一个作业循环的组成包括以下几步。

挖掘：一般以斗杆缸动作为主，用铲斗缸调整切削角度，配合挖掘。有特殊要求的挖掘动作，则根据作业要求，进行铲斗、斗杆和动臂三个缸的复合动作，以保证铲斗按某一特定轨迹运动。

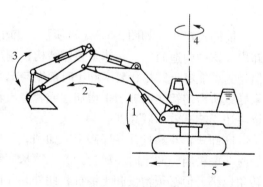

图 2-5-100　液压挖掘机工作示意图
1—动臂升降；2—斗杆收放；3—铲斗装卸；
4—转台回转；5—整机行走

满斗提升及回转：挖掘结束，铲斗缸顶起，满斗提升，同时回转马达启动，转台向卸土方向回转。

卸载：回转到卸载地点，转台制动。斗杆缸调整卸载半径，铲斗缸收回，转斗卸载。当对卸载位置和卸载高度有严格要求时，还需动臂配合动作。

返回：卸载结束，转台向反方向回转。同时，动臂缸与斗杆缸配合动作，使空斗置于新的挖掘位置。

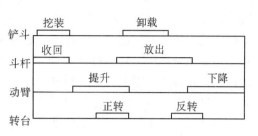

图 2-5-101　单斗液压挖掘机一个作业循环示意图

由于单斗液压挖掘机的动作繁复，主要机构经常启动、制动、换向，外负荷变化很大，冲击和振动多，而且野外作业的温度和环境变化大，所以对液压系统的要求是多方面的。

根据挖掘机的工作特点，液压系统要满足主机以下正常的工作要求。

① 动臂、斗杆和铲斗要有独立的传动系统和控制装置可以各自单独动作，也可以互相配合实现复合动作。

② 工作过程中，要求工作装置的动作和转台的回转既能单独进行，又能做复合动作，以提高机械生产率。

③ 履带式挖掘机的左、右履带要求独立驱动，使机械行走方便，转向灵活，并且可以原地转弯。

④ 挖掘机作业时不需行走，行走时不能作业，所以行走装置行走时，工作装置和回转机构不需要动作。

⑤ 挖掘机的一切动作都是可逆的，而且要求实现无级调速。

⑥ 要求机械工作安全可靠，各种作业油缸要有良好的过载保护，回转机构和行走装置要有可靠的制动和限速，能防止动臂因自重而快速下降和整机超速溜坡等异常现象发生。

根据挖掘机的工作环境和条件，液压系统还应满足下列条件。

① 充分利用发动机功率，提高传动效率。

② 液压系统和元件应保证在外负荷变化大和急剧的振动冲击作用下仍具有足够的可靠性。

③ 减少系统的发热总量，设置轻便耐振的冷却装置，使主机持续工作时，油温不超过85℃，或温升不大于45℃。

④ 系统的密封性能要好。由于工作场地尘土多，油液容易污染，要求所用元件对油液污染的敏感性低，整个系统要设置滤油和防尘装置。

⑤ 为了减轻司机操作强度，宜采用液压或电-液伺服操纵等轻便操作装置。

二、液压系统分析

单斗液压挖掘机液压系统根据泵的性能及其调节机构一般可分为：定量系统（适用于中小型液压挖掘机）、分功率变量系统（采用两台高压分功率变量泵，构成双回路系统）、全功率变量系统（采用双泵双回路全功率变量，近代单斗液压挖掘机中有 90% 以上采用此种系统）、多泵多回路复合系统（采用两台以上主液压泵构成回路，用于功率为 250kW 以上的大型液压挖掘机）。

1. 定量系统

在定量系统中，流量固定，不能依据负荷变化而使流量作出相应的变化，因此，负荷小时不能提高作业速度，功率得不到充分的利用。为了满足作业要求，定量系统的发动机功率要根据最大负荷和作业速度来确定。定量泵简单可靠、价格低廉、耐冲击性能好，但是系统功率不能充分利用，泵的特性很固定，挖掘硬土时易引起很大的溢流损失，其功率损失太大，而且在负载性能上有很大的缺陷。

定量系统根据系统压力和油泵特性可以分为中高压定量系统和高压定量系统。

中高压定量系统大多采用外啮合齿轮泵，系统工作压力为16MPa左右。这种油泵有结构简单、工作可靠、尺寸小、质量轻等特点，但是效率低。高压定量系统大多采用恒功率调节的轴向柱塞泵，系统工作压力为32MPa左右。这种油泵结构不复杂，工作可靠，耐冲击和振动，产生压力高，使用寿命长，但调速较困难。

（1）WLY60型轮胎式液压挖掘机。

图2-5-102所示为国产WLY60型轮胎式液压挖掘机的液压系统图。

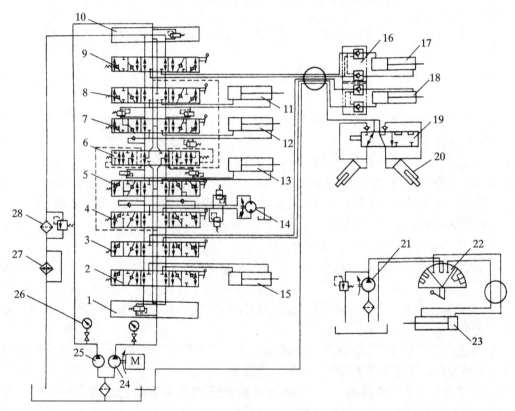

图2-5-102　WLY60型轮胎式液压挖掘机液压系统图

1，10—安全溢流阀；2—抓斗换向阀；3，9—支腿换向阀；4—回转换向阀；5—斗杆换向阀；6—合流阀；7—动臂换向阀；8—铲斗换向阀；11—铲斗液压油缸；12—动臂液压缸；13—斗杆液压缸；14—回转马达；15—抓斗液压缸；16—液压锁；17，18—支腿液压缸；19—悬挂平衡阀；20—悬挂平衡液压缸；21—转子泵；22—转阀；23—换向液压缸；24，25—液压泵；26—液压表；27—散热器；28—滤油器

WLY60型轮胎式液压挖掘机发动机功率为73.5kW，机重14.5t，反铲斗容量0.6m³。

整机由两台液压齿轮泵供油，系统工作压力14MPa。在主回路中，抓斗液压缸和支腿液压缸的换向阀与其他换向阀并联，其余成顺序单动回路。当动臂或斗杆单独动作时，通过合流阀可以实现双泵合流。所有换向阀均采用三位十通结构。

齿轮设有安全溢流阀，当工作压力超过 14MPa，安全阀自动开启，实现溢流，所有回油都经过安全溢流阀和滤油器、散热器。

回转马达缓冲制动阀的调定压力为 10MPa，并装有两个单向补油阀，构成缓冲补油回路。当进行回转制动时，通过单向阀从回油路进行补油。动臂液压缸大腔和斗杆、铲斗液压缸大小腔进出油路都装有 18MPa 的限压阀，以保证各液压缸的闭锁力。动臂液压缸小腔装有单向补油阀，当动臂快速下降时，可以向回油路补油。

支腿液压缸设有锁紧回路，液压锁只有在足够高压力的压力油作用下才打开，挖掘作业时，支腿液压缸锁定不动，避免软腿，保证了工作安全。整机行驶时，又能防止已收起的支腿由于颠簸和振动而甩出。

挖掘机的行走机构采用机械传动，其前桥设有液压悬挂平衡液压缸，机械行驶时，通过悬挂平衡阀可以保证四个车轮都着地，减少了车架的扭转，而当挖掘作业时，将两腔闭锁，可以增加车架的稳定性。挖掘机的行走转向利用转子泵实现。

（2）WY-100 型履带式液压挖掘机。

如图 2-5-103 所示为国产 WY-100 型履带式液压挖掘机液压系统图，该系统采用双泵双回路定量系统，该机发动机功率为 110kW，系统最大工作压力为 32MPa，机重 25t，反铲斗容量 1m³。

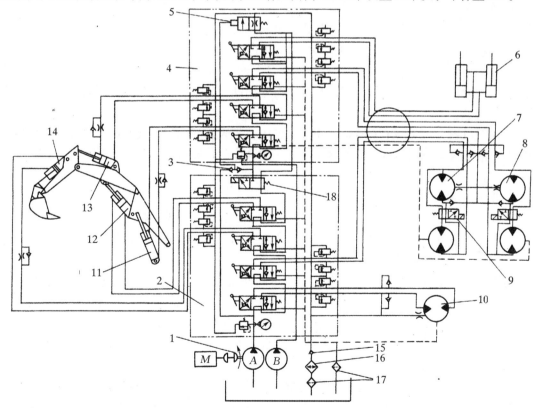

图 2-5-103　WY-100 型履带式液压挖掘机液压系统图

1—双联泵；2，4—多路换向阀组；3—梭阀；5—限速阀；6—推土板；7，8—行走马达；9—双速阀；10—回转马达；11—动臂液压缸；12—辅助液压缸；13—斗杆液压缸；14—铲斗液压缸；15—背压阀；16—散热器；17—滤油器；18—合流阀

　　液压系统由两个独立的回路所组成，液压泵 A 输出的压力油进入多路换向阀组 2，驱动回转马达、铲斗缸、辅助缸并经过中央回转接头驱动右行走马达 7。当这组执行元件不工作时，通过合流阀将泵 A 输出的压力油进入多路换向阀组 4，用来加快动臂或斗杆的工作速度。

　　液压泵 B 输出的压力油进入带限速阀的多路换向阀组 4，驱动动臂缸、斗杆缸，并经中央回转接头到行走马达和工作油缸两换向阀组执行元件。马达与执行元件之间采用串联供油，回油都通过限速阀，在下坡行驶时，可以控制行驶速度，防止超速溜坡。

　　从多路阀出来的回油经过背压阀、散热器和滤油器回到工作油箱。

　　除以上主油路外，还有以下低压油路。

　　① 泄漏油路（无背压油路）：多路阀和液压马达产生的内泄漏油集中到五通接头，再经过滤器回油箱。

　　② 补油油路（背压油路）：由背压阀产生的低压油（0.8~1MPa）经过补油阀，在制动及超速吸空时，给液压马达补油，保证马达工作稳定并有可靠的制动性能。

　　③ 排灌油路：是将背压油路中的低压油经过节流减压后供给液压马达壳体，使马达壳体内保持一定循环油，既保持经常冲洗磨损物，又防止了在外界温度过低时，由于温差过大对液压马达产生"热冲击"。

　　油散热器为强制风冷式，使系统在连续工作的条件下，油温保持在 50~70℃ 范围内，最高不超过 80℃。

　　多路换向阀由进油阀、换向阀、分路安全阀和回油阀组成，采用分片组合结构。

　　系统总安全阀为先导型溢流阀，装在进油阀上。分路安全阀（过载阀）为蝶形弹簧直动式，能较有效地防止系统发生共振。

　　换向阀为三位四通弹簧复位式，阀内装有单向阀，防止工作油倒流。每组多路阀都按串联形式联接。

　　回油阀可根据系统要求安装限速阀或合流阀。带限速阀的回油阀的作用是：当出现超速情况时，液压泵出口压力低于背压油路压力，限速阀自动对回油进行节流控制，从而防止"溜坡"现象。

　　2. 分功率系统

　　分功率变量系统的两台变量泵独立进行功率调节，如图 2-5-104 所示。每台泵有各自的功率调节器。泵的流量调节受该泵回路中压力变化的控制而与另一回路的压力变化无关，即两条回路各自独立地进行变量。

　　分功率变量系统相当于两条各自独立变量的回路组合，只有当两条回路的系统压力 P_1 和 P_2 都处于变量范围内，发动机功率才能充分利用。若发动机功率平分给两泵，每泵最多只能利用发动机功率的 50%。正常情况下，两泵工作时有各自的压力，而且压力不断变化，如果每一条回路在变量范围内，功率利用 50%，另一条回路在非变量范围内，功率利用 10%，则总的功率为 60%。

　　分功率变量系统的功率利用情况比定量系统好，然而由于两条回路的流量分别调节，动作的配合不很协调。尤其主机行走时，由于两条履带遇到的阻力不同，操作人员须经常进行手控调节，随时协调两履带的运动。

　　国产 WY-250 型正铲液压挖掘机液压系统采用的是双泵分功率变量系统，如图 2-5-105 所示。

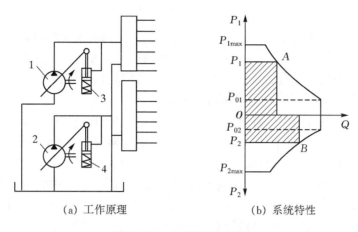

（a）工作原理   （b）系统特性

图 2-5-104 分功率变量系统图

1，2—变量泵；3，4—功率调节器

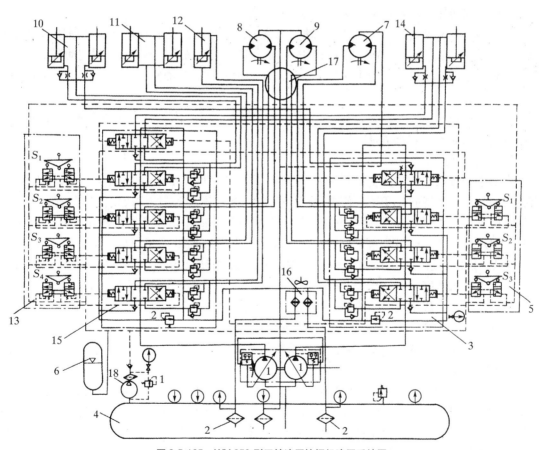

图 2-5-105 WY-250 型正铲液压挖掘机液压系统图

1—变量泵组；2—滤油器；3，15—先导阀组；4—油箱；5，13—先导阀；6—蓄能器；7—回转马达；8，9—行走马达；
10—动臂液压缸；11—开斗液压缸；12—铲斗液压缸；14—斗杆液压缸；16—散热器；17—中央回转接头；18—齿轮泵

WY-250 型正铲液压挖掘机发动机功率 198kW，机重 55t，正铲斗容量 2.5m³。该机的液
压系统最大工作压力为 28MPa，由两个独立的并联回路组成，分功率调节，由先导伺服控制

装置操纵。

泵组由两台主泵组成的变量泵组和一台齿轮泵组成，两台主泵装有各自分开的功率调节器，由各自的回路反馈到调节器进行变量调节，两泵彼此不发生压力反馈。

空载时，变量泵组的压力油经过两个阀组、散热器和滤油器回油箱。当液压系统的压力超过28MPa时，压力油经过安全溢流阀回油箱。

先导阀组用来操纵阀组中的各个换向阀，实现作业动作和整机行走动作。先导阀组中的 S_1 和 S_3 分别操纵动臂液压缸的换向阀和开斗液压缸的转向阀。当扳动先导阀13中的 S_1 时，控制油就推动阀组15中的动臂缸换向阀和阀组3中的合流阀，实现动臂的双泵合流。若扳动先导阀5中的 S_3，阀组3中的斗杆缸换向阀移位，通过阀组15中的斗杆合流阀实现斗杆双泵合流。动臂缸和斗杆缸油路上各装有压力为32MPa的限压阀。先导阀13中的 S_3 和 S_4 分别操纵开斗液压缸的换向阀和铲斗液压缸的换向阀，工作原理相同，相应的油路上各装有压力为32MPa的限压阀。

主机需要行走时，扳动先导阀中的 S_2，控制油就推动相应的行走马达换向阀，使压力油经过中央回转接头流入行走马达，行走马达动作。

先导阀5中 S_1 控制阀组3的回转马达换向阀的回转马达油路上装有压力为19MPa的缓冲阀。行走马达油路上装有30MPa的限压阀。行走马达和回转马达均各装有机械制动器。

先导阀由齿轮泵供油，为了保持控制油的压力平衡，在其油路上装有蓄能器，以调节控制油压。

该液压系统的回油：路中装有板式强制风冷散热器，保持作业时油温在80℃以内，并采用空气预压油箱，防止主泵吸空。

3. 全功率变量系统

全功率变量系统的两台变量泵共有一个调节器，如图2-5-106所示。尽管两泵的外载荷有很大差别，仍实现同步变量，使两泵流量相等。全功率变量系统中决定流量调节的不是一条回路的压力 P_1 或 P_2，而是两条回路的压力总和对两条回路供给相同的流量，即使一条回路只要求较小压力，而另一条回路要求较大压力，两条回路的流量仍然相等。由图2-5-106 (b)可见，如果两条回路的压力总和 $P_\Sigma = P_1 + P_2$，符合 $2P_{max} > P_\Sigma > 2P$，系统就处于变量范围之内，发动机功率就能够充分利用。同时，由于两条回路的流量相等，故每泵的输出功率与所在回路的压力成正比。外载荷大的回路，系统压力高，泵的输出功率也大，可以输出发动机功率的50%以上，甚至输出发动机全部功率。

全功率变量系统的两台变量泵之间常采用机械和液压联系，全功率变量系统功率调节器如图2-5-107所示。

机械连杆式调节器如图2-5-107(a)所示，由阀壳、弹簧和阶梯形柱塞组成，通过连杆使两台联动变量。柱塞的小端面积与环形面积相等，两条主回路引出的控制油路分别与小端腔和环形腔相连，因此，每条回路的压力变化对调节器起着相同的响应。柱塞在两条回路的总控制油压作用下移动，使两泵实现变量。机械连杆调节器只有一个调节机构，结构简单。

液压调节器如图2-5-107(b)所示，每台泵各有一个调节机构，其构造相同，每条回路的控制油分两路分别进入本泵调节机构的环形腔和另一个泵调节机构的小端腔，两腔面积相等，任一回路的压力变化对两个调节机构产生同样效果。

全功率变量系统的功率利用很好，在变量范围内两泵流量相等，操作人员易于掌握调

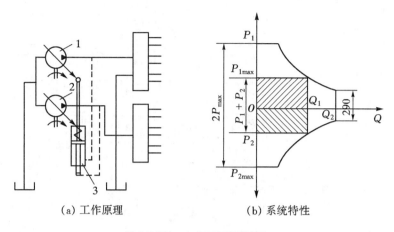

（a）工作原理　　　　　　（b）系统特性

图2-5-106　全功率变量系统图

1，2—变量泵；3—功率调节器

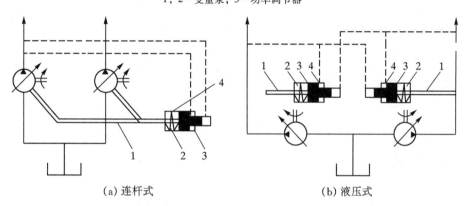

（a）连杆式　　　　　　　（b）液压式

图2-5-107　全功率变量系统功率调节器原理图

1—连杆；2—弹簧；3—阶梯形柱塞；4—阀壳

速，尤其是履带式挖掘机，由于两个行走马达的转速相等，尽管外部阻力不同，仍然保持同步行走，从而保证了直线行走性能。当挖掘机作业时，虽然一条回路上外载荷很大，由于流量相等，它的作业速度仍可加快。因此，这种系统是普遍采用的一种形式。它的缺点是由于变量泵经常满载荷运转，使用寿命较短。

（1）WY-160型正铲液压挖掘机。

如图2-5-108所示为国产WY-160型正铲液压挖掘机液压系统采用全功率变量系统。该机发动机功率为128kW，液压系统工作压力为28MPa，机重38t，正铲斗容量2.6m³。主泵为双联斜轴式轴向柱塞泵，每泵最大流量为200L/min。双泵有各自的调节器，两调节器之间采用液压联系，液压泵工作时两泵的摆角始终保持相等，输出流量也就相等。

液压泵A输出的压力油通过多路换向阀组Ⅰ供给斗杆缸、回转马达和左行走马达，还通过合流阀向动臂缸或铲斗缸供油，以加快起升或挖掘速度。液压泵B输出的压力油通过多路换向阀组Ⅱ供给右行走马达、动臂缸、铲斗缸和开斗缸。

多路换向阀采用手动减压先导阀。手动减压先导阀的控制油路由齿轮泵单独供油，组成操纵回路。操纵先导阀手柄的不同方向和位置，可使其输出压力在0~3MPa压力范围内变

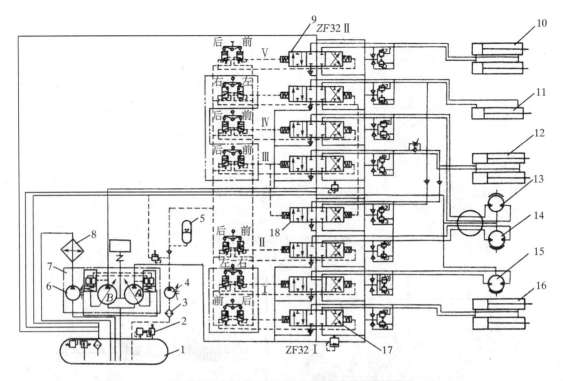

图 2-5-108　WY-160 型正铲液压挖掘机液压系统图

1—压力油箱；2—限压阀；3—滤油器；4—操纵齿轮泵；5—蓄能器；6—冷却齿轮泵；7—双联泵；8—散热器；9, 17—液控多路换向阀；10—开斗缸；11—铲斗缸；12—动臂缸；13, 14—行走马达；15—回转马达；16—斗杆缸；18—合流阀

化，以控制液控多路阀的开度和换向，使驾驶员在操纵先导阀时，既轻便又有操纵力和位置的感觉。为保证有一定的操纵压力，并在操纵液压泵不工作或损坏时仍能使工作机构运动，在操纵回路中设置了蓄能器，以调节控制油压。

该机有 5 个操纵手柄，各自控制以下动作：

手柄Ⅰ前后动作时，操纵相应的减压式先导阀的接通或断开，以改变斗杆缸的液控换向阀的开度和位置，来控制斗杆的升降；手柄Ⅰ右动作时，控制回转马达的左转和右转。

手柄Ⅱ、Ⅳ控制左右履带的前进与后退。

手柄Ⅲ向前动作，动臂举升并向动臂缸合流供油；向右动作，动臂下降，向铲斗缸合流供油并进行转斗挖掘；向左动作，铲斗退出挖掘。

手柄Ⅴ向前动作，控制开斗以卸载，向后动作控制关斗。

此外，为了提高液压泵的工作转速，避免产生吸空、改善自吸性能，该机采用了压力油箱；除了主油路、卸油油路和控制油路外，还有独立的冷却循环油路，由齿轮泵供油，经散热器回油箱。这样可使回油背压小，保护冷却器安全。

（2）WY-60A 型液压挖掘机。

如图 2-5-109 所示为国产 WY-60A 型液压挖掘机液压系统图。该机发动机功率为58.8kW，额定转速为 1800r/min，正、反铲斗容量为 0.6m³。

该机液压系统为双泵双回路全功率变量系统，它由一对双联轴向柱塞泵、两组三位六通液控多路阀、液压缸、回转和行走液压马达等元件组成。

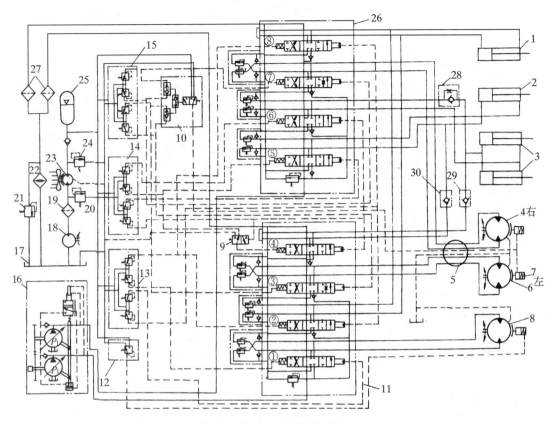

图 2-5-109　WY-60A 型液压挖掘机液压系统

1—斗杆缸；2—铲斗缸；3—动臂缸；4—右行走马达；5—中央回转接头体；6—左行走马达；7—制动装置；8—回转马达；9—换向阀；10—制动缓冲阀；11—多体换向阀组；12—回转制动阀；13—回转、斗杆缸先导控制阀；14—铲斗、动臂缸先导控制阀组；15—行走马达先导控制阀组；16—恒功率变量泵；17—液压油箱；18—低压油路控制泵；19—滤油器；20，24—低压溢流阀；21—冷却器旁通阀；22—冷却器；23—风扇马达；25—蓄能器；26—多路换向阀组；27—滤油器；28—单向节流阀；29，30—单向阀

一个液压泵输出的液压油，经过多路换向阀可以分别驱动回转马达、斗杆缸和左行走马达。如这三个执行机构均不动作时，操纵合流阀，液压油就进入动臂缸的大腔或铲斗缸的大腔，从而加快动臂提升和铲斗挖掘。

另一个液压泵输出的液压油，进入多路换向阀分别驱动铲斗缸、动臂缸、右行走马达。操纵合流阀，液压油进入斗杆缸，从而实现阀外合流，使斗杆伸出或收缩。

总回油路中装有冷却器，风扇由专用的风扇马达带动，风扇马达由低压油路控制泵供油。

4. 对多泵多回路复合系统的分析

由于现代挖掘机正向大型化、多功能化发展，挖掘机中越来越多地采用多泵多回路以满足挖掘机的工作需求。日本日立公司的 UH-501 型挖掘机液压系统即为多泵多回路复合系统，如图 2-5-110 所示，该机采用双发动机，功率为 2×180 kW，额定转速 1800r/min，液压系统压力 25MPa，机重 92t，斗容量 4.6~7.5m³。

（1）主泵三控制系统。

该机使用四台主泵 P_{L1}，P_{L2}，P_{R1} 和 P_{R2}，其形式为斜盘式变量柱塞泵。每一台泵的流量

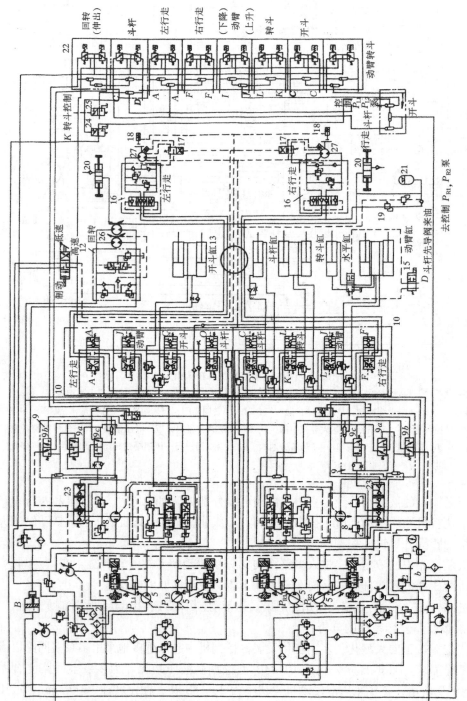

图 2-5-110 UH-501 挖掘机液压系统图

1—气泵；2—油箱；3，21—蓄能器；4—齿轮泵；5—主泵；6—出气筒；7—气压式注黄油器；8—回转泵；9—阀组；10—换向阀组；11—调速器；12—缓冲补油阀；13—中心回转接头；14—水平切换阀；15—电磁阀；16—缓冲限速阀；17—行走变速阀；18—制动器；19—减压阀；20—张紧缸；22—先导阀；23—接合阀；24，25—选择阀；26—回转马达；27—行走马达

变化均受到三条油路的压力控制，故称三控制系统。与双控制系统相比，能更有效地利用发动机功率、节约能源、提高整机的生产率。

图 2-5-111 所示泵的调节器受到三条油路压力控制的原理图与结构图。

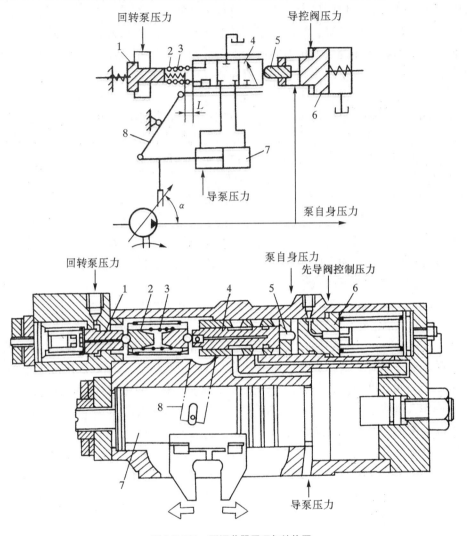

图 2-5-111　泵调节器原理与结构图
1—控制柱塞；2，3—弹簧；4—滑阀；5，6—柱塞；7—伺服缸；8—反馈杆

① 三控要素。

● 先导阀压力控制。它可使泵的排量随先导阀操纵杆的行程增大（减小）而成比例地增大（减小），故称为泵的排量控制。

● 泵的恒功率控制。它可使泵的流量随着自身的油压力（由外负载引起）的增大（减小）而减小（增大），以保证泵输出功率恒定，即恒功率控制。

● 回转泵压力控制。它可使主泵的流量随着回转泵的压力增大（减小）而减小（增大），以保证发动机输出功率恒定，更有效地利用发动机功率。当回转泵不工作时，主泵可以使发动机全功率工作；而当回转泵工作时，主泵又把部分功率自动转移给回转泵，它称为回转泵的补偿控制。

② 三控制泵的工作原理。

● 泵的恒功率控制。从图 2-5-111 可看出，如不考虑回转泵控制柱塞和导控柱塞的作用，即回转泵无压力，导控阀压力最大时，可认为柱塞固定不动，它是一个典型的恒功率控制机构。随着泵出口油压升高，推动柱塞 5 和滑阀左移，滑阀移入右位工作，使伺服缸大腔回油，伺服缸活塞杆在导控泵油压的作用下右移，泵倾斜角变小（流量减小）。反馈杆使滑阀重新回到中位，泵流量减小到某一定值停止。反之，流量增加。这样，泵流量随负载压力变化而变化，维持系统恒功率工作。

● 先导阀压力控制。泵的排量（流量）大小受先导阀输出油压控制。先导阀输出压力的大小与先导阀手柄行程 S 成正比。行程 S 越大，先导阀输出压力也越大。将先导阀输出油液通到柱塞 6 的腔室内，柱塞 6 右移的距离也与先导阀位移成正比。

假定回转泵和主泵油压为零，柱塞 5 缩到柱塞 6 中。这时，起控制作用的已不是柱塞 5，而是柱塞 6。先导阀油压在增加，柱塞 6 右移，滑阀也右移处于左位工作状态，此时伺服缸大小腔相通，活塞杆左移，泵流量增加。由于反馈杆的反馈作用，阀套左移，滑阀恢复中位，变量停止，泵流量则稳定在某一值。随着先导阀油压不断增加，泵流量也成比例地增加，直到泵被限位为止。先导阀手柄行程 S 和泵流量之间成线性关系。

从上面分析可得出如下两点结论。

第一，若先导阀手柄停留在最大行程之前某一位置，此时，恒功率曲线不可能变得更大，因为柱塞 6 限制排量进一步增加。这说明，采用排量控制后，先导阀的每一手柄位置对应某一最大流量。只有手柄处于最大位置时，恒功率系统才能在最大范围内发挥其功率调节作用。

这样的限流作用好处是：对于恒功率系统，或外负载较低，而又要求执行元件速度较低时，若依靠换向阀开度来实现节流，会产生很大节流损失。使用排量控制后，会大大减小这种损失。操作人员将手柄置于全行程之前某一位置，要求速度越低，手柄行程减小，这样恒功率机构就会限流，既能满足调整要求，而且系统又无节流损失。

第二，可减小系统空流损失。系统不工作时，先导阀手柄处于零位，泵排量（流量）被限制到最小值（为了补偿系统漏损，系统空载流量不能为零）。这样，系统工作间歇时，空载流量最小，空流损失减小，而单纯恒功率系统，空载流量最大，空流损失较大。在系统空载压力相同的工况下，比单纯恒功率调节系统损失减小 2/3。此点对大功率系统来讲是十分可观的。

③ 回转泵压力控制。

从图 2-5-111 可知，回转泵工作时，其压力会使控制柱塞压缩弹簧左移，它的作用相当于把恒功率调节系统外弹簧的预压紧力减小。

系统的恒功率特性曲线如图 2-5-112 所示，回转泵压力越大，外弹簧的预压紧力越小，则使恒功率曲线变量起点 A 越向左移。回转泵不工作时，主泵以 ABC 全功率工作；回转泵工作时，由于其压力作用在控制柱塞上，使主泵按 $A'B'C'$ 功率曲线工作，一部分功率自动转移到回转泵上。一旦回转泵停止工作，这部分功率又自动被主泵吸收，使发动机在一定范围内保持功率恒定。这样既保证回转的独立性，又能充分利用发动机功率。

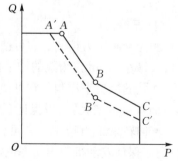

图 2-5-112　恒功率特性曲线图

（2）回转泵特点。

回转机构由双泵和双马达组成一个独立的闭式系统。回转泵主要由两大部分组成：泵和调节器，阀组和接合阀，如图 2-5-110 所示。

阀组的作用有以下两点。

● 接合阀的作用。当机器停放在斜坡上时，由先导泵油路（蓄能器 3 提供）补偿马达泄漏，以保证马达制动作用；回转工作时，给闭式系统补油并冷却，将泵和马达联成闭式回路。

● 阀组的作用。当回转泵压力超过 24MPa 时，阀 9a（见图 2-5-110）切断导控泵到回转泵调节器的油路，使泵斜角变小（流量减小），从而保证回转机构启动和制动时回路维持在 24MPa 压力下而不溢流。

回转制动时（先导阀已无压力油输出），9c（见图 2-5-110）左位工作，先导泵油压可继续推动接合阀在左位工作，确保其和马达处于接合状态。确保只有回转时（不包括制动），主泵调节器才能通过 9b（图 2-5-110）向回转泵提供压力油，使回转泵吸收一部分主泵的功率。

为适应回转机构工作，回转泵调节器具有如下功能。

第一，改变泵的进、出口油流方向，使回转马达能朝两个方向旋转，即泵的换向机能。

第二，由先导阀压力来控制泵的排量大小，即泵的排量控制功能。这与三控制泵的功能完全相同。

第三，可实现恒转矩启动、制动，即恒转矩控制功能。

（3）自动平推机构。

该机使用了一个附加水平缸，其大小腔分别和动臂缸大小腔相通（如图 2-5-113 所示）。斗杆缸伸缩时，可保证斗齿运动轨迹水平移动，有利于装载作业，且使斗齿水平位移达 4.26m。在不需平移作业时可解除此附加水平缸，以保证圆弧挖掘。从图 2-5-110 可看出，它使用了一个电磁阀和水平切换阀来实现自动平推作业。

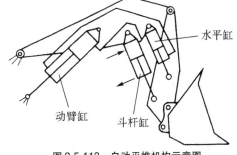

图 2-5-113　自动平推机构示意图

当电磁阀不通电时，斗杆缸伸出，水平切换阀左位工作，确保水平缸和动臂缸大小腔相互沟通，斗齿平移工作。斗杆缸缩回时水平作业自动解除。若电磁阀通电，其移入右位工作，不管斗杆伸出或缩回（C 和 D 通压力油），水平切换阀总是左位工作，保证动臂缸和水平缸连接。这一改进大大改善了主机水平装载作业的性能。

（4）动臂油路。

动臂缸工作台受左右两组换向阀组控制（如图 2-5-110 所示）。动臂缸伸出时，先导阀油压同时进入两阀 I 口，四泵供给压力油使动臂提升，加快了动臂提升速度。但动臂缸缩回时，先导阀压力油只进入右阀 I 口（另一阀通回油），动臂下降时只有两泵供油，从而大大减少了动臂下降功率的损失。然而，泵 P_{12}，P_{R1} 的空流损失较大。

（5）斗杆油路。

斗杆伸出时，先导阀供油分为两路：一路直接进入右阀 C 腔，另一路通过选择阀 25（如图 2-5-110 所示）进入左阀 O 腔，四泵供给压力油使斗杆缸伸出。缩回时，因左阀组另一腔通回油，只有右阀工作，两泵供油，发热减少。

因选择阀 25 受转斗先导阀控制（K 口），因而在斗杆缸伸出和转斗缸动作同时进行时，选择阀 25 移入上位工作，两缸各使用两台泵，互不干扰。

（6）行走油路。

该机行走时，不需要全功率工作，使用选择阀 24（如图 2-5-110 所示）来解除 P_{L1}，P_{L2} 两泵部分功率。

当行走时，行走先导阀压力油将选择阀 24 推入上位工作，泵 P_{L1}，P_{L2} 排量控制压力为零，两泵流量变得最小，解除了两泵的大部分功率，而 P_{R1}，P_{R2} 两泵则全功率工作。

行走机构使用双斜盘马达，其中一个斜盘的倾斜角度可改变（有级）。变量大小可通过调速阀和行走变速阀来完成。

第六节　电子控制系统分析

随着对挖掘机在工作效率、节能、操作轻便、安全舒适、可靠耐用等各方面性能要求的提高，单凭液压控制技术本身的改进提高已显得力不从心，难以满足要求了。机电一体化技术在挖掘机上的应用，使挖掘机的各种性能和操作的方便性有了质的提高。

机电一体化也叫机械电子学（Mechatronics），是由微电子技术、计算机技术、信息技术、机械技术以及其他技术相互融合而构成的一门独立的交叉学科。国外在机电一体化应用方面的研究起步较早，20 世纪 70 年代机电一体化技术便开始应用到挖掘机中。进入 80 年代后，以微电子技术为核心的高技术的兴起，使国外挖掘机的设计、制造技术得到了迅速发展。特别是微机、微处理器、传感器和检测仪表在挖掘机上的应用，促使了机电一体化在新一代液压挖掘机中应用相当普及，并已成为现代高性能挖掘机不可缺少的一部分。

目前电子（微机）控制系统主要用以实现如下功能：电子监控，故障自动报警及故障自动排除；节能降耗，提高了生产效率；简化了操作，降低了劳动强度；实现了对柴油机的自动控制，如电子调速器、电子油门控制装置、自动停机装置、自动升温控制装置；提高了作业的自动化或半自动化。

电子控制系统的可靠性是现代工程机械非常重要的一项性能指标。电子控制系统应满足下列条件：能在 $-40 \sim 80℃$ 的环境温度下可靠、稳定地工作；抗老化，具有较长的使用寿命；密封性能好，能防止水分和污物的侵入，有较好的耐冲击和抗振动性能；有较强的抗干扰能力，系统能在各种干扰下可靠地工作。

一、电子控制系统介绍

1. 电子监控系统

电子监控系统用以对挖掘机的运行进行监视，一旦发现异常能够及时报警，并指出故障的部位，从而可及早清除事故隐患，减少维修时间，降低保养和维修费用，改善作业环境，提高作业效率。

美国卡特皮勒公司 1978 年就研制出用于挖掘机的电子监控系统。该公司已有 60% 以上的产品配置了这种系统，它能够对机器的运行情况进行连续监测。在近年开发的 E 系列挖掘机上采用了具有三级报警的电子监控系统：一级报警时，面板上发光二极管闪烁，提示故障部位；二级报警时，面板上的主故障灯也同时闪烁；三级报警时，蜂鸣器也同时鸣叫报警，要求司机立即停机检查。德国 O&K 公司开发的 BORD 电子监控系统，能监测与液压挖掘机作业和维修有关的全部参数，它利用微处理器检查挖掘机作业的各种数据，对挖掘机进行快速监测，并评估和显示所计算的数据，可识别发生故障和超出极限值的趋势，在重大事故前显示报警信息。此系统还可以记录和保存作业状态数据，并用显示和打印提供维修和计算成本等重要数据。

　　大宇重工生产的挖掘机也配备有电子监控系统，其监控内容有 8 项。挖掘机出现异常时能通过声、光等方式进行报警。下面以大宇 DH280 型挖掘机为例，介绍电子监控系统的电路及工作原理。

　　DH280 型挖掘机的电子监控系统电路如图 2-5-114 所示，其由仪表盘、仪表、报警灯、蜂

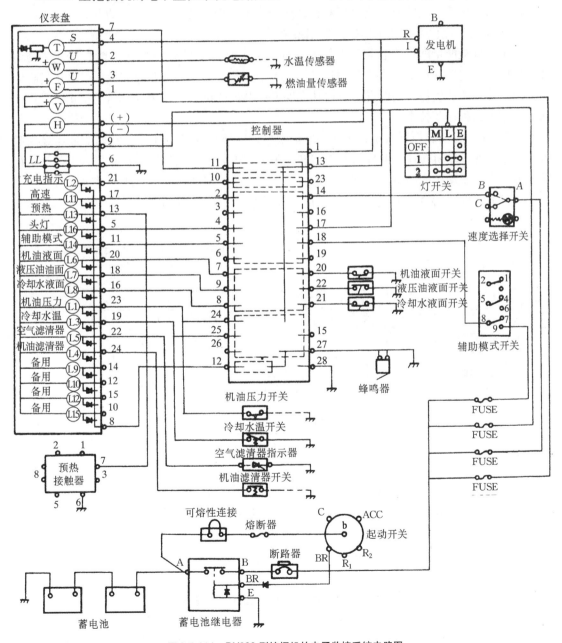

图 2-5-114 DH280 型挖掘机的电子监控系统电路图

鸣器、控制器以及传感器等组成。仪表盘上装有 16 个指示灯(L1 ~ L16，其中 4 个备用)，用于指示某些开关的状态及故障报警，此外还装有 5 种仪表：发动机转速表、冷却水温表、燃油表、电压表及工作小时计。在发动机启动之前，将启动开关的钥匙转至"ON"或"预热"位置，此时仪表盘的端子 8 通过控制器的端子 12 接地，仪表上的所有报警指示灯(L1 ~ L16)及发光二极管同时发光，与此同时蜂鸣器也通电发出声响。3 秒之后所有发光二极管熄灭，蜂鸣器也停止发声。接着控制器通过液面高度传感开关，先后检查发动机油底壳内机油液面，液压油箱内液压油液面及水箱内冷却水的液面高度是否过低，若低于规定值，仪表盘上的相应指示灯将继续明亮。为避免误报警，检查时挖掘机应停放在水平地面上。蜂鸣器停止发声后，仪表盘上的充电指示灯和机油压力指示灯仍然发亮属于正常情况。

2. 电子功率优化系统和工作模式控制系统

液压挖掘机能量的平均总利用率仅为 20% 左右，巨大的能量损失使节能技术成为衡量液压挖掘机先进性的重要标志。采用功率优化系统（EPOS），对发动机和液压泵系统进行综合控制，使二者达到最佳的匹配，可以达到明显的节能效果，许多世界著名的挖掘机生产厂家已采用了这种控制技术。

EPOS 是一种闭环控制系统，工作中它能根据发动机负荷的变化，自动调节液压泵所吸收的功率，使发动机转速始终保持在额定转速附近，即发动机始终以全功率投入工作。这样既充分利用了发动机的功率，提高了挖掘机的工作效率，又防止了发动机过载熄火。

大宇 DH280 型挖掘机的电子功率优化系统的组成简图及电路图分别如图 2-5-115 和图 2-5-116所示。

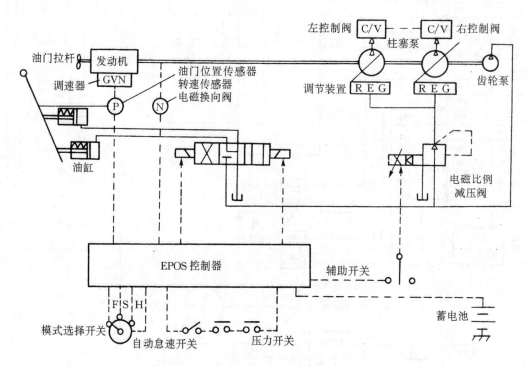

图 2-5-115　大宇 DH280 型挖掘机 EPOS 组成简图

该系统由柱塞泵斜盘角度调节装置、电磁比例减压阀、EPOS 控制器、发动机转速传感

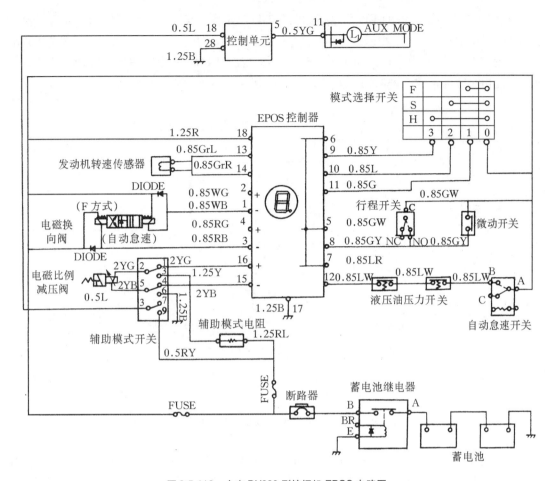

图 2-5-116　大宇 DH280 型挖掘机 EPOS 电路图

器及发动机油门位置传感器等组成。发动机转速传感器为电磁感应式，它固定在飞轮壳的上方，用以检测发动机的实际转速。发动机油门位置传感器由行程开关组成，前者装在驾驶室内，与油门拉杆相连；后者装在发动机高压油泵调速器上。两开关并联以提高工作可靠性。发动机油门处于最大位置时两开关均闭合，并将信号传给 EPOS 控制器。整个控制过程如下。

当工作模式选择处于“H 模式”位置，装有微电脑 EPOS 控制器的端子 8（如图2-5-116所示）上有电压信号（即油门拉杆处于最大供油位置）时，EPOS 控制器便不断地通过转速传感器检测发动机的实际转速，并与控制器内所贮存的发动机额定转速值相比较。实际转速若低于设定的额定转速，EPOS 控制器便增大驱动电磁比例减压阀的电流，使其输出压力增大，继而通过油泵斜盘角度调节装置减小斜盘角度，降低泵的排量。上述过程重复进行，直到实测发动机转速与设定的额定转速相符为止。如实测的发动机转速高于额定转速，EPOS 控制器便减小驱动电流，于是泵的排量增大，最终使发动机也工作在额定转速附近。

该控制系统配备一辅助模式开关（如图2-5-116所示）。当 EPOS 控制器失效时，可将此开关扳向另一位置，通过辅助模式电阻向电磁比例减压阀提供 470mA 的电流，使挖掘机处于“S 模式”继续工作，此时仪表盘上的辅助模式指示灯常亮。

大宇 DH320 型挖掘机的 EPOS 电路如图 2-5-117 所示。其特点是发动机油门位置传感器为一电位器，油门处于最大和最小位置时，电位器 AB 端子间的输出电压分别为 0V 和 5.5V。挖掘机工作过程中无论油门拉杆放在什么位置，EPOS 都能自动地使发动机工作在与油门位置相对应的最大功率状态，并使发动机的转速保持不变。

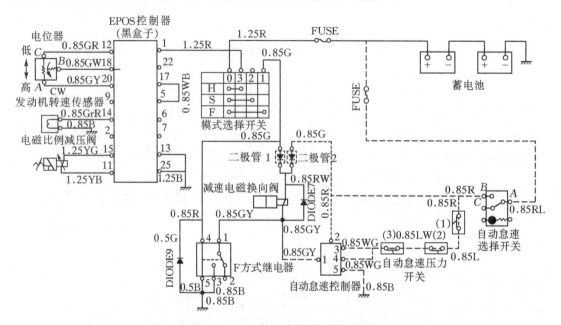

图 2-5-117　DH320 型挖掘机的 EPOS 电路图

液压挖掘机配备工作模式控制系统，可以使操作者根据作业工况的不同，选择适合的作业模式，使发动机输出最合理的动力。大宇挖掘机有三种作业模式可供选择，模式的选择通过模式选择开关实现（如图 2-5-116 所示）。下面对该系统作一介绍。

① H 模式，即重负荷挖掘模式。发动机油门处于最大供油位置，发动机以全功率投入工作。在这种工作模式下，电磁比例减压阀中的电流在 0～470mA（DH220LC，DH280 及生产序号为 1～360 的 DH320）或在 0～600mA（生产序号为 361 之后的 DH320）之间变化。

② S 模式，即标准作业模式。在这种模式下，EPOS 控制器向电磁比例减压阀提供恒定的 470mA 电流（DH220LC 和 DH280）或切断电流的供给（DH320），液压泵输入功率的总和约为发动机最大功率的 85%。对于 DH220LC 和 DH280 型挖掘机，在 H 模式下而油门未处于最大供油位置时，控制器也将自动地使挖掘机处于 S 模式，并且与转速传感器所测得的转速值无关。

③ F 模式，为轻载作业模式。液压泵输入总功率约为发动机最大功率的 60%，适合于挖掘机的平整作业。如图 2-5-116 所示，在 F 模式下 EPOS 控制器向电磁换向阀提供电流，换向阀的换向接通了安装在发动机高压油泵处小驱动油缸的油路。于是活塞杆伸出将发动机油门关小，使发动机的转速降至 1450r/min 左右。DH320 型挖掘机的 F 模式是通过 F 模式继电器控制的，如图 2-5-117 所示。

3. 自动急速装置

装有自动急速装置的挖掘机，当操纵杆回中位达数秒时，发动机能自动进入低速运转，从而可减少液压系统的空流损失和马达磨损，起到节能和降低噪声的作用。

美国 CAT 挖掘机发动机自动控制系统（AEC 系统）的功能是由电子控制器通过中央处理器（CPU）来实现的。此控制系统可使发动机在某种状态时怠速运转，即当挖掘机在某项作业停止 3s 后，发动机转速自动减至 1300r/min；而当此项作业重新开始 5s 后，发动机转速就又自动升至原作用时的转速。现代挖掘机基本都具备这种功能（又称自动怠速功能），此功能对提高发动机燃油利用率具有非常重要的意义。现以卡特 EL200B 型挖掘机为例，介绍 AEC 系统的工作原理，如图 2-5-118 所示。

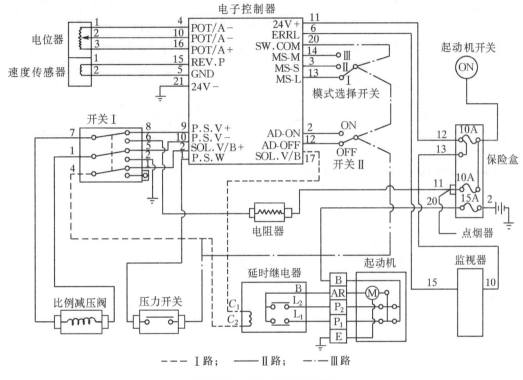

图 2-5-118　AEC 系统工作原理图

AEC 系统在怠速还是在非怠速状态，主要决定于开关 II 与压力开关的状态。开关 II 上有 ON 与 OFF 两个位置，压力开关的开与闭则取决于先导控制阀是否在中位，压力开关处于关闭位置，即电路开通；当先导阀处于中位时，压力开关则处于打开位置，此时电路不通。现按其工作状态分别简述如下。

① 自动怠速状态。当开关 II 处于 ON 位，先导控制阀在中位时，压力开关处在打开位置，电子控制器计时 3s 后，如图 2-5-118 中 I 路电流通过开关 I、延时继电器，使继电器中原关闭的触点 L_1 打开、原打开的触点 L_2 关闭，这时 II 路电流通过启动机中的触点 P_2 至延时继电器的触点 L_2，使发动机转速定在 1300r/min，而后又自动将原关闭的触点 P_2 打开，原打开的触点 P_1 关闭，这样电动机就因电路中断而停止转动，发动机就继续处在怠速状态。

② 非怠速状态。当开关 II 处于 OFF 位置或当驾驶员操纵先导控制阀使之不在中位时，压力开关处于关闭位置，电子控制器接收信号并不再对延时继电器产生作用，电路 I 即中断。这时，触点 L_1 和 L_2 都分别回到图示位置，II 路电流就通过关闭的触点 P_1，L_1 至启动

机，使启动机开始旋转，从而带动喷油泵调速杆回到原来的位置。当启动机旋至原转速对应位置时，触点 P_1，P_2 经系统自动控制回到原位，即分别位于打开、关闭位置，启动机又因电路中断而停止转动，发动机保持在正常工作的转速范围。

③ AEC 系统故障诊断方法。AEC 系统工作失效的状态可归纳成四种故障类型：Ⅰ类是延时系统故障；Ⅱ类是启动机系统故障；Ⅲ类是压力开关系统故障；Ⅳ类是开关系统故障。其中Ⅰ，Ⅳ类故障可通过该机自诊断系统加以判断；Ⅱ，Ⅲ类故障可通过对系统原理的分析，电器元件通、断的判别及电阻的检测找到故障部位。下面简要介绍Ⅰ类故障的诊断方法。

该机监测系统中，其电子控制器的显示器上有 9 只发光二极管。当系统正常工作时，各二极管显示状态如图 2-5-119 所示。而当延时系统出现故障时，通过自诊断系统，显示器上显示的即为图 2-5-120 状态。如果确诊是Ⅰ类故障时，应将该段线路分离出来，按图 2-5-121 所示的终端至始端的顺序（即按接头 CONN21—CONN14—CONN1 的顺序）逐个检查，看是否有断路、短路现象，就可迅速找出故障之所在。

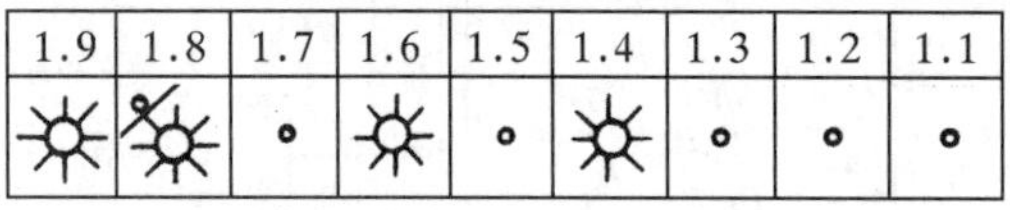

1.9	1.8	1.7	1.6	1.5	1.4	1.3	1.2	1.1
☼	✺	○	☼	○	☼	○	·	○

图 2-5-119　系统正常工作时二极管显示状态图

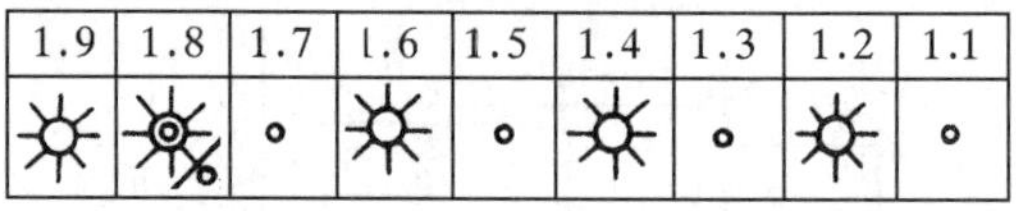

1.9	1.8	1.7	1.6	1.5	1.4	1.3	1.2	1.1
☼	✺	○	☼	○	☼	○	☼	○

图 2-5-120　延量系统出现故障时二极管显示状态图

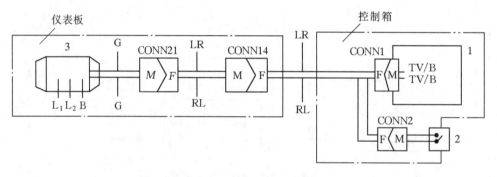

图 2-5-121　检查顺序原理图
1—电子控制器；2—开关；3—延时继电器

二、柴油机电子调速器

康明斯柴油发动机 PT（G）型燃油系统中，使用 EFC 电子调速器。调速器可以调成同步运行或调成有转速降的方式运行。

1. 工作原理

该机自动化程度高，控制比较复杂。调速器控制电路如图 2-5-122 所示。电磁转速传感器装在飞轮壳上，通过飞轮齿圈感应发动机的转速。油门执行器装在 PT 泵内，改变执行器电流将使执行器的轴转动，从而改变发动机的转速和功率。当 CPU 控制板 J5 第 7 脚的运行开关 RUN 闭合时，J1 的 1 脚输出 24V 电压，PT 泵的电磁阀开关 SWITCHED 得电开启，EFC 调速控制器得电工作，使油门执行器的轴转到最大供油位置。同时，CPU 控制板 J1 的第 3 脚输出启动信号到启动机，使发动机启动。发动机启动后，交流发电机的中点（N）电压（约 12V）作为发动机已启动的信号，通过 J2 的第 3 脚输入 CPU 控制板，从而切断 J1 第 3 脚输出的信号，使启动机停止工作。若一次启动不成功，停 10s 后将自动再次启动。若连续三次启动不成功，则停止启动，故障灯点亮。发动机正常工作后，发动机的各种参数通过 J3 插座输入 CPU 控制板，由 J4 输出各种报警灯信号。按 J5 的复位灯检查按钮，可使 CPU 复位，同时进行各种报警灯测试。若所有报警灯都亮，说明整个报警控制系统工作正常。发动机启动以后，EFC 调速器把来自电磁传感器的电信号与现有的参考点（W2）信号相比较，输出差压电流信号，使油门执行器的轴转动，控制进入喷嘴的燃油流量，从而改变发动机的转速和功率。当发动机在 W2 调定的某一定值时，调整过程如下：负载增加/下降→（电磁转速传感器）发动机转速下降/增加→EFC 电子调速器输出电流增加/下降→油门执行器供油量增加/下降→发动机转速下降/增加→使发动机转速稳定在某一定值。

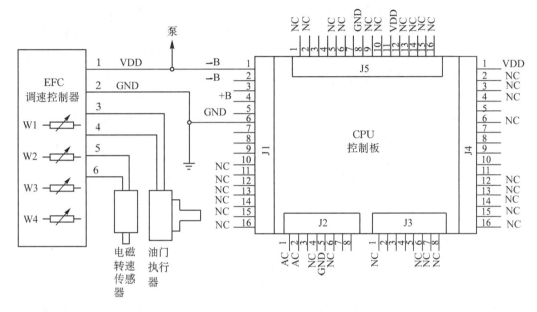

图 2-5-122　控制电路原理图

W1—怠速调整电位器；W2—运行转速调整电位器；W3—增益调整电位器；W4—转速降调整电位器；J2—3 交流发电机中点电压（N）输入；J2—7 机油压力传感器输入；J2—8 水温传感器输入；J3—2 油压低传感器输入；J3—3 水温高预警传感器输入；J3—4 油压低预警传感器输入；J3—5 水温高传感器输入；J4—12 油压低预警灯输出；J4—11 水温高预警灯输出；J4—10 油压低报警灯输出；J4—9 水温高报警灯输出；J4—8 超速报警灯输出；J5—11 复位灯检查按钮输入；J5—7 运行按钮输入；J5—4 接机油压力表；J5—3 接水温表

2. 系统调整

EFC 调速控制器的面板上装有四个电位器，W1 为怠速调整电位器（IDLE SPD），W2 为运行转速调整电位器（RUN SPD），W3 为增益调整电位器（GAIN），W4 为转速降调整电位器（DROOP），这些电位器供系统调整时用。

（1）初调（不启动发动机）。

① W1 逆时针转动 20 圈，再顺时针转动 10 圈，将其置于中间位置。

② W2 逆时针转动 20 圈，再顺时针转动 10 圈，将其置于中间位置。W3 用来调整调速控制器的灵敏度，即调速控制器对负荷的反应时间，将其调到刻度 50 处。

③ W4 的调整，由于负载增加，发动机的稳态转速将下降，有负荷时比无负荷时的转速要低，用全负荷时转速百分比来表示，称为转速降，即转速降 = [（无载运行转速 - 全负荷

转速)/全负荷转速]×100%。该电位器有三种设置：逆时针转到底为同步运行；转到刻度 50 处，得到 3% 的转速降；转到刻度 80 处，得到 5% 的转速降。选择第二种和第三种设置时，应将电位器调到调节范围的中间位置。

（2）系统调整。

① 怠速调整：将运行/怠速开关置于怠速位置，启动发动机，调 W1 直到转速为 600 ~ 650r/min。

② 运行转速调整：将运行/怠速开关置于运行位置，启动发动机空载运行。

当 W4 置于同步运行时，调 W2 使转速为 1500r/min（即对应为 55.0Hz）为止。

当 W4 置于 3% 的转速降时，调 W2 使转速为 1545r/min（即对应为 52.5Hz）为止。

当 W4 置于 5% 的转速降时，调 W2 使转速为 1575r/min（即对应为 52.5Hz）为止。

③ 增益调整：启动发动机，接上大约 1/4 的额定负载，如果发动机转速是稳定的，则顺时针方向慢慢转动 W3，直到发动机转速不稳定为止，然后再逆时针方向慢慢转动 W3，直到达到转速稳定时为止。

④ 转速降的调整：启动发动机，加上额定负载，调节 W4，使频率为 50Hz，即 1500r/min为止。

⑤ 系统调整：进行完上一步调整后，卸掉负载，再进行第二步调整，然后再加上额定负载，进行上一步的调整，直到调整到正确值为止。为了得到正确的转速（即频率），通常要重复调整两到三次才能使系统调正。

3. 故障诊断

按照机械说明书进行。

三、CAT325 型挖掘机的发动机电子控制系统

电子控制系统通过控制器控制发动机和油泵的输出功率。控制器通过发动机速度调节控制盘确定发动机调整器中调节杆的位置。控制器也可通过安装在开关控制盘确定发动机调整器中调节杆的位置。控制器也可通过安装在开关板上的功率模式开关确定功率模式。控制器处理信息并向油泵发送压力信号，于是油泵能够根据机器负载和发动机转速提供最佳输出功率。

电子控制系统有如下四种主要功能。

① 当机械负载很大时，系统使油泵有较大排量，使之输出与发动机相匹配的最大功率。

② 根据发动机负载情况，系统通过三种不同的模式设置，将油泵的输出功率控制在最佳功率模式，使发动机以最佳速度运转，并减少燃油消耗。

③ 在空载或卸载的情况下，系统自动降低发动机转速以改善燃油消耗量和降低噪声。

④ 系统控制用于微动控制和回转优先的电磁阀，使发动机能够进行简单地面平整或沟槽内壁表面垂直修整工作。

四、油泵电液比例控制系统

液压挖掘机目前都采用恒功率变量泵，但油泵功率控制如何？能否变化？如何把发动机的工作情况和油泵变量系统联系起来？这是合理利用发动机功率的关键所在。CAT 系列挖掘机采用比例减压阀 PRV，通过微机控制，实现根据发动机的工作情况调节油泵功率，从而更充分、更合理地利用发动机的功率，进一步提高整机效率。

1. 油泵电液比例控制系统

油泵变量电液比例控制系统如图2-5-123所示，主要是根据发动机的工作情况来改变油泵的排量，从而控制油泵的输出功率。监视器1可以选择动力模式，共有三种动力模式可以选择（模式Ⅱ：9挡、10挡速度相同；模式Ⅰ：8挡、9挡、10挡速度相同；模式Ⅲ：10挡速度）。当动力模式和速度挡位选定后，则发动机的目标转速一定。微机控制器从监视器和速度选择器接收信号后，即向发动机供油调节器发出指令，使供油量与所选速度挡位相适应。同时速度传感器将向发动机转速信号输入微

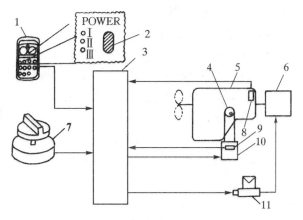

图2-5-123 油泵电液比例控制系统简图

1—监视器；2—动力模式选择开关；3—控制器；4—皮带轮；5—发动机；6—油泵；7—速度选择器；8—速度传感器；9—反馈传感器；10—供油调节器；11—比例减压阀

机控制器。与目标转速对比后，控制比例减压阀 PRV 输入压力，进而控制油泵的输入流量。

通过动力模式和速度挡位的选择，可以更合理地利用发动机的功率，提高整机效率。当外界负荷较大且需高速运行时，可选择动力模式Ⅲ，速度挡位为10挡，此时对应发动机的最大供油量，且应百分之百利用发动机的功率。根据上述原则，发动机的目标转速为1750r/min（额定转速为1800r/min），即发动机工作在 A 点，如图2-5-124所示，与此目标转速相适应。PRV 有一输出压力 P_S，此压力决定了油泵压力-流量（P-Q 曲线）的位置，即决定了油泵在恒功率变量期间的输出功率，如图2-5-125所示曲线。若由于负载变化或其他原因，发动机转速偏移目标转速，则 PRV 输出压力 P_S 变化，P_S 与油泵输出压力）P_d 一起作用调整油泵输出流量，使发动机继续稳定在目标速度上。若负载较大，但不需要太大的工作速度，发动机工作在 B 点，输出功率降低（约为额定功率的85%），但油耗减少，噪声降低，效率提高。与此模式对应的油泵输出曲线为2。同理，对应的模式Ⅰ，发动机工作在 C 点，油耗最低，对应的油泵输出曲线为1。应该指出，在每一种动力模式下，还可选择不同的速度挡位以得到不同的目标转速，进而使油泵获得不同的输出功率曲线。

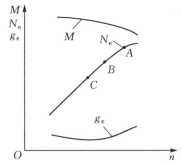

图2-5-124 发动机特性曲线图

n—转速；M—转矩；N_e—功率；g_e—比油耗

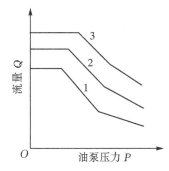

图2-5-125 油泵压力-流量曲线图

1—发动机功率为65%时的油泵输出功率曲线；

2—发动机功率为85%时的油泵输出功率曲线；

3—发动机功率为65%时的油泵输出功率曲线

2. 油泵功率调节器

油泵功率调节器的作用有以下三种。

① 根据发动机的工作情况确定油泵的输出功率，即决定 P-Q 曲线的位置，并使油泵的输出流量随发动机的转速而变化，保持发动机工作在目标转速上。

② 根据外负荷的变化调节油泵流量，使油泵的输出功率 $N = PQ =$ 常数，即恒功率控制。

③ 当换向阀都处于中位时，使油泵的输出流量减至最小，实现油泵的卸荷。

油泵功率调节器的原理如图 2-5-126 所示。主泵或先导泵的压力油通过梭阀分三路进入功率调节器（一般情况下主泵油压 P_D 起作用，卸荷或微动时先导泵油压 P_G 起作用），一路作用在控制活塞的台肩上，PRV 的油压 P_S 进入控制活塞的上腔，P_S 与 P_D 共同起作用，与弹簧 11 和 7 的作用力平衡，决定控制活塞的位置。若 P_S 与 P_D 对控制活塞向下的作用力大于弹簧力，则控制活塞下移，通道 17 与 9 接通，变量活塞上移，压迫弹簧 6，7，8（其中弹簧 6 的刚度小于弹簧 7 的刚度），弹簧力增加，使控制活塞上移，平衡在一个新的位置。在平衡位置，通道 17 与 9 处于似通非通状态。由以上分析可知，油泵的输出流量取决于 P_D 与 P_S 之和。对于确定的目标转速，对应确定的 P_S（此 P_S 决定 P-Q 曲线的位置）。应当指出，在外负荷发生变化时将引起发动机转速发生变化，此时 P_S 也将发生变化，因此在控制活塞从一个平衡位置到另一个平衡位置的动态过程中，P_D 与 P_S 同时起作用，调节泵的输出流量，使油泵保持恒功率变化规律。因此 P_S 的作用不仅可以改变油泵恒功率曲线的位置，还能提高恒功率变量泵的动态性能。

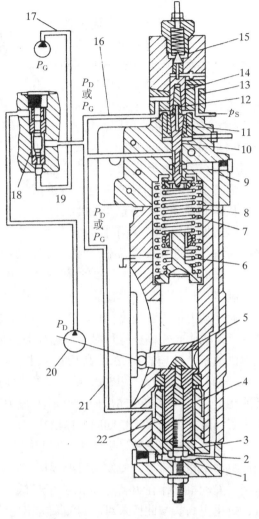

图2-5-126　油泵功率调节器结构图

1，2—螺栓；3—密封圈；4—活塞；5—耳轴；6，7，8，11—弹簧；9，13，16，17，21—通道；10，14—控制活塞；12—销子；15—上腔；18—先导泵；19—梭阀；20—主泵；22—活塞腔

为了保证换向阀在中位时油泵能够卸荷，在功率调节器的上方还有一条通道，此通道接多路阀中立位置回油道经节流阀回油箱，节流阀前 P_N 升高，此压力作用在功率调节器上腔，在 P_N，P_S 及 P_G 的作用下（此时主油泵油压低，先导泵油压 P_G 作用），油泵流量减至最小，实现油泵卸荷。

3. 比例减压阀及其控制电路

PRV 原理如图 2-5-127 所示，当比例电磁阀通不同电流时，作用在减压阀阀芯上的推力与弹簧力平衡决定阀芯的位置，从而控制了出口压力 P_S，P_S 的变化范围为 $0 \sim 3.16\text{MPa}$。比例减压阀的控制电路如图 2-5-128 所示。

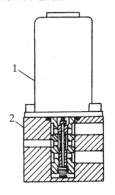

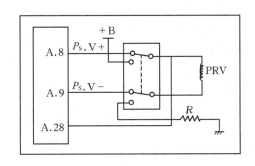

图 2-5-127　PRV 原理图

1—电磁阀；2—减压阀

图 2-5-128　PRV 控制电路原理图

五、故障分析

由于采用 PRV，把发动机的工作情况和油泵变量系统联系起来，因此液压系统和发动机相互影响。在分析判断故障码时应考虑两者之间的联系。例如，某一现场在处理发动机熄火故障时，通过调用故障码，发现 PRV 驱动电路短路，通过维修排除了故障。我们知道，对于发动机的不同工作情况，PRV 对应不同的输入压力 P_S，若 PRV 出了故障，P_S 不符合要求，则可能造成油泵使用功率超过发动机提供的功率，导致发动机的熄火。反之，发动机出现问题也可能功能表现在液压系统上。例如：由于发动机磨损及油质不好的问题引起发动机功率下降，若下降功率不超过 30%，由于 PRV 的作用可使发动机不熄火，并能使其维持在目标转速，但此时油泵输出功率减小，机器动作缓慢。机器动作缓慢一般容易怀疑是液压系统的问题，因此发动机与液压系统之间的联系应引起我们足够的重视。

油泵比例控制系统与传统的油泵变量系统相比，性能优越。它不仅可以实现恒功率控制，而且具有很大的灵活性，可以根据不同的工作要求选择油泵功率，从而节省了能量，提高了效率。由于 PRV 把油泵变量系统与发动机联系起来，在分析判断机器故障时应注意发动机、电器控制系统及液压系统的结合部分，学会调用故障码，力求判断准确。

六、电子控制系统的故障诊断

以微处理器或微型计算机为核心的电子控制系统通常都具有故障自诊功能，工作过程中，控制器能不断地检测和判断各主要组成元件工作是否正常。一旦发现异常，控制器通常以故障码的形式向驾驶员指出故障部位，从而可方便准确地查出所出现的故障。下面以韩国大宇和日本小松挖掘机为例，介绍电子控制系统的故障诊断方法。

第七节　液压挖掘机液压系统故障诊断与排除

一、挖掘机液压系统故障的特征及排除步骤

在分析挖掘机液压系统故障时，应认真观察，把握故障特征，既要考虑系统方面可能存

在的问题，也要考虑元件本身的问题。一套好的液压传动装置能正常、可靠地工作，它的液压系统必须具备许多性能要求。这些要求包括：液压缸的行程、推力、速度及其调节范围，液压马达的转向、扭矩、转速及其调节范围等技术性能；以及运转平稳性、精度、噪声、效率，等等。如果液压系统在实际运行过程中，能完全满足这些要求，整个设备将正常、可靠地工作；如果出现了某些不正常情况，而不完全能或不能满足这些要求，则认为液压系统出现了故障。

1. 液压系统故障的特点

液压系统的故障既不像机械传动那样显而易见，也不像电气传动那样易于检测，其具有以下的特点。

（1）故障的多样性和复杂性。

液压系统出现的故障可能是多种多样的，而且在大多数情况下是几个故障同时出现。例如：系统的压力不稳定，常和振动噪声故障同时出现，而系统压力达不到要求经常又和动作故障联系在一起；甚至机械、电气部分的弊病也会与液压系统的故障交织在一起，使得故障变得复杂，新系统的调试更是如此。

（2）故障的隐蔽性。

液压系统是依靠在密闭管道内并有一定压力能的油液来传递动力的，系统所采用的元件内部结构及工作状况不能从外表进行直接观察。因此，其故障具有隐蔽性，不如机械传动系统故障那样直观，而又不如电气传动那样易于检测。

（3）引起同一故障原因和同一原因引起故障的多样性。

液压系统同一故障引起的原因可能有多个，而且这些原因常常是互相交织在一起互相影响的。如系统压力达不到要求，其产生原因可能是泵引起的，也可能是溢流阀引起的，也可能是两者同时作用的结果。此外，油的黏度是否合适，以及系统的泄漏等都可能引起系统压力不足。

另一方面，液压系统中往往是同一原因，但因其程度的不同、系统的结构不同以及与其配合的机械结构的不同，所引起的故障现象也可以是多种多样的。如同样是系统吸入空气，严重时能使泵吸不进油；轻者会引起流量、压力的波动，同时产生噪声，造成机械部件运动过程中的爬行。

（4）故障产生的偶然性与必然性。

液压系统中的故障有时是偶然发生的，有时是必然发生的。故障偶然发生的情况如：油液中的污染物偶然卡死溢流阀的阻尼孔或换向阀的阀芯，使系统突然失压或不能换向；电网电压的骤然变化，使电磁阀吸合不正常而引起的电磁阀不能正常工作。这些故障不是经常发生的，也没有一定的规律。故障必然发生的情况是指那些不断经常发生、并且具有一定规律的原因引起的故障。如油液黏度低引起的系统泄漏、液压泵内部间隙大泄漏增加导致泵的容积效率下降等。

（5）故障的产生与使用条件的密切相关性。

同一系统往往随着使用条件的不同，而产生不同的故障。例如环境温度低，使油液黏度增大引起的液压泵吸油困难；环境温度高，油液黏度下降引起系统泄漏和压力不足等故障。系统在不干净的环境工作时，往往会引起油的严重污染，并导致系统出现故障。另外，操作人员的技术水平也会影响到系统的正常工作。

（6）故障难于分析判断而易于处理。

由于液压系统故障具有上述特点，所以当系统出现故障后，要想很快确定故障部位及产生的原因是比较困难的。必须对故障进行认真地检查、分析、判断，才能找出其故障部位及其原因。一旦找出原因后，往往处理却比较容易，有的甚至稍加调节或清洗即可。

2. 液压系统故障排除的步骤

由于液压系统故障与其他系统故障相比具有上述特性，因此处理液压系统故障的步骤和处理其他系统故障相比，除有一定的共性外，也有其本身的特点。处理液压系统故障是一件十分复杂而细致的工作。处理时要在充分掌握其特点的基础上，进行认真仔细的调查研究和分析判断，绝不可以一见故障就乱拆、乱动。处理故障一般应按如下步骤进行。

（1）故障排除前的准备工作。

认真阅读设备使用说明书，掌握以下内容：

① 设备的结构、工作原理及其性能。

② 液压系统的功能、系统的结构、工作原理及设备对液压系统的要求。

③ 系统中所采用各种元件的结构、工作原理和性能。

查阅与设备使用有关的档案资料，诸如生产厂家、制造日期、液压件状况、运输途中有无损坏、调试及验收时的原始记录、使用期限出过的故障及处理方法等。

（2）处理故障的步骤。

① 现场检查。任何一种故障都表现为一定的故障现象，这些现象是对故障进行分析、判断的线索。由于同一故障可能是由多种不同的原因引起的，而这些不同原因所引起的同一故障又有着一定的区别，因此在处理故障时首先要查清故障现象，认真仔细地进行观察，充分掌握其特点，了解故障产生前后设备的运转状况，查清故障在什么条件下产生的，并摸清与故障有关的其他因素。

② 分析判断。在现场检查的基础上，对可能引起故障的原因做初步的分析判断，初步列出可能引起故障的原因。分析判断是一件十分仔细的推理工作。分析判断得正确可使故障得到及时的处理，分析判断得不正确会使故障排除工作走许多弯路。

③ 调整试验。调整试验就是对仍能运转的设备经过上述分析判断后所列出的故障原因进行压力、流量和动作循环的试验，以去伪存真，进一步证实并找出那些更可能是引起故障的原因。调整试验可按照已列出的故障原因，依照先易后难的顺序一一进行；如果把握较大，也可首先对怀疑较大的部位直接进行试验。

④ 拆卸检查。拆卸检查就是经过调整试验后，对进一步认定的故障部位进行打开的检查。拆卸检查时，要注意保持该部位的原始状态，仔细检查有关部位，且不可用脏手乱摸有关部位，以防手上污物黏到该部位上，或将该部位原来的污物摸掉，影响拆卸检查的效果。

⑤ 处理。对检查出的故障部位，按照技术规程的要求，仔细认真的处理。切勿进行违反章程的草率处理。

⑥ 重试与效果测试。在故障处理完毕后，重新进行试验或测试。注意观察其效果，并与原来故障现象进行对比。如果故障已经消除，就证实了对故障的分析判断与处理正确；如果故障还未消除，就要对其他怀疑部位进行同样处理，直至故障消失。

⑦ 故障原因分析总结。按照上述步骤排除故障后，对故障要进行认真地定性、定量分析总结，以便对故障产生的原因、规律得出正确的结论，从而提高处理故障的能力，也可防

止同类故障的再次发生。

（3）查找液压故障的方法。

从对故障现象的分析入手，查明故障原因是排除故障最重要的和较难的一个环节，特别是初级液压技术人员，出了故障后，往往一筹莫展，感到无从下手。现从实用的角度来介绍查找液压故障的典型方法。

① 根据液压系统图查找液压故障。熟悉液压系统图，是从事使用、维修工作技术人员和技术工人的基本功，是排除液压故障的基础，也是查找液压故障的一种最基本的方法。

液压系统图是表示液压设备工作原理的一张简图，它表示该系统各执行元件能实现的动作循环及控制方式，一般还配有电磁铁动作循环表及工作循环图。液压系统中的液压元件图形采用职能符号图和结构示意图或者它的组合。

在用液压系统图分析排除故障时，主要方法是"抓两头"，即抓动力源（油泵）和执行元件（缸、马达），然后是"连中间"，即从动力源到执行元件之间经过的管路和控制元件。"抓两头"时，要分析故障是否就出在油泵、缸和马达本身。"连中间"时除了要注意分析故障是否出在所连线路上的液压元件外，还要特别注意弄清系统从一个工作状态转移到另一个工作状态是采用的哪种控制方式，控制信号是否有误，要针对实物，逐一检查；还要注意各个主油路之间及主油路与控制油路之间有无接错而产生相互干涉现象，如有相互干涉现象，要分析是何种使用调节错误等。

② 利用因果图查找液压故障。用因果图分析方法，对液压设备出现的故障进行分析，既能较快地找出主次原因，又能积累排除故障的经验。

图 2-5-129 所示的是油缸外泄漏故障的因果图，利用这种图可以帮助我们查找油缸外漏的原因。因果图分析法，可以将维护管理与查找故障密切结合起来，因而被广泛采用。

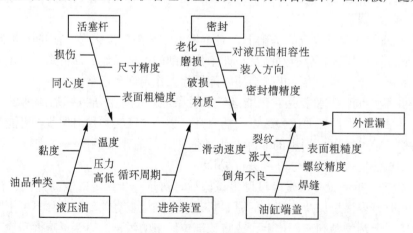

图 2-5-129　油缸外泄漏故障的因果图

③ 应用铁谱技术对液压系统的故障进行诊断和状态监控。铁谱技术是以机械摩擦副的磨损为基本出发点，借助于铁谱仪把液压油中的磨损颗粒和其他污染颗粒分离出来，并制成铁谱片，然后置于铁谱显微镜或扫描电子显微镜下进行观察，或按尺寸大小依次沉积在玻璃管内，应用光学方法进行定量检测。通过以上分析，可以准确地获得系统内有关磨损方面的重要信息，据此进一步研究磨损现象、监测磨损状态、诊断故障前兆，最后做出系统失效预

报。

用铁谱技术分析故障的步骤、方法如下。

• 按要求定时采集油样，并将其制成规范油样。

• 按规定程序，在铁谱仪上制作铁谱片。

• 对磨损颗粒进行定量分析。先用铁谱片读数仪测定磨粒的光密度，再画出铁谱定量参数（磨损程度指数 I_s、磨损定量指标 I_g、磨损度指数 I_A）随时间而变化的磨损趋势图。这些参数可以分别表示不同时间内磨损微粒尺寸比例的相对变化、不同时间内磨损微粒量的变化和系统油液磨损污染的相对变化率，从而反映出系统内元件磨损的程度。

• 对磨损微粒进行定性分析，分析时用铁谱显微镜对磨粒的形状、尺寸、颜色和类型等进行观察、记录、拍照。用扫描电子显微镜对磨粒进行微观观察，并对其形貌、特征进行深入分析。再用 X 射线能谱仪分析典型颗粒的材质和成分。通过这些分析，可以确定出磨损的性质、形式和程度以及磨损故障的部位。

• 结合系统的使用、维护和修理情况、运转条件、摩擦副的材料与性能、结构及润滑情况等进行结论分析。

用上述方法对某一挖掘机液压系统的斜盘式轴向柱塞泵进行过故障分析。通过定量和定性分析，从磨损趋势图曲线上明显反映出了从起初跑合阶段，经稳定磨损阶段，到急剧磨损阶段的磨损规律；同时更进一步显示出各个不同阶段磨粒的形式、颜色、尺寸特征；以及其他污染颗粒的材质及化学成分，从而确切地鉴别出了磨损和故障的部位，以及产生的原因。例如：油中发现有铜的磨粒，说明液压泵的滑靴等铜质部件有疲劳磨损；出现有红色的氧化铁磨粒，可能是油中混入了水分；发现油中有许多非金属杂质的研磨物、尼龙丝、塑料等，说明过滤器有局部损坏；油中有呈回火色的磨粒，可断定是液压泵配油盘处有局部摩擦高温；油中还发现有尺寸为 $1 \sim 5 \mu m$ 发白的球状磨粒，说明液压泵上的滚动轴承有损坏，通过对液压泵进行的拆卸检查，结果对比两者完全吻合。

由此可见，铁谱技术能有效地应用于挖掘机等工程机械液压系统油液污染程度的检测、监控、磨损过程的分析和故障诊断，并且具有直观、准确、信息多等优点。因此，它已成为对工程机械液压系统故障进行诊断分析的有力工具。

④ 利用故障现象与故障原因相关分析表查找液压故障。根据工作实践，总结出故障现象与故障原因相关关系表，可以用于一般液压系统故障的查找和处理。

⑤ 利用设备的自诊功能查找液压故障。由于电子技术的不断发展，如今的国内外大型挖掘机生产厂家在挖掘机上采用了电子计算机控制、通过接口电路及传感技术，对其液压系统进行自诊断，并显示在荧光屏上，使用、维修人员可根据显示故障的内容进行故障排除。

二、挖掘机的使用及维修技术

1. 正确拆装挖掘机的中央回转接头

W4-60C 型挖掘机中央回转接头结构如图 2-5-130 所示。中央回转接头位于转盘和转台的中心，主要用于连通转盘与车架及行使机构之间的油、气路，保证转盘转到任何角度时都能使转向油缸、支腿油缸、悬挂装置和前桥随时接通气缸，实现机器的各种动作。该回转接头内共有 12 个"O"形密封圈，如果这些"O"形圈确已损坏，会导致油、气互相串通，使挖掘机的工作不正常，故必须及时更换。但若拆、装方法不当，既费时费力，又易发生油管折断、管接头损坏、"O"形圈损坏等故障。正确拆卸与装配回转接头的方法如下。

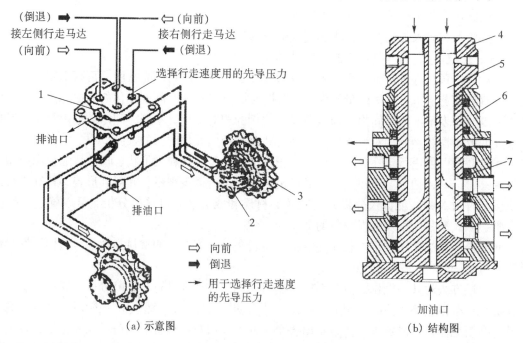

图 2-5-130　中央回转接头示意图

1—中央回转接头；2—行走驱动装置；3—驱动轮；4—回转平台；5—配流轴；6—壳体；7—"O"形密封圈

（1）首先应把握拆卸中央回转接头的时机。

因中央回转接头的拆卸与装配比较费事，故应在确认"O"形密封圈确已损坏后才进行，出现下述症状时表明"O"形圈已损坏。

①手动开关处溢油。"O"形圈损坏后，油液易窜入气路而进入手动开关处，导致从该处溢油。

②工作油箱冒气。若操纵手动开关时工作油箱冒气，并发出"咕噜、咕噜"声，则表明"O"形圈已损坏，压缩空气窜入油液通道并进入工作油箱，使油箱内液压油翻滚发出"咕噜"声。

③转向油箱冒油。"O"形圈损坏后，使工作油箱的油液窜入转向油箱，造成转向油箱内油液过多而溢出。

④制动力矩不足。"O"形圈损坏后，使进入制动气缸内的压缩空气量减少，导致制动力矩不足，因而制动效果差。

⑤左支腿动作时，右支腿也动，此为"O"形圈损坏导致油路油液互相串通的明显症状。

（2）中央回转接头的拆卸方法如下。

操作者第一次拆卸中央回转接头时，一般是从上传动箱处入手，即将回转接头全抬出来，再拆下外壳上的 10 根油、气管。这样做既费力又危险，并且将芯子和外壳拆开也非常困难。而用下述方法拆卸却省时省力，效果很好。

①拆卸中央回转接头应从下部入手，不需要拆下总成，只须将芯子从外壳内分解出来

即可更换"O"形密封圈。拆卸时，先卸下下传动箱及前、后传动轴连接的万向节，以及立传动轴的连接螺栓和下传动箱横梁支架，并取下回转接头固定板，拧下装在回转接头芯子外圈的 10 根油、气管（不须拆卸回转接头外壳上的 10 根油、气管），再卸下端盖上的 4 只固定螺栓。

② 取一根结实的粗绳（用软绳，以免损坏油、气管接头）缠绕在芯子外圈的 10 个油、气管接头上，用一根长 3~4m 的撬棍从绳环（预留的绳环）穿过，撬棍一端抵在后桥壳上，另一端则倾斜悬空，再将千斤顶放在撬棍倾斜端与车架之间，压动千斤顶，使撬棍倾斜一侧下移，带动绳子拉动回转接头芯子；这样，芯子就被慢慢地压出来了。

（3）回转接头的装配方法如下。

① 检查待装的 12 个"O"形圈是否符合质量要求，安装前应在各个"O"形圈上涂液压油或黄油，以减少安装时的磨损。安装时不要装错位置，回转接头芯子的外圈上有 23 个环形槽，其中 12 个相间的槽是装"O"形圈的（切不可将"O"形圈装在油、气通道槽上）。安装时，按照由下向上的顺序进行，这样可减少安装时"O"形圈被环槽卡坏的可能性，安装时要保证"O"形圈不扭曲。

② 往外壳内安装芯子时，可用绳子先吊住芯子，并对正回转接头外壳孔，而后在芯子下部垫木板并用千斤顶顶压，这样芯子即逐渐被压入外壳内；随着芯子的上升，若千斤顶顶不着时，可增加垫木，直到全部压入为止。

③ 拧紧端盖上的 4 只固定螺栓，装复与立传动轴连接的接头（该处为花键连接，外部用一螺母固定，须用管钳拧紧），而后再装复其他部件。在装复固定板时，如因板孔和芯子孔对不正、螺栓装不上时，可启动机器缓慢转动转盘，使芯子随着外壳转过一个角度，即可对正螺栓孔装上固定板了。

2. 挖掘机主控制阀组阀芯的修复

挖掘机在施工中出现斗杆缸工作乏力并自然下垂现象。经更换活塞组合密封后故障仍然存在，否定了液压缸内泄，经压力测试，认为是由于组合阀组的阀芯内泄所致。为了验证上述判断，将该阀组拆下清洗，并将其控制阀口朝上平放，然后向各个控制入口注入煤油，大约 20min 后，发现其中的一对油口液面下降明显，据此可确认该阀组存在内泄现象。为此特制定研配方案。

（1）拆卸零件。

卸下阀芯端盖处的螺钉，再按顺序依次取下各零件（注意保护阀芯上的密封圈不受损坏），并清洗编号。

（2）检测。

用千分尺测得阀芯外径的实际尺寸为 27.76mm，并用内径千分表测得阀孔的实际尺寸为 28.06mm，肉眼观察到孔内有局部拉毛现象。

（3）研磨修复。

根据阀孔的实际尺寸为 28.06mm，用 45 号钢精加工两根研磨棒，尺寸分别为 28.03mm 和 28.04mm，并在棒的正、反向车成槽宽和槽深均为 1~2.5mm 的螺纹槽；另外，精磨一根外径为 28.05mm 的光棒作最终检测用。将煤油浸入待研磨的螺纹槽中涂满氧化铝研磨剂，插入阀孔中进行正、反向抽动并转动，大约 2.5h 后停止；抽出研磨棒，清洗并检测棒和孔的尺寸；用直径为 28.04mm 的研磨棒按上述方法再次研磨约 1h。清洗阀孔后检测阀孔尺寸，未出现变大的现象；最后，用 28.05mm 的检测棒（辅以煤油润滑）插入阀孔中进行抽动，若手感有吸力和阻滞现象，表明研配情况较好。

根据阀芯外径 27.86mm 的尺寸，将其与阀孔的配合表面在外圆磨床上精磨去 0.1mm；再按一定的比例配制电镀液，用电刷镀的方法在阀芯的表面镀铬，镀层厚度为 0.5 ~ 0.7mm，以研磨好的阀孔实际尺寸 28.06mm 为基准精磨阀芯，使其最终尺寸控制在比 28.06mm 小，在 0.01 ~ 0.015mm 的范围内。

（4）试漏、安装。

将各零件清洗后按顺序装配好，用上述注入煤油的方式试漏，约 2h 后观察阀口油面，未见有明显的下降现象。

修复后的阀组经重装后试机，一切压力指标皆恢复正常，则故障消除。

3. 如何延长 W4-60C 型挖掘机的使用寿命

W4-60C 型挖掘机的操作比较复杂，每完成一个工作循环（挖土、升臂、旋转、卸土、回程、降臂），操作手要做多个动作。若按每分钟 3 个工作循环（即每分钟挖 3 斗）计算，操作手 1h 至少要做 2000 个动作。一旦动作不符合操作要求，液压系统就会产生液压冲击，影响机器的使用寿命。为延长机器的使用寿命，操作时应注意以下几点。

（1）起步时，一定要挂低速挡。

起步时发动机要克服传动件、车轮与地面间的摩擦阻力，故所需的扭矩很大，若挂高速挡起步，车轮获得的扭矩就不能满足起步的要求，若此时加大油门强行起步，将加速发动机曲轴连杆机构、离合器及各传动件的磨损，有时还可能造成传动轴和传动齿轮折断。

（2）下坡时，一定不能空挡滑行。

W4-60C 型挖掘机自重达 13.6t，如果坡度较长，下坡速度会达到连转向盘都无法控制的程度。这种超速行驶会造成以下情况：因传动系油池中的内压增加而损坏密封件；各齿轮和轴承因得不到良好的润滑而加速磨损；甚至发生翻车事故。如果带挡下坡，机器就可以借发动机的制动作用控制行驶速度，克服上述弊端。

（3）作业时，要充分做好准备工作。

首先要根据作业的地形条件选好停机点，使机器停放在便于作业而又平坦、坚实的地面上。车尾要先对正挖掘点，然后放下支腿、整平车架、拔出车架与转盘之间的稳定销并取下八芯插头。这样，就可以保证挖掘机作业中前后、左右受力均衡，避免因挖掘力过大而"倾翻"，或因倾覆力过大而"倾翻"。此外，作业前还要正确选择铲斗的下斗地点，尽量不使铲斗的一个角受力过大，以免斗杆臂上方的摇臂支架因受力点偏移而损伤。

（4）扳动操纵杆一定要平缓。

操作过猛或油路陡然接通和切断，都会产生液压冲击。当动臂在快速下降或转盘在高速旋转时，若突然切断油路，动臂和转盘运动的惯性力便立即转化为巨大的液压力（瞬间压力可达原工作压力的 3 ~ 7 倍），并向液压系统中传播，作用在各有关元件上。液压冲击对液压系统非常有害，多次冲击会加速各部密封件损坏、高压软管起泡破裂、管接头处泄露，甚至还可能使溢流阀、安全阀、过载阀因瞬间的开启压力过大而使阀芯卡死，从而发生内泄；最终，出现动臂自行下降、斗杆臂自然回收、铲斗低头等现象，导致作业无力、工作效率降低，严重时使整个系统失去功能。

4. 挖掘机全液压转向系统的故障诊断与排除

（1）转向沉重。

① 若快转及慢转方向盘均沉重，并且转向无压力，则可能是油箱液面低，油液黏性太大，或阀体内单向阀失效造成的。首先检查液压油箱油位及液压油的黏度。如果油位低于标准高度，则要添加液压油；油液黏度太大，则应更换黏度合适的液压油。如果油位、黏度正常，则应分解转向器，若单向阀钢球丢失则装入新钢球；若阀体单向阀密封与钢球接触不良，应用钢球冲击之，使其密封可靠。

② 若慢转方向盘轻，快转方向盘沉重，则可能是液压泵供油量不足引起的，在油位高度及黏度合适的前提下，应检查液压泵工作是否正常，如液压泵供油量小或压力低，则应更换或修复液压泵。

③ 若空负荷（或轻负荷）而转向沉重，则可能是阀块中溢流阀压力低于工作压力，或溢流阀阀芯被脏物卡住或弹簧失效、密封圈损坏导致的，应首先调整溢流阀工作压力，在调整无效的情况下，分解清洗溢流阀；如弹簧失效、密封圈损坏应换新。

④ 若转动方向时，液压缸不动，且发出不规则的响声，则可能是转向系统中有空气或转向液压缸内漏太大造成的，应打开油箱盖，察看油箱中是否有泡沫，如油中有泡沫，先检查吸油箱中有无漏气处，再检查各管路连接处是否完好，排除系统中的空气。如排除空气后，液压缸仍时动时不动，则应检查液压缸活塞的密封状况，必要时更换密封件。

（2）转向失灵。

① 若转动方向盘时，方向盘不能自动回中和定位，中间位置压力降增加，则可能是转向器定位弹簧片弹力不足或折断。此时应将转向器分解，查看定位弹簧片。如弹簧片完好，则为弹性不足所致，如弹簧片折断，都应更换弹簧片。

② 若转动方向盘时，压力振摆明显增加甚至不能转动，这可能是转向器传动销折断或变形、传动杆开口折断或变形所致。此时，分解转向器查看传动销及传动杆，如传动销无折断，则看其是否变形，如有变形应更换或校正。查看传动杆开口，如有折断应换新，如有变形应校正或更换。

③ 若方向盘自转或左右摆动，可能是转子与传动杆相互位置装错的缘故。此时，把转向器分解，将传动杆上带冲点的齿与转子花键孔带冲点的齿相啮合即可。

④ 若机器跑偏或转动方向盘时液压缸不动（也可能缓动），则可能是安全阀的钢球被脏物卡住或密封圈损坏。应分解转向器，清洗安全阀，并更换密封圈。

（3）方向盘不能自动回中。

① 将转向轮顶起，发动机低速运转，转动方向盘，若转动阻力大，此时将发动机熄火，两手抓住方向盘推拉一下，如没有任何间隙感觉，且上下拉动很费力，说明转向柱轴向顶死阀芯（或转向柱与阀芯不同心），应重装配调整。

② 若经调整后，方向盘仍不能自动回中，可能是定位弹簧片折断或传动销变形，应分解转向器，分别检查，如定位弹簧变形、弹性减弱或折断就更换；传动销变形应校正或更换，绝不允许用其他零件。

（4）转向器漏油。

① 查看漏油痕迹可循痕迹发现漏油部位。如漏油部位是阀体、配油盘、定子及后盖结合面处，可先用手检查结合螺栓的松紧度。若螺栓太松，且拧紧后不再漏油，则故障在此。

② 若螺栓不松，可将后盖上的所有螺栓拧松，然后按交叉的顺序拧紧，如不再漏油说明螺栓没按规定顺序拧紧。

③ 若螺栓按规定顺序拧紧后仍漏油，说明结合面有脏物或结合面不平或密封圈硬化、老化、损坏，此时就分解转向器，如结合面间有脏物应清洗；并检查限位螺栓处的垫圈，如不平，应磨平或更换垫圈。

（5）自行转向。

① 先检查转向系统的连接管路有无破裂，接头有无松动，如有漏油处，说明管路破裂或接头松动，应更换油管，拧紧接头。

② 上述检查完好，则故障可能在转向液压缸，此时应拆下液压缸并分解，检查密封圈是否损坏，活塞杆是否碰伤，导向套筒有无破裂等，视情况采取更换或修复措施。

5. 履带转向系的正确使用与维护

履带转向系是履带式机械的重要组成部分，它通过改变履带两侧的驱动力来实现机械的转弯或转向。履带式行走机械常年在野外从事土石方作业，工作环境比较恶劣，如果使用不当，常会出现操纵费力、自行跑偏、制动失灵等故障。因此，分析转向机构的故障原因，掌握正确的使用、调整及维护方法，显得十分必要。

（1）转向系的构造与功用。

履带式转向机构主要由转向离合器、制动器及操纵装置三部分组成。转向离合器的作用是传递、减少或切断驱动轮上的驱动力矩，使履带机械得以正常行驶并且实现转向。制动器除了用于履带机械在坡路上临时停车外，还可以配合同侧转向离合器，实现急转弯或原地转弯。操纵装置的作用是通过杠杆传动和增力装置，使转向离合器的制动器能够及时分离和刹车。

（2）转向机构的故障分析。

① 转向离合器。转向离合器由主动鼓、从动鼓、主动离合器片、从动离合器片、压盘、压紧弹簧和弹簧拉杆及锁紧螺母等组成。在使用过程中，常因离合器片磨损、锁紧螺母松动及压紧弹簧的自身弹性降低而导致转向离合器出现打滑现象，导致离合器无法正常传递动力，从而造成转向系转向困难和失灵。

② 制动器。制动器主要由制动带、制动鼓、复位弹簧、制动拉杆及调整螺母等组成。随着制动器使用时间的增长，制动带逐步产生磨损，造成制动带与制动鼓之间的间隙不断增大，当其值超过一定量时便会出现制动困难或转向失灵。

③ 操纵机构。目前，履带式行走机械都在向大型化、多功能方向发展，其操纵装置大多采用液压助力式结构，主要由操纵杆、助力滑阀、活塞、顶杆、拨叉等组成。由于履带式机械在实际工作过程中转向操作频繁，极易造成操纵杆与助力器推杆磨损并导致机油的泄漏和污染等，造成操作困难或操作装置失灵，直接影响转向机构的正常工作。

（3）正确使用与调整。

① 制动器。随着制动使用时间的增长，制动带会逐步产生磨损，造成制动带与制动鼓之间的间隙增大，反映到制动器脚踏板上就是行程增加，打开机械制动器上面的检视盖，转动制动器传动杆上的调整螺母；顺时针方向转动螺母，制动带收缩，踏板行程减少，反之则增大。制动带间隙调整应当以踏下制动器踏板 150～190mm 为宜，然后利用制动带调整螺栓调整制动带与制动鼓之间的正常间隙为 1～2.5mm，最后锁紧螺母。

② 操纵装置。当履带机械发生转向困难或操纵失灵时，在调整转向离合器和制动器的

间隙无效时，则应当检查、调整转向操纵装置的间隙是否恰当。具体方法为：先松开转向离合器分离叉上的锁紧螺母和球面螺母，然后打开液压增力器活塞后面的检视盖，尽量推动拨叉把活塞向前推，松开操纵手柄下面推杆处的调整螺母，使操纵手柄的自由行程为 20 ~ 40mm。最后把转向离合器分离叉外的球面螺母紧靠在分离叉上，锁紧调整螺母。这时扳动转向操纵手柄，从开始位置到转向离合器开始分离，操纵杆上方的自由行程应在 139 ~ 159mm 之间。履带行走机械的转向机构经上述方法间隙调整后，基本上均能恢复正常工作，无需拆卸检修或更换零件，既简单实用，又节省人力和资金。

（4）转向系的维护及保养。

因履带机械在实际使用过程中，转向操作频繁，极易造成转向机构的零件产生磨损，出现各种故障。因此，机械操作人员应该掌握必要的维护及保养技能。

① 转向系的维护及保养。履带机械在实际使用过程中，操作人员应定期检查转向离合器摩擦片有无打滑现象。因为转向离合器的轴承油污有时会溅到转向器上，流入摩擦片间造成转向离合器打滑。所以，在转向离合器出现打滑并在间隙调整无效的情况下，应及时对转向离合器进行清洗维护。清洗转向离合器摩擦片应在停机后立即进行，因为此时摩擦片温度较高，油污容易洗净。清洗时，应首先松开转向离合器下面的放油螺塞，放净残油并向转向离合器室内注入 7 ~ 8L 煤油（从检视孔注入），开动机械前进和倒退 5 ~ 10min，以清洗摩擦片间的油污。最后，将转向离合器固定在分离位置，将机械停放几小时后，放干、流尽摩擦片间及离合器室内的清洗煤油后，拧紧放油螺塞，并对各部处轴承进行润滑。

② 制动器。制动器在使用过程中，常因间隙调整或使用维护不当造成履带机械制动、转向困难，使制动带过早磨损或报废。因此，操作使用人员除了掌握必要的间隙调整方法外，还应该对制动器及时进行维护。具体方法为：定期检查制动带是否过热，制动鼓之间的间隙以外，还应该检查制动带与制动鼓之间是否有油污，必要时对制动器进行清洗，方法与转向离合器的清洗方法相同。如果摩擦片磨损严重，应及时更新、铆换摩擦片。

③ 液压增力器。一个工程后或机械正常使用半年左右，应该对液压转向增力器进行维护保养。具体方法是：将机械平放在乎坦的场地上，取下燃油箱，打开下面的检视孔盖，拧下增力器注油口盖，清洗机油滤芯，检查机油是否充足或过稀，必要时应往复扳动操纵杆，以排除增力器内的空气。

6. W4-60C 型挖掘机回转系统故障分析及马达的修复

W4-60C 型挖掘机的回转系统若出现单向回转无力或不能制动时，多为双向溢流阀中有一个损坏；如出现不能回转并伴有异响时，则多为液压马达装配不当或减速器损坏；如左、右方向回转均不能动作且无异响时，则为减速器下端齿轮脱落；如双向回转均无力且动作缓慢，则为右工作泵进油管吸扁或双向溢流阀压力调得太低。此时，应检查右工作泵进油管或调整双向溢流阀的压力；如仍未能恢复正常，则为液压马达有故障，应解体检修，具体方法如下。

（1）解　体。

液压马达如图 2-5-131 所示，在解体前应分别在上盖、壳体及下盖上打上装配记号，以免出现装配错误。

（2）检　查。

主要检查青铜盘、柱塞缸体、柱塞、斜盘及所有密封件，如有磨损或损坏应修复或更换。

（3）主要易损件的修复方法有以下几种。

① 青铜盘的修复：当青铜盘的上端面有磨损时，应将其上表面磨光；也可精车该表面，车削深度以磨损痕迹刚刚消除为宜，如能对车削表面和上盖的结合面进行研磨，则效果更佳。

② 柱塞缸和柱塞的修复：因该液压马达的工作压力及转速均比较低，且在柱塞上配有两道金属密封环，故轻微拉伤时用油石和砂布打磨即可。

③ 轴承及密封件的修复：因轴承价格低廉、购买方便，故损伤后应及时更换即可。

为保证可靠性，密封件损伤后应进行一次性更换。

7. PC 系列挖掘机回转缓慢和回转制动失灵故障的排除

PC 系列挖掘机是我国引进国外技术生产的挖掘机，其中 PC300，PC400 挖掘机的产量较大，该系列的回转装置结构基本相同，由于该装置工作频繁、受冲击大，故易发生故障。常见的故障现象有以下两种：

① 挖掘机在回转作业时，某一侧回转方向上制动失灵；

② 回转速度缓慢、回转马达温度异常。

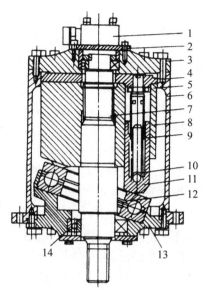

图 2-5-131　液压马达结构示意图
1—油管接头；2—轴承盖；3—上盖；
4—青铜盘；5—油封；6—壳体；7—轴；
8—柱塞缸体；9—缸体；10—导向套；
11—柱塞 12—斜盘；13—下盖；14—轴承

由图 2-5-132 所示的回转系统液压原理图可知，故障现象①的表现特征说明制动器、供油油路工作正常，故障原因只能是单侧回转方向上的溢流阀或换向阀存有故障。但换向阀出现这种故障的可能性较小，原因是，换向阀引起这种故障时一般应为阀芯严重拉伤，导致液压制动时严重泄漏，引起制动失灵。这种故障一般出现回转工作迟缓、回转无力的症状。实践证明，故障现象①大多是由于溢流阀阀芯脏、阀芯被卡住或弹簧折断而造成的。引起故障现象②的可能原因有：泵油压力、流量不足；溢流阀设定压力偏低；马达泄漏严重；制动未解除。检查时，应首先试机，观察机器在铲掘状态或行驶状态（即不回转）时是否工作有力，若工作正常，说明泵完好；其次，检查压力开关，将其短接，若回转速度正常，则表明是制动未解除，即压力开关有故障，否则是液压马达或溢流阀有故障，而两个溢流阀同时出现故障的可能性要小于马达泄漏的可能性。根据经验，这类故障大多是压力开关触点损坏所致，使制动不能解除，回转在制动状态下进行；即压力开关触点频繁工作，且通过电流大而造成的。

8. 液压挖掘机行走无力的检修

根据挖掘机行走系统的动力传递顺序，可以按以下方式检查。

（1）液压泵。

主液压泵除供给走马达高压油外，还为斗杆缸、动臂缸供油。若动臂缸、斗杆缸均能正常，可确定该泵没有问题。

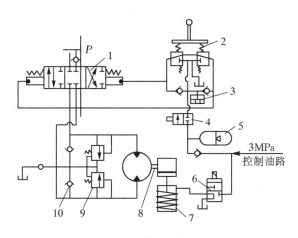

图 2-5-132　回转系统液压原理图

1—回转转向阀；2—先导操纵阀；3—压力开关；4—安全阀；5—蓄能器；
6—制动电磁阀；7—制动器；8—回转马达；9—溢流阀；10—单向阀

（2）先导控制系统。

挖掘机主控制阀由先导油路控制，若先导油路压力低，先导油推不动行走阀阀杆，或推动行走阀阀杆行程小，均会导致行走无力。

（3）控制阀。

控制阀故障的主要表现有：主安全阀压力调得太低、油口溢流阀压力调高试验，故障依旧，因此，不应是油口溢流阀的故障。为了检查阀杆与阀孔的配合间隙是否增大，将左、右行走油管互换，结果发现原先是左行走无力，现在却变成右行走无力，则证明是阀杆与阀孔的配合间隙增大，因卸漏而导致左行走无力。若仍是左行走无力，则继续检查其他部件。

（4）回转接头。

如果回转接头内部产生泄漏，高压油直接用高压管连接到行走马达上，不经过回转接头，其故障依旧，说明故障与回转接头无关。

（5）行走马达。

行走马达内部泄漏，也会导致行走无力。将左、右行走马达互换，结果左边行走仍然无力，右边行走仍然有力，这说明两个行走马达均无故障。

（6）减速装置。

行走马达到行走驱动轮之间的动力传递正常，无异响，减速装置中的油温、油的品质、油位均正常，所以可以排除行走减速装置的故障可能性。

思考与习题

1. 试述履带式挖掘机回转装置构造特点及工作过程。

2. 试述履带式挖掘机全回转装置液压传动特点。

3. 现代挖掘机回转支承装置有什么特点？其刚度靠什么来保证？

4. 正确理解履带式挖掘机上部回转平台是如何"左右转动的"。

5. 怎样正确装配挖掘机回转装置？

6. 试分析履带式挖掘机工作时，回转过程中有异响的缘故。

7. 怎样正确诊断履带式挖掘机回转装置漏油故障？

8. 液压挖掘机全回转驱动装置传动系统形式如何？试说明回转装置工作原理。

9. 画图说明液压挖掘机全回转装置类型各自的特点。

10. 以图形式分析挖掘机回转机构实现制动的过程。

11. 试诊断挖掘机作业时，回转装置不能够停在准确的位置上的故障现象。

12. 履带式挖掘机工作时，回转缓慢，何故？

13. 现代挖掘机行走架有何特点？为什么？

14. 试述挖掘机行走系统为何安装有中央回转接头？其组成、工作原理如何？

15. 试分析履带式挖掘机中央回转接头漏油故障？

16. 试述履带式反铲液压挖掘机工作装置的组成特点。

17. 试述轮胎式 W4-60 型挖掘机传动系的特点。

18. 轮胎式挖掘机行走系是如何适应工作与挖掘需要的？

19. 如何正确维护挖掘机？

20. 试诊断挖掘机行走时，前桥不稳现象故障。

21. 怎样理解拉铲挖掘机只有机械式？

22. 试从工作装置上分挖掘机与装载机挖掘力的大小，为何？

23. 试分析挖掘机行走时，轮毂有响声故障。

24. 挖掘机液压系统按调节机构可分为几种类型？各自特点怎样？

25. 试述国产 WY-100 型挖掘机液压系统组成特点。

26. 试分析 WY-250 型正铲液压挖掘机液压系统原理图。

27. 对于履带反铲挖掘机，试分析作业时出现下列现象：

① 动臂升起速度缓慢；

② 回转装置工作时，斗杆内收或工作不稳；

③ 开斗（斗杆）挖掘力降低；

④ 在下坡作业行驶时，速度不稳定；

⑤ 液压油性能变坏；

⑥ 液压马达局部过热；

⑦ 动臂下降不稳定。

第六章　铲土-运输机械底盘主要零部件故障维修

第一节　变矩器故障与维修

一、变矩器检查

变矩器油温过高会引起其效率下降，因此，首先是要按规定注入工作油，其次是要检查散热情况，保持油温。工作油压力过低，同样会造成变矩器效率下降。油压下降的原因很多，主要是由于油温高，密封件磨损或减压阀弹簧失效造成。ZL40，ZL50装载机规定变矩器进口油压为549kPa，出口油压为275～343kPa。

变矩器油温、油压的检查方法是先看变速箱油面高度，以变速箱右侧油位开关漏出为准，然后操纵手制动杆将装载机制动住。在变矩器温度检查孔上安装三通接头，接上温度表与油压表。启动柴油机，使其在1000r/min下运转，当变速箱温度升至80～90℃时，变速杆拨到高速挡，柴油机油门全开，柴油机转速应为2000～2200r/min。观察变矩器油温是否在100～110℃范围内，出油口压力是否在275～343kPa的正常范围内。

离合器油压的检查方法是先将液压操纵阀的调压阀的堵塞取下，装上油压表，在变矩器油温测量处装温度计。机械制动后，使柴油机在1000r/min下运转，当温度达到80～90℃时，将变速阀杆挂到高速挡，观看压力表的读数是否为1.078～1.470MPa的正常范围。

二、变矩器的修理

1. 变矩器的拆卸

首先拆下底护板和所有地板，拧下螺塞放油，脱开所有的油管、水管。然后用起重设备卸下变矩器和变速器总成。

分解时，应将变矩器和变速器置于洁净的地方。周围不得有尘埃，备好清洗液和零件架，以便将拆下的零件有秩序地放在零件架上，以免错装、漏装或污损零件。分解变矩器或变速器之前，应先将工作油泵和转向油泵拆卸置于专门地点，然后由表及里拆卸变矩器与变速器。

拆卸时，先转动涡轮，拧开螺栓，取下挡盖，松开锁紧片、挡圈，然后把涡轮壳和涡轮一起从泵轮上卸下来。再用顶丝拧入涡轮壳螺孔内，转动顶丝，从驱动壳上卸下涡轮，让轴承支持驱动壳。再顺时针拧动导向轮，用双手取下导向轮，从导向轮轴上拉出止推片及泵轮，并由涡轮轴上撬出卡环，拉出带凸缘的花键轮；取下油封挡圈，用木锤或铜锤打出心轴，由另一端打出导轮。

变矩器分解后即可动手拆卸变速器。先拆外壳螺栓，然后拉出输入轴齿轮和大超越离合器，再从另一端卸下"三合一"机构滑套与输入齿轮等其他零件。检查所有齿轮是否有磨损，剥落或其他损坏，然后决定修复或更换。

2. 变速器壳体翘曲的修理

当变速器壳体平面有不大的平面度误差时，可将平面置于平台上用气门砂进行研磨。

当平面翘曲、平面度误差较大时，应用磨削加工法修正平面。此时应注意磨削后平面的位置精度，修平后平面的平面度误差应小于 0.15mm。

轴心距误差及轴间平行度超限时，可用孔径加工方法修正孔心线位置，并用镶套法恢复孔径尺寸的精度。用加工孔的方法修正孔心线位置时，应采用试加工的方法，边加工边测量孔中心线位置，当确认孔中心线位置正确时，再将孔精加工至镶套所需尺寸。

3. 壳体裂纹的修补

当壳体裂纹发生在壁部而不通过轴承安装孔时，可用补板法、黏接法、铸铁焊修法等修复之。当裂纹达至轴承座孔但并未贯通时，可用开深坡口用细焊丝分层焊的方法进行焊补；当裂纹贯通轴承座孔时，裂纹将使壳体产生较大变形，不宜用孔加工法进行校正，同时亦为工作可靠起见，应更换壳体。用焊修法修复壳体裂纹后，应检验壳体有无新的变形和新的裂纹。

4. 轴承安装孔的修理

轴承安装孔磨损轻微且圆度误差不大时，可不予修理，而用电镀轴承外径法恢复配合精度。当安装孔磨损或圆度误差较大时，应加工后镶套（铸铁套或钢套）的方法修复，镶套时的过盈量可取为 0.05 ~ 0.15mm。为使套与壳体间可靠固定，可采用带凸缘的轴向定位套，并在套与壳体接缝处钻孔、攻丝和拧入止动螺钉，镶套壁厚可取为 3 ~ 3.5mm。

壳体孔加工时应注意基准的选择。一般可选用磨损较少的孔径作加工的基准加工壳体上平面，然后再以加工后的上平面为基准加工各孔径。为保证同轴孔间的同轴度及平行轴孔间的平行度，加工时最好使用镗模。

刷镀工艺用于修复壳体的轴线误差和轴孔配合松动也是很方便的。

第二节 液压系统故障与维修

一、液压系统的检查

液压系统是直接通过油压控制工作机构各种作业动作的，油的鉴别与检查十分重要。液压系统所用工作油必须保持经常清洁和足够的油量，这样才能延长系统各组成元件的使用寿命。为此，每隔 50h 即应检查一次。发现油量不足要找出原因，补足油量；发现污物时应更换新油或放出过滤再用。正常工作情况下，每 1200h 换油一次，但新车在使用 50 ~ 60h 后即应换油。换油时应彻底清洗滤网及滤清器（纸质滤芯只能在轻柴油或煤油中摇动清洗，不可用刷子刷洗）。

机械在使用过程中，如发现工作装置举升速度太慢或不能升起时，应对整个系统进行详细检查，首先把压力表安装在高压油管路上，使发动机运转，观察压力表压力的变化。如压力太低，先对油缸、管路及油泵进行检查，若这些部位都很正常，就要检查油箱内安全阀的阀帽、螺母和调节螺杆有无松动，弹簧有无断裂等。如发现安全阀阀帽松动，就要松开螺母，拧动调节螺杆，使其达到正常压力。一般情况下，最好不要拆卸安全阀。

装载机分配阀工作压力如果超过或低于 14.7MPa 时，应进行调整。调整的方法是，拧下分配阀上的螺塞，接上压力表，启动发动机，使其在 1800r/min 下运转，然后将铲斗操纵滑阀放在中位，铲斗翻转到极限位置，压力表读数均应在 14.7MPa。

工作装置重新安装后，须做沉降检查。将负载的工作装置提升到最高位置，关闭发动机，30min 后，油缸活塞杆下降量不得超过 10mm。

装载机排油时，为使整个液压系统内油液放尽，排油前应将铲斗升到最高位置，并放在 2/3 的倾卸位置，关闭发动机，打开放油塞。待放净油后，再操纵动臂操纵杆，使动臂靠自重下降，继续排油。待下降到铲斗距地面 800mm 时，用木块将铲斗顶住，再继续把动臂降至地面。为使余油排尽，此时应再将发动机启动，运转 5～8s，清洗油箱及滤油器。加油时，将铲斗置于地面，拧紧各部螺塞（油位螺塞应打开）。由加油口加注新油，直到油从油位螺塞流出为止。然后拧好加油口螺塞，启动发动机使其低速运转，再中速运转，同时多次起落动臂，转动铲斗。最后补充新油到规定的油位。

二、液压系统主要液压元件的修理

油泵齿轮与油泵壳体的修理。当齿轮两端面磨损不严重，仅仅起线时，可用研磨法将起线毛刺痕迹磨去并抛光，即可使用。磨损严重时，应将齿轮放在平面磨床上磨平，或在工具磨床上用形砂轮磨平。磨后，端面与轴线的垂直度不大于 0.02mm，然后用细珩磨膏珩磨。应该注意，磨削齿轮时要两只一起进行，其厚度差应在 0.005mm 范围内，磨平后要用油石将锐边倒钝，但不倒角。齿轮轴颈与轴套磨损时，可将轴颈在外圆磨床上磨圆，然后镶配相应的铜套、尼龙套等，也可换用标准轴套，将轴颈镀后磨到标准尺寸，轴颈与轴套的间隙应在 0.08～0.11mm 范围内。

油泵壳体磨损一般在吸油腔，所以，可用换位法将泵体相对于其零件绕本身轴线转 180°使原吸油腔变压油腔。磨损严重时，就不能换位使用了，而要用镶铜套的方法来修复。加工出两个半圆铜套，用铜焊焊合，将泵体内腔孔镗大到与铜套外径有 0.03mm 过盈，将铜套外表面和泵体内表面涂以环氧棚脂黏接剂，然后压合。钻进、出油孔并将铜套精镗至与齿轮外圆有 0.1～0.15mm 的间隙即可。齿轮两端面磨损后，为保持齿轮轴向间隙，需将泵体后端面磨去适当厚度。

滑阀、阀体、活塞的磨损，一般需要更换新件，也可用喷镀金属的方法对旧件进行修复。修复旧件应按其标准尺寸和配合性质进行加工，不应采用单纯的恢复配合法自定修理尺寸，以免失去零件的互换性。缸筒的磨损超过极限值时，应更换新缸筒。

ZI40，ZL50 装载机工作装置各油缸均采用双作用油缸，缸筒常用无缝钢管制成，内表面进行高频淬火。为了减少橡胶密封圈的摩擦与磨损，以及保证可靠的密封性，筒体内表面应有较高的精度。圆度、圆柱度均不得大于 0.015mm，端面对内表面的垂直度不大于 0.08mm，活塞杆表面需镀有不小于 0.025mm 厚的铬层，以增加其耐磨性。活塞表面圆度与圆柱度不大于 0.03mm，直线度在 200mm 长度上不大于 0.1mm。

活塞杆弯曲，活塞与活塞杆不同心，都会引起油缸工作时的不均匀及停滞现象，可用千分表找出同轴度与径向圆跳动量，然后进行矫正。

油缸内部漏油，可能是"O"形密封圈损坏，如果更换密封圈后仍有内漏情况。则应进一步检查活塞、缸体的磨损情况。若圆度、圆柱度均超过标准规定值，则应珩磨缸体，更换加大直径的活塞和密封圈。

第三篇　石方工程机械

第一章　空气压缩机

第一节　概　述

空气压缩机（简称空压机）是制造压缩空气的机械，其功用是将常压气体压缩为高压气体并以此来驱动各种风动工具，如风动凿岩机等。

空压机的分类如下。

① 按驱动方式分：电动式、内燃机式的空压机。

② 按工作原理分：活塞往复式、旋转式（螺杆式和转子叶片式）空压机。

③ 按空气被压缩的级数分：单级式、两级式和多级式空压机。

④ 按移动方式分：移动式和固定式空压机。

⑤ 按作用方式分：单作用式和双作用式空压机。

⑥ 按排量大小分：大排量（$60 \sim 100 \mathrm{m}^3/\mathrm{min}$ 以上），中排量（$10 \sim 40 \mathrm{m}^3/\mathrm{min}$）和小排量（$10 \mathrm{m}^3/\mathrm{min}$ 以下）的空压机。

第二节　活塞往复式空气压缩机

一、基本构造

图 3-1-1 所示为 ZY8. 5/7 型空压机的构造图。它属于风冷却、柴油机驱动、两级压缩、单作用可移动型，由气缸、缸盖、下曲轴箱、曲轴-连杆机构、配气机构、冷却系和润滑系等部分组成。除了配气机构比较特殊外，其余各部分都与内燃机结构类似。

气缸是个单体的薄壁铸件，为了增加风冷的散热面积，其外部有散热片。气缸共分两组，每组气缸有缸径大小不同的两个缸筒，大孔径的为低压缸，小孔径的为高压缸。两组气缸分别用螺栓固定在上曲轴箱上。气缸的上端用螺栓固定着缸盖。缸盖的外部也有散热片，其内部有四个气阀室，其中两个为低压缸的进、排气阀室，另两个是高压缸的进、排气阀室。两组气缸的进、排气管道是并联的。

气缸筒内分别装有相应的高、低压活塞。活塞的上部装有气环和油环（各两道）。

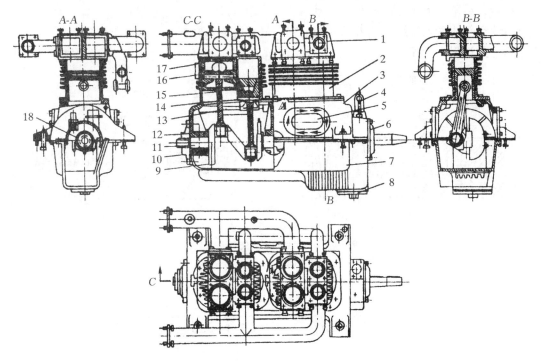

图 3-1-1　ZY8.5/7 型立式空压机的机体构造示意图

1—缸盖；2—气缸；3—上曲轴箱；4—曲轴箱通风口；5—检查口盖板；6—端盖；7—下曲轴箱；8—放油塞；
9—曲轴平衡山块；10—主轴承；11—曲轴；12—三角皮带轮；13—高压活塞；14—高压活塞销；15—连杆；
16—低压活塞销；17—低压活塞；18—驱动齿轮

为了加强高压活塞的强度，其顶部制作较厚。高、低压活塞销是全浮式。连杆和曲轴的基本结构和内燃机相似。

空压机将一级缸压出来的压缩空气，经过中间的管式冷却器进入到二级缸中继续压缩，冷却器的外侧装有风扇，用来加强一级压缩空气的冷却。

空压机的配气机构与内燃机不一样，是采用自动启闭式的进、排气阀装置（如图 3-1-2 所示），依靠气缸内外的压力差自动进行启闭工作的，结构简单，不需要气门传动和驱动机构。进、排气阀装置为环片气阀，主要由阀座、阀盖、阀片、阀片弹簧等组成，用连接螺栓将阀座和阀盖连接成一体。进、排气阀结构完全一样，只是安装方向相反。进气阀在工作时阀片向气缸内开启，以便于进气；而排气阀在工作时阀片向外开启，以便排出压缩空气。阀片靠圆柱形的阀片弹簧将其紧压在阀座上。阀片在工作时与阀座要频繁地撞击，容易损坏，故采用优质合金钢经磨削加工制成，表面要求非常光滑平整，以防关闭不严而漏气。

二、工作原理

如图 3-1-3 所示为单级式空压机的工作原理图。

当活塞由气缸的上止点向下止点移动时（如图 3-1-3（a）所示），气缸内的容积增大，其压力低于外界大气压力，经过滤清的外界空气在内外压力差的作用下，克服进气阀弹簧的张力推开进气阀(4)，进入气缸中（这时排气阀关闭）。当活塞移至下止点时，气缸充满空气，其压力与外界大气压力平衡，弹簧便将进气阀弹回而关闭，完成了吸气过程。

接着，活塞由下止点向上止点移动（图 3-1-3（b）所示）。由于这时进、排气阀均关闭，气缸内的空气便受到压缩。随着活塞的上移，气缸容积不断变小，被压缩空气的压力也就越来越高。此过程为压缩过程。

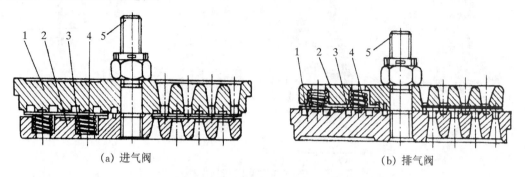

（a）进气阀　　　　　　　　　　　（b）排气阀

图 3-1-2　环片式进、排气阀结构简图

1—阀座；2—阀盖；3—阀片；4—阀片弹簧；5—连接螺栓

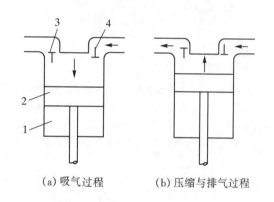

（a）吸气过程　　　　（b）压缩与排气过程

图 3-1-3　活塞式空压机的工作原理图

1—气缸；2—活塞；3—排气阀；4—进气阀

随着活塞的上移，当被压缩的气体压力超过排气阀弹簧张力与排气管内气压的总和时，排气阀被顶开，压缩空气经排气阀门排出，直至活塞到达上止点为止。这时，由于气缸内的压缩空气绝大部分被排出，活塞不动，缸内气体压力与排气管压力相同，于是排气阀在其弹簧的张力下又被关闭，此过程为排气过程。

此后，活塞再由上止点向下止点移动，外部空气又被吸入气缸，重复上述工作过程，进行下一个工作循环。活塞式空压机就是这样周而复始地循环工作。活塞式空压机活塞往复移动一次（即二个行程）就完成一个工作循环，其活塞的往复移动是由发动机或其他动力驱动的。

由于在压缩过程中，空气分子的剧烈运动和强烈摩擦，使空压机所制配出来的压缩空气温度较高，影响使用，因此在大中排气量、气压在 0.69MPa 以上的空压机上，都采用两级或多级压缩，每级压缩之间均增设冷却器，以降低压缩空气的温度。冷却器有水冷和风冷两种，水冷却的结构复杂，质量大，大多用在固定式空压机上；移动式空压机多采用（风扇）空气冷却。

多级压缩式空压机的工作原理与单级压缩的相似，不同之处是把空气的压缩过程分为两个或多个阶段，分别在几个气缸中逐次压缩，使空气压力逐渐上升。如图 3-1-4 所示为两级活塞式空压机的示意图。

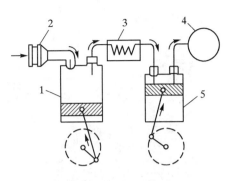

空气通过空气滤清器的过滤后进入一级缸（低压缸）被压缩到一定压力后就排入中间冷却器。经冷却后，将气温较低的低压空气送往二级缸（高压缸）进行再次压缩，压缩至所需的气压后，进入储气筒内储存。

图 3-1-4　两级活塞式空压机示意图

1—一级缸；2—宽气滤清器；
3—中间冷却器；4—储气筒；5—二级缸

多级压缩的优点是：可降低压缩空气的温度，保证空压机正常润滑，使运转安全可靠，提高了空压机的寿命；提高了空压机的工作效率；可提高空压机的压缩比，获得较高的气体压力。但由于增加了级间的冷却器，使空压机结构复杂化，故不宜级数太多，一般在工程上通常采用两级或三级的压缩。

第三节　螺杆式空气压缩机

螺杆式空气压缩机由一个扁圆形缸体和两个旋转螺杆组成，其工作循环为吸气→压缩→排气三个过程（如图 3-1-5 所示）。

1. 吸气过程

当螺杆由原动机带动旋转时，主、从动螺杆吸气端的齿由相互啮合而逐渐脱离，故啮合齿与气缸壁组成的吸气腔容积不断增大，外界空气通过进气口被吸入。

2. 压缩过程

由于螺杆的啮合旋转，螺杆齿沟与气缸壁间所形成的闭合移动空间不断地将气体输送至压缩腔，从而完成空气的压缩过程。

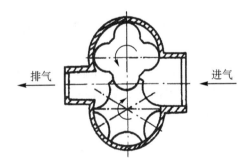

图 3-1-5　螺杆式空气压缩机工作原理图

3. 排气过程

螺杆继续旋转，随着气体量的不断增加，气体被压缩。当空气压缩至额定压力时排气阀打开，压缩气体从排气口排出，从而完成排气过程。

螺杆式空气压缩机构造特点是其没有往复式空气压缩机的曲轴、连杆和活塞等机构，而靠一对在扁圆形机身内精确啮合的螺杆旋转所产生的齿间容积变化来实现吸气和压缩的。空气沿轴向移动，从排气口排入油箱和油分离，从而以较纯净的压缩空气排出。机身壳体内的一对螺杆支承在高精度滚珠和滚柱轴承上，螺杆与气缸内壁镜面间有极小的间隙（0.05～0.1mm），空气压缩区有若干小孔喷出润滑油，因而二根螺杆在工作时磨损极微。

如图 3-1-6 所示为螺杆式空气压缩机的构造图。

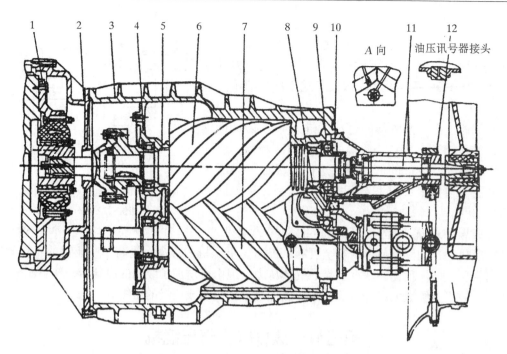

图 3-1-6　螺杆式空气压缩机构造简图

1—联轴节；2—密封圈；3—机身；4—从动端盖；5—主动端盖；6—阴转子；7—阳转子；8，9—轴承；
10—密封圈；11—风扇轴；12—风扇弹性接头

第四节　单转子滑片式空气压缩机

单转子滑片式空气压缩机为回转型容积式压缩机之一，与往复式压缩机相比，滑片式压缩机具有结构简单、易损件少、操作方便、运转可靠等特点；与螺杆式压缩机相比，滑片式压缩机又具有加工工艺简单，噪声小的优点。

滑片式空气压缩机主要由一、二级气缸，一、二级滑片，一、二级转子，齿轮联轴器及主油泵，副油泵等组成（如图3-1-7所示）。

滑片式空气压缩机的工作原理如图3-1-8所示。

空气压缩机由电动机驱动，一级转子通过齿轮联轴器带动二级转子，二级气缸通过后支座连接盖与一级气缸连接。一级转子对一级气缸中心的偏心，与二级转子对二级气缸内径的偏心方向相反。一、二级气缸和一、二级转子的径向尺寸完全相

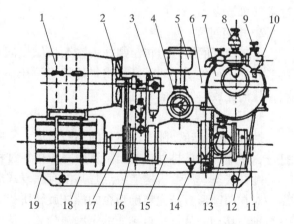

图 3-1-7　滑片式空气压缩机结构简图

1—油冷却器；2—风扇；3—油过滤器；4—减载阀；5—空气过滤器；6—仪表盘；7—储气罐；8—安全阀；9—最小压力阀；10—自动卸载阀；11—副油泵；12—主油泵；13—排气逆止阀；14—精滤器；15—压缩机；16—压力调节器；17—联轴器；18—底座；19—电动机

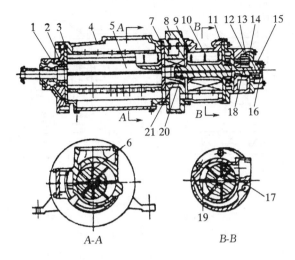

图 3-1-8　滑片式空气压缩机工作原理图

1—前支座；2—轴承；3——级前隔板；4——级气缸；5——级转子；6——级滑片；
7——级后隔板；8—后支座；9—二级前隔板；10—二级气缸；11—二级后隔板；
12—主油泵体；13—齿轮；14—副油泵体；15—主动齿轮；16—从动齿轮；17—二级转子；
18—齿轮油；19—二级滑片；20—齿轮联轴器；21—联轴齿轮

同。转子上均加工有 8 条精密滑片槽，槽中装有酚醛棉布层压制成的滑片。各转子由两个单列向心轴承支承，主油泵由二级转子直接带动，副油泵与主油泵同轴。当压缩机旋转后，由于惯性离心作用，滑片从转子滑片槽中向外抛出，紧贴于气缸内表面，各滑片间形成单独空间，旋转中容积逐渐减小，空气被压缩。压缩过程中通过喷嘴向气缸内不断喷射润滑油。被压缩的空气从一级气缸排出后进入二级气缸，再经压缩至额定压力后进入储气罐内。

第五节　空压机的自动调节系统

一、空压机气压自动调节装置的工作原理

空压机在正常运转下的排气量（单位时间内）是一定的，但在同一时刻内它所供给的风动机具的使用数量不一定相同，使储气筒的供气量经常处于变化状态。如果供气量小于空压机的额定排气量，筒内的气压将会逐渐增高，当增高到一定限度时，就会引起储气筒和空压机发生爆炸事故或机件损坏。为了保证空压机的排气量能适应风动机具需气量的变化，并使储气筒内的压力保持在一定范围内，目前所有型式的空压机上都装有气压自动调节装置和安全阀等。气压自动调节装置的功用是，当储气筒内的供气量减少，而气压升高到额定最高限值时，使空压机暂停压气（只是空转），同时降低发动机转速，减少油耗和延长机械使用寿命。

当储气筒供气增加，而气压降低到额定下限值时，使发动机仍以正常的转速驱动空压机，使之恢复正常气压。

气压自动调节装置一般由气压调节器、减荷阀和调速器三部分组成（如图 3-1-9 所示），它们的结构形式有多种，但其工作原理基本相同。

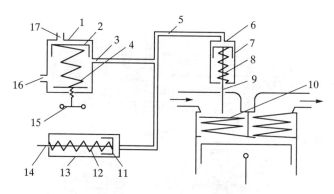

图 3-1-9　气压调节装置工作原理图

1—气压调节器；2—调节器活塞；3—气道口；4—气压调节器弹簧；5—管道；
6—减荷阀；7—减荷阀活塞；8—减荷阀弹簧；9—减荷叉；10—空压机进气阀；
11—调速器活塞；12—调速器弹簧；13—调速器；14—调速器活塞杆；15—手轮；
16—调节器排气口；17—调节器进气接头

压缩空气由气压调节器进气接头进入气压调节器的上腔，对调节器活塞产生向下的压力。

当储气筒内的压缩空气压力超过气压调节器弹簧的调定值时，作用在活塞上的气体就克服弹簧的张力推动活塞向下移动，接通气道口，压缩空气就经管道分别进入调速器和减荷阀。压缩空气的压力可用手轮来调节气压调节器弹簧的张力而调定。

进入调速器的压缩空气，推动调速器活塞，克服调速器弹簧的张力同调速器活塞杆一起左移，推动柴油机调速器上的调速臂摆动，柴油机的供油减少，使发动机的转速降低。与此同时，压缩空气进入减荷阀，推动减荷阀的活塞克服减荷阀弹簧的张力和减荷叉一起下移，使空压机进气阀处于开启位置，空压机便减荷空转，保证空压机和发动机经济而安全的工作。

当储气筒压力下降至规定值时，气压调节器弹簧的张力大于压缩空气对活塞的压力，弹簧张力使活塞上移，切断压缩空气通路，调速器和减荷阀内的余气便通过管道、调节器排气口排入大气中。调速器和减荷阀分别使发动机和空压机恢复正常的运转和工作压力。

二、压缩空气管路的敷设

压缩空气管路的敷设如图 3-1-10 所示。对于临时性的移动式空压机，一般输气管采用高压胶管。但在工程量大而且集中，施工期较长的施工点，可以钢管作总输出的主气管。输气管口径的选择应根据所通过的总气量和输送的距离而定，其原则是保证最远施工点有足够的气压（一般不应低于 0.5 ~ 0.6MPa），以使风动工具能正常工作。

在安装输气管道前，必须做好全工地管道设计，根据工作布点、位置来选定主气管安装路线。根据总气量的流量选定主气管管径大小，并备妥一切管道附件等才开始安装。

安装时，首先按照既定路线安装总主气管，然后根据施工布点需要在主气管道上安装出气口。在出气口上应附装阀门和胶管接头，以通凿岩机和用气设备。

在安装过程中，其总的要求是尽量做到平、直，少用弯头和闸阀等管道附件，以减少气压损失，管道通过地带要尽量避开预知爆破点，必要时还要做好管道保护工作，以免在爆破时损坏气管。

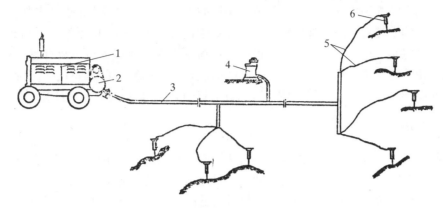

图 3-1-10 空气网道布置示意图

1—空压机；2—储气筒；3—主输气管；4—锻钎机；5—高压胶管；6—凿岩机

为了便于生产，避免露天工作，保证机械的安全生产，一般大型固定式的机械，如空压机、发电机、锻钎机和磨钻机等，均应搭盖机棚。机棚的位置应根据工程施工点具体要求（包括机械安装），安设在爆破警戒线之外，并选择在傍山弯道上，用以挡险。

三、气压调节器

气压调节器的作用是：控制空压机的排气量，以保持储气筒内的气压基本稳定。当气压超过一定限度时，它能自动控制空压机空转，不生产压缩空气；当气压降低到一定限度时，它又能自动地恢复空压机的工作。

目前国产活塞式空压机上采用的气压调节器有膜片式和阀片式两大类。阀片式中又有圆片阀、滑阀、球阀和塞阀等四种，它们的结构虽然有所不同，但其工作原理基本相似。

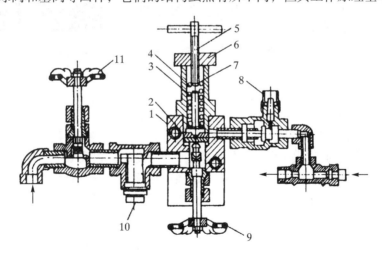

图 3-1-11 阀片式气压调节器结构图

1—阀体；2—阀片；3—推杆；4—弹簧；5—调整螺杆；6—固定螺母；

7—调整螺管；8—针阀；9—手动开关；10—滤网；11—总开关

图 3-1-11 所示是一种常用的阀片式（圆片阀）气压调节器。它是由阀体、阀片、推杆、

调整螺杆及调整螺管等部分组成。阀片置于阀体的阀座上，由弹簧通过推杆将其压住。弹簧的上端由拧在调整螺管上的调整螺杆通过弹簧上座将其压住。阀体的下端有手动开关，用于在停车时人工将阀片顶起，使空压机在很小的负荷下停车。阀体的左边装有滤网和总开关，端部与储气筒连通（箭头所示）。关闭总开关可以检修调节器。阀体的右边装有针阀，端部分别与调速器和减荷阀连通（箭头所示）。关闭针阀可以检修减荷阀和调速器。

四、减荷阀

减荷阀是根据储气筒内气压的高低，直接控制空压机压气与不压气的执行机构。当储气筒的气压超过规定值时，减荷阀能自动使空压机进入无负荷状态下的空转，不再压气。这样既保证了机器的安全，又降低了动力的消耗及机器的磨损。当压力降低至规定值时，它又能使空压机自动恢复正常工作，以满足风动工具施工的需要。

根据减荷的方式不同，空压机的减荷阀有叉式和阀门式两种基本类型。如图 3-1-12 所示是叉式减荷阀，它应用于 2Y8.5/7 型、W6/7 型及 W9/7 型等空压机上。

它的工作原理是：当储气筒内的气压超过规定值（一般调整到 0.7MPa），就克服弹簧的张力，顶开阀片，压缩空气便进入右管道，然后分别进入减荷阀和调速器。于是调速器和减荷阀同时起作用，使发动机和空压机减速和减荷，保证了其经济而安全的运转。由于空压机减荷空转，不再压气，使储气筒内的气压很快下降，当降至规定值（0.55～0.45MPa）时，弹簧的张力就大于压缩空气顶开阀片之力，在弹簧的张力作用下又将阀片紧压在阀座上，切断压缩空气的通路。遗留在调速器和减荷阀内的余气就返回来，经阀片上部的缝隙和调整螺管上的放气孔排入大气。调速器和减荷阀同时失去作用，这时，发动机和空压机又恢复了正常的工作。

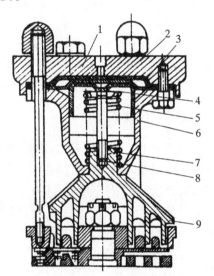

图 3-1-12　叉式减荷阀结构图

1—顶盖；2—活塞；3—皮膜；4—弹簧座；
5—弹簧；6—导体（气缸）；7—销钉；
8—推杆；9—减荷叉

叉式减荷阀由减荷叉、导体（气缸）、皮膜、活塞及推杆等部分组成。减荷叉对正在进气阀环片的上方。叉的上面是导体，导体用螺栓固定在顶盖的下面，顶盖与进气阀座用长螺栓固定在一起。皮膜装在顶盖与导体之间。皮膜的下面是活塞，活塞是由弹簧、推杆将其与皮膜一起顶压在顶盖的下平面上。推杆的下端与减荷叉通过销钉连接，在顶盖的中心有一个进气道，与气压调节器连通。

该减荷阀工作情况：平时弹簧的张力经常使减荷叉升起，因此其叉端离开进气阀环片，这时空压机正常压气。当储气筒内的气压超过规定值时，压缩空气便通过气压调节器进入减荷阀顶盖上的中心进气道（如图 3-1-12 中虚线所示），克服弹簧的张力将皮膜连同活塞一起往下压，再通过推杆将减荷叉往下压，于是叉的端头就顶开进气阀环片，使进气阀处于开启的位置，空压机便减荷空转。当储气筒内的气压降至规定值时，气压调节器便切断储气筒通往减荷阀的压缩空气通路，此时，减荷阀内的余气便返回气压调节器，经放气孔排入大气。于是在弹簧的张力下通过推杆将减荷叉升起，叉的端头又离开进气阀环片，使空压机恢复正常工作。

上述这种减荷阀是利用打开空压机进气阀而减荷；还有一种是利用关闭进气管实现减荷的。图 3-1-13 所示的碟形阀式减荷阀便是此种类型。它由阀体、碟形阀门、小气缸、小活塞等部分组成。阀体安装在空压机的进气管上。碟形阀门装在阀体内，其一端支承在小活塞上，另一端由弹簧顶住，使其经常离开阀座。

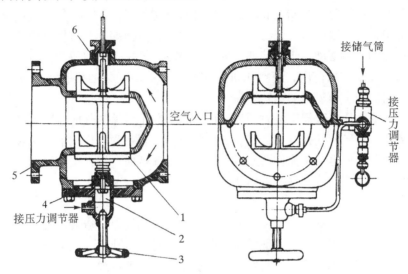

图 3-1-13　碟形阀式减速荷阀结构图
1—碟形阀门；2—小气缸；3—手轮；4—小活塞；5—阀体；6—弹簧

碟形阀式减荷阀的工作情况：平时空气由敞开的阀座进入空压机气缸进行正常的压气工作。当储气筒内的气压超过规定值时，压缩空气便通过气压调节器进入减荷阀的小气缸（图中箭头所示），并推动小活塞前移，将碟形阀门紧压在阀座上，从而切断了空压机的进气通路，使空压机空转而减荷。手轮是用于人工减荷的。

五、调速器

调速器又称油门推动器，其作用是控制柴油机油门的大小，调整柴油机的转速，以适应空压机工作的要求。调速器有的与气压调节器壳体做成一体，也有的做成单个，大多为活塞-连杆式。

图 3-1-14 所示为天津动力机械厂生产的 $9m^3$ 空压机上所采用的调速器，它与气压调节器壳体分开而做成单个的调速器，目前使用较为普遍。

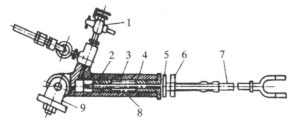

图 3-1-14　调速器结构示意图
—加油环；2—活塞；3—活塞杆；4—弹簧；5—调整螺栓；6—手轮；7—拉杆；8—气缸；9—安装座

　　这种调速器是由气缸、活塞、活塞杆、拉杆、弹簧以及调整螺栓等部分组成。活塞杆的伸出端通过拉杆与柴油机调速器上的调速臂轴摇柄连接；而另一端则伸进调速器壳的气缸内，并在其端部装有活塞。活塞被弹簧压向气缸左部。弹簧的张力可以通过拧动调整螺栓来调整，以改变柴油机的最低转速。在调速器左上部通过管接头与气压调节器相连通。

　　该调速器的工作情况：当储气筒内的气压超过规定值时，压缩空气通过气压调节器进入调速器的气缸中，并克服弹簧的张力推动活塞右移。通过活塞杆和拉杆也推动柴油机调速器上的调速臂轴摇柄向右摆动。于是柴油机的油门减小，转速也随着减低。与此同时，气压调节器也将压缩空气输入减荷网，使空压机空转而减荷。由于柴油机和空压机同时减速和减荷，就保证了它们安全而经济的运转。

　　当储气筒内的气压低于规定值时，气压调节器切断了压缩空气的通路，调速器内的余气返回气压调节器，并经放气孔排入大气。于是活塞的弹簧在张力作用下，又被推向气缸的左部。通过活塞杆和拉杆也将柴油机调速器上的调速轴摇柄向左摆，柴油机油门加大，使其转速升高。同时，因气压调节器气路被切断，终止了减荷阀的减荷作用，空压机就恢复了正常工作。

　　为了防止自动调节装置由于出现故障而失效，或因其他原因造成排气管路中的气压急剧上升，空压机装有安全阀。安全阀是任何空压机上绝对不可缺少的安全装置。

　　安全阀有高压和低压之分，它们的结构基本相同，只不过弹簧的张力调整不同。高压安全阀弹簧张力大，安装在储气筒上或二级气缸的排气管上。低压安全阀弹簧张力小，安装在冷却器上或一级气缸的排气管上。当压缩空气的压力超过规定值时，安全阀就自动开启，于是就排出系统中的气体，以保证中间冷却器和储气筒的安全。

　　目前使用的安全阀一般有：球阀式、阀片式和活塞式等几种，它们的工作原理基本相同。

　　活塞式安全阀（如图 3-1-15 所示）是由阀体、阀盖、活塞及弹簧等主要部分组成。阀体拧在储气筒或排气管路上。活塞平时在弹簧的张力作用下，紧压在阀体的上端，从而关闭了阀体下部与气孔"A"的气道。当储气筒内的气压超过规定值时，便克服弹簧的张力推动活塞上移而离开阀体，于是压缩空气从气孔"A"排入大气中。当储气筒内的气压降至规定值时，弹簧便回位（即伸长）压活塞而使气道又关闭，于是放气就停止。拧动调整螺栓，改变弹簧的张力，就可改变安全阀的放气极限压力。

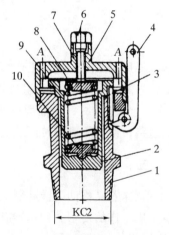

图 3-1-15　活塞式安全阀结构示意图
1—阀体；2—活塞；3—顶销；
4—检查柄；5—阀盖 6—螺母；
7—螺栓；8，10—簧座；9—弹簧

　　球阀式与阀片式安全阀的工作原理和活塞式相同，只是以阀球和阀片取代了活塞。

课后思考题

1. 试述 ZY8.5/7 型空气压缩机组成特点及工作过程。

2. 空压机为何要安装自动调节系统？其组成及原理如何？

3. 螺杆式与单转子滑片式空气压缩机结构怎样区别？

4. 如何理解"空压机既是动力元件又是执行元件"这一句话？

5. 空气压缩机与内燃机"配气机构"组成特点有何异同？

6. 体现空气压缩机技术性能指标是什么？其具体含义如何？

7. 工作时，空压机的"气压不稳定"，这是什么原因？

8. 如何判断空压机的"气压偏低"故障？

第二章　凿　岩　机

第一节　概　述

一、凿岩机的应用与分类

凿岩机是用来直接开采石料的工具。它在岩石上钻凿出小直径的炮眼（或称药孔），以便放入炸药炸开岩石。还可用于新式定向爆破方式拆除旧建筑物时打炮眼、破坏水泥混凝土基础等。广泛应用于铁路、水利、电力、筑路、建筑和国防等行业。

按照不同的方式有不同的分法，一般有如下一些分类方法。

1. 按照在坚硬物（岩石、水泥混凝土等）上打孔分类

按照在坚硬物上打孔的凿岩机的工作原理有冲击式、回转式和回转冲击式三种类型（如图 3-2-1 所示）。

(a) 冲击式　　　　　(b) 回转式　　　　(c) 回转冲击式

图 3-2-1　凿岩穿孔机破碎岩石原理图
1—钻头；2—钻头非钻杆中心移动方向

① 冲击式如图 3-2-1(a)所示：在岩石表面施加一个冲击力，使钻头向岩石内运动，从而在岩石表面上形成一个破碎漏斗，在每次冲击完后给钻头换一个位置再继续冲击，则炮眼便可形成。

② 回转式如图 3-2-1(b)所示：通过钻头、钻杆在对岩石施加一个回转转矩的同时，还向钻头施加一个固定的轴向推力，钻头基本平行于岩石表面运动（当不考虑轴向进尺时），从而破碎岩石形成炮孔，属于这类的一般有回转钻机、岩石电钻等。

③ 回转冲击式如图 3-2-1(c)所示：它是兼有冲击式和回转式联合作用的一种破碎方式，一般有独立回转式风动凿岩机、潜孔钻机和牙轮钻机等。

2. 按照工作动力分类

按照工作动力分为风动凿岩机、液压凿岩机、电动凿岩机和内燃凿岩机四种型式。

① 风动凿岩机：适用于任何硬度的岩石，其分类方法和类型如下。

按照架持方式有手持式、气腿式、向上（即伸缩）式、导轨式（包括柱架式）等几种。

按照钎杆回转机构特点有内回转式和外回转（独立回转）式。内回转式凿岩机钎杆的回转，由凿岩机内部的螺旋棒、螺旋母回转机构来完成，在回程时间歇回转，实际上是一种冲击式凿岩机；而外回转式钎杆的回转运动由独立的回转机构来完成，钎杆连续回转，故其是一种冲击回转式凿岩机。按照冲击频率有普通频率（2500 次/min 以下）和高频（2500～4000 次/min）两种凿岩机。目前手持式凿岩机常用的冲击频率一般为 1600～1700 次/min，导轨式一般为 1600～2000 次/min，普通气腿式一般为 1800～2300 次/min，高频气腿式一般为 2500～3000 次/min。提高冲击频率可加快凿岩速度，但毛风量和反座力增大。按排尘方式有湿式和干式捕尘式两种。湿式又可分为旁侧供水和中心供水；干式捕尘式又可分为中心捕尘和侧向捕尘两种。

风动凿岩机主要优点是结构简单，重量较轻，工作安全可靠，操作维修方便；缺点是以压缩空气为动力，能量利用率低，一般只有 10% 左右，设备使用费用高。

② 液压凿岩机是近几年才出现的一种新机种，按钎头凿岩方式有冲击旋转式和旋转式两种；按液压程度有部分液压和全液压两种。

与风动凿岩机相比，液压凿岩机有以下几种优点：其一是具有动力消耗低，（完成同样的工作量）其动力消耗是风动的 1/5～1/4；其二是能量利用率高，一般有 30%～40%；其三是凿岩速度高，与同等重量级的风动凿岩机相比，其凿岩速度要高 50%～150%，且钻具和零件寿命不降低；其四是没钎排气、噪声低，工作面能见度好，改善工作条件；其五是根据工作条件的不同，可以调节冲击力、频率、转矩、转速和推力等，可实现一人多机操作，便于程序控制和自动化；其六是动力单一，不需配套的空压机与管道等设备；其七是使用寿命长，但具有造价高、比较笨重、制造精度高、维修比较困难等特点。

③ 电动凿岩机按照凿岩方式有冲击回转式和回转（岩石电钻）式两种，它与风动凿岩机比较，能量利用率较高，结构简单，使用成本低廉，但在可靠性、耐久性方面较差，故未广泛采用。

④ 内燃凿岩机是一种由汽油发动机、压气机和凿岩机三种机械组成一体的手持式凿岩工具，由本身产生的压缩空气吹岩粉，适用于无电源、无压缩空气的临时性勘探和施工场所，其特点是工作时污染空气，结构和维修均较复杂，凿岩效率也不高。

二、凿岩机的总体构造与工作原理

1. 风动凿岩机

它是一只双作用的活塞式风动工具，如图 3-2-2 所示，压缩空气交替地从气缸两端进入，使活塞在缸内往复运动，冲击钢钎，然后再通过钢钎冲击岩层。当压缩空气自气缸的上端进入时（上端进气门打开），气缸的下端排气（下端排气门打开），压缩空气的压力推着活塞下行使之锤击钢钎，于是钎头就凿击着岩层，将其击碎一块，深入岩层一小段距离，这个过程称为工作行程或简称冲程。

当压缩空气自气缸的下端进入时（下端进气门打开），气缸的上端排气门（上端排气门打开），于是压缩空气推动活塞上行，准备下一次的钻击。这个过程称为返回行程或简称回程。

在回程中，还另有一种机构顺便将钢钎回转一个小角度，以便下一冲程沿岩层的另一纵截面钻凿。这样，当钢钎回转一圈时，它就在岩层上按钎头的截面尺寸凿进一个深 h 的圆孔。当钢钎开始下一转圈钻凿时，又继续凿进下一个深 h 的圆孔。活塞不断地上下运动着，钢钎就如此周而复始地对着岩层钻凿到所需的深度 H。这种凿机属于冲击回转式风动工具。

2. 内燃凿岩机

内燃凿岩机也是一种冲击回转式工具，它由二冲程的单缸汽油机、空压机和凿岩机构三部分组成。其工作原理如图 3-2-3 所示。在一个气缸中装着发动机活塞与冲击活塞，在气缸的小内孔中的两活塞之间构成燃烧室，冲击活塞又将气缸大内孔分隔成上、下两个压缩室。汽油机属于曲轴箱换气的二冲程式，经过汽化器雾化的可燃混合气先进入曲轴箱，然后再从进气口进入气缸中。其工作过程如下。

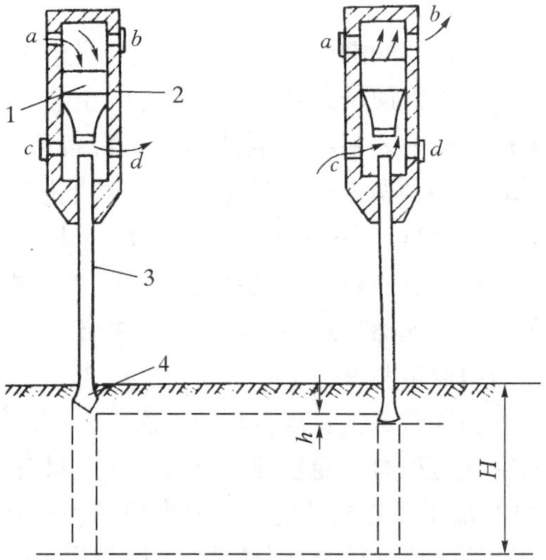

当发动机活塞向下运动而处于位置 I 时，关闭了进排气口，然后燃烧室中的可燃混合气开始受压缩。此时冲击活塞因有下压缩室小的空气阻力，不会被向下推移。

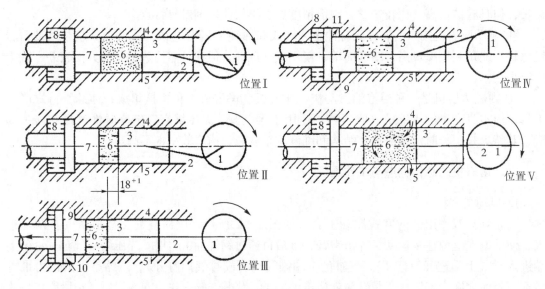

图 3-2-2　风动凿岩机的工作原理图

1—活塞；2—气缸；3—钢钎；4—钎头；a—上端进气门；
b—上端排气门；c—下端进气门；d—下端排气门

图 3-2-3　内燃凿岩机工作原理图

1—曲轴；2—连杆；3—发动机活塞；4—进气口；5—排气口；6—燃烧室；7—冲击活塞；8—下压缩室；
9—上压缩室；10—进气阀；11—排风阀

当曲轴继续沿箭头方向转动，发动机活塞继续向下行至位置 II 时，可燃混合气受到压缩，压力大大提高。等到该活塞下行到离下死点前的一定位置，磁电机开始使火花塞点火，可燃混合气燃烧，产生高压而膨胀作功。此时发动机活塞依靠曲轴和飞轮的惯性，继续向前运动到下死点，可燃混合气也正好是完全燃烧后而发出最高压力。于是冲击活塞就在此高压作用下克服了前面下压缩室中的空气阻力，加速向前运动，如图中的位置Ⅲ所示。与此同时，下压缩室中的气体因被压缩而压力增高，打开那里的排气阀，让部分气体排出，以减小对冲击活塞的阻力，使其能获得最大的冲击功，猛烈地冲击着钢钎，进行凿岩工作。

曲轴Ⅰ在这半转的运动中，曲轴箱进行吸气。与此同时，上压缩室的进气阀被打开，吸进空气。当发动机活塞自下死点向上回行时（位置Ⅳ），燃烧室逐渐增大，压力降低，等到打开排气口和进气口时，其中压力已低于下压缩室中的压力，于是冲击活塞在做完冲击功后也开始回行，一直回行到最上的原始位置。下压缩室中的压力可由其排气阀来调整。曲轴Ⅰ在这半转运动中，曲轴箱里的可燃混合气被压缩，上压缩室排风以吹洗炮眼。

在发动机活塞的回程过程中，排气口先被打开，让废气排于大气中，以后接着打开进气口时，曲轴箱中的可燃混合气被压缩到最高压力点，于是它就从进气口涌入气缸的燃烧室中，新进气流的惯性也有迅速驱除废气的作用。这一过程一般称为换气过程（位置Ⅴ）。在这段过程终了时，曲轴开始又一次的运动，曲轴箱中的压力迅速下降到最低点，新的可燃混合气又开始被吸进曲轴箱中。

至此，内燃凿岩机完成一个工作循环，在此循环中，曲轴旋转一圈，发动机活塞与冲击活塞都往返移动两个行程，活塞冲击钢钎一次。如此周而复始。

3. 电动凿岩机的原理（如图3-2-4所示）

电动凿岩机是电动机旋转通过齿轮传动驱使带偏心块的曲轴旋转，偏心块所产生的离心力迫使曲轴作往复直线运动，从而冲击钢钎。

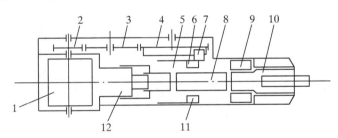

图3-2-4　电动凿岩机工作原理图

1—电动机；2—主动齿轮；3—中间齿轮；4—从动大齿轮；5—主轴；
6—左偏心块；7—滚轮；8—冲锤；9—转钎套；10—钎尾；
11—右偏心块；12—导向座

电动机的动力由主动齿轮通过中间齿轮驱动着从动大齿轮。在该齿轮的内端面直径上有一条滑槽，带有一对偏心块的主轴以其外侧面上的滚轮在该滑槽内滚动而旋转。主轴上装有冲锤，冲锤的下部是直接冲击钎尾的冲头，上部为筒状，套在一个固定的导向座上。因此，主轴旋转时其偏心块的离心力促使冲锤作直线往复运动，从而执行凿岩工作。在每一工作循环中冲锤回程时可使钢钎旋转一个小角度。

4. 液压凿岩机

液压凿岩机一般由冲击器、独立的液压马达转钎机构和蓄能器三大部分组成，因体积和质量较大，常与凿岩台车配套使用，它利用高压油代替压缩空气，实现活塞的往复冲击动作。图3-2-5所示为YYG80型导轨式液压凿岩机，与液压台车配套，可在地下或露天对中硬、坚硬岩石钻凿任意炮孔。

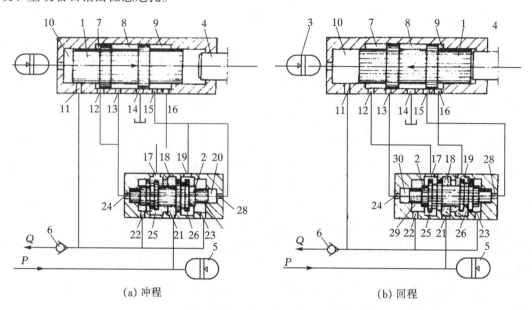

（a）冲程 　　　　　　　　　　　　　　　（b）回程

图 3-2-5　YYG80 型导轨式液压凿岩机工作原理图

1—活塞；2—阀；3，5—蓄能器；4—钎尾；6—背压阀；7，8，9—后、中、前部油室；10，18，20，25，26，27，29，30—油室；11—回油孔；12，13，14，15，16，17，19，21，22，23，24，28—油孔；20—右油室；30—左油室；P—进油；Q—回油

　　YYG80 型导轨式液压凿岩机由冲击器、转钎机构和蓄能器三大部分组成。冲击器由缸体和在其中运动的活塞及阀等零件组成。活塞和阀互相控制，活塞在冲程和回程的预定位置打开推阀孔，使阀动作，液流换向，推动活塞运动。活塞行程 50mm，冲击频率为 3000 次/min。冲击系统装有两个蓄能器，一个作为活塞运动过程中液流的补偿，以增加活塞的冲击速度；另一个用于稳定主油路压力，以避免过大的液压冲击力。转钎机构主要由液压马达、减速齿轮箱、钎尾套、供水机构等组成。油马达的转矩通过钎尾套的六方将转矩传给钎尾，从而实现独立转钎，根据需要可调节钎杆的转速。采用旁侧供水，实现湿式凿岩。

　　其工作原理如下。

　　① 冲程：活塞处于回程末了位置时，高压油经进油孔 21，通过油室 18 和 25，油孔 17 和 12 进入活塞后部油室，推动活塞向前作冲程运动。此时，活塞前部油室内的油经油孔 16，阀腔油室 25～27 流回油箱。当活塞前进至预定位置时，后部油室和冲程推阀油孔 13 相通，高压油经油孔 13 和 24 进入阀的左油室，推动阀向右移动，油流换向。此时，阀右油室内的油经油孔 28 和 15，中部油室，油孔 14 流回油箱。与阀换向差不多同时，活塞冲击钎尾，完成冲程动作。

　　② 回程：活塞处于冲程末了位置。当阀向右移动时，切断了油室 18 和 25 的通路，使 18 和 26 接通。此时，高压油经进油孔 21，通过油室 18 和 26，油孔 19 和 16 进入活塞前部油室，推动活塞向后作回程运动。此时活塞后部油室内的油经油孔 12 和 17，油室 25 和 29 流回油箱。当活塞后退至预定位置时，前部油室和回程推阀油孔 15 相通，高压油经油孔 15 和 28 进入阀右油室，推动阀向左移动，油流换向。此时，阀的左油室内的油经油孔 20 和

13，中部油室，油孔 14 流回油箱。这时虽然后部油室内已进入高压油，但由于惯性作用，活塞克服后部油室内的压力而继续向后运动。当活塞退至另一预定位置时，将油室和回油孔的通路切断，使油室 10 内的油液压缩，从而迫使蓄能器 3 的活塞向后运动，使充满于蓄能器后部的气体受压缩，一直到活塞最后停住为止。这样蓄能器 3 既起了缓冲作用，又贮存了一定的能量。当活塞在后部油室内高压油作用下再次往前作冲程运动时，蓄能器 3 内贮存的能量就释放出来作用于活塞 1 的后部，使其运动速度加快，提高冲击力，为了使油室 10 内经常充满油液，要求回油路上要具有一定的背压力，必要时，可安装背压阀。

三、凿岩机械产品分类和型号编制方法

其分类和型号编制方法见表 3-2-1，编制方法是由类、组、型代号、特性代号、主要参数几部分组成。

表 3-2-1　　　　　　　　　　　凿岩机产品分类和型号编制方法

类	组	型	特性代号	产品名称及代号	主要参数	
					名称	单位
凿岩机	风动	手持式	P（频） S（水） C（尘）	手持式凿岩机（Y） 手持式高频凿岩机（YP） 手持式水下凿岩机（YS） 手持式集尘凿岩机（YC）	机器质量	kg
		气腿式 T（腿）	P（频） C（尘）	气腿式凿岩机（YT） 气腿式高频凿岩机（YTP） 气腿式集尘凿岩机（YTC）	机器质量	kg
		向上式（上）	C（侧） P（频） D（多）	向上式凿岩机（YS） 向上式侧向凿岩机（YSC） 向上式高频凿岩机（YSP） 向上式多用凿岩机（YSD）	机器质量	kg
		导轨式 G（轨）	P（频） Z（转）	导轨式凿岩机（YG） 导轨式高频凿岩机（YGP） 导轨式独立回转 凿岩机（YGZ）（YG）	机器质量	kg
	内燃 N（内）	手持式	F（附）	内燃岩机（YN） 带附缸的内燃岩机（YNF）	机器质量	kg
	液压 Y（液）	导轨式 G（轨）		导轨式液压凿岩机（YYG）	机器质量	kg
	电动 D（电）	手持式 支腿式 T（腿） 导轨式 G（轨） 旋转式 X（旋）		手持式电动凿岩机（YD） 支腿式电动凿岩机（YDT） 导轨式电动凿岩机（YDG） 旋转式电动凿岩机（YDX）	机器质量	kg
	腿 T（腿）	侧向式 C（侧） 下向式 X（下）		气腿（FT） 侧向式气腿（FTC） 下向式气腿（FTX）	名义推进力	kg

续表 3-2-1

类	组	型	特性代号	产品名称及代号	主要参数	
					名称	单位
凿眼辅助设备 F（辅）	腿 T（腿）		S（水）	水腿（FTS）	名义推进力	kg
			Y（油）	油腿（FTY）	名义推进力	kg
			J（机）	机械腿（FTJ）	机器质量	kg
	架 J（架）	Z（柱）		凿眼柱架（FJZ）	柱架最低高度	dm
		S（双）		双柱式凿眼柱架（FJS）	柱架最低高度	dm
		Y（圆）		圆盘式凿眼柱架（FJY）	柱架最低高度	dm
		D（吊）		伞式吊架（FJD）	吊架最小支撑直径	m
		H（环）		环式吊架（FJH）	吊架最小支撑直径	m
	注油器 Y（油） 集尘器 C（尘） 磨钎机 M（磨）			注油器（FY） 集尘器（FC） 风动磨钎机（FM）	容油量 容尘量 砂轮直径	ml ml mm

第二节　风动凿岩机

　　国产风动凿岩机的型式很多，不论何种型式的风动凿岩机，除配气机构与钎杆回转装置的结构有所不同外，其余部分构造都大致相似。它由柄体组件、气缸-活塞组件与机头组件三大部分组成，用两根长螺杆装合成一体。在柄体组件中有进气操纵阀与冲洗吹风系统。在气缸活塞组件中还装有配气机构以及钎杆回转装置的一部分。如图 3-2-6 所示为风动凿岩机外貌。

一、凿岩机本体

1. 配气机构

　　国产风动凿岩机上采用的配气机构有三种基本型式：套筒滑阀式、碟形阀式以及无阀配气式。

　　下面以 01-30 型手持式风动凿岩机（如图 3-2-7 所示）为例介绍其构造与工作原理。它属于套筒滑阀式配气机构（如图 3-2-8 所示），由配气滑阀体、阀套、阀柜和阀盖四个基本零件组成。带凸缘的阀套套在柄体棒的外面，作为滑阀运动时的导向用。其凸缘面上沿圆周有 12 个 5mm 的轴向小气孔，阀柜贴着缸内壁安装，其圆周面上也有 12 个小气孔，正对着阀套上的轴向小气孔。阀柜上还有两个斜孔，正对着缸壁上的回气道。带凸缘的滑阀装在阀套外面，可轴向移动少许。阀盖装在气缸的顶头，也可当作气缸盖。在其朝滑阀的一面有一环形凸出部分对着滑阀的凸缘，这两者之间组成气室 B。阀柜与阀盖之间则组成气室

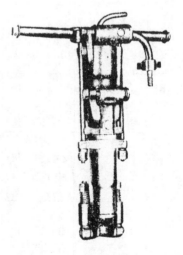

图 3-2-6　风动凿岩机外貌示意图

A。在这部分的阀盖上有一个 1mm 的小气孔，使气室 A 与气缸相通。

　　滑阀的轴向移动可改变阀柜、阀盖与滑阀三者之间所组成的气道，从而使压缩空气进入

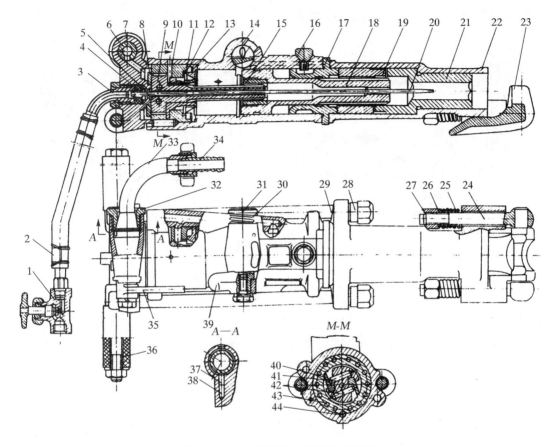

图 3-2-7　01-30 型手持式凿岩机的构造总图

1—水阀；2—水管；3—水管接头；4—水针胶垫；5—水针垫；6—进气操纵阀；7—柄体；8—柄体垫圈；9—螺旋棒；10—配气阀套；11—阀柜；12—配气滑阀；13—阀盖；14—气缸；15—螺旋棒螺母；16—油塞；17—导向套；18—活塞；19—转钎套；20—水针；21—钎套；22—机头筒体；23—钎卡；24—钎卡螺栓；25—钎卡弹簧；26—钎卡螺母；27—卡环；28—螺母；29—长螺杆；30—排气阀弹簧；31—排气阀；32—气管接头螺母；33—气管接头；34—气管弯头；35—进气阀操纵手柄；36—胶皮把手套；37—定位销；38—定位销弹簧；39—排气阀板手；40，41—棘爪；42—棘爪弹簧；43—棘轮；44—定位销

气缸的后腔或前腔，推动活塞进行冲击工作或回程运动。这种配气机构的工作原理如下。

　　冲击行程：压缩空气经柄体的进气开关进入，通过棘轮、阀套和阀柜上的气孔直达气室 A，此时如果活塞和滑阀都处在图 3-2-8(a)所示的后边位置，气室 A 与 B 相通，则压缩空气由 A 室经 B 室而从阀盖的内周隙进入气缸的后腔，推动活塞前进，进行冲击工作。如果活塞在气缸后边位置，而滑阀却在前边位置紧贴着阀盖的环形凸尖上（如图 3-2-8(b)所示的位置），阻断了气室 A 与 B，则进入 A 室内的压缩空气，此时可通过阀盖周边上的那个 1mm 的小孔而进入气缸后腔，使该腔内的气压逐渐上升，从而推着滑阀后移，打开气室 A 与 B 的通路，达到仍如图 3-2-8(a)所示的情况，于是大量的压缩空气就由 A 室经 B 室，再从阀盖的内周隙进入气缸的后腔而推动活塞作功。

　　当活塞被向前推到其前端面越过排气孔时，气缸前腔的余气受压缩，形成气垫。随着活塞的继续前行，气缸前腔内的气压逐渐增高，余气就自口 C 经回程气道进到滑阀的后侧，压迫着滑阀。但此时滑阀前后两侧的压力仍处于平衡状态，阀并不移动。

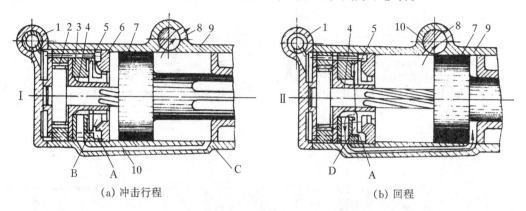

(a) 冲击行程　　　　　　　　　　　(b) 回程

图 3-2-8　套筒滑阀式配气机构工作原理图

1—柄体；2—棘轮机构；3—阀柜；4—阀套；5—滑阀；6—阀盖；7—活塞；8—排气孔；9—气缸；10—回程气道

等到活塞继续前行其后端面越过排气孔时，气缸后腔的压缩空气排于大气中，后腔压力急剧下降，于是滑阀在压力差的作用下被向前推移，贴合在阀盖的环形尖上，切断了去气缸后腔的气路，如图 3-2-8(b) 所示，但此时活塞依靠惯性仍以很高速度继续前进直到冲击着钎尾。

回程（如图 3-2-8(b)所示）：在滑阀向前移动而切断通向气缸后腔的气路的同时，打开气室 A 与 D 的通路，于是压缩就从 A 室到 D 室，再经回程气道而进入气缸前腔，推着活塞向后移动。

与冲击行程的情况相类似，当活塞的后端面越过排气孔时，气缸后腔内的余气被压缩，它通过阀盖上的内周隙压迫着滑阀，直到活塞前端面越过排气口而气缸的前腔排气时，滑阀后侧通过回程气道和气缸前腔与大气相通，压力急剧下降，于是滑阀在压力差的作用下又向后移，阻断通向气缸前腔的气路，此后活塞也是靠惯性运动到气缸后腔的尽头，而完成回程运动。至此，凿岩机完成了一个工作循环，以后就这样周而复始地工作着。

该配气机构的滑阀是依靠气缸内的余气被压缩时的压力推移的，其移动量很小，基本上不消耗什么压缩空气，功效较高。这种配气机构的滑阀移动也有依靠新进的压缩空气直接推动的。

2. 气缸-活塞组件

气缸-活塞组件是凿岩机的主体，如图 3-2-7 所示，气缸中部空腔内装着活塞，其正面中央有带阀门的排气孔口（有的还另外装有消声罩），缸壁内开有回程气道和推阀气道。气缸的后部装有配气机构与棘轮机构，最后面装着柄体。气缸的前部通过导向套接装着机头。

活塞由合金钢制成并经过渗碳处理，其带花键的活塞杆也就是冲击钎尾的冲锤。活塞杆上的花键是作为连接钎杆回转装置的转钎套之用。活塞头的中部开有螺孔，孔内拧装有螺旋母，以便与螺旋棒相配合，后两者都属于钎杆回转装置的组成部分。

此外，整个活塞的中心还开有直通的中心孔，以便穿装冲洗机构的水针和气针。

3. 钎杆回转装置和机头组件

在冲击-回转式凿岩机的工作过程中，活塞以直线运动完成冲击行程，而以回转一个小角度完成回程。活塞回程时的回转运动是为使钢钎在凿击一次岩层之后，回转一个小角度再沿岩层新的纵截面进行凿击。

钎杆的回转运动大多采用棘轮机构配合一根单独的螺旋棒，或者由活塞杆上特制的螺旋槽来执行。

图 3-2-9 所示为带有单独螺旋棒的回转装置，它由棘轮机构、螺旋棒和转钎套等组成。螺旋棒的头上装有棘轮机构，其螺杆则插在活塞顶中心的螺母中。带内花键的转钎套的上端套在活塞杆的花键上，下端连接着钎套，钎套的下部供插装钢钎之用，活塞在冲击过程前行时，由于棘爪可在棘轮齿上滑过，允许螺旋棒按图示的实线方向旋转。此时，活塞则以直线运动冲击钎尾。

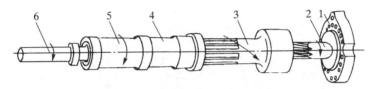

图 3-2-9　带单独螺旋棒的回转装置简图
—棘轮机构；2—螺旋棒；3—活塞；4—带内花键的转钎套；5—钎套；6—钢钎

当活塞回程时，棘爪在塔形小弹簧作用下顶着棘轮齿，螺旋棒被掣住不能反转，于是就迫使活塞沿螺旋棒一边回行一边旋转，从而也带着转钎套、钎套与钢钎一起旋转一个小角度，如图中的虚线所示。

图 3-2-10 所示为活塞杆上带螺旋槽的钎杆回转装置，它没有专门的螺旋棒，而是以带有两（四）条螺旋槽 7 和两（四）条短直槽的活塞来代替。内圆带有两（四）条斜凸筋的棘轮装在机头筒的上部，其斜凸筋与活塞杆上的斜槽相吻合，棘轮的外齿由两（四）个棘爪掣住，允许棘轮向一个方向转动（图中 A-A 截面），机头筒的下部装有转钎套。转钎套的上部内圆面上有直凸筋两（四）条，以便与活塞杆上的直凸槽相吻合，转钎套的下部为带六方孔的钎套（图中 C-C 截面）。这样活塞杆配合棘轮机构的工作完全同带有单独螺旋棒的相似。

机头组件包括机头筒、带内花键的转钎套、钎套和钎卜等。它们之间安装的相互关系如图 3-2-7 所示。装在机头筒内的转钎套传递活塞的回转运动，使钎套产生旋转。它与钎套之间的连接主要有两种方式：用端凸爪相嵌接（如图 3-2-7 所示）和过盈圆柱配合连接。在机头筒的前端还有钎卡，以卡住钢钎使其在拔钎时不致脱落。

钎卡一般用带弹簧的螺栓装在机头筒的前端，在装卸钢钎时可以扳动；也有利用卡销和胶垫等来卡紧的。

4. 柄体和冲洗吹风系统

手持式风动凿岩机（如图 3-2-7 所示）的柄体比较简单，在其上面装有锥套式进气操纵阀和相应的进气阀操纵阀柄、气管弯头以及把手等。锥套上有大小二孔，转动阀柄，使锥套转到其小孔正对着柄体上的进气道时，恰好是打开进气道截面的四分之一，这是凿岩机的启动位置（此时锥套到第二槽上）。当锥套被转到第三槽上，大孔正对着柄体内的进气道时，使气阀全开进行工作的位置。

此外，柄体的中央还装有水管接头、水针及水针垫等。水针是穿过活塞杆中心一直到达下面的钎套内，再经钢钎的中心孔道从钎头孔去炮眼内，冲除岩粉。在凿岩过程中，无论是湿式或干式清洗炮眼，如要吹去炮眼内的岩粉，只要将排气阀扳手向后扳动，使排气阀盖住

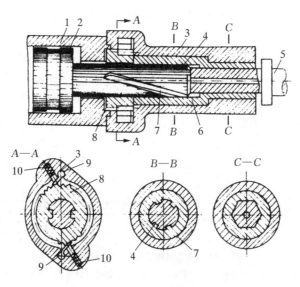

图 3-2-10　活塞杆带螺旋的钎杆回转装置结构简图

1—气缸；2—活塞；3—机头筒；4—短直槽；5—钢钎；6—转钎套；7—螺旋槽；8—棘轮；9—棘爪；10—棘爪弹簧

气缸上的排气孔口，压缩空气就可经过气缸前壁内的两个气道，再经过导向套上的两个辐射孔，沿活塞的花键缝隙进入钎尾中心孔，最后从钎中心孔出去而吹洗炮眼内的岩粉。湿式清洗炮眼时，结合着这种吹风，可阻止岩粉被水冲进机头筒内。吹洗炮眼时排气阀的位置和气流情况如图 3-2-11 所示。

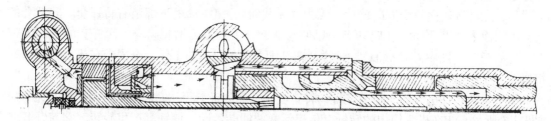

图 3-2-11　01-30 型凿岩机吹炮眼时的排气气流图

对于气腿式凿岩机，其冲水与吹风系统常常实行气水联锁注水。这种气、水联锁注水机构（如图 3-2-12 所示）由注水阀、阀体、弹簧、水针、气针和垫子等组成。

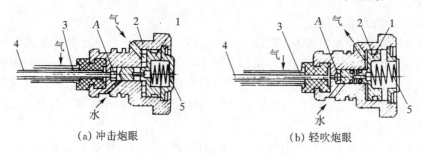

（a）冲击炮眼　　　　　　　　（b）轻吹炮眼

图 3-2-12　气、水联锁注水机构工作图

1—注水阀门；2—阀体；3—气针；4—水针；5—水阀弹簧

阀体装在柄体内，在其上面有斜的气、水孔各一个，斜气孔对着注水阀门口，斜水孔对着水针进水口 A，注水阀门的前面有较细的锥形端，它正对着水针的进水口 A。在未工作（未进气）时，它借水阀弹簧的作用关闭着水针进水口 A，当柄体上的进气阀打开时，压缩空气从阀体上的斜气孔进入，推压着注水阀门向后移动，从而打开水针进水口（如图 3-2-12（a）所示）。于是水就从斜水孔进入阀体，并经进水口 A 进入水针中，再经钢钎中心孔直达炮眼底，冲刷岩粉，使之排出气眼；当凿岩机停止工作时，进气路被切断，同时接通放气路，于是注水阀门在弹簧的作用下重新关闭进水口 A（如图 3-2-12（b）所示），停止向水针供水。由上可知，只要打开柄体上的进气操纵阀，使凿岩机一开始工作，就可实现气水联动，不断地向炮眼内供水，以便冲去岩粉。注水量可由进水管上的总开关来调节。

如图 3-2-12 所示，在水针外还套有一根气针，它与水针有 0.5mm 的间隙，在凿岩机工作过程中该气针内经常有少量的压缩空气通入，对着钎尾中心孔喷吹，以阻止冲洗炮眼的水倒流进凿岩机内部而影响其润滑。这个措施对于向上打斜炮眼时尤为必要。气腿式凿岩机的强力吹洗炮眼的情况同手持式凿岩机上的相类似，不过为了调节气腿的推力，在柄体上另外还装有调压阀。

二、气　腿

气腿是一种带爪脚的伸缩管，利用压缩空气可使其配合凿岩机的工作需要而进行伸缩。各种形式气腿的构造及其工作原理都基本相似，它由带臂架的外管（即气腿的气缸）与带支撑爪脚的伸缩内管所组成（如图 3-2-13 所示）。伸缩内管的内端头装有带皮碗的活塞，另有中心小气管连于臂架上的回缩进气道。在臂架上另有推进进气道通到外管的内腔。臂架上装连着凿岩机的气缸体，气腿的工作情况如下。

1. 推进过程

经过调压的压缩空气经由臂架上的推进进气道进入外管的上内腔 A，推压着带皮碗的活塞。于是伸缩内管就向外伸出，使整个气腿逐渐变长，推着

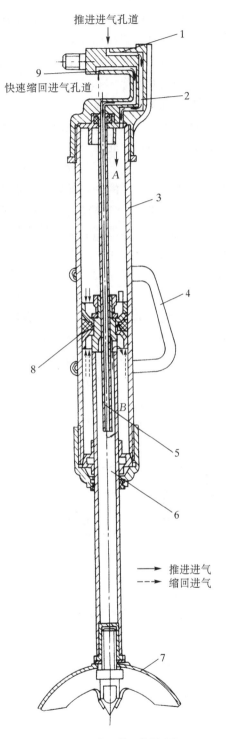

图 3-2-13　气腿的工作原理图

1—臂架；2—推进进气道；3—外管（即气缸）；
4—手柄；5—中心小气管；6—伸缩内管；
7—爪脚；8—带皮碗的活塞；9—回缩进气道

凿岩机自动地向前行进，此时气路情况如图中的实线箭头所示。

与此同时，留在外管下内腔 B 中的气体则进入伸缩内管的内孔道，转入中心小气管内，再从臂架上的回缩进气道排出去。这一条气路同时也作为气腿快速回缩时的进气路。

2. 快速回缩

凿岩机在凿岩或需要转移时，气腿都可以快速缩回。此时只要压下换向阀，压缩空气就可改从气腿快速回缩的进气路（图中虚线箭头）进入外管的下内腔 B，推动带皮碗的活塞，使内管快速回缩，此时外管上腔 A 中的气体则从推进进气道排出，其情况正与推进过程相反。

气腿对凿岩机的轴向推力直接影响凿岩效率，此推力可由调压阀来调节。调压阀与换向阀都装在柄体上。气体推力和快速回缩的气路如图 3-2-14 所示。

在调压阀杆的外圆上有两条并列的半环槽 C 与 D，二槽的深度都是由浅逐渐加深，但它们之间的深浅方向相反。进气槽 D 与柄体上的进气道 5 相对。排气槽 C 与柄体上的旁通出气道 9 相对，并与通大气的排气道相连。转动调压阀杆 11 时可改变进、排气槽的截面。顺时针转动时进气槽截面增大，排气槽截面减小；反之则相反。这样就改变了进入气腿推进气道的压缩空气量，从而调节了气腿的轴向推力。调压阀杆由其后面的小手柄拨转，它共有 10 个调节位置，由 0 位到 9 位是使气腿的轴向推力逐渐增大。所以在使用过程中，只要细心调节，就可获得最佳的轴向推力。

进入气腿推进气道的压缩空气是经过调压的，而进入回缩气道的则不经调压。这种对气腿的交换进气是由一个装在柄体内的换向阀来控制的。该阀由阀套、阀芯和弹簧等组成（如图 3-2-14 所示）。

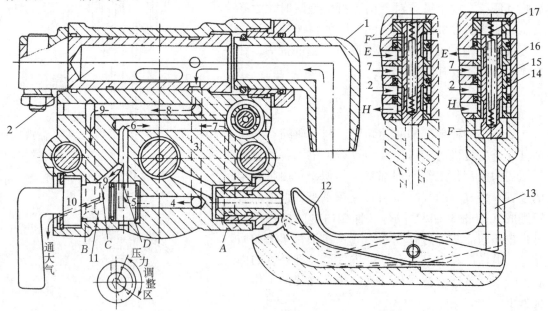

图 3-2-14　气腿推力调节与快速回缩气路图

1—进气管；2—操纵阀气道；3, 4, 5, 6, 7, 8, 9, 9′—柄体上的进气道；10—排气道；11—调压阀杆；12—板机；13—推杆；14—换向阀芯；15—换向阀套；16—柄体；17—弹簧；A, B—气孔；C—排气槽；D—进气槽；E—通向气腿的推进气道；H—通向气腿的回缩气道；E, F, F'—大气环室

换向阀套具有四道带径向孔的环槽，中间两道环槽分别对着柄体上的气道 7 和 2，两头的环槽则分别对着气腿的推进气道 E 和回缩气道 H，各环槽之间由密封圈隔开。阀套两端与柄体之间另有通大气的小环室 F，F′。

换向阀芯的外圆面上有前后（图中为上下）两道宽环槽，其宽度正好能沟通阀套两头相邻环槽中的径向孔。阀芯平时由其中心弹簧经常向后方（图中为下方）顶着，并通过推杆顶在扳机的尾端，如右图中的实线所示。，此时阀芯与阀套所组成的前环室正好沟通进气道 7 与气腿推进气道 E，后环室沟通气腿回缩气道 H 与大气环室 F，中部台肩则堵住操纵阀气道。于是经过调压后的压缩空气就从柄体上的进气道经由换向阀中的前环室而转入气腿的推进气道，直达气腿上腔，使气腿伸长，此时的气路是：进气管→操纵阀气道→柄体气道 3，4，5→调压阀上的进气槽 D（经过气量调节）→柄体气道 6，7→换向阀前环室→气腿推进气道 E→气腿上腔。

与此同时，气腿下腔中的废气则从回缩气道 H 进入换向阀的后环室，转从后大气环室 F 而排于大气中；充入气腿上腔有富余的压缩空气则在柄体气道 6 内转入旁通气道 9，再经调压阀上的排气槽 C 和排气道排于大气中。

如果要使气腿回缩，只要扳动扳机，使其成为右图中的虚线位置，扳机尾端通过推杆将换向阀芯向前推（图中为向上），如图中的虚线位置。此时换向阀的后环室沟通操纵阀气道与气腿回缩气道 H，其前环室则沟通气腿推进气道 E 与前大气环室 F′，阀芯的中部台肩堵住进气道 7，于是未经调压的压缩空气就自操纵阀气道转入回缩气道 H，使气腿快速回缩。与此同时，气腿上腔的废气则经换向阀的前环室，从前大气环室 F′ 排于大气中。

第三节　内燃凿岩机

内燃凿岩机是一种由二行程汽油发动机、空压机和凿岩机三种机械组成一体的手持式凿岩工具。工作时，由本身产生的压缩空气吹岩粉，适用于无电源和无压缩空气的临时性勘探和施工场所。按工作需要内燃式凿岩机除能进行凿岩作业外，一般都配备有 10 余种工具（如砂轮、镐、锹、铲等），可改成破碎、铲凿、挖掘、劈裂、捣实等各种器具。

一、气　缸

内燃凿岩机的气缸（如图 3-2-15 所示）是供两种活塞运动的场所。气缸体的内孔分成直径不同的上下两部分，上面小直径的内孔中同时装着两种活塞，缸外面制有冷却翅片，中部缸壁上装有火花塞，并有进、排气口，在排气口上装有排气管，在进气孔口那边的缸壁上还有进气斜道直通到缸体下部的进气阀处，进气斜道内装有清洁针。

气缸的大内孔部分由冲击活塞的大头分隔成上下两腔，成为两个压缩室。上压缩室可以制备压缩空气，用来吹除炮眼内的石屑，在它上面装有进风阀与排风阀。当冲击活塞下行进行冲击时，空气经吸风管从进风阀被吸入下压缩室；当发动机活塞回行到打开缸体上的排气口时，气缸中部工作空间内的压力降低到低于下压缩室内的气压，于是冲击活塞也被下压缩室内的压力推着回行，压缩着上压缩室内的空气。此时上压缩室内的压缩空气从排风阀经通风管进入机头内，最后进入炮眼内吹除石屑。

下压缩室的主要作用是在可燃混合气受压缩期间，以其中气体受压缩时的阻力阻挡冲击

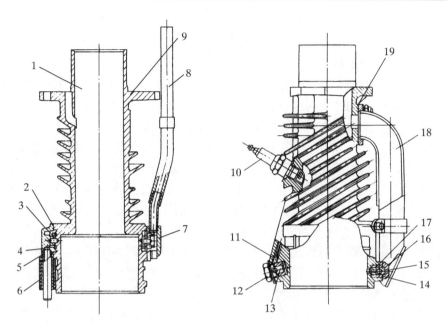

图 3-2-15　气缸结构简图

1—缸体；2—排风阀座；3—弹簧；4—阀片；5—通风管；6—橡皮管；7—进风阀；
8—吸风管；9—缸垫；10—火花塞；11—清洁针；12—进气阀座；13—圆柱销；
14，15—排气阀体及弹簧；16—阀球；17—阀盖螺栓；18—排气管；19—垫

活塞向前移动，以便让发动机活塞完成其压缩过程。但是当可燃混合气膨胀作功时，又允许冲击活塞传递可燃混合气膨胀作功的动力，使之执行冲击钢钎的工作。为此，在其上面装有球阀式的进、排气阀。进气阀的阀球是装在带有斜孔的进气阀座 12 内，由一个圆柱销限制其位移（移距为 0.5～0.7mm）。排气阀球被打开的压力可调整为 0.5～0.7MPa，也就是说，可燃混合气可被压缩到这个范围。

二、曲柄-连杆机构

曲柄-连杆机构由发动机活塞组件、连杆和曲轴等组成。其构造与前述二行程汽油发动机相似。发动机活塞上有三道活塞环，它们以各自的防转销来防止其在工作中环口可能转到一起（即成一线）。活塞用活塞销装在连杆的小头上，活塞销的两端用卡簧将其卡在活塞销座内，以防轴向移动。连杆的大头通过滚柱轴承装在曲轴的连杆轴颈上。曲轴的对面（即连杆轴颈的对称方向）有两块平衡的对称铁。曲轴两端的轴颈通过滚针轴承分别支承在曲轴箱端壁的轴承座内和磁电机底盘的中心。曲轴的两端头制有螺纹，以便拧装启动机构和飞轮。

三、柄体组件

柄体组件（如图 3-2-16 所示）包括柄体、节流阀、油阀和风门等，后三者通常是内燃机汽化器的组成部分。

柄体为装有一根钢管把手的壳体，借以支持整机，由人工扶持工作，同时它也是安装汽化器组件（油阀、节流阀和风门）的壳体。

油阀由油阀座、针阀、针阀弹簧和油门开关帽等组成。油阀座拧在柄体内并装有防漏的

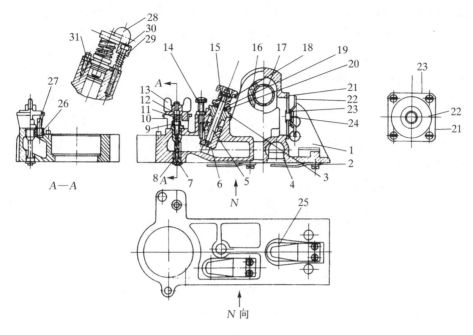

图 3-2-16　柄体组件结构简图

1—柄体；2—止回阀挡板；3—节流阀座；4—阀座套；5—节流阀顶杆；6—节流阀筒；7—橡皮圈；8—油阀座；9—衬套；10—油门保护罩；11—针阀弹簧；12—针阀；13—油门开关帽；14—止钉；15—按钮；16—把手套；17—把手；18，29—弹簧；19—弹簧座；20—密封圈；21—风门座板；22—风门挡屑盘；23—风门；24—风门销轴；25—止回阀片；26—实套；27—定位销；28—节流阀转钮；30，31—长、短螺钉

橡皮圈，其下端凸出柄体的下平面而深入油箱的出油道内，它具有中心油孔和径向小孔，由拧在油阀座内的针阀来控制该中心油孔的出油量。此针阀的上部有带"O"形圈的衬套，衬套上面有针阀弹簧，弹簧上面有通过油门开关帽用螺母固定在针阀的顶端。这样，在拧转油门开关帽时就可使针阀在阀座内拧进或退出一些，从而改变油阀的喷油量。

节流阀是由节流阀筒、节流阀顶杆、节流阀座、节流阀弹簧、弹簧座、按钮和转钮等组成。带有"O"形圈的节流阀筒斜装在柄体内，可在柄体内上下移动，以改变柄体内孔中的气流量。在安装此阀筒的柄体斜孔口上用长、短两个内六角头螺钉固装着节流阀座。节流阀顶杆贯穿在阀座与阀筒的内孔中，其下端固定在阀筒底，上端穿出阀座外，并用螺母固装着一个按钮。在按钮下面装有弹簧18，经常将按钮连同顶杆与阀筒一起向上弹升着，从而使之趋向于常开的状态，其打开的程度（节流阀开度）则由旁边的止钉（即调节螺钉）根据需要来调节。在安装阀座的长螺钉（图中的左上角图）的头部还装有一个节流阀转钮，作为关小节流阀开度之需。如果将此转钮转到压在按钮的上面，可将按钮压下4mm，从而关小节流阀开度，使凿岩机空载运转和换钎时使用。如果将转钮转到离开按钮，按钮就被其下面的弹簧弹升起来，带着顶杆与阀筒也上升，使节流阀处于常开状态（在止钉所调整好的限制范围内），此时可燃混合气大量进入曲轴箱内，供凿岩机启动和正常工作时使用。

在阀体后面的进风口上装有风门组件（在新产品中此组件已改装在空气滤清器盖上面），它由风门座板、风门、风门挡屑盘、风门销轴、风门弹簧与卡子等组成。带有三个圆孔（三角均布）的四方形风门座板用螺钉固装在柄体的进风口上。也带有三个圆孔的圆板式风门和一个锥盘式的挡屑盘是用销轴装在风门座板上。该销轴穿过座板的中心孔，后面用风门弹簧与卡子固定。在风门与挡屑盘之间另有平垫圈。这样，只要用手拨着风门的拨耳，使风门转动，让其上面三个圆孔与风门座板上的三个圆孔对正、叉开一部分或完全叉开，就可使风门处于全开、部分开或完全关闭状态。挡屑盘是用来防止凿岩过程中所产生的石屑飞入进风口中。

在柄体的下平面（图中 N 向视图）有三个孔口，其中的两个孔口上分别装有第一和第二止回阀的阀片与止回阀挡板。止回阀片用薄钢板制成，其一端用螺钉固定在柄体的下平面上，盖住柄体下平面上的出气口，不许曲轴箱内的气体倒流到柄体内，但是，当曲轴箱内的气体被抽吸时（即发动机活塞进行压缩阶段，如图 3-2-3 中之 11 所示），阀片在压力差的作用下，打开柄体下平面上的出气口，允许经过空气滤清器过滤后的空气流经第一止回阀片所打开的孔口进入汽化器，而可燃混合气则经第二止回阀所打开的孔口进入曲轴箱。止回阀片的开度由其下面弯曲的挡板（它与阀片用同一螺钉安装在一起）限制在 3mm 范围内。

四、启动机构

内燃凿岩机的二行程发动机是用绳子通过启动机构去拉转曲轴而启动的。启动机构（如图 3-2-17 所示）由离合器、启动绳轮、启动器弹簧、启动器盖和启动绳等组成。

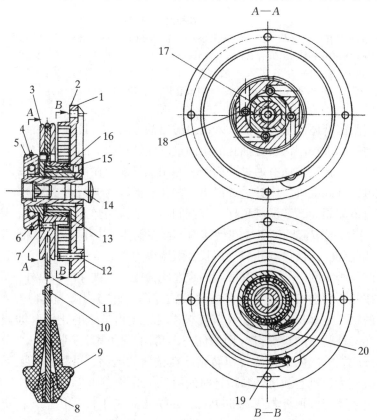

图 3-2-17　启动机构结构简图

1—启动器盖；2—纸垫；3—启动绳轮；4—卡簧；5—离合器体；6—离合器盘；7，15—埋头铆钉；
8—绳钮；9—橡皮靶子；10—保护簧；11—启动绳；12，20—圆柱销；13—钢套；14—橡皮塞；
16—滚针轴承；17—内六角螺钉；18—钢球；19—启动器弹簧

整个启动器是通过启动器盖装在油箱壳的内侧壁上的。启动绳穿出油箱外，并以其绳端的橡皮把手搁置在箱外的启动绳轮。离合器盖上用四个埋头铆钉 15 装着钢套，在该钢套上则通过滚针轴承装有启动绳轮。在离合器盖与启动绳轮之间装有启动器弹簧，此弹簧为一个盘簧，其内端套在绳轮的一个圆柱销 20 上（此销插在绳轮毂内），外端则套在离合器盖的圆柱销上。这样，在拉动绳轮时必须克服弹簧的弹力，使弹簧盘卷紧；松去绳轮上的拉力后，弹簧盘回松，使绳轮仍回到原来的位置。

启动离合器是一种依靠钢球执行离合作用的超越离合器，它由带方头的离合器盘、离合器体与四只钢球所组成。离合器盘以四只埋头铆钉 7 固定在绳轮的内侧面，可随轮旋转。离合器体则拧在曲轴的轴端，并用内六角螺钉紧固。在离合器体内有四条径向槽（图中的 A-A 截面），每一槽内放置着钢球，槽口由卡簧封闭着。当离合器盘随着绳轮向一个方向转动时，其四方头将四只钢球都带向各自的槽底（较窄处），于是离合器接合，离合器体连同一起旋转。如果发动机启动后其转速加速到快于绳轮的转速时，钢球被带离槽底。在离合器体的轴套口上套有橡皮塞。

五、磁电机与飞轮组件

磁电机是由装在一个底盘上的感应线圈、断电器、电容器和装在飞轮上的永久磁铁（转动的极掌）所组成。磁电机底盘是用双头螺栓固定在曲轴箱内。

六、冲击活塞组件和钎杆回转机构

冲击活塞（如图 3-2-18 所示）是带活塞杆的阶梯式凹顶活塞。其小直径部分有两道上活塞环，它装在气缸的小直径孔内，承受可燃混合气燃烧膨胀时的高压与高温。大直径部分有一道下活塞环，它装在气缸的大直径孔内，作为压缩机的活塞。活塞杆上有直槽与螺旋槽各三条，作为钎杆回转机构的组成部分之一。

钎杆回转机构的另一些组成部分为活塞导承、棘轮和转钎套（其他装在机头筒内）等。

活塞导承是用来引导冲击活塞作往复直线运动的筒体元件，固装在气缸的大直径孔内和机头筒中，冲击活塞杆插在中心孔内。筒体上部的外径与冲击活塞的大直径相同，在其外圆面上装有"O"形圈，它装在气缸的大直径孔内作为气缸下压缩室的封盖。在筒体下内孔中还装有一个棘轮、六根滚针与六片隔离片。筒底以导承盖和卡环封盖着。棘轮的内圆面上具有与冲击活塞杆上两种槽相吻合的凸筋，其外圆面上有六个圆弧槽，构成六个棘齿，六根滚针正好嵌在该圆弧槽中，起着棘爪作用。

装在机头筒内的转钎套套在冲击活塞杆的下端，其上部内圆面上也有与冲击活塞杆上两种凸筋相吻合的槽，其下部内孔则为插钢钎的六方孔。

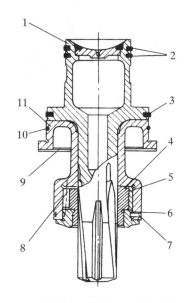

图 3-2-18　冲击活塞组件和钎杆回转机构简图
1—冲击活塞；2—上活塞环；3—下活塞环；4—棘轮；5—隔离片；6—导承盖；7—卡环；8—滚针；9—纸垫；10—"O"形圈；11—活塞导承

回转机构的工作情况如下。

当冲击活塞向下冲击时，六根滚针顶在棘齿上，使棘轮不能转动，于是就迫使冲击活塞顺着棘轮内圆面上的螺旋槽旋转一个角度，从而也就带动转钎套连同钢钎一起旋转一个角度。

当冲击活塞回程时，六根滚针可滑离棘轮上的六个圆弧槽，容许棘轮顺着冲击活塞杆上的螺旋凸筋旋转一个角度，这时冲击活塞作直线运动。

由上可知，这种凿岩机是在冲击过程进行转钎的，回程时冲击活塞直线运动，其情况正好与前述大多数风动凿岩机上的相反。

七、机头组件

机头组件（如图 3-2-19 所示）包括机头筒、转钎套和钎卡等零件。为便于将它改装成破碎器，还附有冲击套。

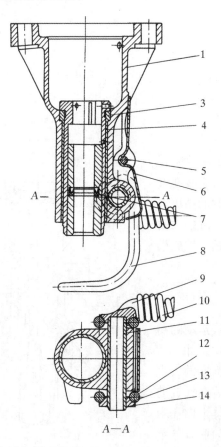
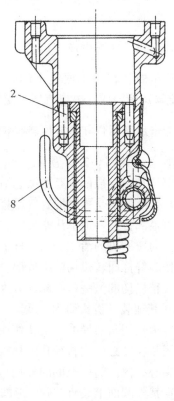

图 3-2-19　机头组件结构简图

1—机头筒；2—销钉；3—冲击套；4—转钎套；5—钎卡板簧挡销；6—钎卡板簧；7—六方密封圈；
8—钎卡；9—弯脚；10—弯脚弹簧；11—钎卡销轴；12—"O"形圈；13—钢碗；14—挡环

机头筒用两根长螺柱装连在气缸体的下面，该螺柱的另一端拧在曲轴箱下端面的螺套内。在机头筒内装着转钎套，转钎套的六方内孔上端装有六方密封圈，以便吹洗炮眼的压缩空气尽可能全部经钎杆的中心孔进到炮眼底。钎卡是通过销轴装在机头筒的下端的，这里的采用了钎卡弹簧。

　　如果要改装成破碎器时，应先拆下转钎套，然后将冲击套对准销钉装入，再把机头筒转过180°装上即成。冲击套的内孔是个圆孔，所以任凭冲击活塞的旋转也不会带动冲击套旋转。这样，各种冲击工具就始终以直线运动去完成各种冲击破碎作业。

课后思考题

1. 试述风动凿岩机的组成特点及工作原理。
2. 内凿岩机组成特点如何？
3. 一般凿岩机结构有何异同？
4. 凿岩机钎杆回转装置抖动，为什么？
5. 凿岩机是怎样完成回程的？其结构特点如何？
6. 凿岩机上为何装有冲洗吹风系统？

第三章　破碎机械与筛分机械

第一节　概　述

一、破碎机械与筛分机械的用途、类型

在建筑与筑路工程施工中，对施工材料的要求因施工对象、施工质量的要求不同而异，破碎与筛分机械就是为满足不同施工对象的要求提供不同规格（粒径）的石料的配套机械。

为了衡量破碎机对石料的加工程度，引入一个破碎比（i）的概念。破碎比（也有称为破碎率的）就是破碎前的块石尺寸（D）对最后加工成成品的碎石尺寸（d）之比（即 $i = D/d$）。碎石机的型式及规格的选择，以及碎石机的工作规范都决定于破碎率。破碎机就是将开采所得的天然石料按一定尺寸进行破碎加工的机械，又称为碎石机（轧石机）。

石料的破碎方法有物理破碎法和机械破碎法两类。物理破碎法包括：水电效应破碎、超声波破碎、低声波破碎、振动破碎、高压破碎、高温破碎，等等。机械破碎法有：挤压破碎（轧碎）、劈裂破碎（冲碎）、弯曲破碎（折碎）、冲击破碎（击碎）和碾碎等几种方法（如图 3-3-1 与图 3-3-2 所示）。目前国内所采用的基本上都是机械破碎方法。

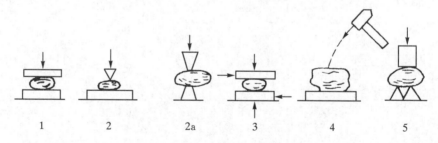

图 3-3-1　石块的机械破碎方法示意图
1—压碎；2，2a—冲碎；3—碾碎；4—击碎；5—折碎

原则上，对于坚硬岩石宜用劈裂破碎和弯曲破碎；对于韧性、黏性岩石宜用碾碎和挤压破碎；对于脆性和软性岩石则宜采用冲击和劈裂破碎。实际上一台破碎机的工作过程，往往同时存在着两种或两种以上的复合破碎作用。

破碎机械按结构特征可分为：颚式破碎机（$i = 4 \sim 6$）、锥式破碎机（$i = 10 \sim 20$）、锤式破碎机（单转子锤式 $i = 10 \sim 12$，双转子锤式 $i = 15 \sim 20$）、反击式破碎机和辊式破碎机。

根据加工前后石块尺寸的大小不一又可分为：粗碎机（$D = 1200 \sim 1500\text{mm}$，$d = 200 \sim 100\text{mm}$）、中碎机（$D = 500 \sim 100\text{mm}$，$d = 100 \sim 30\text{mm}$）、细碎机（$D = 100 \sim 20\text{rmn}$，$d = 20 \sim 3\text{mm}$）和磨碎机（$D = 15 \sim 3\text{mm}$，$d = 0.07\text{mm}$）几种。

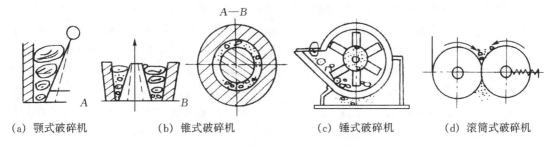

（a）颚式破碎机　　　（b）锥式破碎机　　　（c）锤式破碎机　　　（d）滚筒式破碎机

图 3-3-2　各类碎石机的工作原理图

筛分机械是将已经破碎的石料或直接取自采料场的砂砾石，按颗粒大小分成不同级别以供选用。

砂石料的筛分有干式和湿式两种。当原始石料中含有黏土、淤泥、有机物等杂质时，多采用湿式筛分，用高压水冲洗和筛分同时进行。

按其作用特性分为固定筛和活动筛两种。

固定筛在使用时安装成一定的倾角（30°～40°），使材料在其本身重力的垂直分力作用下，克服筛子的摩擦阻力，在筛面上移动分级。固定筛主要用于预先的粗筛，使原材料在进入碎石机或下级筛分机前筛出超粒径的大料。

活动筛按其传动方式又分为圆筒旋转筛（简称圆筒筛）和振动筛等。

（1）圆筒筛有单滚筒和双滚筒两种，靠滚轮与轴承支承于固定支架上，一般进料端高于出料端（5°～7°），筒长 600～2100mm，滚筒直径 1800～90001mm，生产率在 45m³/h 以下。

（2）振动筛又可按工作部分运动特性分为偏心半振动筛、自定中心振动筛、重型振动筛、惯性振动筛和共振筛等。

偏心半振动筛分机是借偏心轴的转动使筛框作回转运动而工作。这种振动筛的筛框振幅是一定的，等于偏心距的两倍，不受偏心转速和筛上材料重量大小的影响。

二、破碎机械与筛分机械的总体构造及工作原理

1. 破碎机械的总体组成

破碎机械的总体组成由动力装置、工作装置、调整机构等组成。动力装置一般采用电动机或柴油机作为动力源。因为通常所用的大都为颚式破碎机，故此处只介绍颚式破碎机。颚式破碎机的工作装置就是两块颚板，一块为固定的定颚板，一块为运动的动颚板，被加工的石块置于两颚板之间，当动颚板相对于定颚板不断地往复摆动时，就对石块进行破碎加工。在动颚板每向定颚板摆动一次时，石块就受到一次冲、压、碾和折几种形式的综合破碎。当动颚板摆离定颚板时，被破碎的碎石就借自重向下溜动。当这些石料在下溜过程中遇到动颚板再次摆近定颚板时，他们又被再破碎一次。就这样，动颚板不断地往复摆动着，石料在不断下溜过程中被多次破碎，等到其被破碎后的尺寸小于两颚板下隙口尺寸时其他们就从下隙口（卸料口）漏出，这就是破碎后的成品。

2. 筛分机械

（1）圆筒筛。

　　圆筒筛的构造十分简单，使用单位也可根据要求自行制造，它是由 3～6mm 的薄钢板卷制成一个圆筒后焊接而成的（如图 3-3-3 所示）。在筒的圆周壁上分段开有大小不同的筛孔（每段的孔径相同），一般可分成 2～3 段，按机械的倾斜情况，最上一段的筛孔最小，最下一段的最大。碎石自上口加入，沿着不断旋转的筒壁逐渐向下溜，小于该段筛孔孔径的碎石就从该段的孔中漏出，而较大的溜到下一段，又在该段的筛孔中漏出尺寸小于该段孔径的石料，如此类推，直到最后一段，最后筛不下去的较大碎石就从筒口卸出。具有两段的圆筒筛可筛出三种规格的石料，具有三段的可筛出四种规格的石料，为了能筛出石屑与石粉，可在最前一段的外圆周再加装一圈细筛网。

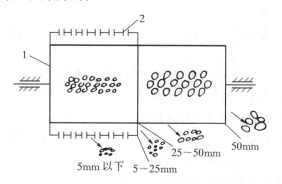

图 3-3-3　圆筒筛的工作原理图

1—筛筒；2—筛网

　　圆筒筛的构造如图 3-3-4 所示，它由机架、进料口、内层筛筒、外层筛筒、电动机、减速器等组成。圆筒筛网是由钢板冲孔而成，寿命较长。内层筛筒较小较长，按其筛孔大小分为两段，这个筛筒两端的轴承，支承在机架 1 两端的轴承座上；外层筛筒只有一种较小的筛孔，因筛筒上共有三种尺寸的筛孔，石料可筛分成为四级。筛筒倾斜 3°～7°安装，以使材料筛分时逐渐向卸料端移动。机架的一端（内层筒角出料端）安装有电动机、减速箱和传动机构，用以旋转圆筒筛进行筛分工作。

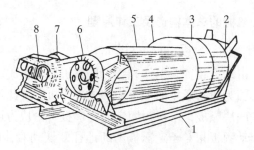

图 3-3-4　圆筒筛构造示意图

1—机架；2—进料口；3—内层筛筒；4—外层筛筒；

5—角钢；6—传动机构；7—电动机；8—减速器

　　圆筒筛的缺点是：筛分的材料集中于圆筒底部，大部分筛面在运转中不能同时利用（用于筛分的表面约占整个圆筒筛表面的六分之一），因而生产效率较低，耗电量较大。但由于其工作平稳，使用年限长，又能进行石料的清洗工作，可以代替洗石机用，所以石料加工厂、混凝土预制构件厂还多采用这种筛分设备。

（2）平面筛。

平面筛就是在一个框架上装设 2～3 层筛网，最上层的筛孔最大，最下层的最小（正好与圆筒筛的情况相反）。筛框悬挂在一转轴上，由电机驱动。根据筛的运动情况分有偏心摆动式（如图 3-3-5 所示）和惯性摆动式（如图 3-3-6 所示）两种。

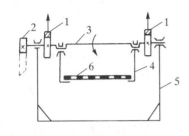

图 3-3-5　偏心振动筛的工作原理图　　　　　　图 3-3-6　惯性振动筛的工作原理图

1—带配重的平衡轮；2—皮带轮；3—偏心轴；4—筛框；5—机架　　1—带偏心块的轮子；2—皮带轮；3—弹簧；4—筛网

偏心振动筛的筛框倾斜地直接悬挂在偏心轴的偏心轮上。偏心轴支承在机架上，由电机通过皮带传动装置来驱动。因此，筛框由偏心轴带动强制摆动，使各筛网筛出不同规格的石料。为了平衡偏心轮旋转时的离心力，在轴的两头各装了一个带配重的平衡轮，其配重位置正好与偏心轮的偏心位置相反。

惯性振动筛是利用装在转轴上的偏心块（或带偏心重物的轮子）在旋转时的离心力，促使筛子产生振动而进行筛分工作的。为此，筛框必须通过弹簧悬挂在机架上。弹簧有采用螺旋弹簧的，也有采用钢板弹簧的。其工作原理如图 3-3-6 所示。

第二节　颚式破碎机

颚式破碎机可分为单摆颚式破碎机、复摆颚式破碎机和混合摆动颚式破碎机几种。颚式破碎机具有结构简单，外部尺寸小，破碎比比较大，轧碎力较大，保养和维修简单，工作性能可靠等优点，但是动颚板周期摆动，机体受振较大，需要较大的飞轮和坚固的基础。

一、构造原理

颚式破碎机构造原理分别如图 3-3-7 至图 3-3-9 所示。

单摆颚式破碎机（如图 3-3-7 所示）的动颚板是悬挂在一根固定横轴上的，下端依靠其背后的连杆-肘板机构使之对着固定颚板作单一的往复摆动。连杆-肘板机构是由偏心轴、连杆和前后肘板组成。连杆实际上是一块悬挂在偏心轴上的矩形板，其下端的前后两面各肘撑着一块肘板（也称撑板）。前肘板的前端肘撑在动颚板的后面，后肘板的后端肘则撑在调整机构上。动颚板的后下端由带弹簧的拉杆拉着。这样，偏心轴转动时就驱使连杆上下运动，从而又通过肘板使动颚板往复摆动。

复摆颚式破碎机（如图 3-3-8 所示）的动颚板是直接悬挂在偏心轴上的，它没有单独的连杆，肘板也只有一块，由于动颚板是由偏心轴的偏心直接带动的，所以动颚板的摆动轨迹是由顶部的圆形到下部的椭圆形连续地变化着，越到下部此椭圆的形状越扁。

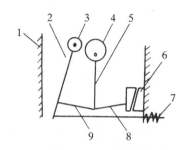

图 3-3-7 单摆颚式破碎机构造原理简图
1—固定颚板；2—动颚板；3—横轴；4—偏心轴；
5—连杆；6—调整机构；7—拉杆；8—后肘板；9—前肘板

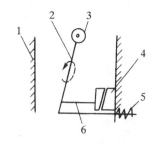

图 3-3-8 复摆颚式破碎机构造原理简图
1—固定颚板；2—动颚板；3—偏心轴；
4—调整机构；5—拉杆；6—肘板

混合摆动颚式破碎机是综合了单摆颚式破碎机和复摆颚式破碎机的优点设计出来的，在单摆颚式破碎机的基础上加以改进，将其主轴与动颚悬挂轴合二为一，因而使动颚板兼有平面复杂摆动和简单摆动两种形式，偏心轴是由轴和偏心套所构成，在动颚板处的偏心距为 10mm，在摇杆处的偏心距为 15mm，二者相差 105°，当偏心轴转动时，因动颚板的偏心比摇杆偏心超前 105°，所以动颚板首先作复杂运动而渐渐挤压块石。同时因摇杆受偏心轴偏心的作用而作上下平面复杂运动，这样通过后摇板的简单摆动和前摇板的平面复杂运动使动颚板作简单摆动。动颚板由于其偏心作平面复杂运动，向固定颚板靠近，达到极限位置。偏心轴再转 105°，又因摇杆的偏心使动颚板作简单摆动，进到靠近固定颚板的极限位置，此时排卸料口最小，块石受到最大的压力而破碎。动颚板作混合摆动，使破碎腔的体积逐渐变小，以完成破碎块石的工作。偏心轴再转动时，则是排石的过程。由于破碎机的转速较高以及动颚板运动的特性，对石料有冲击的压碎作用以及磨剥的作用。另外，因固定颚板、动颚板上面的齿板都有齿，同时动颚板与定颚板的齿是犬牙相错的，因而更有助于破碎。拉杆和弹簧的作用是使动颚板能及时地由靠近固定颚板的极限位置回来，同时使前摇板、后摇板更好地与摇杆、动颚板、摇杆和机架靠在一起。这种破碎机的排石是靠自重，但另外因偏心轴作逆时针转动和动颚板的混合运动而有助于排石。

二、混合摆动颚式破碎机的构造

混合摆动颚式破碎机的结构如图 3-3-9 所示。

它的各部件是安装在一个由铸钢铸出来的框形机座上。底座上有 4 个地脚螺钉孔，通过地脚螺钉把机器固定起来。偏心轴可以在上下轴瓦上滑动，上下轴瓦通过轴承盖用圆销和双头螺钉固定在机架上以支承偏心轴。在偏心轴的两端轴颈有键槽。利用平键、双孔轴端挡圈以及螺钉固定飞轮，飞轮用来克服各运动部件的惯性以调整机器的能量消耗，同时又是皮带轮，皮带轮通过皮带接受动力以转动偏心轴而使机器工作。偏心轴的中部轴颈有一偏心距为 10mm 的偏心轴颈，其上套有上下轴瓦，上下轴瓦又通过销子和双头螺钉把动颚板和轴承盖固定在一起，使动颚板和偏心轴之间有相对运动。用抵紧斜铁及螺钉把齿板固定在动颚板上。在偏心轴中部套有动颚板，其两侧的轴颈与偏心轴中部最大偏心处成 105°的方向上有键槽，用平键把偏心套固定在轴颈上，在偏心套的外圆同样有上下轴瓦套在偏心套的上面，而上下轴瓦的外圈与摇杆和摇杆盖利用圆销和双头螺钉固定在一起，以使偏心轴转动时可以

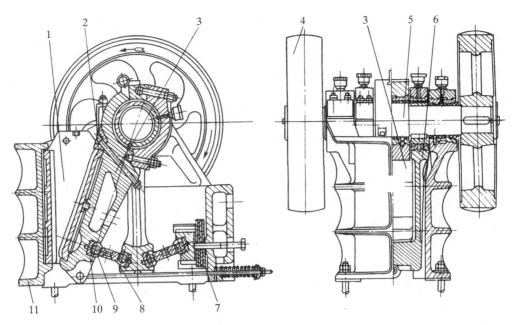

图 3-3-9　混合摆动颚式破碎机结构简图

1—固定侧板；2—抵紧楔铁；3—动颚板；4—飞轮；5—偏心轴；6—摇杆；
7—排料口调整装置；8—摇板；9—球头滑阀；10—滑阀座；11—定颚板

带动摇杆作平面复杂运动。

在动颚板和摇杆之间用摇板承、球状滑块以及摇板联系，同样摇杆与机座之间也是通过这种装置联系起来，不过不是直接与机座联系，而中间还有一个排料口调整装置。该装置由压板、两组垫片以及螺钉所组成，增减垫片，可以调整排料口的大小。当对排料口有新的要求和因齿板磨损需要调整排料口大小时，可以通过这个调整装置加以调整。在破碎腔的两侧固定有侧板（补板）一左一右，其构造为一梯形钢板，通过方头螺钉则可把两个补板向下压占，如此可以把补板、齿板、机座结合在一起，因而与动颚板形成破碎腔。为了使动颚板能及时由靠近固定颚板的极限位置远离，同时又为了保证动颚板摇杆调整装置能经常连在一起，该机器设有拉紧装置，它由拉杆、弹簧、弹簧座、弹簧支架等构成。

第三节　筛分机械

一、筛分机的分类及筛分作业

从采石场开采出来的或经过破碎的石料，是以各种大小不同的颗粒混合在一起的。在筑路工程中，石料在使用前，需要分成粒度相近的几种级别。石料通过筛面的筛孔分级称为筛分。筛分所用的机械称为筛分机械。

筛分机按其作用特性可分为固定筛和活动筛两种。

固定筛在使用时安装成一定的倾角，使石料在其自身重力的垂直分力作用下，克服筛面的摩擦阻力，并在筛面上移动分级。固定筛主要用于预先的粗筛，在石料进入破碎机或下级筛分机前筛出超粒径的大石料。

活动筛按传动方式的不同又分为圆筒旋转筛和振动筛等。振动筛又可按工作部分运动特性分为偏心半振动筛、惯性振动筛、共振筛等。

利用筛子将不同粒径的混合物按粒度大小进行分级的作业称为筛分作业。根据筛分作业在碎石生产中的作用不同，筛分作业可有以下两种工作类型。

1. 辅助筛分

这种筛分在整个生产中起到辅助破碎作业的作用。通常有两种形式：第一种是预先筛分形式，在石料进入破碎机之前，把细小的颗粒分离出来，使其不经过这一段的破碎，而直接进入下一道加工工序。这样做既可以提高破碎机的生产率，又可以减少碎石料的过粉碎现象。第二种是检查筛分形式，这种形式通常设在破碎作业之后，对破碎产品进行筛分检查，把合格的产品及时分离出来，把不合格的产品再进行破碎加工或将其废弃。检查筛分有时也用于粗碎之前，阻止太大的石块进入破碎机，以保证破碎生产的顺利进行。

2. 选择筛分

碎石生产中这种筛分主要用于对产品按粒度进行分级。选择筛分一般设置在破碎作业之后，也可用于除去杂质的作业，如石料的脱泥、脱水等。

选择筛分作业的顺序有以下两种。

① 由粗到细筛分（如图3-3-10(a)所示）：这种筛分顺序可将筛面按粗细重叠，筛子结构紧凑，同时，筛孔尺寸大的筛面布置在上面，不易磨损；其缺点是最细的颗粒必须穿过所有的筛面，增加了在粗级产品中夹杂细颗粒的机会。

② 由细到粗筛分（如图3-3-10(b)所示）：这种筛分顺序将筛面并列排布，便于出料，并能减少细颗粒夹杂，但是，采用这种筛分顺序时，机械的结构尺寸较大，并且由于所有物料都先通过细孔筛面，加快了细孔筛面的破损。

现代筛分工艺中，大都采用由粗到细的筛分顺序。在有些场合采用混合筛分顺序（如图3-3-10(c)所示），这种顺序一般需用两台筛分机。

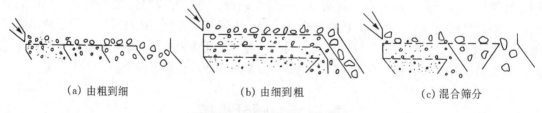

　　(a) 由粗到细　　　　　　(b) 由细到粗　　　　　　(c) 混合筛分

图3-3-10　筛分作业的顺序示意图

二、筛　面

1. 筛面的构造

筛面是筛分机械的基本组成部分，其上有许多形状和尺寸一定的筛孔。在一个筛面上筛分石料时，穿过筛孔的石料为筛下产品，留在筛面上的石料称为筛上产品。

按筛面的结构形式，筛面可分为棒条筛面、板状筛面、编织筛面和波浪筛面等。

（1）棒条筛面。

棒条筛面是由平行排列的异形断面的钢棒组成（如图3-3-11所示）。

各种棒条的断面形状如图3-3-11所示，这种筛面多用在固定筛或重型振动筛上，适用于对粒度大于 50mm 的粗粒级石料的筛分。

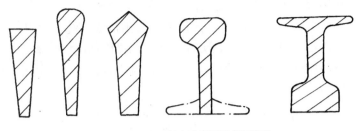

图 3-3-11   各种棒条的断面形状示意图

（2）板状筛面。

板状筛面通常由厚度为 5 ~ 8mm 的钢板组成，钢板的厚度一般不超过 12mm。筛孔的形状有圆形、方形和长方形，如图 3-3-12 所示。

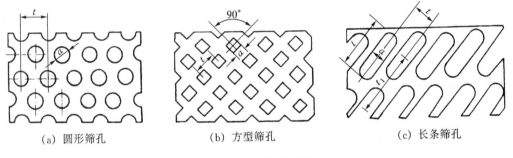

（a）圆形筛孔   （b）方型筛孔   （c）长条筛孔

图 3-3-12   板状筛面示意图

孔径或边长应不小于 0.75mm，孔与孔之间的间隙应大于或等于孔径或边长的 0.9 倍。板筛的优点是磨损较均匀，使用期限较长，筛孔不易堵塞。其缺点是有效面积小。

（3）编织筛面。

编织筛面用直径 3 ~ 16mm 的钢筋编成或焊成。筛孔的形状呈方形、矩形或长方形。

方形筛孔的编织筛面如图 3-3-13 所示。

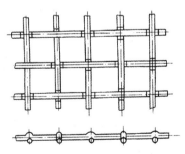

图 3-3-13   方形筛孔编织筛面图

编织筛面的优点是开孔率高、质量轻、制造方便；缺点是使用寿命较短。为了提高编织筛面的使用寿命，钢丝的材料应采用弹簧钢或不锈钢。编织筛面适用于中细级石料的筛分。

（4）波浪形筛面。

波浪形筛面由压制成波浪形的筛条组成。

波浪形筛面的形状如图 3-3-14 所示。其相邻的筛条构成筛孔。波浪筛面的筛孔尺寸大小由波浪波幅的大小决定。为使石料下落方便，筛条的横断面制成倒梯形。在工作中，每一根筛条都能产生一定的振动，这一方面可减少物料堵塞现象，另一方面则可加剧筛面上物料的振动，提高物料的透筛率。

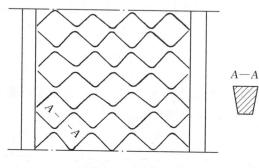

图 3-3-14　波浪形筛面图

2. 筛面的固定

板状筛面的紧固可在两侧用木楔压紧（如图 3-3-15 所示），木楔遇水后膨胀，可把筛面压得很紧。筛面的中间用方头螺钉压紧。

编织筛面的两侧用钩紧装置钩紧（如图 3-3-16 所示），筛面的中间部分用"U"形螺栓压紧。

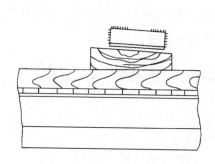

图 3-3-15　板状筛面的紧固方式图

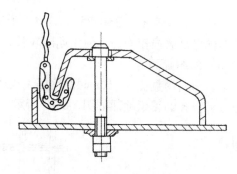

图 3-3-16　编织筛面的钩紧装置图

三、振动筛

振动筛是依靠机械或电磁的方法使筛面发生振动的振动式筛分机械。

按照振动筛的工作原理和结构的不同，振动筛可分为偏心振动筛、惯性振动筛和电磁振动筛三种。

1. 偏心振动筛

偏心振动筛又称为半振动筛，它是靠偏心轴的转动使筛箱产生振动的。

偏心振动筛的工作原理如图 3-3-17 所示。

偏心振动筛的电动机通过"V"形皮带驱动偏心轴转动，偏心轴的旋转使得筛箱中部作

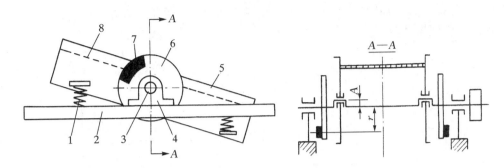

图 3-3-17　偏心振动筛的工作原理图

1—弹簧；2—筛架；3—主轴；4—轴承座；5—筛箱；6—平衡轮；7—配重；8—筛面

圆周运动。由于筛箱的两端弹性地支承在筛架上，整个筛箱相对于中部偏心轴颈可以作一定程度的摆动。筛箱的摆动会产生很大的惯性力，这个惯性力会通过偏心轴传递到筛架上，引起筛架乃至机架的强烈振动，这是十分有害的。因此，偏心振动筛在偏心轴的两端安装了两上平衡轮，利用平衡轮上设置的配重，抵消了偏心轴上的惯性力。

2. 惯性振动筛

惯性振动筛是靠固定在其中部的带偏心块的惯性振动器驱动而使筛箱产生振动。

按照筛子结构的不同，惯性振动筛可分为纯振动筛、自定中心振动筛和双轴振动筛。

（1）纯振动筛。

纯振动筛由给料槽、筛箱、筛架、振动器等组成（如图 3-3-18 所示）。

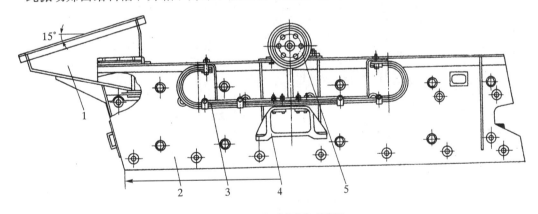

图 3-3-18　纯振动筛结构示意图

1—给料槽；2—筛箱；3—弹簧；4—筛架；5—振动器

筛箱中装有 1~2 层筛面，筛箱用板弹簧固定在筛架上。筛箱的上方装有单轴偏心振动器。电动机安装在筛架上，并通过"V"形皮带可将动力传递给振动器。

纯振动筛的工作原理如图 3-3-19 所示。

电动机带动偏心振动器高速旋转时，振动器上的偏心块产生了很大的惯性力，从而使筛箱振动。

（2）自定中心振动筛。

自定中心振动筛由电动机、筛箱、振动器等部件所组成（如图 3-3-20 所示）。单轴振动器固定在筛箱的上方，筛箱用弹簧、吊杆固定在机架上。电动机安装在机架上，其动力通过"V"形皮带传到振动器上。

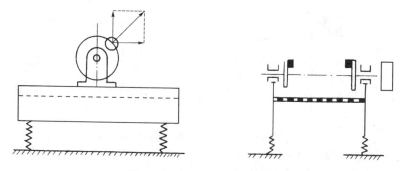

图 3-3-19　纯振动筛的工作原理图

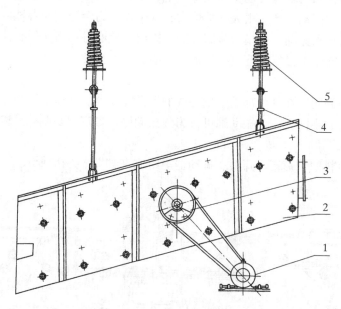

图 3-3-20　自定中心振动筛结构简图

1—电动机；2—筛箱；3—振动箱；4—吊杆；5—弹簧

自定中心振动筛的工作原理如图 3-3-21 所示。

自定中心振动筛的振动器的主轴是一个偏心轴，其轴承中心与皮带轮中心不在一条直线上，皮带轮上装平衡重。主轴旋转时，筛箱与皮带轮上偏心块都绕皮带轮中心作圆周运动，因此，只要满足下述条件，皮带轮中心将保持在一定的位置上。

$$mA = m_1 r$$

式中：m——筛箱和物料的总质量；

　　　A——筛箱的振幅、偏心轴的偏心距；

　　m_1——配重块的质量；

　　　r——配重块到皮带轮中心的距离。

因此，这种振动筛工作时，皮带轮的中心线就不随筛箱一起振动，而只作回转运动，皮

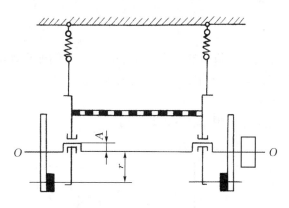

图 3-3-21　自定中心振动筛的工作原理图

带轮的中心在空间的位置几乎保持不变。由于自定中心振动筛能克服皮带轮的振动现象，因而可以增大筛子的振幅。

（3）双轴振动筛。

双轴振动筛由筛箱、双轴激振器、隔振弹簧、筛架及动力装置等组成（如图 3-3-22 所示）。

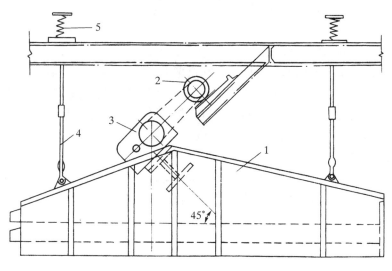

图 3-3-22　吊式双轴振动筛结构简图
1—筛箱；2—电动机；3—双轴激振器；4—吊杆；5—隔振弹簧

双轴振动筛是一种直线振动筛，筛箱的振动是由双轴激振器来实现的。双轴激振器有两根主轴，两轴上都装有偏心距和质量相同的偏心重块。两轴之间用一对速比为 1 的齿轮连接。因两轴的旋向相反，转速相等，所以两偏心重块所产生的离心惯性力在一个方向上互相抵消，而在垂直方向上离心惯性的合力使筛箱产生振动。由于振动方向与筛面有一定倾角，石料在被激振力抛起下落中相对筛面运动，并同时被筛面分级。

三、电磁振动筛

电磁振动筛是一种振动筛分机，它的振动源是电磁激振器或振动电机。电振筛按驱动筛子的部位不同可分为筛箱振动式和筛网直接振动式两种。

1. 筛箱振动式电磁振动筛

筛箱振动式电振筛的工作原理如图 3-3-23 所示。

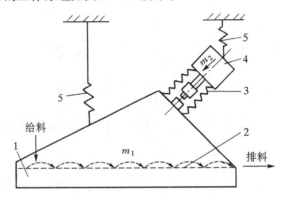

图 3-3-23　筛箱振动式电振筛原理图
1—筛箱；2—筛面；3—弹簧；4—电磁激振器；5—弹性吊杆

筛箱和筛内物料的总质量为 m_1，辅助重物和振动器的质量为 m_2，两个质量系统用弹簧连接为一个系统，整个系统用弹簧吊杆固定在机架上。当电磁振动器通电时，电磁激振器产生周期性的作用力而使整个系统振动，其振动力的作用方向是直线方向。这种筛子结构简单、激振器无需传动元件、体积小、易于布置、耗电省、筛分效率高。但其振幅较小，只能筛分较细粒级物料。

2. 筛网振动式电磁振动筛

筛网振动式电磁振动筛的激振器直接带动筛网振动，而筛箱不参与振动，这种筛子简称为振网筛。筛网振动式电振筛的激振器是振动电机。由于筛箱不振动，筛子的动负荷小，功率耗电低。其缺点是筛网的振幅不一致，中间部分振幅大，边缘部分振幅小，物料的筛分不均匀。

第四节　联合破碎筛分设备

一、概　述

在石料加工量较大的破碎工程中，为了提高生产率和节约劳动力，而将石料的供给、破碎、中间传送和筛分的各个环节联合起来，组装成为石料的联合破碎筛分设备，以利于实现石料破碎和筛分的机械化和自动化。

按照对石料破碎与筛分的工艺流程形式的不同，这种设备可分为单级破碎筛分和双级破碎筛分两种。

单级破碎筛分设备可分为开式流程和闭式流程两种。前一种的工艺流程是：给料器—破碎机—斗式升运机械或皮带输送机—筛分机—不同规格的碎石与石屑成品。后一种的工艺流程是：在前一种流程基础上，增加了将筛分后的不合规格的料由溜槽或输送机再送入原破碎机中进行第二次破碎的过程。单级破碎筛分设备由一台颚式破碎机，一台斗式升运机和筛子组成，可由使用单位自行装配。

两级破碎筛分设备是闭式循环的，其流程如下。

石料—给料器——一级破碎机—皮带输送机或斗式升运机—筛分机—大块碎石—二级破碎机—中、小碎石成品—出料输送机

这种破碎筛分设备可以提高破碎比，一次就可生产多种规格的碎石成品，目前国内外均有专门的厂家生产。

二、YPS-60M 型两级联合破碎筛分设备

如图 3-3-24 所示为 YPS-60M 型两级联合破碎筛分设备的工作流程图。

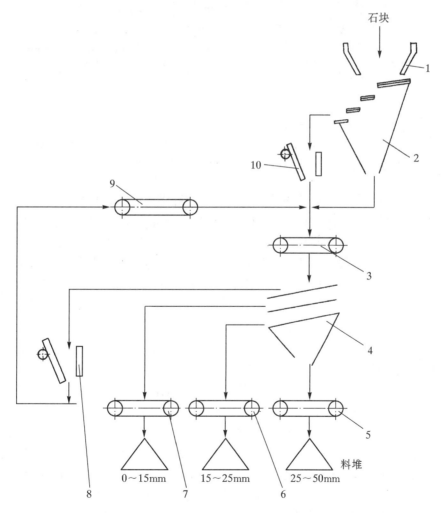

图 3-3-24　YPS-60M 型移动式两级联合破碎筛分设备工作流程图

1—给料斗；2—振动给料器；3、5、6、7、9—皮带输送机；4—惯性振动筛；
8—二级颚式破碎机；10——级颚式破碎机

YPS-60M 型联合破碎筛分设备有两台主机。一台主机为振动给料器、一级破碎机，它们装在一辆平板挂车上（如图 3-3-25 所示）；另一台主机为振动筛、二级破碎机，它们装在另一辆平板挂车上（如图 3-3-26 所示）。这两台主机与一台带宽为 650mm 的主皮带输送机，四台带宽为 400mm 的皮带输送机共同组成联合机组进行生产。

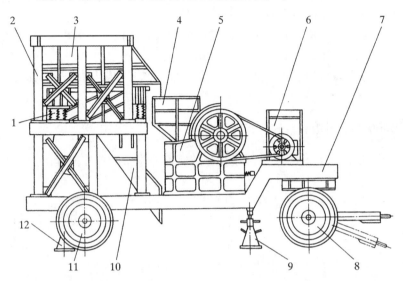

图 3-3-25　YPS-60M 型联合破碎筛分设备的振动给料器及一级破碎机组示意图
1—振动给料器；2—支架；3—给料斗；4—溜槽；5—颚式破碎机；6—电器控制柜；
7—车架；8—前轮；9，12—螺旋千斤顶；10—漏斗；11—后轮

该联合设备工作时，大的石块由装载机卸入的给料斗（如图 3-3-25 所示）中，并经给料斗流入振动给料器的给料槽内。在振动给料器上的振动电机激振力作用下，石块沿料槽斜面下滑，碎石块由格筛筛下并流入漏斗中，大的石块滑入溜槽后进入一级颚式破碎机进行粗碎。为防止大石块的下冲力砸坏设备部件，位于溜槽一侧的支架上悬挂有一排铁链以对石块起缓冲作用。破碎后的碎石块由破碎机的卸料口流出，与漏斗出口处的碎石一起流入带宽为 650mm 的主皮带输送机输入端并被送入第二辆平板挂车上的惯性振动筛 4（如图 3-3-26 所示）进行筛分。石料经振动筛筛分后，可分级成 0～15mm，15～25mm，25～50mm 的 3 种规格的石料，并由各自的皮带送至石料堆上。大于 50mm 的石料经溜槽滑入二级破碎机进行细碎后，由漏斗 12 流出，并由一台皮带输送机送回到主皮带输送机的输入端，以形成封闭的自动送循环。

振动给料器（如图 3-3-27 所示）由给料槽、振动电机及隔振装置等组成。给料槽由隔振弹簧支承在支架（如图 3-3-25 所示）上。当安装在给料槽后侧板上的两台振动电机同步反向旋转时，振动电机的偏心块同转子一起旋转并产生离心惯性力即激振力。激振力使振动给料器的给料槽沿与水平面呈 25° 的方向往复振动，使给料槽中的石块沿溜板滑下。给料槽的底梁上用螺栓连接着三块波浪形齿轮组成的振动格筛，振动格筛在给料器给料过程中将碎石块筛分出。调整振动电机偏心块的安装位置可以改变激振力的大小，从而改变给料器的生产率以适应整个联合设备的生产需要。隔振弹簧在给料器工作过程中可减轻同给料器安装在同一辆平板挂车上的其他部件的振动。筛箱由四组隔振弹簧每组两只呈八字形支承在支架（如图 3-3-26 所示）上，以减轻振动筛对安装在同一辆平板挂车上的其他部件的振动。筛面

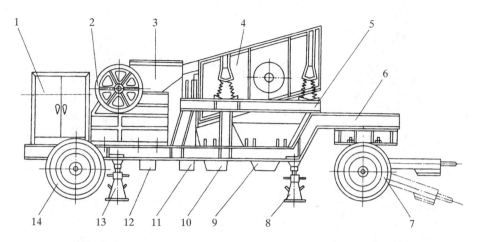

图 3-3-26　YPS-60M 型联合破碎筛分设备的振动筛及二级破碎机机组示意图
1—电器控制柜；2—鄂式破碎机；3—溜槽；4—惯性振动筛；5—支架；6—车架；7—前轮；
8，13—螺旋千斤顶；9，10，11，12—漏斗；14—后轮

采用三层，第一层及第二层为板状筛面，筛孔为圆孔，第一层筛面孔直径为 50mm，第二层筛面孔直径为 25mm。第三层为编织筛面，筛孔为边长 15mm 的正方形。

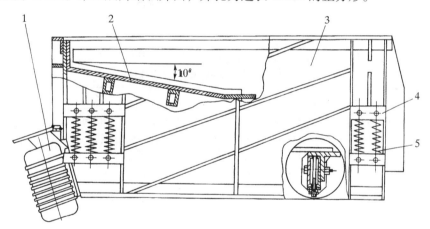

图 3-3-1-27　振动给料器结构示意图
1—振动电机；2—溜板；3—给料槽；4—支座；5—隔振弹簧

如图 3-3-26 所示的惯性振动筛采用自定中心惯性振动筛。振动筛的振动器为筒式振动器，其构造如图 3-3-28 所示。这种筒式振动器里有一对高速回转的齿轮，这必然使振动器的结构复杂，同时，由于采用稀油润滑，容易造成漏油，轴承也容易发热，因而维护工作量增大。这种振动器的两根主轴分别由一台电动机直接驱动，且同步反向旋转，双轴的严格反向同步旋转是依靠力学关系自动保持的。

该联合设备的两辆平板挂车上都装有前后 4 只螺旋千斤顶，作为工作时撑起车架使轮胎不受力的支承。

这种联合设备的各工作部分都由电动机来驱动，电动机的控制设备和仪表装在两个电器操纵柜中，操纵柜又由支架固定在两辆平板挂车上。

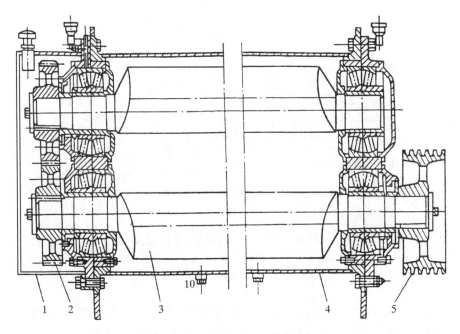

图 3-3-1-28　筒式振动器结构示意图

1—齿轮箱；2—传动齿轮；3—偏心轴；4—套筒；5—皮带轮

YPS-60M 型移动式联合破碎筛分设备的技术性能资料参阅表 3-3-1。

表 3-3-1　　　　　　　　　　YPS-60M 型移动式联合破碎筛分设备技术性能表

名　　称		规　格	名　　称	规　格
进料粒度/mm		350×570	振动筛及二级破碎机机组	
出料粒度/mm		0~15	颚式破碎机/mm	150~1000
		15~25	振动筛筛面面积	2.8
		25~50	筛孔尺寸/mm	Φ50
破碎石料的强度/MPa		12000		Φ25
最大生产率/（t/h）		60		15×15
电机总功率/kW		80	筛面倾角/（°）	15.5
牵引速度/（km/h）		15	筛箱振动频率/Hz	16
振动给料及一级破碎机机组			筛箱振幅/mm	7（双振幅）
颚式破碎机/mm		400×600	最大给料粒度/mm	150
振动给料器	给料槽容积/m³	1.3	筛分处理能力/（t/h）	120
	给料槽振幅/mm	2（双振幅）	轮胎（6只）	9.00~20
	振动电机	ZDS-32-4	最小离地间隙/mm	250
轮胎（6只）		9.00~20	皮带输送机	
最小离地间隙/mm		250	皮带宽度/mm	650（一条）

思考与习题

1. 试述风动凿岩机组成及工作过程。
2. 试述颚式破碎机的组成及工作过程，现代施工工地常用何种类型破碎机？为什么？
3. 常用筛分设备包括哪些？其工作原理如何？
4. 内燃凿岩机组成特点如何？
5. 所有凿岩机结构有何异同？
6. 凿岩机钎杆回转装置抖动，是什么原因？
7. 凿岩机是怎样完成回程的？其结构特点如何？
8. 凿岩机上为何装有冲洗吹风系统？

参考文献

［1］　倪寿璋．筑路机械［M］．北京:人民交通出版社,1984.

［2］　何挺继,朱文天,邓世新．筑路机械手册［M］．北京:人民交通出版社,1998.

［3］　何挺继,赞朝勇．现代公路施工机械［M］．北京:人民交通出版社,2001.

［4］　卢和铭,刘良臣．现代铲土运输机械［M］．北京:人民交通出版社,2003.

［5］　黄东胜,邱斌．挖掘机械［M］．北京:人民交通出版社,2003.

［6］　赵新庄,祈贵珍．公路施工机械［M］．北京:人民交通出版社,2004.

［7］　许光君,李光林．现代土石方机械构造［M］．成都:西南交通大学出版社,2006.